环境暴露与人群健康丛书

PBT化学品的计算毒理学筛查技术

陈景文　李雪花　傅志强　刘文佳　著

科学出版社

北京

内 容 简 介

环境计算毒理学技术为防控化学品的环境风险、源头防范新污染物产生提供科学工具。本书介绍化学品环境管理现状，环境迁移性、持久性、生物积累性与毒性的基本概念，以及相关属性参数的数据和预测模型；结合作者的研究工作，从机理与数据驱动建模的角度，介绍化学品 PBT 属性筛查与预测的计算毒理学技术及方法案例；展望人工智能、机器学习等建模技术在化学品管理中的应用前景。

本书适合从事化学品环境风险防控、新污染物治理的工作者阅读，也可用作环境科学与工程及化学工程相关专业的研究生教材或参考书。

图书在版编目（CIP）数据

PBT 化学品的计算毒理学筛查技术 / 陈景文等著. —北京：科学出版社，2023.5

（环境暴露与人群健康丛书）

ISBN 978-7-03-074868-3

Ⅰ. ①P… Ⅱ. ①陈… Ⅲ. ①化学品—毒理学 Ⅳ. ①TQ086.5

中国国家版本馆 CIP 数据核字（2023）第 025503 号

责任编辑：杨 震 刘 冉 / 责任校对：杜子昂
责任印制：吴兆东 / 封面设计：北京图阅盛世

科 学 出 版 社 出版
北京东黄城根北街 16 号
邮政编码：100717
http://www.sciencep.com
北京中科印刷有限公司 印刷
科学出版社发行 各地新华书店经销
*
2023 年 5 月第 一 版 开本：720 × 1000 1/16
2023 年 5 月第一次印刷 印张：20
字数：400 000

定价：128.00 元

（如有印装质量问题，我社负责调换）

丛书编委会

丛 书 序

近几十年来，越来越多的证据表明环境暴露与人类多种不良健康结局之间存在关联。2021 年《细胞》杂志发表的研究文章指出，环境污染可通过氧化应激和炎症、基因组改变和突变、表观遗传改变、线粒体功能障碍、内分泌紊乱、细胞间通信改变、微生物组群落改变和神经系统功能受损等多种途径影响人体健康。《柳叶刀》污染与健康委员会发表的研究报告显示，2019 年全球约有 900 万人的过早死亡归因于污染，相当于全球死亡人数的 1/6。根据世界银行和世界卫生组织有关统计数据，全球 70%的疾病与环境污染因素有关，如心血管疾病、呼吸系统疾病、免疫系统疾病以及癌症等均已被证明与环境暴露密切相关。我国与环境污染相关的疾病近年来呈现上升态势。据全球疾病负担风险因素协作组统计，我国居民疾病负担 20%由环境污染因素造成，高于全球平均水平。环境污染所导致的健康危害已经成为影响全球人类发展的重大问题。

欧美发达国家自 20 世纪 60 年代就成立了专门机构开展环境健康研究。2004 年，欧洲委员会通过《欧洲环境与健康行动计划》，旨在加强成员国在环境健康领域的研究合作，推动环境风险因素与疾病的因果关系研究。美国国家研究理事会（NRC）于 2007 年发布《21 世纪毒性测试：远景与策略》，通过科学导向，开展系统的毒性通路研究，揭示毒性作用模式。美国国家环境健康科学研究所（NIEHS）发布的《发展科学，改善健康：环境健康研究计划》重点关注暴露、暴露组学、表观遗传改变以及靶点与通路等问题；2007 年我国卫生部、环保部等 18 个部委联合制订了《国家环境与健康行动计划》。2012 年，环保部和卫生部联合开展“全国重点地区环境与健康专项调查”项目，针对环境污染、人群暴露特征、健康效应以及环境污染健康风险进行了摸底调查。2016 年，党中央、国务院印发了《“健康中国 2030”规划纲要》，我国的环境健康工作日益受到重视。

环境健康研究的目标是揭示环境因素影响人体健康的潜在规律，进而通过改善生态环境保障公众健康。研究领域主要包括环境暴露、污染物毒性、健康效应以及风险评估与管控等。在环境暴露评估方面，随着质谱等大型先进分析仪器的有效利用，对环境污染物的高通量筛查分析能力大幅提升，实现了多污染物环境暴露的综合分析，特别是近年来暴露组学技术的快速发展，对体内外暴露水平进行动态监测，揭示混合暴露的全生命周期健康效应。针对环境污染低剂量长期暴露开展暴露评估模型和精细化暴露评估也成为该领域的新的研究方向；在环境污染物毒理学方面，高通量、低成本、预测能力强的替代毒理学快速发展，采用低等动物、体外试验和非生物手段的毒性试验替代方法成为毒性测试的重要方面，解析污染物毒性作用通路，确定生物暴露标志物正成为该领域研究热点，通过这些研究可以大幅提高污染物毒性的筛查和识别能力；在环境健康效应方面，近年来基因组学、转录组学、代谢组学和表观遗传学等的快速发展为探索易感效应生物标志物提供了技术支撑，有助于理解污染物暴露导致健康效应的分子机制，探寻环境暴露与健康、疾病终点之间的生物学关联；在环境健康风险防控方面，针对不同暴露场景开展环境介质-暴露-人群的深入调查，实现暴露人群健康风险的精细化评估是近年来健康风险评估的重要研究方向；同时针对重点流域、重点区域、重点行业、重点污染物开展环境健康风险监测，采用风险分区分级等措施有效管控环境风险也成为风险管理技术的重要方面。

环境健康问题高度复杂，是多学科交叉的前沿研究领域。本丛书针对当前环境健康领域的热点问题，围绕方法学、重点污染物、主要暴露类型等进行了系统的梳理和总结。方法学方面，介绍了现代环境流行病学与环境健康暴露评价技术等传统方法的最新研究进展与实际应用，梳理了计算毒理学和毒理基因组学等新方法的理论及其在化学品毒性预测评估和化学物质暴露的潜在有害健康结局等方面的内容，针对有毒有害污染物，系统研究了毒性参数的遴选、收集、评价和整编的技术方法；重点污染物方面，介绍了大气颗粒物、挥发性有机污染物以及阻燃剂和增塑剂等新污染物的暴露评估技术方法和主要健康效应；针对典型暴露场景，介绍了我国电子垃圾拆解活动污染物的排放特征、暴露途径、健康危害和健康风险管控措施，系统总结了污染场地土壤和地下水的环境健康风险防控技术方面的创新性成果。

近年来环境健康相关学科快速发展，重要研究成果不断涌现，亟须开展从环境暴露、毒理、健康效应到风险防控的全链条系统梳理，这正是本丛书编撰出版的初衷。“环境暴露与人群健康丛书”以科技部、国家自然科学基金委员会、生态环境部、卫生健康委员会、教育部、中国科学院等重点支持项目研究为基础，汇集了来自我国科研院所和高校环境健康相关学科专家学者的集体智慧，系统总结了环境暴露与人群健康的新理论、新技术、新方法和应用实践。其成果非常丰富，可喜可贺。我们深切感谢丛书作者们的辛勤付出。冀望本丛书能使读者系统了解和认识环境健康研究的基本原理和最新前沿动态，为广大科研人员、研究生和环境管理人员提供借鉴与参考。

2022 年 10 月

前言

我国发布的《新污染物治理行动方案》要求严格源头管控，防范新污染物产生，切实保障生态环境安全和人民健康，构建化学物质计算毒理与暴露预测平台，凸显环境计算毒理学在新污染物治理中的重要性。

环境计算毒理学基于数学和计算机模型，采用分子生物学与化学等手段，揭示化学物质环境暴露、危害性与风险性之间的定性和定量关系，也是化学物质环境大数据与机器学习、数据驱动与知识驱动建模的交叉研究领域。

为什么计算毒理学在新污染物治理中有如此重要作用？计算毒理学技术，是源头防范新污染物产生的基础性科学工具。这与新污染物种类多样、无组织排放而来源广泛、毒性和环境危害性多样、污染隐蔽、环境持久的特点有关。

合成化学品的生产和使用，是新污染物的主要来源。据统计，目前市场上使用的化学品，例如农药、药物(抗生素)、工业化学品(如塑料添加剂、阻燃剂、抗氧化剂)，有 30 多万种。人类生活质量的改善，经济社会的发展，离不开化学品所发挥的重要作用。

但是，如果化学品得不到健全管理，也会影响人类和生态健康，影响可持续发展。有研究表明，人类 70%~90%的疾病与化学物质的污染有关。人类生殖发育的相关疾病、癌症发病率和死亡率的增加、自然生态系统生物多样性的降低等，都与有毒有害化学物质的污染不无关系。联合国设定的 17 个可持续发展目标中，11 个与化学品有直接关系。

因此，在化学品及相关产品生产、储存、运输、使用、废物处置等全生命周期中，对化学品进行风险防控和健全管理，尽可能地避免化学品成为新污染物，就可落实《新污染物治理行动方案》关于严格源头管控、防范新污染物产生的要求。

进行化学品的风险防控，需要评价化学品的环境释放、分布、转化和危害性(如毒性、消耗臭氧潜能)，也就是需要评价化学品的环境暴露、人体和生物体的内暴露以及毒害效应，进而评价化学品的健康风险和环境风险。当然，在化学品未进入环境成为污染物之前，其风险评价工作，需要基于化学品环境暴露和风险的预测而开展。

对于风险超过管理限值、环境容量或生态环境承载能力的化学品，通过降低或阻断其环境释放和暴露，或采用毒害效应低的化学品即替代化学品来降低其危害，从而降低其风险值，实现化学品风险的源头管控。

改进相关产品的设计，例如在保持必要功能的同时，降低产品中化学品的含量；或改进工艺，降低产品中化学品的释放速率；或加强管端排放污染物的去除等，都是降低或阻断化学品及新污染物环境暴露的有效措施。

采用环境持久性(P)、生物积累性(B)和毒性(T)低的化学品来替代原有化学品，是降低危害性(毒性)的措施，也可以降低风险。在环境释放速率相同条件下，环境持久性低的化学品，环境暴露浓度低。生物积累性低的化学品，人体和生物体的内暴露浓度低。这些因素连同毒性的降低，共同导致风险的降低。

当然，一些化学品的环境转化产物，其环境持久性、生物积累性和毒性甚至比母体还高；一些化学品的环境转化过程，会导致更大的毒害效应。例如，最近发现防晒剂氧苯酮在珊瑚体内代谢后，会形成具有光敏性质的产物，具有光毒性，会导致珊瑚死亡，破坏珊瑚礁生态系统。所以，还需要关注化学品环境转化产物的 PBT 属性。

化学品生产和进出口企业，能否在替代化学品的研发和应用方面占据先机，已经成为企业竞争力和市场占有率的利器。所谓替代化学品，就是在保持化学品必要功能的同时，其 PBT 属性值更低的化学品。化学品 PBT 相关属性的筛查预测技术，相关标准及规范的先进性和系统性，也已成为发达国家绿色贸易壁垒的一种表现形式。

面对种类众多的化学物质及其在环境中可能的转化产物，如果基于模拟实验，逐个测试其环境暴露行为、毒害效应参数，评价其风险，面临效率低、通量低的问题。这已导致 10 万种以上的大量的既有化学品，未经过任何环境暴露、危害和风险评价，而在市场上使用，被有的学者称为“化学定时炸弹”。

传统的毒性测试，还要消耗大量的实验动物，有悖于替代(Replacement)、减少(Reduction)和优化(Refinement)的动物实验伦理 3R 原则。传统的毒性测试，还面临动物毒性测试结果向保护人体健康的毒性外推的困局。环境保护的根本目的，是保护人类的健康和福祉，促进人类社会的持续发展。

上述现实问题，推动了环境健康相关学科的发展。新时代的毒理学研究，从传统较高剂量的给药暴露为主，向包括环境低浓度长期暴露的多途径累积暴露转变；从传统以动物实验为主，向基于人源细胞的高通量、高内涵测试转变；从传统以描述性为主的科学，向更具机理性、预测性科学的方向转变，并通过与环境化学、分子生物学、计算科学、机器学习和大数据分析等学科方向的交叉，环境计算毒理学伴随时代的需求而生并快速发展。

环境计算毒理学应用于 PBT 化学品的筛查预测，是其服务于化学品风险防控和新污染物治理的核心使命。筛查，就是基于计算毒理学的蕴含的科学规律和模型，区分哪些是 PBT 化学品；预测，就是定量地给出相关化学品 P, B 和 T 属性的参数值。

感谢国家杰出青年科学基金、国家自然科学基金重点和面上项目、国家973计划课题、国家863计划项目和课题，尤其国家重点研发计划政府间国际科技创新合作项目“中国PBT化学品的高通量计算毒理学筛查技术研究”和国家重点研发计划项目“典型塑料添加剂危害性筛查及预测关键技术”等的支持，使得笔者所在的团队，能够在环境计算毒理学方面，开展20多年的持续研究，取得了些许成绩。

通过模拟实验和分子模拟计算，团队揭示了化学品的环境分配与降解转化（如生理毒代动力学、环境光化学转化、水解、大气自由基氧化）行为机制、内分泌干扰等毒理效应的分子起始事件，创建了环境危害性参数的计算毒理学模型、PBT化学品集成筛查模型；发展了新污染物环境暴露的高通量分析方法，预测了新污染物在地下水等介质中的健康和生态风险。

研究工作得到了同行的肯定。环境领域国际权威期刊 *ES&T* 主编、美国工程院 Sedlak 院士，评价团队发展的动力学参数预测模型“准确预测”“为数千种化学物质的危害性评价给出更明智的决策依据”。加拿大皇家学会 Giesy 院士等，基于团队发现的阻燃剂多溴二苯醚环境转化和生物代谢转化增毒机制，开展后续研究。

如此，在丛书主编的鼓励和督促下，我们不揣冒昧，写了这本书以抛砖引玉。梳理PBT化学品风险预测与管理、环境计算毒理学理论与技术方面的研究进展和发展前沿；面向新污染物治理的重大需求，侧重介绍PBT化学品计算毒理学筛查预测的数据、模型和基础知识。当然，化学品的健全管理，还涉及生命周期影响分析、物质流分析、绿色化学与清洁生产等技术，为使内容更加聚焦，本书对这些内容少有涉及。

本书是集体智慧的结晶。江波、肖子君、刘语薇、何家乐、朱明华、张书莹、丁蕊、王中钰、唐伟豪、王浩博、崔蕴晗、姜琦、王孟含、许喆、张涛、苏利浩、崔飞飞、吴超、陈欢、黄杨、王佳钰、吴思甜、张煜轩、刘锦花、徐嘉茜、宋泽华、张雅雯等研究生同学参与了资料查阅、书稿起草、图表绘制、文本校读等工作。感谢这些同学！

特别邀请了张思玉研究员、葛林科教授、王震研究员、王莹研究员、解怀君副教授、王中钰博士、尉小旋博士、杨先海博士、张书莹博士、唐伟豪博士、徐童博士、朱明华博士审读了书稿，他们给出了系统性、建设性的建议。特表示诚挚的感谢！

我国《新污染物治理行动方案》的发布，使得我国在环境计算毒理学理论与技术、相关规范、导则研发等方面有望形成后发优势，在化学品和新污染物治理的计算毒理学技术体系方面占据与我国第二大经济体相适应的话语权和技术高地。在中华民族伟大复兴的进程中，我们一个技术方向也不能掉队，不能被卡脖子。

限于作者的知识水平和认识局限性，本书难免有错漏之处，期待同行的批评指正！

天行健，君子以自强不息；地势坤，君子以厚德载物。愿与同行携手，推动化学品风险管控和新污染物治理的科技进步，共建清洁美丽世界！

陈景文

2023 年 2 月

目　录

第1章 化学品的环境管理

化学品在促进人类社会发展、改善人类生活质量方面，发挥了重要作用。但是，在含化学品的相关产品全生命周期过程中，化学品可以通过无组织释放、有组织排放等途径进入环境，成为新污染物，对人体和生态系统的健康构成风险。因此，化学品被联合国环境规划署(UNEP)等组织和机构确认为是影响人体与生态健康的重大风险源(UNEP, 2013)。为促进人类社会的可持续发展，需要对化学品进行健全的管理。本章介绍化学品及其特性、化学品环境管理的必要性及现状。

1.1 化学品概述

不同的组织、机构和学者，从不同的角度和需求出发，对化学品的定义不同。UNEP 发布的《关于化学品国际贸易资料交流的伦敦准则》将化学品定义为“人工合成或从自然界提取的化学物质及其混合物或配制物，包括工业化学品、农药、药物等”。一些国内学者认为，化学品是“经过提纯、化学反应及混合过程生产出的、具有工业和商品特征的化学物质”(刘建国, 2015)。本书将化学品界定为“人工合成或从自然界中提取、富集，具有特定功能属性的化学物质，是用来交换的劳动产品”。

1.1.1 化学品与新污染物

化学品在生产、贮存、运输、应用及废物处置等过程中，都可无组织释放或者排放到环境中，造成化学品污染，成为新污染物的重要来源。我国“十四五”规划和 2035 年远景目标纲要指出“重视新污染物治理”“深入实施健康中国行动”“提升生态系统质量和稳定性”。重视新污染物治理，是我国生态文明建设进入到生态环境质量改善由量变到质变的关键时期的必然举措。

所谓污染物，可界定为进入环境后因超过了环境的自我消纳能力而影响环境质量、危害人体和生态健康的物质。根据污染物的性质，可将其分为化学类[如二氧化硫(SO_2)、氮氧化物(NO_x)]、生物类(如细菌、病毒、抗性基因)和物理类(如光、噪声、辐射)污染物。

一些污染物较早被纳入环境监管框架中，如以化学需氧量(COD)和生化需氧量(BOD)为监测指标的水中耗氧性有机污染物、大气中 SO_2、NO_x 和细颗粒物($PM_{2.5}$)等，可以称为常规污染物。常规污染物引起的环境污染问题，多属于发达国家数百年工业化过程中分阶段出现、分阶段解决的问题。因此，常规污染物的治理，有更多的经验遵循和技术积累。随着国家产业结构的调整、污染控制设施的落实，常规污染物问题会相对较快得到解决。例如，建设污水处理厂及其提标改造，有望改善水体耗氧性污染物的污染问题；除尘和脱硫脱硝工艺的推广应用，有望减轻大气中大部分的颗粒物、SO_2、NO_x 等污染问题。

2021 年 10 月，生态环境部发布的《新污染物治理行动方案（征求意见稿）》指出："新污染物不同于常规污染物，指新近发现或被关注，对生态环境或人体健康存在风险，尚未纳入管理或者现有管理措施不足以有效防控其风险的污染物。"

新污染物有两个主要来源：

（1）合成化学品。即地球上原本不存在或即使存在但含量很少、经人类有意合成而具有某种功能和商品属性的化学物质。人类合成的化学物质种类多，美国化学文摘社注册的化学物质已达到 1.9 亿种以上（每天约增加 8000~10000 种，https: //www.cas.org/）。全球市场登记生产和使用的化学品及其混合物已超过 35 万种（Wang et al., 2020）。化学品大体上可分为工业化学品、农用化学品（如农药、化肥和农用薄膜）、药物和个人护理用化学品、产品中的化学品。一些化学品因具有环境持久性（persistence）、生物积累性（bioaccumulation）和毒性（toxicity），被称为 PBT 化学品。

典型的合成化学品，如全氟及多氟烷基化合物（per- and polyfluoroalkyl substances, PFASs）（Ritscher et al., 2018; Lim, 2019; Wang Z et al., 2017; Sunderland et al., 2019）、阻燃剂类化学品（如溴代阻燃剂、有机磷阻燃剂）（Greeson et al., 2020; Boer et al., 2019; Osimitz et al., 2019）、增塑剂类化学品[如双酚 A（bisphenol A, BPA）及替代品、邻苯二甲酸酯（phthalic acid esters, PAEs）]（江桂斌等, 2019; Liu X et al., 2021; Karrer et al., 2019; Chen et al., 2016）、苯并三唑类紫外线稳定剂（江桂斌等, 2019; Liu X et al., 2021; Baduel et al., 2019）、船舶防污涂料中的有机锡（Kimbrough et al., 1976）等。

（2）人类活动中无意排放的有毒物质。例如，燃烧和工业生产过程中产生的二噁英、化石燃料不完全燃烧产生的多环芳烃（polycyclic aromatic hydrocarbons, PAHs）、燃煤释放的汞等重金属。值得指出的是，有些新污染物既来源于化学品，也来源于人类活动的副产物。例如多氯联苯（polychlorinated biphenyls, PCBs），主要来自于人工合成化学品，但是在一些含氯有机物高温燃烧的场景下也能产生 PCBs。环境中的 PAHs 主要来自于化石燃料和生物质的不完全燃烧，但是为了科研工作和某些特殊目的，PAHs 也作为化学品标样被人工合成。

此外，某些生物性新污染物，广义上也可归并到人类活动中无意排放的有毒物质之列。例如，由于全球气候和生态系统的变化，以及微生物进化的快速迭代性，原本在冰川、深海等区域的病原菌和病毒可能再释放，成为威胁人体健康的新污染物。大量使用的抗生素和一些环境因子耦合后，导致抗性基因的增生和传播，也是威胁人体健康的新污染物。

1.1.2　治理环境新污染物需要健全化学品管理

新污染物具有异于常规污染物的一些特性：

(1)污染隐蔽性。相对传统污染物，新污染物环境浓度低，监测分析的难度大，其危害性未被广泛察觉，因此新污染物往往也是环境中的微量或痕量污染物。

(2)环境持久性。新污染物在环境中往往不易降解，呈现持久性或者由于持续地向环境释放而呈现“假持久性”(Mackay et al., 2014)。若不加以管理，其环境浓度会逐年上升，且许多新污染物容易被生物蓄积(Czub et al., 2004; Schwarzman et al., 2009; Thomann et al., 1995)。

(3)释放途径多样性。传统污染物更多是通过人类生产或生活设施进行管端排放，便于进行管端污染控制。而新污染物往往在其前体及产品生命周期的多个阶段，通过多种途径释放到环境中。例如，各种产品中添加的阻燃剂、增塑剂类化学品，在产品的生产、运输、储存、使用和废物处置等过程中，可以通过无组织释放等多种途径进入环境中成为新污染物。

(4)危害多样性。许多新污染物具有内分泌干扰效应、“三致”作用等毒害效应，其长期低剂量暴露会对生物体造成潜在危害(Vandenberg et al., 2012; 杨先海等, 2015)。对于全球生物多样性的降低，除了气候变化、栖息地丧失等因素，新污染物的污染也是危害因素之一(Persson et al., 2013)。此外，还有一些新污染物危害地球系统物理结构，最典型的是消耗臭氧层的各种氟氯烷烃类化学物质(Molina and Rowland, 1974; Fang et al., 2018)。

(5)种类多样性。新污染物主要是化学和生物化学物质，从物质微观尺度的角度看，化学物质包括以分子和高分子形态(如微米和纳米尺度的塑料颗粒)存在的物质、以分子聚集体形式存在的物质(纳米材料也可视作分子聚集体的一种特例)(唐本忠, 2021)，生物化学物质主要包括病毒在内的各种病原微生物。人工合成化学品是新污染物的一个重要来源，其本身就具有种类众多的特点。

(6)治理复杂性。传统污染物的环境影响往往具有确定性，而新污染物种类多、释放途径多，大多难以降解，在环境中含量低、空间分布差异大、环境行为复杂，环境影响底数不易摸清，导致其治理具有复杂性。需要采用环境系统工程思维(图 1-1)进行新污染物的治理。

对化学品进行健全的管理，防控化学品的风险，防范化学品成为新污染物，是新污染物治理的关键举措。其原因在于，各种化学物质(尤其化学品)进入环境成为污染物是热力学自发的过程。在大气、水体、土壤、生物体等自然环境介质中将污染物人为去除，需要消耗额外的能量而产生新的污染，完全消除其污染几乎是不可能实现的。如果不能有效地预防和控制新污染物的污染，其在环境中的持续积累，会对人体和生态系统的健康产生“温水煮青蛙”的效果(图 1-2)。

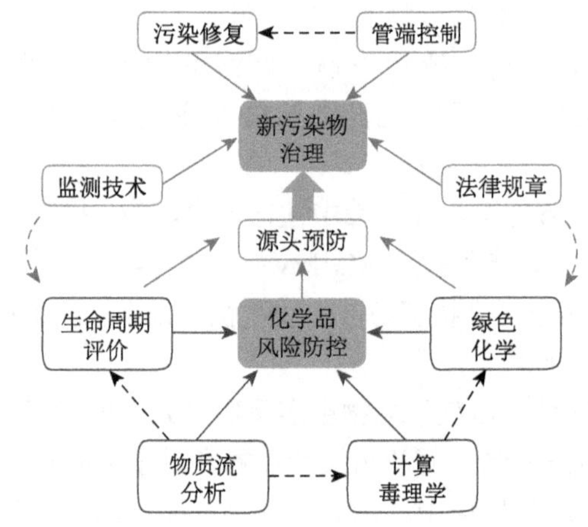

图 1-1 新污染物治理与化学品风险防控的系统工程框架

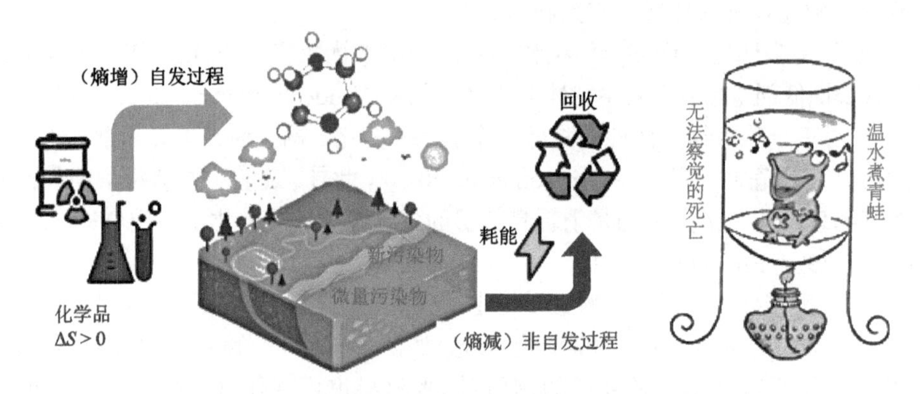

图 1-2 化学品进入环境是热力学自发的熵增过程，需要主动防控其风险

源头防控化学品的风险，需要量度和预测化学品的环境暴露、化学品对生命个体的暴露，以及化学品的危害性，进而评价和预测化学品的风险。这里强调化学品风险的预测，是因为在化学品成为污染物之前，难以测定其环境暴露和生物体内的内暴露水平，其风险值需要通过模型预测等手段得到。

进行化学品的风险防控，需要综合运用生命周期评价(life cycle assessment, LCA)、物质流分析(material flow analysis, MFA)、计算毒理学、绿色化学等多学科的手段（图 1-1）。LCA 可以识别化学品全生命周期过程的环境影响，结合绿色化学理念、为环境而设计(design for environment, DfE)等理念，提出降低环境影响的措施。MFA 可以量化人类经济社会系统中化学品的生产量、进出口量、赋存量、环境释放量(单位时间的释放量，即释放速率)等，提出对化学品进行管理的措施和产业经济政策等。

原理上，基于 MFA 得到的化学品释放速率(E, mol/s)，可以构建计算毒理学中的多介质环境模型，从而预测化学品的环境分布、赋存和暴露浓度。再基于生理毒代动力学(physiologically based toxicokinetics, PBTK)模型，预测化学品在人体和生物体的内暴露。结合化学品的毒性信息，实现化学品风险的预测。

对于风险超过管理限值、环境容量或生态环境承载能力的化学品，通过降低或阻断其环境释放和暴露，或采用毒害效应低的化学品即替代化学品来降低其危害，从而降低其风险值，实现化学品风险的源头防控。

改进相关产品的设计，例如在保持必要功能的同时，降低产品中化学品的含量；改进工艺，降低产品中化学品的释放速率；加强管端排放污染物去除等，都是降低或阻断化学品及新污染物环境暴露的措施。

采用环境持久性、生物积累性和毒性低的化学品替代原有化学品，是降低危害性(毒性)的措施，也可以降低风险。在环境释放速率相同条件下，环境持久性低的化学品，环境暴露浓度低。生物积累性低的化学品，人体和生物体内的内暴露浓度低。这些因素连同毒性的降低，共同导致风险的降低。

此外，对于有组织排放或管端排放的新污染物，需要强化污染控制；对于污染的场地，则需要进行污染修复，从而减少因新污染物暴露带来的风险，这些是环境学科研究的核心内容。

1.1.3　PBT 化学品的筛查

原则上，在化学品管理领域，“监管”应该是多层级的。第一层级，从既有化学品中筛查具有 PBT 属性的化学品。第二层级，统计化学品的生产、进出口和使用量，对体量大的化学品开展环境浓度和暴露水平监测，评估其环境风险。物质流分析、生命周期评价与大数据分析的结合，可为在该层级下摸清化学品底数提供技术保障。确定化学品的环境浓度和暴露水平，评估其风险，亦需计算毒理学技术的应用。第三层级，对环境风险高的化学品加以风险管理，或者削减化学品的环境暴露、阻断暴露，或者研发替代化学品以降低其危害性。绿色化学是环境友好型替代化学品设计中需要秉承的基本理念，生命周期评价则可用于评价化学品及相关产物全生命周期过程中的环境影响。第四层级，将环境风险难以削减到可接受范围的化学品纳入优先控制化学品，对其进行环境监管，与新污染物的治理相衔接。上述多层级管理的思路，可为化学品管理体系的构建提供基本准则，从而助力新污染物治理的系统工程。

筛查出市场上使用的化学品中具有 PBT 属性的化学品，并进行风险评估，是对化学品进行健全管理的前提和基础，下面对化学品的 PBT 属性及风险进行介绍。

1. 化学品的环境持久性

化学品的环境持久性与化学品的暴露特性直接关联，而暴露是决定风险的要素之一。持久性指化学品一旦进入自然环境中，不容易被各种环境过程所降解的特性。化学品的持久性和化学品向环境中的释放(排放)速率(E, mol/s)，共同决定化学品环境浓度的时空分布。化学品对人体健康和生态系统健康的风险，取决于其在环境系统中的外暴露浓度和生物体的内暴露浓度。环境介质中化学品的浓度(c, mol/m^3)，就是外暴露浓度。外暴露浓度决定内暴露浓度，通过 PBTK 模型，可以实现化学品外暴露浓度和内暴露浓度的关联与相互预测。

对于一个区域性的单介质环境系统(如大气、水体)，如果不考虑化学品(或污染物)的跨区域迁移(如平流迁移、扩散)和跨介质(如挥发、沉降)迁移，假设化学品进入环境中成为污染物后迅速在空间上分布均匀，且在环境中的降解符合一级动力学，可列下式：

$$V \cdot \frac{\mathrm{d}c}{\mathrm{d}t} = E - k \cdot c \cdot V \tag{1-1}$$

其中，V 代表环境介质的体积，m^3；c 表示环境介质中化学品的浓度，mol/m^3；t 表示时间，s；E 代表人类活动向环境中释放(排放)某化学品的速率，mol/s；k 代表化学品在环境中的一级降解速率常数，s^{-1}。假设 E 为常量，对式(1-1)求积分，可得：

$$c_t = \frac{E}{k \cdot V} + \left(c_0 - \frac{E}{k \cdot V}\right)\mathrm{e}^{-k \cdot t} \tag{1-2}$$

其中，c_t 为 t 时刻环境介质中化学品浓度，mol/m^3；c_0 为化学品的初始浓度，mol/m^3。

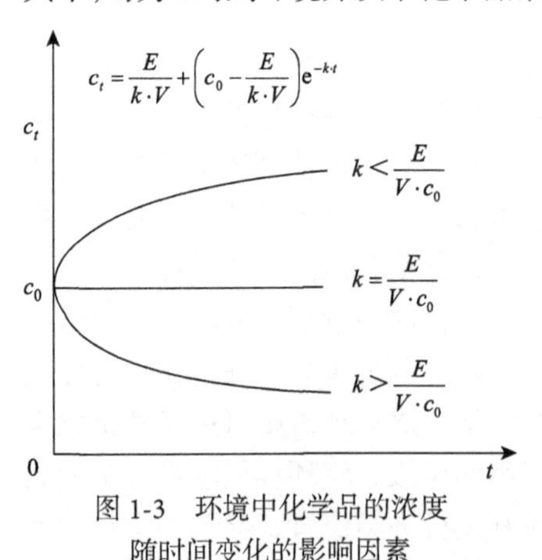

图 1-3　环境中化学品的浓度随时间变化的影响因素

化学品 c_t 的时间变化取决于 E 及 kcV 值的相对大小。如图 1-3 所示，当 $k < E/Vc_0$ 时，c_t 将逐渐升高，反之将逐渐降低。因此，化学品的降解速率常数 k，是化学品环境持久性的直接量度。需要指出的是，在现实情形下，E 也是 t 的函数。对于区域环境，还涉及化学品的迁移(平流迁移和跨介质迁移)等过程，污染物持久性的影响因素将更为复杂。这里为便于理解，将化学品持久性的分析过程抽象为简单的评估模型。

2. 化学品的生物积累性

传统上，常根据外源化学物质的外暴露浓度评价其毒性效应。然而，环境中的外源化学物质未必能够全部进入生物体内。相比之下，与外源化学物质的吸收、分布、代谢和排泄等过程相关的生物体的内暴露浓度，更能直接用于评价其毒性效应。化学品的生物积累性，则是与化学品内暴露直接关联的特性。

化学品的生物积累性，表征化学品被生物蓄积能力的特性。生物积累（有时也称生物蓄积或生物累积）指生物从周围环境和食物链蓄积某种元素或难降解性物质，在摄入速率超过代谢及释放速率的情形下，使该物质在机体中浓度超过周围环境中浓度的现象。对于水生生物，生物积累性多采用生物富集因子（bioconcentration factor, BCF）表征。BCF 为平衡条件下化学品生物相浓度与水相浓度之比。此外，通过 PBTK 模型可以关联化学品的环境浓度和体内浓度，从而预测化学品的生物积累性。

对于一些重金属，其在生物体内的蓄积有特定的靶器官。例如镉主要蓄积在甲壳动物 *Macrobrachium australiense* 的鳃及肝胰腺中，而锌主要分布在其触角腺中（Cresswell et al., 2015）。硒主要分布在蝌蚪 *Limnodynastes peronii* 的肝脏中，其次是肾、肠和胆囊（Lanctôt et al., 2017）。重金属的组织分布主要基于平衡分配原理，可能受重金属类别及化学形态（游离态、无机结合态、有机结合态）、生物物种、生物发育阶段等多重因素的综合影响。此外，部分金属离子能与蛋白质特异性结合，进而影响其分布（Maruyama et al., 2007）。例如镉可与金属硫蛋白结合，生物体各组织中镉的浓度与其中的金属硫蛋白含量成正比（Shi et al., 2004）。

对于疏水性的有机化学品，脂肪-水分配过程是其在生物体内积累的主要驱动力，一般认为疏水性强[正辛醇-水分配系数（K_{OW}）值大]的化学品，生物积累能力强；当疏水性过强（$\log K_{OW}>6$）时，由于化学品的生物有效性降低，生物蓄积能力下降（Mackay et al., 2000）。除脂肪-水分配外，近年来研究发现，部分化学品如全氟化合物（polyfluorinated chemicals, PFCs），主要分布在肝脏和血浆中，脂肪组织中浓度通常较低。导致 PFCs 组织特异性生物积累的原因主要是其与特殊蛋白（如血清白蛋白）的相互作用（Ng et al., 2014）。然而，哪些生物大分子（蛋白）在决定污染物的生物富集中发挥主导作用，哪些化学品能与蛋白质等生物大分子有特异性作用，仍需要进一步的深入系统性研究。

3. 化学品的毒性

毒性的本质，是化学品对有机体生物学结构与功能的负面影响。化学品对于人类社会与生态系统结构的不利影响之一，就是对其中生命个体的损害，这表现为化学物质的毒性效应。生命个体对化学品的暴露则是发生毒性效应的前提。根据有害结局通路（adverse outcome pathways, AOPs）框架（Ankley et al., 2010），毒性效应起始于化学分子与生物大分子的相互作用，进而引发后续的一系列关键事件，最后表现为宏观的毒理学或病理学现象。

16 世纪瑞士科学家 Paracelsus 曾指出："所有的物质都是毒物，唯一的区别是它们的剂量。" 剂量指给予机体或者机体接触的外源化学物质的量，或者机体吸收外源化学物质的量、外源化学物质在生物体组织器官和体液中的浓度或含量。剂量是决定外源化学物质对机体造成损害作用大小的最主要的因素。

与剂量密切相关的一个术语是暴露，暴露可以理解为毒物(外源化学物质)接触或者进入生物机体内的途径和量。在谈环境暴露的概念时，总要针对特定受体(环境介质或有机体等)。广义上，暴露指受体外部界面与化学、物理或生物因素的接触，涉及界面、强度、持续时间、透过界面的途径、速度及透过量、吸收量等方面。

根据外源化学物质位于受体的体外或体内，暴露可进一步分为外暴露(external exposure)和内暴露(internal exposure)。外暴露量可定义为某物质与受体接触的浓度。对人体而言，此处受体可具体理解为进食时的胃肠道上皮、呼吸时的肺部上皮以及皮肤接触时的表皮。鱼类经水暴露于污染物时，此处受体可以理解为鱼鳃以及表皮；摄食暴露时，受体为肠道上皮。内暴露量可定义为某种物质被吸收的量，或透过受体表层进入系统循环的量。对鱼类而言，内暴露量即通过呼吸、皮肤和摄食暴露，进入鱼体的血液和/或肠肝循环系统的量。

暴露途径描述外源化学物质从环境介质中进入生物受体的方式。暴露途径的具体形式取决于物种的生理特点。例如，人体可通过摄取含外源化学物质的水和食物，吸入含污染物的空气或灰尘，皮肤接触等途径暴露于有毒物质。细菌的暴露途径则表现为胞吞作用或跨膜运输。暴露途径还随发育阶段不同而存在差异，如哺乳动物胚胎期主要通过胎盘暴露，婴儿时期的暴露则主要通过母乳传递。

值得指出的是，传统毒理学和生态毒理学研究所涉及的暴露途径各有侧重。传统毒理学更多涉及哺乳动物、药物的暴露，多采用吞服(饮食)、注射等途径。生态毒理学更多关注生态系统中关键物种的环境暴露，例如通过呼吸、体表(皮肤)接触、吞食等途径的暴露。

当生物体暴露于外源化学物质之后，其产生的反应可分为两种类型：量效应和质效应。量效应即一定剂量外源化学物质与机体接触后引发的机体生物学变化；质效应，指效应不能用某种测定的定量数值来表示，只能以"有"或"无"，"阴性"或"阳性"表示。

剂量-效应关系，指外源化学物质不同剂量与其在个体或群体中所引起的量效应之间的相互关系。如鱼体暴露于有机磷农药的不同浓度与乙酰胆碱酯酶受抑制程度之间的关系、机体吸收苯蒸气的不同浓度与血液中白细胞数目减少之间的关系等。剂量-反应关系，指外源化学物质的暴露剂量与其引起的效应发生率之间的关系。效应发生率一般以百分率或比值表示，如死亡率、发病率、反应率和肿瘤发生率等。

剂量-效应关系和剂量-反应关系均可用曲线表示，可被统称为量效关系曲线，曲线的横坐标是暴露剂量，纵坐标通常是效应强度或者效应发生率。曲线有直线型、抛物线型和 S 型等，其中最常见的是 S 型，如图 1-4 所示。

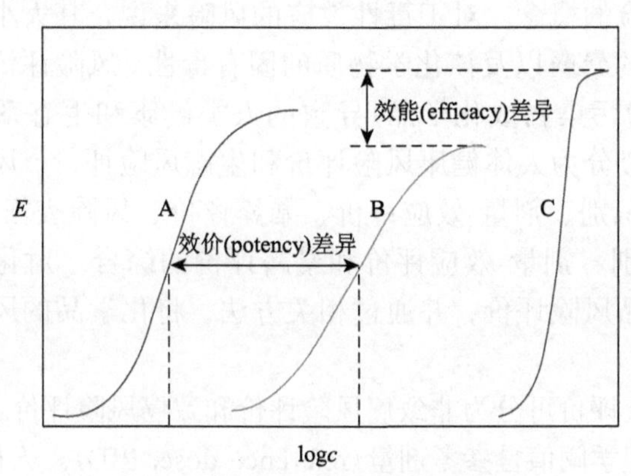

图 1-4　效能和效价强度的差异

E 表示效应大小；*c* 表示毒物暴露剂量或者浓度；A, B, C 表示相同暴露途径下三种化学品的量效关系曲线

当受试生物暴露外源化学物质时，引起 50%的个体死亡时的浓度，称为半数致死浓度(medium lethal concentration)，通常用 LC_{50} 表示。与 LC_{50} 相似的概念是半数致死剂量(medium lethal dose，LD_{50})，即引起受试生物 50%的个体死亡所需的剂量。EC_{50} 即半数效应浓度(medium effect concentration)，是指引起受试生物 50%个体产生某种效应时对应的暴露浓度。显然，LC_{50} 和 EC_{50} 的值越低，毒物的毒性越大。

深入分析毒理学实验得到量效关系曲线的位置和形状，还衍生出毒性效价强度(potency)和效能(efficacy)的概念。效价强度，指引起相同效应(一般采用 50%效应量)的相对浓度或剂量。如果狭义地理解不同毒物“毒性”的大小，则是指不同毒物的效价强度的大小。图 1-4 中量效关系曲线在横轴位置越是靠左的毒物，效价强度越大，毒性越大。

对于 S 型量效关系曲线，随着剂量或浓度的增加，效应也随之增加，如图 1-4 所示，对于单条曲线，低剂量时，随剂量增加，效应增加较为缓慢；而在剂量-反应曲线的中间部分，效应随剂量增加而迅速增加，在曲线中点附近达到最快；高剂量时这一速度又逐渐降低至不再增长。对于不同曲线，虽然效应随剂量变化的趋势相近，但斜率不尽相同。

当效应增加到最大程度后，即使再增加剂量或浓度，效应不再继续增强，这一效应的极限称为最大效应或效能。如果广义地理解“毒性”大小，则隐含了效能的大小，即所能导致的最大效应的大小。这种情况下，由于隐含了暴露剂量的因素，“毒性”大小的概念内涵，更类似于风险[风险 = 暴露 × 危害(毒性)]的内涵。

4. 化学品的风险

暴露于外源化学物质而对人类健康或生态系统产生有害作用的可能性及其大小，即为风险的概念。对于毒性效应的风险来说，其大小取决于人或生态受体对化学物质的暴露以及该化学物质的固有毒性。风险评价是指暴露于风险因子（这里主要为污染物或化学品）导致的人类健康和生态系统有害效应程度的评价过程，一般分为人体健康风险评价和生态风险评价。风险评价一般包括四个步骤：危害识别、剂量-效应评价、暴露评价、风险表征（EPA, 1989），风险表征是危害识别、剂量-效应评价和暴露评价的综合。对化学品进行健全管理，需进行化学品风险评价，并通过相关方法，将化学品的风险控制在容许范围之内。

人体健康风险评价可分为非致癌风险评价和致癌风险评价。非致癌性风险评价中，常用的毒理学阈值是参考剂量（reference dose, RfD）。人群在终生接触 RfD 水平下，预期一生中发生非致癌有害效应的概率极低或低至可忽略的程度。一般来说，低于 RfD 的暴露剂量下，是不会出现不利的健康风险；而高于 RfD 的暴露剂量下，随着超出剂量的增加，出现不利的健康风险的概率也增加。与非致癌性不同的是，化学物质的致癌性没有阈值。致癌物质的剂量反应关系，通常以一生中癌症发病率对剂量的关系来表示。该剂量反应关系的斜率称为致癌斜率因子（carcinogenic slope factor, CSF）。致癌风险表征中常用暴露剂量和 CSF 的乘积，来估算人群终生暴露于某潜在致癌物质的患癌症概率。

生态风险评价中，常用毒理学阈值为预测无效应浓度（predicted no effect concentration, PNEC）。物种敏感性分布（species sensitivity distribution, SSD）模型可用于 PNEC 的推导，定量表征概率风险的大小。SSD 模型假设生态系统的不同物种对某一化学物质的敏感性服从特定的统计学分布。该方法以至少 3 个营养水平 8 种生物的急性或慢性毒理数据为基础，构建累积概率分布模型，估计出 5%的物种受影响的浓度（hazardous concentration for 5% of species, HC_5），进而推导 PNEC。基于 SSD 模型，也可以估计化学物质在特定环境暴露浓度下，生态系统物种的潜在受影响比例（potential affected fractions, PAF），以定量表征生态风险（图 1-5）。

生态风险和人体健康风险评价，都依赖化学物质的大量毒性数据。如今全球市场使用的化学品及其混合物已达 35 万种（Wang et al., 2020），而在欧盟注册化学品中具有水生毒性实验数据的化学品仅占 11%（Johnson et al., 2020）。对如此众多的化学品，逐一进行全面的毒性测试是不现实的。因此，亟须发展计算毒理学模型，快速填补化学品的毒性数据缺口，以提高风险评价的效率。

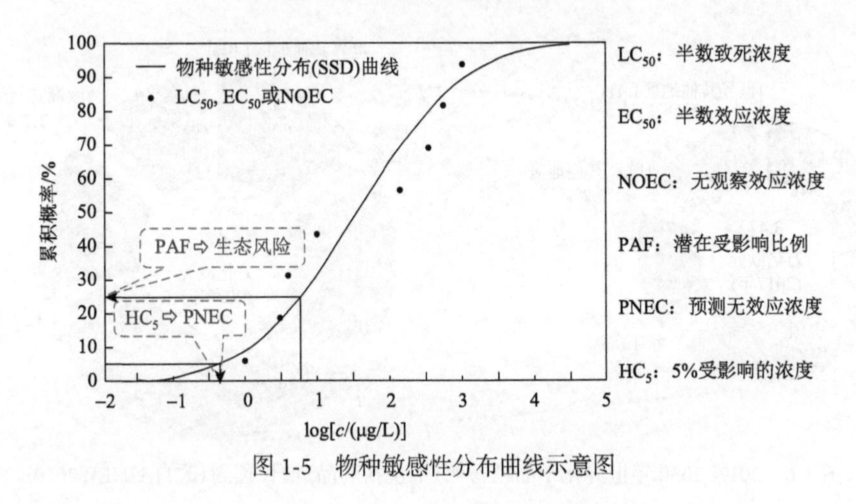

图 1-5　物种敏感性分布曲线示意图

1.2　化学品是可持续发展的双刃剑

可持续发展指既能满足当代人的需求，又对后代人满足其需求的能力不构成威胁的发展。化学品对于现代社会发展不可或缺。如果没有合成化学品，就没有现代社会的农业、工业、服务业，就没有人类社会高质量的生活品质。但是，化学品污染也对人类和生态环境产生不利影响，威胁着人类社会的生存和发展。因此，实现可持续发展，需要科学合理地利用化学品，兴利除弊，对其进行健全管理。

1.2.1　化学品对可持续发展的促进作用

化学品随着化学工业的发展而不断产生。据欧洲化学工业理事会统计，2000~2017 年，全球化学工业产能（不包括药品）几乎翻了一番，从大约 12 亿吨增加到 23 亿吨。若将药品包括在内，2017 年化学工业的全球销售额合计为 5.68 万亿美元，为世界第二大制造业。如图 1-6 所示，从 2017 年至 2030 年，化学工业的销售额预计将再翻一番（UNEP, 2019）。

农用化学品如化肥、农药等有助于粮食增产，在减少全球饥饿人口方面做出了巨大贡献。据联合国粮农组织（Food and Agriculture Organization of the United Nations, FAO）发布的《2020 年世界粮食及农业统计年鉴》统计，2018 年，全世界化肥用量已经增加到 1.88 亿吨。从 2000 年到 2018 年，全球农药使用量增加三分之一，达到每年 410 万吨。图 1-7 展示了 2000~2018 年间各大洲化肥和农药的用量。由于化肥和农药的使用，2018 年，主要农作物产量为 92 亿吨，比 2000 年增长约 50%。2005~2014 年间，随着粮食产量的增加，全球食物不足人数大幅下降（FAO, 2020）。

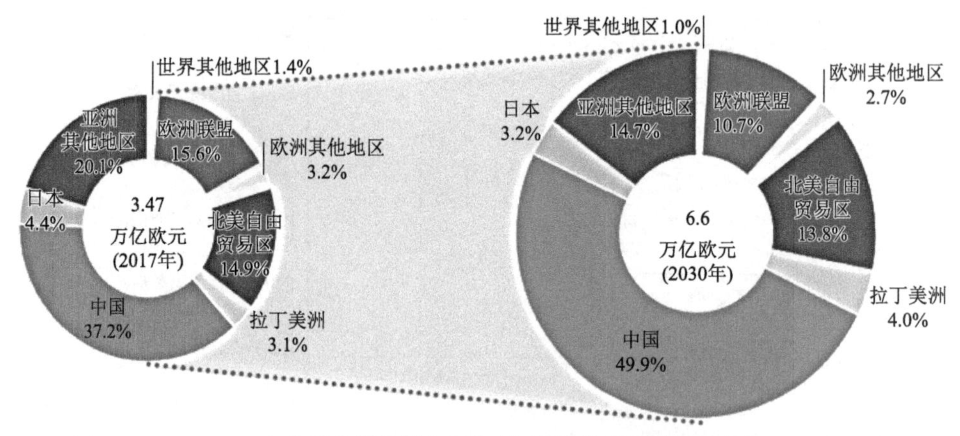

图 1-6　2017~2030 年世界化学品销售额（不包括药品）增长预测（改自 UNEP, 2019）

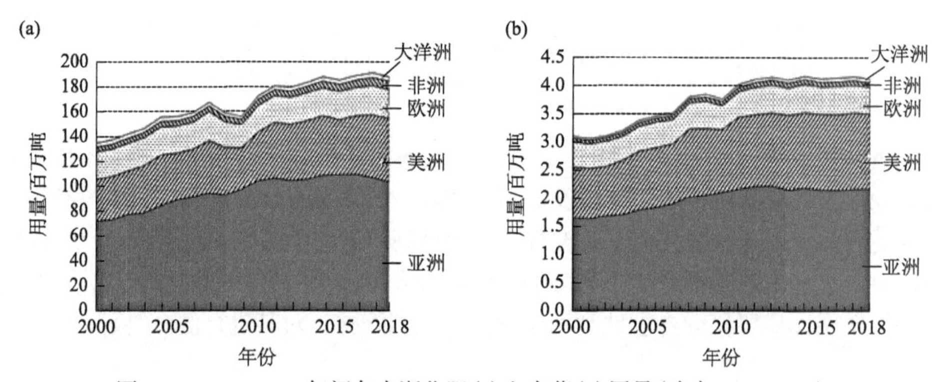

图 1-7　2000~2018 年间各大洲化肥（a）和农药（b）用量（改自 FAO, 2020）

医学诊断和药物开发中使用的化学品，促进了医疗行业的发展，提高了人类的健康水平。1928 年，英国细菌学家 Fleming 发现了青霉素，并在第一次世界大战期间进行了初步的提纯。1943 年已经有制药工厂掌握了青霉素批量生产的技术，开始大量生产青霉素，并应用于临床治疗。青霉素在第二次世界大战期间，在治疗细菌性感染疾病方面发挥了重要的作用。青霉素是第一个应用于临床的抗生素，它的研制成功不仅推动了抗菌药物的研发，更是开创了用抗生素治疗疾病的新纪元。

随着药物合成技术发展，各类安全有效的药物被批量生产，如激素类药物、抗生素类药物等，这些药物为人们治疗疾病提供了有力的保障，也使过去长期危害人类健康的常见病和多发病得到了有效的预防和控制。据世界卫生组织（World Health Organization, WHO）发布的《2020 年世界疟疾报告》统计，2000~2019 年，全球疟疾发病率有所下降，从每千名高危人口 80 例降至 57 例。疟疾的死亡人数稳步下降，从 2000 年的 73.6 万人下降到 2019 年的 40.9 万人（WHO, 2020）。这些成绩的取得，除了得益于医疗技术和卫生水平的提高，青蒿素等相关药物的开发与应用也发挥了巨大作用。

许多化学品成为人类发展的基本生活物质，在日常生活中提供了便利，提高了人类的生活质量。1883 年，英国发明家 Swan 研发了制作硝酸纤维素丝的方法，在人类历史上开辟了人工制造纤维的道路。涤纶、尼龙、腈纶和维纶等合成纤维也随着技术的发展相继出现，由于它们良好的性能在纺织行业被广泛应用。随着纺织工业的发展和化学纤维的应用，人类服饰的材质摆脱了对天然纤维的高度依赖。日常生活中使用肥皂、洗手液等化学制品可以改善手部卫生，减少病原体的传播，预防病毒感染。各种消毒剂的使用，为防控新冠肺炎病毒的传播发挥了至关重要的作用。

此外，水处理化学品有助于提升饮用水质量与改善卫生条件。许多国家水资源紧张，日益严重的干旱和荒漠化也在加重水资源匮乏的趋势。而天然水中含有较多杂质，需要经过处理后才能达到生活饮用水的标准。化学法是水处理过程中使用较为广泛的方法之一。中和剂、氧化剂、混凝剂、吸附剂、杀菌剂等水处理化学品，在天然水净化及污水处理过程中被大量使用，提高了水资源的利用效率。

食品添加剂类化学品因具有改善食品品质、提升食品口感和防止食品变质的作用而被广泛应用，如谷氨酸钠和糖精钠等调味剂、丁基羟基茴香醚和二丁基羟基甲苯等抗氧化剂，以及苯甲酸和山梨酸等防腐剂。这些化学制品利于食品的加工和保存，促进了食品行业的发展。

随着建筑材料类化学品的不断研发和改良，建筑结构材料(人造板材和人造石材等)、建筑防水材料(防水剂、沥青乳化剂等)和建筑密封材料(建筑胶、腻子等)被大量使用，提高了房屋的建造质量，极大改善了人类的居住条件。此外，20 世纪，以酚醛树脂和氯丁橡胶等合成化学品为代表的塑料和橡胶制品，普遍被应用于汽车、造船和航空等领域，促进了人类的交通出行。

综上，化学品及其相关产品在保障粮食安全、保证人体健康和提升人类生活质量等方面做出了巨大的贡献，对可持续发展起到了促进作用。

1.2.2 化学品对可持续发展的负面影响

一些化学品未得到健全的管理，对人类健康及环境造成了不利影响。大量化学污染物从化学品生产过程、最终的产品和产生的废物中释放出来，资源利用效率低下。例如，在药品生产中，每千克产品至少产生 25 kg 的废物(有时超过 100 kg)，在一些化学品生产过程中还会排放大量的温室气体。许多有害化学品可从各行业的最终产品中释放出来，例如电池回收过程中释放的重金属。表 1-1 总结了一些产品中的有毒物质。目前，已知的产品中化学品的信息和市场中产品数量相比，还是远远不够的，许多产品中的添加剂类化学品的信息尚不清楚。含有危险化学品的产品被随意丢弃，会使城市垃圾变成危险废物，例如电子垃圾是一个重要的危险废物来源。由于许多国家缺乏专业设施来科学回收或处理废物，产品中化学品向环境的直接排放、废物堆放场的化学品排放和化学品的非正规回收已成为环境污染的重要原因。

表 1-1　部分产品中的添加剂类化学品

产品类型	产品名称	化学添加剂	参考文献
建筑装饰材料	腻子粉、壁纸、油漆等	有机磷系阻燃剂	Wang Y et al., 2017
	地板	邻苯二甲酸酯(PAEs)	Xu et al., 2012
	电线、厨房用具	四溴双酚 A/S 衍生物、氮杂环溴代阻燃剂	Covaci et al., 2011
个人护理用品	女性卫生用品	PAEs	Gao et al., 2020
	化妆品(口红、指甲油、粉底、睫毛膏等)	有机磷酸酯(organophosphorus esters, OPEs)、PAEs、双酚类化合物及其衍生物、对羟基苯甲酸酯、苯甲酮类及苯并噻唑类紫外线稳定剂、抗氧化剂、全氟及多氟烷基化合物(PFASs)	Tang et al., 2021 Whitehead et al., 2021
纺织品	汽车坐垫、儿童座椅	合成酚类抗氧化剂、溴代阻燃剂、有机磷阻燃剂	Wu et al., 2019a,b Khaled et al., 2018
	衣服	溴代阻燃剂、苯并噻唑类、苯并三唑类、PAEs、双酚 A(BPA)及其衍生物、芳香胺类染料、OPEs、苯甲酮	Xue et al., 2017 Wang et al., 2019 Rovira et al., 2019 Zhu et al., 2020
食品	婴儿奶粉及奶酪等奶制品	三聚氰胺及其衍生物	Zhu et al., 2018
	肉类、蔬菜、食用油等	PAEs、对羟基苯甲酸酯	Schecter et al., 2013 Liao et al., 2013
食品包装材料	纸质餐具、包装袋	氟调聚醇、苯酮类及硫杂蒽酮类光引发剂	Yuan et al., 2016 Liu and Mabury, 2019
	快餐食品包装袋	PFASs	Schultes et al., 2019
医疗用品	新生儿重症监护室中的医疗用品，如注射器	BPA、对羟基苯甲酸酯	Iribarne-Durán et al., 2019
	医用口罩	合成酚类抗氧化剂、OPEs、苯并三唑类紫外线稳定剂、PAEs	Liu and Mabury, 2021 Xie et al., 2021 Xie et al., 2022

由化学品造成的污染在环境中普遍存在。全球部分地区的土壤受到有害化学品的污染，如多氯联苯、重金属和杀虫剂。在水体以及人类经常食用的海洋动物体内检测到了微塑料、药品残留、汞以及其他重点关注的化学污染物。许多污染物具有持久性和生物积累性，会在环境及人体中长期停留。有研究发现在新生儿脐带血中存在已经禁用的阻燃剂(Guo et al., 2016)。一些持久性有机污染物(persistent organic pollutants, POPs)具有长距离迁移性，会迁移到偏远的高纬度、

高海拔、极地或高山等寒冷地区。对南北极海洋沉积物污染进行评估，发现超过 60% 的样品中存在二噁英及其重要的前体物五氯酚和三氯生（Kobusińska et al., 2020）。

化学品造成的疾病负担严重。重金属或杀虫剂的急性毒性导致的死亡、铅暴露导致的智力残疾、石棉或二噁英暴露导致的癌症，以及各种化学品造成的内分泌紊乱，都是化学品对人体产生不利影响的例子。2011 年世界卫生组织（WHO）报告称，2004 年全球有 490 万人的死亡可归因于特定化学品的暴露和不当管理。2018 年 WHO 估计，化学品造成的疾病负担在 2016 年导致 160 万人死亡和 4500 万人伤残（图 1-8）。同时，WHO 也指出，由于这些数据仅是对具有可靠数据的一些特定化学品[如导致智力残疾的铅、职业性致癌物（如石棉和苯）以及与自我伤害有关的农药]的估算，对于全球所有化学品来讲，其造成的疾病负担可能被严重低估。

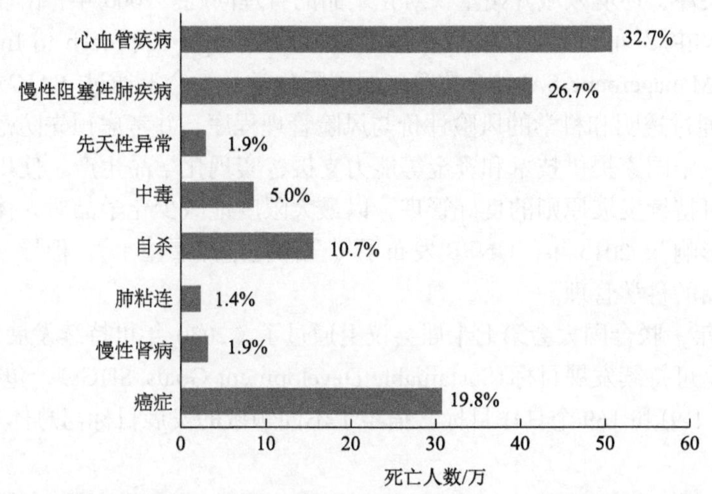

图 1-8　2016 年一些特定化学品导致的死亡（总数 160 万）的比例（改自 WHO, 2018）

化学品的污染威胁生物生存和生态系统功能。例如，溴代阻燃剂对鱼类具有神经和发育毒性，多氯联苯和全氟辛烷磺酸使海豹和海龟的免疫系统受到抑制。2018 年印度一项研究表明，在双氯酚酸禁用十年后，它的环境残留仍对秃鹫造成健康危害（Nambirajan et al., 2018）。1970 年以来美国和加拿大鸟类数量已减少 29%，有毒农药等化学品是造成这一现象的原因之一（Rosenberg et al., 2019）。危险化学品对生态系统也产生不利影响，例如，氟氯烃化合物的使用造成的臭氧层变薄。一些杀虫剂对非目标昆虫和蜜蜂等传粉昆虫以及养分循环和土壤呼吸有负面影响（UNEP, 2019）。

现有研究表明，地球起源于 46 亿年前的宇宙大爆炸。人类仅在 26 万年前诞生，相比之下，人类发展历程中发挥重要作用的化学品，出现的时间却非常短暂。1828 年德国化学家 Wöhler 首次合成了尿素，1908 年德国化学家 Haber 申请了合成氨合成塔的专利，才开启了人类大规模合成和应用化学品的时代。至 20 世纪 60 年代，人类大规模使用各种化学品导致对生态和人体健康的不利影响逐渐显现。1962 年，Rachel Carson 在《寂静的春天》中指出了人工合成化学品（如有机氯农药 DDT）污染对地球生态环境造成的危害，促使了人类环保意识的觉醒。100 多年来，由化学品引发的一系列环境问题成为了世界上各国关注的焦点。合成化学品成为人体与生态健康的重要风险源，其带来的危害也是人类可持续发展亟须解决的难题。

1.2.3　化学品管理与可持续发展

自 20 世纪 70 年代，由化学品引发的一系列环境问题逐渐为各个国家乃至国际社会所关注，环境领域开始重视对化学品的管理问题。2006 年，由联合国环境规划署（UNEP）发布的国际化学品管理战略方针（Strategic Approach to International Chemicals Management, SAICM）在第一届国际化学品大会上通过。SAICM 希望"到 2020 年，通过透明和科学的风险评价与风险管理程序，并考虑预先防范措施原则以及向发展中国家提供技术和资金等能力支援，实现化学品生产、使用以及危险废物符合可持续发展原则的良好管理，以最大限度地减少化学品对人体健康和环境的不利影响"。2013 年，UNEP 发布了《全球化学品展望 I》，倡导全球各国健全对化学品的科学管理。

2015 年，联合国大会第七十届会议上通过了《2030 年可持续发展议程》，其核心内容是可持续发展目标（Sustainable Development Goals, SDGs），包括 17 个宏观目标（图 1-9）和 169 个具体目标，描绘了不同领域的发展目标与总体方向。

图 1-9　可持续发展目标（UNEP, 2021）

值得指出的是，目标 3 提到，"至 2030 年，大幅减少危险化学品以及空气、水和土壤污染导致的死亡和患病人数”。目标 12 指出，“至 2020 年，实现化学品和所有废物在整个生命周期内的无害环境管理，并大幅减少它们排入大气以及渗漏到水和土壤的概率，尽可能降低它们对人体健康和环境造成的负面影响”。这两项包含了可持续发展对化学品管理的直接目标。此外，若不考虑化学品管理问题，如清洁能源、住房安全的管理，一些化学品密集部门相关的可持续发展目标也难以实现。所以，化学品及化学品管理问题直接或者间接地反映在许多 SDGs 之中，贯穿于 17 个可持续发展目标。

2019 年，第四届联合国环境大会正式发布《全球化学品展望Ⅱ》，指出“最大限度减少化学品和废物的不利影响，这一全球目标无法在 2020 年实现”，“需要进一步加强科技对化学品管理的支撑作用，填补包括化学品的危害性在内的数据空白和未知领域”（UNEP, 2019）。一方面，化学品环境暴露、危害性、风险性方面的数据和知识缺乏，既有化学品和新化学品种类、数目、产量和用量数据存在空白，化学品在生产和使用过程中的释放、各种场景下的暴露、不利健康效应也不完全明确。另一方面，不同时空尺度上化学品数据可获得性的差异，为制定标准和基准、判断趋势、发现新问题并识别优先级方面带来了巨大的挑战。因此，解决化学品管理中存在的科学技术问题，可为人类可持续发展提供更好的方案。

1.3　国际化学品管理

为健全化学品管理，国际组织与各国政府积极制定国际条约以及相关法规和政策，旨在实现全球范围内化学品管理的规范化。

1.3.1　国际组织的化学品管理

1972 年，在瑞典斯德哥尔摩召开的联合国人类与环境会议，是人类历史上第一次国际环境会议，也是国际化学品管理运动的起点。会议提出：应重点关注化学品对人类和自然环境的危害，在国际上开展化学品环境与健康危害基本信息的收集和交流活动，对人类直接或间接接触的各种环境污染物，进行早期预警和预先防范，并评价其对人类健康的潜在风险。

UNEP 于 1976 年成立国际潜在有毒化学品登记中心（International Register of Potentially Toxic Chemicals, IRPTC），主要任务是收集、保存和发布化学品健康和环境效应的相关信息。WHO 与 UNEP、国际劳工组织（International Labor Organization, ILO）于 1980 年联合组织国际化学品安全规划署（International Programme on Chemical Safety, IPCS），其任务是联合开展化学品的环境与健康风险评价。

在随后的 20 年里，IRPTC 逐步开发了一个化学品信息数据库，或称为数据银行，在全球各地建有信息交流网络。一方面收集、整理化学品信息，建立科学的数据库系统，另一方面也提供信息咨询服务，定期发行相关出版物，向全球发布化学品信息。IPCS 则开展了化学品人体健康和环境风险评价，编制和出版化学品风险评价及环境、健康和安全相关文献，其中包括 200 多种化学品的环境健康基准(Environmental Health Criteria, EHC)，为全球化学品环境管理、公共卫生管理及安全管理活动提供重要依据，也为 20 世纪 90 年代全面开展的全球化学品风险削减行动打下信息基础。

20 世纪 80 年代，国际社会陆续签订化学品环境管理相关的国际公约，如《关于消耗臭氧层物质的蒙特利尔议定书》(Montreal Protocol on Substances that Deplete the Ozone Layer，以下简称《蒙特利尔议定书》)和《控制危险废物越境转移及其处置的巴塞尔公约》(Basel Convention on the Control of Transboundary Movements of Hazardous Wastes and Their Disposal)。前者是国际社会首次针对特定的环境危害化学品采取统一淘汰或消除行动，后者则促进了有害化学废物的安全处置，二者对国际化学品环境管理的组织和发展皆起到先导性作用。1990 年，在国际劳工组织的倡议组织下，世界各国签订《作业场所安全使用化学品公约》；随后于 1993 年，签订《预防重大工业事故的公约》。这两项国际公约的施行对各国普遍推行化学品分类、注册、标签、化学品安全技术说明书(Safety Data Sheets, SDS)和重大危险源管理等一系列化学品职业安全管理制度发挥了重要作用。

1992 年，联合国环境与发展大会(United Nations Conference on Environment and Development, UNCED)以“化学品的环境无害化管理，包括防止有毒和危险产品的非法国际运输”为主题，将化学品管理纳入全球可持续发展战略规划——《21 世纪议程》。《21 世纪议程》提出国际化学品管理政策纲领和行动规划，建立政府间化学品安全论坛(International Forum on Chemical Safety, IFCS)和组织间化学品良效管理机制(Inter-Organization Programme for the Sound Management of Chemicals, IOMC)等化学品环境管理国际协调机制，推动《关于在国际贸易中对某些危险化学品和农药采用事先知情同意程序的鹿特丹公约》(Rotterdam Convention on the Prior Informed Consent Procedure for Certain Hazardous Chemicals and Pesticides in International Trade，以下简称《鹿特丹公约》)和《关于持久性有机污染物的斯德哥尔摩公约》(Stockholm Convention on Persistent Organic Pollutants，以下简称《斯德哥尔摩公约》)等化学品国际公约的签订，化学品管理开始成为世界环境保护与可持续发展的一项重要议题。

自 1992 年 UNCED 以来，国际化学品领域出现了一个明显的趋势：政府间组织与各国政府积极通过制定国际条约，在全球范围内对化学品进行管理和规范。尽管有关化学品的环境公约不断制定，全球化学品管理仍存在许多空白和执行不尽如人意的地方(毛岩等, 2007)。

2002 年，世界可持续发展首脑会议(World Sustainable Development Summit,

WSSD）继承并发展《21世纪议程》所提出的国际化学品管理战略，将“到2020年实现化学品生产、使用以及危险废物符合可持续发展原则的健全管理，以最大限度减少化学品对人体健康和环境的不利影响（简称2020目标）”这一具有时限性的目标列入大会通过的《世界可持续发展首脑会议执行计划》。

为实现2020目标，在UNEP的组织下，各国政府、国际组织、产业界和非政府组织于2006年共同达成了“国际化学品管理战略方针”（SAICM）。SAICM提出国际化学品管理的总体政策战略（Overarching Policy Strategy, OPS）及全球行动计划（Global Plan of Action, GPA），综合涵盖了环境保护、公共健康和职业安全等化学品管理各主要相关领域，倡导世界各国共同实施，以全面保护人类健康和生态环境，实现可持续发展。

SAICM除作为一项全球化学品管理的统一战略规划之外，更重要的是其建立了面向未来的国际新化学物质政策议题平台，为国际社会不断拓展和完善全球化学品管理奠定了基础。2009年，在作为SAICM决议机制的国际化学品管理大会的第二次会议（Second Session of the International Conference for Chemicals Management, ICCM2）上，“涂料中的铅”、“电子电器产品生命周期中的有害物质管理”、“产品中的化学品”、“纳米材料”以及“全氟化合物”被提议为国际化学品管理新兴政策问题，促使国际社会各界拟订和实施相应的风险管理计划。在2015年召开的国际化学品管理大会的第四次会议（Fourth Session of the International Conference for Chemicals Management, ICCM4）上，进一步将“内分泌干扰物质”、“高危害农药”和“环境持久性药物”等列为国际新化学物质政策问题，并探讨了2020年以后全球化学品管理的发展方向。

1.3.2　发达国家的化学品管理

从20世纪70年代中期开始，美国、日本、欧洲等发达国家和地区相继制定并不断完善化学品安全和环境管理法律法规，以加强对危险化学品的管理。至80年代中期，发达国家已普遍建立一整套化学品安全管理法规标准体系，包括新化学物质申报登记制度、优先化学品筛选评价制度、危险化学品分类、包装及标签、化学品风险评价和风险管理、化学品测试合格实验室和信息管理技术支持体系等。

1. 美国

从1970年颁布《职业安全卫生法》（Occupational Safety and Health Act, OSH Act）至今，美国已形成了相对完善的化学品管理法规体系和较为有序的管理机构体制，基本实现化学品的全生命周期管理。美国涉及化学品管理的立法有10余部，主要包括：OSH Act、《有毒物质控制法》（Toxic Substances Control Act, TSCA）、《21世纪化学品安全法》（The Frank R. Lautenberg Chemical Safety for the 21st Century Act,

LCSA)、《联邦有害物质管理法》(Federal Hazardous Substances Act, FHSA)、《应急计划与公众知情权法》(Emergency Planning and Community Right-to-Know Act, EPCRA)、《消费品安全改进法案》(Consumer Product Safety Improvement Act, CPSIA)、《危险物品运输法》(Hazardous Materials Transportation Act, HMTA)等。上述法律法规分别在化学品生产、运输、加工处理、使用以及废弃化学品处理过程等环节对其实施管理。

美国 1976 年颁布的《有毒物质控制法》(TSCA)赋予美国环境保护局(U. S. Environmental Protection Agency, U. S. EPA)管理商业范围内化学物质的权利，是美国历史上第一部管理、控制有毒物质生产和使用的专门立法。《有毒物质控制法》第 8(b)节要求 U. S. EPA 编制、更新并公布在美国制造或加工(包括进口)的化学物质清单以供 TSCA 使用。这份清单也称为“TSCA 清单”，它在美国工业化学品的监管中发挥着核心作用。目前，TSCA 清单已列出超过 86000 种化学品。TSCA 规定：如果某种化学品在清单中，则该物质在美国被视为“既有”化学物质，反之被视为“新化学物质”。TSCA 第 5 节要求任何计划为非豁免商业目的制造新化学物质的人，在行动前至少 90 天向 U. S. EPA 提供生产前通知(Premanufacture Notice, PMN)。

自 1976 年以来，TSCA 在实施中也逐渐暴露出许多问题(叶旌等, 2019)：现有化学物质信息收集渠道有限，评估数据缺口大；新化学物质测试数据缺乏，政府管理负担重；商业保密信息制约数据获取和有效利用；地方管理计划与联邦政府管理交叉，影响管理有效性。

TSCA 史上共经历 3 次修订，第一次修订在 1986 年，主要针对学校、公共场所及商业大厦中的石棉危害做相关规定。第二次修订在 1988 年，主要是对室内的氡污染做相关规定。这两次修订只是对 TSCA 进行补充性规定，管理思路和主体结构并未进行改变。第三次修订在 2016 年，时任美国总统奥巴马通过并签署了 21 世纪化学品安全法案(LCSA)，该法案对 TSCA 进行了全面修订，是 TSCA 史上的重大修订。TSCA 的管理思路进行了重大调整，改变了原有的“基于全部已知信息”的宽松式审查要求，强制要求 U. S. EPA 根据优先级别对既有化学物质进行风险评估。在规定期限内，对高风险的化学品采取禁止或替代措施，根据风险评估的结论，对新化学物质和既有化学物质的重要新用途进行严格市场准入管理。

2. 日本

日本在 1973 年颁布了世界上第一部化学品管理专项法规《化学物质审查与生产控制法》(简称《化审法》)。目前，日本的化学品管理体系相对健全，管理部门主要涉及经济产业省、环境省和厚生劳动省；在化学品管理法规方面，日本陆续出台了《化审法》、《特定化学物质环境登记管理法》(简称《化管法》)、《含有有害物质家庭用品控制法》、《特定危险废物进出口控制法》和《工业安全与健康法》等近 50 部涉及化学品安全的法律法规，涵盖了化学品全生命周期。

3. 欧盟

在全球范围内，欧盟是化学品管理法规最健全、管理体制最完善的地区，早在 2006 年就通过《化学品的注册、评估、授权和限制》(Registration, Evaluation and Authorization of Chemicals, REACH)法规，是目前世界上最严格的化学品管理法规，该法规最早引入基于风险的化学品管理理念。这部极具标志性的法规自 2007 年起正式生效并已经成为世界各国争相效仿的法规模式。此外，欧盟基于联合国《全球化学品统一分类和标签制度》(Globally Harmonized System of Classification and Labelling of Chemicals, GHS)，制定《欧盟物质和混合物分类、标签和包装法规》(Classification, Labelling and Packaging, CLP)，并在 2012 年公布“化学品分类和标签目录”(Classification and Labelling Inventory)(https://echa.europa.eu/information-on-chemicals/cl-inventory-database)，涵盖约 10 万种化学物质，该目录是迄今为止全球范围内最大的物质自分类数据库。

1.4 中国的化学品管理

2015 年开始实施的《中华人民共和国环境保护法》(2014 修订版)第四十八条指出“生产、储存、运输、销售、使用、处置化学物品和含有放射性物质的物品，应当遵守国家有关规定，防止污染环境”，为我国化学品的环境管理，提供了根本遵循。

2022 年 5 月 24 日，国务院发布了《新污染物治理行动方案》。该方案是我国生态文明建设进入经济社会发展全面绿色转型、实现生态环境质量改善由量变到质变的关键期的关键举措。该方案要求严格源头管控，防范新污染物产生，切实保障生态环境安全和人民健康，将采用倒逼机制，有力推动我国的化学品风险管理。

1.4.1 中国的化学品管理法规概要

我国化学品管理的法规体系始建于 20 世纪 80 年代，涉及经济产业、流通贸易、产品质量、职业安全、农业、公共卫生和环境保护等多个领域。目前代表性的法规有：

(1)《危险化学品安全管理条例》：为加强危险化学品的安全管理，预防和减少危险化学品事故，国务院于 2002 年 1 月 26 日发布此条例，自 2002 年 3 月 15 日起施行，2013 年 12 月国务院对此条例进行第二次修订。

(2)《农药管理条例》：为加强农药管理，保障农产品质量安全和人畜安全，保护农林生产和生态环境，国务院于 1997 年 5 月 8 日发布并施行此条例，2017 年国务院对此条例进行第二次修订。

(3)《使用有毒物品作业场所劳动保护条例》：为保证作业场所安全使用有毒物品，预防、控制和消除职业中毒危害，保护劳动者的生命安全、身体健康及其相关权益，根据《职业病防治法》和其他有关法律、行政法规的规定，国务院于 2002 年 5 月 12 日发布并施行此条例。

(4)《易制毒化学品管理条例》：为加强易制毒化学品管理，规范易制毒化学品的生产、经营、购买、运输和进出口行为，防止易制毒化学品被用于制造毒品，维护经济和社会秩序，国务院于 2005 年 8 月 26 日发布此条例，自 2005 年 11 月 1 日起施行，2018 年 9 月国务院对此条例进行了第三次修订。

(5)《中华人民共和国监控化学品管理条例》：为了加强对监控化学品的管理，保障公民的人身安全和保护环境，国务院于 1995 年 12 月 27 日发布并施行此条例，2011 年 1 月国务院对此条例进行了第一次修订。监控化学品，指可作为化学武器的化学品、可作为生产化学武器前体的化学品、可作为生产化学武器主要原料的化学品以及除炸药和纯碳氢化合物外的特定有机化学品。

(6)《化妆品卫生监督条例》：为规范化妆品生产经营活动，加强化妆品监督管理，保证化妆品质量安全，保障消费者健康，国务院于 2020 年 6 月 16 日发布此条例，自 2021 年 1 月 1 日起正式施行。

1.4.2 中国新化学物质环境管理办法

我国对新化学物质实行环境管理登记制度。新化学物质环境管理登记分为常规登记、简易登记和备案。新化学物质的生产者或者进口者，应当在生产前或者进口前取得新化学物质环境管理常规登记证或者简易登记证或者办理新化学物质环境管理备案。这里的新化学物质，是指未列入《中国现有化学物质名录》的化学物质。

《中国现有化学物质名录》由国务院生态环境主管部门组织制定、调整并公布，包括 2003 年 10 月 15 日前已在我国境内生产、销售、加工使用或者进口的化学物质，以及 2003 年 10 月 15 日以后根据新化学物质环境管理有关规定列入的化学物质。已列入《中国现有化学物质名录》的化学物质，按照既有化学物质进行环境管理。但在《中国现有化学物质名录》中规定实施新用途环境管理的化学物质，用于允许用途以外的其他工业用途的，按照新化学物质进行环境管理。

为规范新化学物质环境管理登记行为，科学、有效评估和管控新化学物质环境风险，聚焦对环境和健康可能造成较大风险的新化学物质，保护生态环境，保障公众健康，国家环境保护总局(现生态环境部)于 2003 年 9 月 12 日首次发布《新化学物质环境管理办法》，其在 2010 年 1 月 19 日第一次被修订，在 2020 年 4 月 29 日第二次被修订并更名为《新化学物质环境管理登记办法》，自 2021 年 1 月 1 日起施行。该办法适用于在中华人民共和国境内从事新化学物质研究、生产、进口和加工使用活动的环境管理登记，但进口后在海关特殊监管区内存放且未经任何加工即全部出口的新化学物质除外。

新化学物质环境管理登记，坚持源头准入、风险防范、分类管理，重点管控具有持久性、生物积累性、对环境或者健康危害性大，或者在环境中可能长期存在并对环境和健康造成较大风险的新化学物质。

1.4.3　中国化学品管理的国际履约

为履行《蒙特利尔议定书》、《鹿特丹公约》和《斯德哥尔摩公约》，我国政府采取了一系列行政立法措施。为加强对消耗臭氧层物质的管理，履行《保护臭氧层维也纳公约》和《蒙特利尔议定书》规定的义务，保护臭氧层和生态环境，保障人体健康，根据《中华人民共和国大气污染防治法》，国务院于 2010 年 4 月 8 日发布《消耗臭氧层物质管理条例》，自 2010 年 6 月 1 日起施行。《消耗臭氧层物质管理条例》中所称消耗臭氧层物质，是指对臭氧层有破坏作用并列入《中国受控消耗臭氧层物质清单》的化学品。

为履行《蒙特利尔议定书》及其修正案，加强对我国消耗臭氧层物质进出口管理，根据《消耗臭氧层物质管理条例》，环境保护部（现生态环境部）、商务部和海关总署于 2014 年 1 月 21 日发布《消耗臭氧层物质进出口管理办法》，自 2014 年 3 月 1 日起施行。

我国在 1994 年已颁布《化学品首次进口及有毒化学品进出口环境管理规定》，以执行《关于化学品国际贸易资料交流的伦敦准则》（London Guidelines for the Exchange of Information on Chemicals in International Trade，以下简称《伦敦准则》）。后《伦敦准则》上升为《鹿特丹公约》，该法规成为我国履行《鹿特丹公约》的基本规章，同时也是我国履行《斯德哥尔摩公约》进出口义务的重要法规。《中国严格限制的有毒化学品目录》也充分结合《鹿特丹公约》《斯德哥尔摩公约》中受控化学品清单。此外，农业部根据《鹿特丹公约》要求，适时将公约所列农药补充列入《中华人民共和国进出口农药管理名录》，相应农药进出口单位须向农业部申请“农药进出口登记管理放行通知单”。

为履行《斯德哥尔摩公约》，环境保护部（现生态环境部）、国家发展改革委、工业和信息化部、住房和城乡建设部、农业部、商务部、卫生和计划生育委员会、海关总署、质检总局和安监总局于 2009 年联合发布《关于禁止生产、流通、使用和进出口滴滴涕、氯丹、灭蚁灵及六氯苯的联合公告》，提出：“为履行《关于持久性有机污染物的斯德哥尔摩公约》，禁止生产、流通、使用和进出口滴滴涕、氯丹、灭蚁灵及六氯苯(除紧急情况下用于病媒防治的滴滴涕及有限场地封闭体系中间体滴滴涕的生产和使用外)”，从而全面禁止上述 4 种公约首批规定的杀虫剂类 POPs 的生产、流通、使用和进出口。

为履行《斯德哥尔摩公约》，削减和控制二噁英的排放，环境保护部(现生态环境部)、外交部、国家发展改革委、科技部、工业和信息化部、住房和城乡建设部、商务部和国家质量监督检验检疫总局于 2010 年联合发布《关于加强二噁英污染防治的指导意见》，提出加强环境准入和实施清洁生产审核等一系列二噁英污染防治政策，对重点行业(例如铁矿石烧结、电弧炉炼钢、再生有色金属生产、废弃物焚烧及殡葬火化行业)提出二噁英污染防治的技术要求，以及建立和完善二噁英污染防治的长效管理机制。

2013 年 8 月 30 日，第十二届全国人大常委会第四次会议审议批准《斯德哥尔摩公约》新增列九种 POPs 的《关于附件 A、附件 B 和附件 C 修正案》和新增列硫丹的《关于附件 A 修正案》，其对 α-六氯环己烷、β-六氯环己烷、林丹、十氯酮、五氯苯、六溴联苯、四溴二苯醚和五溴二苯醚、六溴二苯醚和七溴二苯醚、全氟辛基磺酸及其盐类和全氟辛基磺酰氟、硫丹等 10 种 POPs 作出淘汰或者限制的规定。上述《修正案》自 2014 年 3 月 26 日对我国生效。

2016 年 7 月 2 日，第十二届全国人大常委会第二十一次会议审议批准《〈关于持久性有机污染物的斯德哥尔摩公约〉新增列六溴环十二烷修正案》。新列入《公约》的 7 种 POPs：五氯苯酚及其盐类和酯类、全氟辛酸及其盐类和相关化合物、三氯杀螨醇、十溴联苯醚、六氯丁二烯、多氯代萘、短链氯化石蜡。这些物质我国尚未实施禁止或限制措施，尚处在面向各机关团体、企事业单位和个人，公开征集其在我国境内的生产、使用和替代情况的阶段。

1.4.4　中国化学品管理的相关标准

标准是化学品管理工作的重要依据，也是相关法规政策实施的技术基础，我国目前已形成了以国家标准为核心的多层级化学品管理标准体系(张蕾等, 2015)。

1. 化学品的 GHS 分类、标签和安全技术说明书

为实施《全球化学品统一分类和标签制度》(GHS)，我国建立了由工业和信息化部牵头生态环境部等多部门组成的实施 GHS 部际联席会议制度。国家质检总局和国家标准化委员会根据 GHS 颁布《基于 GHS 的化学品标签规范》(GB/T 22234—2008)、《化学品分类和危险性公示通则》(GB 13690—2009)和《化学品安全标签编写规定》(GB 15258—2009)，分别规定了依据化学物质的 GHS 危害性类别及级别的标签要素(符号、警示语、危险性说明等)、适用于化学品生产场所和消费品的有关 GHS 化学品分类及其危险性公示通则，以及 SDS 的术语和

定义、标签内容、制作和使用要求，并参照 GHS 制订 26 项化学品危害性鉴别与标识标准。国家质量监督检验检疫总局发布《关于进出口危险化学品及其包装检验监管有关问题的公告》(2012 年第 30 号公告)，对进出口的危险化学品的 GHS 分类标签情况实施检验。

2. PBT 化学品标准

国家质检总局和国家标准化委员会根据欧盟 REACH 法规附件ⅩⅢ关于 PBT 和高持久性和高生物累积性(vPvB)化学物质的鉴别标准，出台了《持久性、生物累积性和毒性物质及高持久性和高生物累积性物质的判定方法》(GB/T 24782—2009)。

3. 化学品的公共卫生监督标准

由国家卫计委和农业部联合制定的《食品安全国家标准食品中农药最大残留限量》(GB 2763—2012)，旨在保障食品安全，保护公共健康，其中规定 10 大类农产品的 322 种农药的 2293 个农药残留量限值。卫计委制定的《食品安全国家标准食品添加剂使用标准》(GB 2760—2011)规定 16 大类食品、23 个功能类别的 2314 种食品添加剂的使用范围、允许的最大使用量或残留量。卫生部还参考欧盟的化妆品规程，制订了《化妆品卫生规范》(2007 年版)，提出 1208 种化妆品中禁用物质、73 种限用物质以及 240 多种限用的防腐剂、着色剂和防晒剂等添加物质。

4. 化学品的环境污染防控审核和标准

根据我国《清洁生产促进法》《清洁生产审核办法》及环保部门相关规定，使用有毒、有害原料进行生产或在生产中排放有毒、有害物质的企业，需实施强制性清洁生产审核，以预防和控制有害化学品排放。同时，我国大气、水和土壤污染防治法分别提出了有毒化学污染物控制相关要求。相应的污染源排放和环境质量标准中都包含了多种化学品限控指标，例如《大气污染物综合排放标准》(GB 16297—1996)中包含约 30 种有机化合物和重金属等污染物最高允许排放浓度指标，《污水综合排放标准》(GB 8978—1996)中包含约 10 种重金属和 39 种有机化学品污染物指标，《地表水环境质量标准》(GB 3838—2002)中包括了 10 多种重金属和 68 种有机化学污染物指标，《地下水质量标准》(GB/T 14848—2017)中包括 20 种无机化合物和 49 种有机化合物指标。此外，按照《危险化学品环境管理登记办法》的要求，实施重点环境管理的危险化学品生产和使用企业，应发布其危险化学品排放、转移和监测等情况的报告。

5. 化学品的事故预防与应急管理

我国是《预防重大工业事故公约》(Prevention of Major Industrial Accidents

Convention)的缔约方，实行重大危险源管理制度和危险化学品事故应急预案制度。参照公约要求，我国制定了《重大危险源辨识》(GB 18218—2000)标准，此后修订为《危险化学品重大危险源辨识》(GB 18218—2009)，对重点危险源进行界定。通过《中华人民共和国安全生产法》、《中华人民共和国突发事件应对法》和《危险化学品安全管理条例》对重点危险源企业提出登记、报告以及建设选址等一系列管理要求。另外,《危险化学品安全管理条例》规定了危险化学品企业的应急预案制度。除上述化学品管理关键管制措施外，我国对于危险化学品建设项目还实施强化的环境影响评价管理，要求在环评中进行环境风险评估。近年来，我国对化学工业园区已出台环境保护要求，正在制定相应的安全生产管理办法。

1.4.5 中国化学品管理的挑战

我国现行的化学品管理，主要侧重化学品相关行业的安全生产、使用、排放和转移等方面，如对易燃、易爆、易腐蚀等化学品的安全生产审查、运输和使用监管等。面对我国化学工业体量巨大，化学品污染损害生态和人体健康的重大挑战，我国化学品管理需要从化学工业上下游全产业链出发，做好全面评价和管控化学品生态和人体健康风险的顶层设计。《新化学物质环境管理登记办法》的施行，使我国在科学系统管理化学品的环境和人体健康风险方面，迈出了坚实的一步。

然而，实现我国化学品的健全环境管理，还面临以下挑战：①相比发达国家较为成熟的化学品管理技术体系，我国在化学品管理领域发展历史较短，基础理论研究稍显落后，需要进一步加强化学品生态和人体健康风险预测与管理的核心技术研究，以期实现既有和新化学品的健全管理；②我国化学品环境管理法规的发展相对滞后，现有的一些管理技术规范大都因循国外，亟须制定符合我国国情的化学品环境管理法律法规，研发相关的技术规范、导则和标准，从而形成完整的化学品管理法规体系；③我国化学品管理领域人才储备相对不足，亟须培养一批具备化学品与环境健康知识背景、掌握化学品管理和风险预测前沿理论技术的专业人才。

1.5 化学品环境管理相关技术

化学品管理已从危害性管理过渡为风险管理。化学品环境风险管理需要同时考虑暴露与危害性(毒性)。为了更好地对化学品进行环境管理，化学品暴露数据与毒性数据的获取就显得尤为重要。随着环境计算化学与毒理学、环境系统工程、产业生态学等学科的发展，一系列新的化学品环境管理技术如计算毒理学技术、集成测试策略、环境系统工程方法等涌现出来，为化学品环境管理提供了高效的工具，有利于管理者做出科学严谨的决策。

1.5.1　计算毒理学

目前市场上有超过 35 万种化学品及其混合物被使用（Wang et al., 2020）。其中一些具有 PBT 性质的化学品一旦进入环境，就会对人体和生态健康构成危害。而以实验测试为主的风险评价技术，存在成本高、效率低、动物伦理等问题。因此，需要一套高通量、高效的化学品风险预测和评价方法。

计算毒理学是基于数学和计算机模型，采用分子生物学与化学等手段，揭示化学物质环境暴露、危害性与风险性之间的定性和定量关系的一门学科。计算毒理学技术的应用能够为评价化学物质的暴露、危害性和风险提供高通量的决策支持工具。在对化学品的环境风险进行评价与管理的过程中，计算毒理学能在多个阶段发挥作用（Kleinstreuer et al., 2021）。

经典的化学品风险评价框架包含 4 个环节：危害识别、暴露评价、剂量-效应评价、风险表征。最终的风险总是表现为“暴露值”与“效应阈值”的函数。计算毒理学的主要工作均围绕化学品“暴露值”与“效应阈值”及相关信息展开。

借鉴环境化学、物理化学、生理学、计算化学、系统毒理学等学科的理论与工具，一套面向现代风险评价需求，模拟化学品从暴露到效应的连续性过程，从而将化学品的源释放量、环境介质浓度、靶点暴露剂量、效应阈值等关键数据衔接起来的计算毒理学模型体系显现出来，见图 1-10。然而，针对某一化学品的模型体系，必须经过参数化调整才能适用于其他化学品，即模型体系中化学品的物理化学性质、环境行为参数和毒理学效应参数均需随之调整。此外，当前所掌握的毒性效应机制仍不足以实现“透明”模型的构建，仍需借助“剂量-效应关系”实验以测定毒性效应阈值。在计算毒理学领域，主要由定量结构-活性关系（quantitative structure-activity relationship, QSAR）模型提供大量化学品的暴露和效应模拟所依赖的基础参数，见图 1-10。

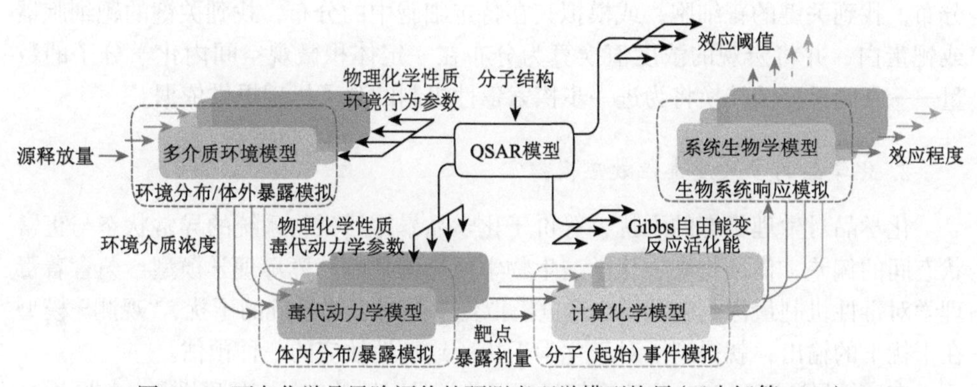

图 1-10　面向化学品风险评价的预测毒理学模型格局（王中钰等, 2016）

1. 化学品的环境暴露模拟

暴露是化学物质产生毒性效应的前提条件。从暴露组学的角度来看，生命本身就是暴露组与基因组相互作用的过程。计算毒理学为了模拟暴露的复杂过程，首先需要抽象出数学模型，通常从化学品进入环境的排放量出发，构建不同尺度的模型来估算化学品的环境浓度水平，进而定义特定的暴露场景，计算生物体摄入量，并推算分布于靶组织的剂量或抵达生物大分子周边的化学分子数量。

化学物质在环境介质中的浓度水平是暴露评价的基础。在获得化学品的环境输入量以后，可以通过基于逸度原理的多介质环境模型来定量地描述化学品在多介质环境中的分布。多介质环境模型(远场模型)可用于粗略地评估化学物质的环境浓度水平，然而对于暴露源与受关注生物体距离较近的情况，暴露源对其周围环境浓度的贡献超过环境背景值，此时可构建暴露模型(近场模型)加以模拟。根据化学物质在生物体外或体内，暴露可以分为外暴露和内暴露。内暴露是外暴露在时间与空间上的自然延续。由于生物体内不同部位对同一种化学物质的暴露所产生的效应不同，研究化学物质在生物体内的分布对于了解毒性效应机制非常有意义。计算毒理学借助毒代动力学模型来模拟化学品的内暴露浓度。

化学品经多种暴露途径进入生物体后，随着生物的体液分布于各器官、组织及细胞，并被生物酶代谢转化，凡是涉及生物体对化学品的吸收、分布、代谢、排泄与毒性(ADME/T)的过程，均属于化学物质的毒代动力学研究范畴。基于生理毒代动力学(PBTK)模型在 ADME/T 研究中被广泛采用。以哺乳动物为例，PBTK 模型根据生理学构造划分成肺、肝、静脉、动脉等具有重要毒理学意义的“室”，根据“室”之间的联系列出质量/流量守恒微分方程组，继而求解各“室”的物质浓度。利用 PBTK 模型还可以从血液或尿液浓度反向求解摄入总量，把生物监测数据与暴露估计值合理关联在一起，从而在一定程度上验证 PBTK 模型的合理性。根据研究需要，还可以进一步基于生物物理原理，模拟化学物质在特定器官中的分布，找到关键的靶细胞，或模拟其在特定细胞中的分布，找到关键的靶细胞器或靶蛋白，并将宏观的浓度值换算为分布在一定体积微观空间内化学分子的数量——空间尺度的转换将为进一步探索毒性机制的分子机理提供依据。

2. 化学品的多尺度毒性效应模拟

化学品对生理稳态的干扰，等价于化学品暴露后生物系统的异常状态与正常状态间的偏差。借助物理、化学、生物学原理构建的计算毒理学模型，蕴含着毒理学对毒性机制最深刻的认识。通过模拟化学品对生物系统的干扰，“观测”模型在干扰下的输出，就得到了对于化学干扰所致毒性效应的一种预估。

有害结局通路(AOPs)概念框架呈现了化学品毒性效应的多尺度图景。如图 1-11

所示，AOPs 框架假设化学物质的毒性源于其与生物大分子的相互作用即分子起始事件(molecular initiating events, MIEs)，最终宏观尺度表现出的有害效应由 MIEs 后触发的细胞信号传导等一系列关键事件引发。

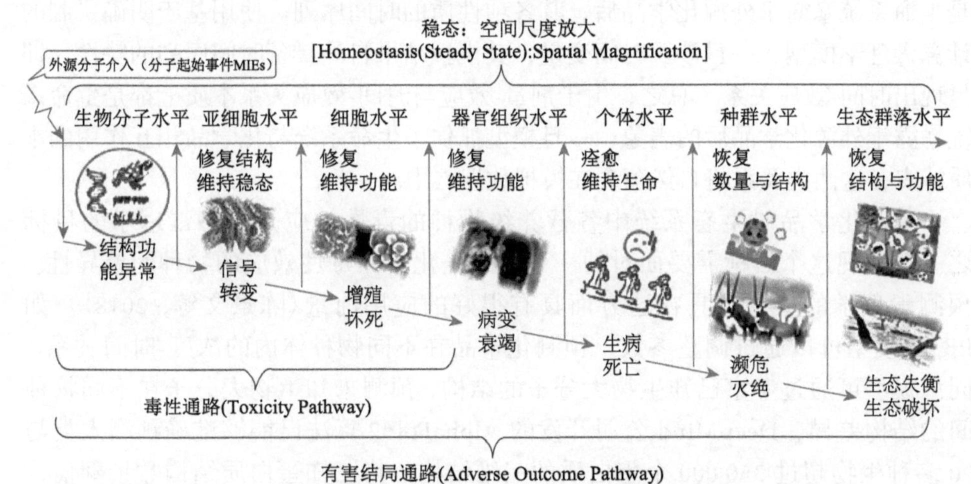

图 1-11 跨越多尺度的化学品(生态)毒性效应(王中钰等, 2016)

参考 AOPs 框架由微观到宏观研究化学品毒性效应的思想，可以构建出不同尺度下的计算毒理学模型。

化学品毒性效应始于 MIEs，计算毒理学可借助计算化学的方法，构建毒性物质-生物大分子靶标的分子模型，模拟并观测其行为，从而使得探索分子水平的机理成为可能。尽管基于量子力学或经典力学的计算化学与分子模型方法在毒理学应用中存在计算量大、生物大分子三维结构信息缺失等问题，但它仍然提供了非实验环境将化学物质纳入生物系统的接口，而这正是化学品毒性效应链的起点。

化学品触发 MIEs 之后，激活受体蛋白调控的毒性通路，可进一步引起后续响应。细胞行为受到细胞内部信号通路网络的精细调控。计算系统生物学通路(computational systems biology pathway, CSBP)模型假设网络中的分子浓度在细胞质或细胞核空间中完全均匀混合并可以用连续变量表达，构建常微分方程来描述细胞信号网络，是动态通路模拟的重要工具。然而，要真实还原细胞内拥挤的空间，需要借助其他形式的模型，如基于主体的模型(agent-based model, ABM)。当主体为单个细胞时，ABM 可以在细胞、组织或器官的尺度进行模拟。器官由分化的细胞组织有机组成，根据器官内组织的空间分布，即可构建出虚拟器官，用于预测化学品诱导的细胞异常与组织病理现象。

与发挥稳定生理功能的器官和组织不同，作为生殖与发育毒理学的研究对象，胚胎处于动态变化之中，复杂程度堪比一个微缩的生命体。受限于目前的科学水平与建模能力，采用生物信息学手段发掘的经验规律仍然具有较高的实用价值。

剂量-效应关系是生命系统暴露于外源化学品所涌现出的表象。CSBP 模型可被用于描述生物化学系统的回复力与适应性，从而计算细胞尺度的毒性阈值，进而为推断组织、器官、个体尺度的毒性效应阈值提供依据。时间-效应关系的本质是生命系统暴露于外源化学品后，其各项性质的时间序列。使用基于明确机制的计算毒理学模型，一旦涉及时间变量，其模拟结果自然具备时间序列的特性，即呈现出时间-效应关系。总之，由于剂量-效应与时间-效应关系本质上都是生命系统暴露于外源化学品后的表象，一旦模型抓住了生命系统与化学品相互作用的本质特点，这两类关系将自然蕴含在模拟数据之中。

揭示化学品对生态系统中各营养级物种的毒性效应是生态毒理学的目标之一。实现这个目标需要面对的一个挑战是化学品毒性效应的物种间差异性。预测毒理学的一些工具在这方面具有很好的应用前景（陈景文等，2018）。如 PBTK 模型可以通过调整参数，预测化学品在不同物种体内的浓度-时间关系。同源模型可通过考察已知生物大分子的结构，预测未知生物大分子在不同物种间的结构差异，DeepMind 公司开发的 AlphaFold2 算法已能够准确预测人类与 20 多种生物超过 350 000 个蛋白质的三维结构，将已知蛋白质结构数量翻倍，为生物大分子的同源模型乃至毒性跨物种外推奠定了数据基础。在得到生物体内化学品浓度-时间关系和基于生物大分子结构的化学品毒性数据后，利用 ABM 模型可构建出虚拟组织、器官，乃至个体，进而实现跨物种的毒效动力学模拟。

生态系统可以类比于稳态下的生命体，计算毒理学可以为基于应激源的生态位概念提供定量的工具。由图 1-11 可知，个体生命的存活、发育和繁殖造成的变动与影响可以自然地延伸到种群、群落乃至整个生态系统，体现为流行病学层次的现象或生态毒性效应。因此，将生物个体定义为主体，并赋予其行为活动的规则时，就可以结合空间环境数据构建物种分布时间空间模型，使用空间环境数据推断物种的分布区及其对栖息地的适应性，在此基础上确定物种生态位的时空间成分，从而直观地表征个体与环境之间的关系，定量预测种群、群落乃至整个生态系统的有害结局，并提供化学品污染的警戒线。

3. 基于化学品分子结构的理化性质、环境行为和毒理效应预测

如前所述，为单一化学品构建的暴露-效应模型体系须经过调整才能适用于其他化学品，即模型体系中一切化学品的物理化学性质、环境行为、毒理效应参数等均需随之调整。而数量众多化学品的理化性质、环境行为和毒理效应数据的缺失，是计算毒理学需要应对的一个关键问题。

分子结构是决定有机化学品物理化学性质、环境行为和毒理学效应的内因。因此，可依据分子结构信息预测化学品的理化性质、环境行为和毒理学效应参数。

基于分子结构定量预测化学品物理化学性质、环境行为和毒理学效应参数的数学模型，统称为定量结构-活性关系(QSAR)模型。

构建 QSAR 模型需要以下三种基本要素：一组化学品理化性质/环境行为/毒理效应参数的数据集、一组描述分子结构或结构相关特性的数据集(分子结构描述符、分子特征参数)和一种能够关联两组数据集的方法。得到初步数学模型之后，还需进一步验证模型的稳健性并表征其应用域(陈景文等, 2018)。

由 QSAR 模型的构建过程易知，预测参数与筛选出的分子结构描述符之间的关联程度对 QSAR 预测的可靠性有重要影响。毒性通路概念的提出有助于梳理出特定的毒性作用模式, 从而根据相对透明的机理构建预测效果更好的 QSAR 模型。除此之外，通过与计算化学结合、考虑溶剂效应、发展基于受体蛋白结构的打分函数等方法都可以扩展描述符的空间，从而提升 QSAR 模型的可靠性。

1.5.2　集成测试策略

长久以来，有学者出于对动物伦理、经济、科学方面的考虑，呼吁减少在预测、评估化学品环境危害与风险时对动物实验的依赖。这使得研发非动物实验的测试方法，如细胞毒性测试以及前文提到的计算毒理学等，变得尤为重要。这些新方法的发展，使得基于不同水平的毒性测试方法逐渐复杂化与多样化，同时也产生了大量的相关数据。但这些新方法多用于解决特定问题，而对实际化学品监管问题进行决策时，往往需要从多个角度综合考虑，仅参考单一测试方法的结果不利于解决现实问题。因此，当认识到单一测试方法的局限性后，开发可以利用现有数据，智能地、有选择地将各种测试方法结合起来使用的集成测试策略(integrated testing strategy, ITS)便成为必然。

ITS 是一种利用统计学模型和数学模型, 同时将多个不同来源的数据信息处理并转化为预测信息，以指导最终决策的策略。ITS 包含 3 个主要步骤：尽可能多地挖掘相关数据；评估这些数据的可靠性、相关性与有效性；在 ITS 中运用这些数据(Hartung et al., 2013)。目前该策略已广泛应用于环境领域, 包括化学品毒性的预测、内分泌干扰物的筛选、皮肤致敏性的评估等(Jaworska et al., 2010a), 该策略的优点在于降低成本的同时加快环境危害与风险的评估(Jaworska et al., 2010b)。

ITS 的理念在 20 世纪 90 年代就被提出，研究人员为减少、改进与替代动物实验，对不同的测试方法进行了组合。Blaauboer 等(1999)对于毒代动力学的研究中就应用了 ITS 相关理念。2002 年 ITS 被经济合作与发展组织(Organization for Economic Cooperation and Development, OECD)接受并应用于“眼睛与皮肤刺激测试指南”。2006 年 ITS 被写入了 REACH 法规文件，并在之后欧盟的 OSIRIS 项目中得到了发展，Buist 等(2013)与 Rorije 等(2013)利用 OSIRIS 项目中所开发的证据权重(weight of evidence, WoE)方法，通过 ITS 对化学品的皮肤致敏性、致突变性以及致癌性进行了研究。同时，美国在 2007 年发布的《21 世纪毒性测试报告》中，也提到了集成测试的相关理念。

ITS 仍在逐步发展中。Jaworska 等(2010a)认为 ITS 应该具备以下几个性质：透明性与一致性、合理性、假设驱动性。此外，ITS 应具备五个要素：目标信息的识别、对相关知识系统的探索、相关输入的选择、证据合成的方法以及指导测试的方法。Hartung 等(2013)进一步指出应用 ITS 在化学品安全评估中的必要性，介绍了 ITS 的几大应用场景，如基因毒性的检测、眼睛与皮肤的刺激性评价、皮肤致敏性评价等。Rovida 等(2015)提出，ITS 是一个较为笼统的概念，会随着构建方式的不同而改变，并将其分为三种(图 1-12)。

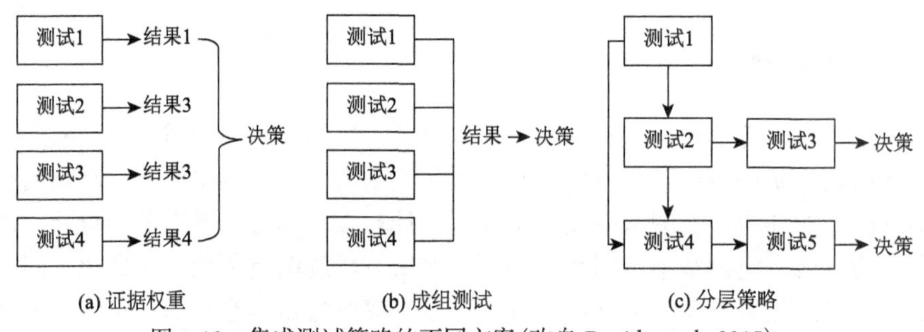

图 1-12　集成测试策略的不同方案(改自 Rovida et al., 2015)

图 1-12 中，(a)方案为证据权重，这种模式表示每一个单独的测试都得到了独立的结果，但这些结果并不能被用来独立进行决策，而是需要综合到一起考虑后再做出最终决策，REACH 法规中采用的便是此类模式。(b)方案为成组测试，最终的决策是由多个单独测试结合所得到的最终结果而决定，意味着这些单独测试所用到的方法需要有着相同的应用域。(c)方案为分层策略，根据第一步测试的结果，决定接下来进行哪项测试。它是一个较为开放的系统，并没有一个明确的测试组合。这三种模式在应用时没有明确的区分，可以按照实际情况混合运用，ITS 的通例如图 1-13 所示。

ITS 特点是可以在指导决策过程中纳入不同来源的多种信息来帮助决策。在化学品环境管理中，这些用于决策的信息通常包括理化特性(如分子量、正辛醇-水分配系数等)、环境行为参数(如光降解速率常数、微生物降解速率常数)、毒性数据(如急慢性毒性、致癌性)等。这些数据可以通过实验测试或计算机模型预测获得。将这些不同信息汇集总结、建立模型、进行预测、指导决策，便构建了一个 ITS。未来的化学品管理，面临着同时处理大量、多方面信息的挑战，这些信息都可对最终的决策产生影响，ITS 便是有望解决这一复杂问题的思路。

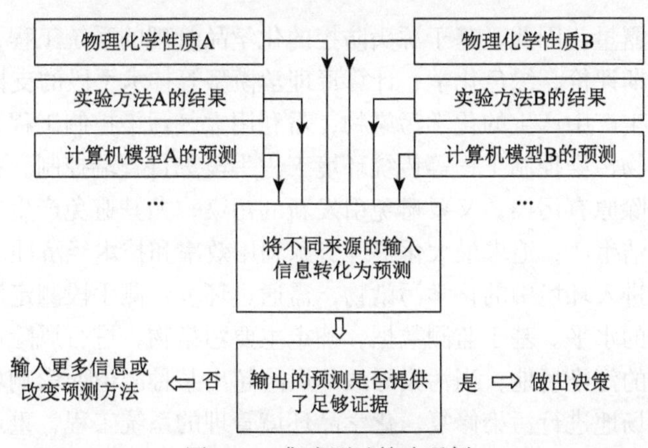

图 1-13　集成测试策略通例

值得指出的是，为使用概率方法进行建模，输入 ITS 的所有信息需要具有可量化的统计值(置信度、不确定性等)。贝叶斯网络(Bayesian networks)是该领域应用较多的一种建模方法(Jaworska et al., 2015)，其他如分类与回归树(classification and regression trees)、随机森林(random forests)等分类算法也被用来构建一些毒性测试的 ITS(Kinsner-Ovaskainen et al., 2013)。

ITS 仍有不足，需完善。如 ITS 中基于统计分析或机器学习的模型局限于特定的应用域，当新的预测终点纳入 ITS 框架时，需重新设计实验，构建模型，拓展应用域。同时，ITS 也在不断发展之中，统一标准的制定、通用数据库的建立、更多的技术培训是发展和应用 ITS 的外在保障，更透明的机理、更合理的框架以及更多样的方法是发展 ITS 的内源动力。

1.5.3　化学品风险管理的系统工程

化学品的风险管理或者风险防控，需要坚持环境系统工程的理念，注重综合管理、系统管理、源头管理。综合管理是从人类社会与生态系统整体性出发，运用多种管理手段对化学品风险进行综合分析，调动各方积极参与和协同配合，多措并举实现化学品的有效管理。系统管理要求在化学品管理过程中，统筹考虑化学品的研发制造、生产使用、排放迁移、末端归趋，既要在化学品的研制端做好风险预测、环境友好型化学品的设计，也要在化学品的生产使用端做好量化控制，进行化学品全生命周期的管理。源头管理强调在化学品正式生产使用前，就对其环境风险进行预测，包括毒性预测和暴露预测，寻求降低风险的措施。尽量减少耗散性化学品的使用，尽量预防 PBT 化学品成为污染物。

根据化学品分级管理原则，一方面，需要结合绿色化学原则设计安全的替代化学品；另一方面，一些性能优异、无法或暂时无法替代且具有危害性的化学品，要考虑控制暴露量。因此，基于源头防控的化学品管理的系统工程，需要物质流分析、生命周期评价、绿色化学、计算毒理学模型等技术手段的支撑。

对于工业生产中产生的化学污染物，需利用大气污染控制工程、水污染控制工程及固体废物污染控制工程等传统环境工程手段进行管端控制。在管端控制过程中，既要消除原有污染，又要避免引发新的污染，尤其避免产生二次污染。同时，需进行清洁生产，追求最大化提升资源利用效率和技术经济性。

对于已经进入环境中的化学污染物，需通过环境监测手段测定影响环境质量的重要污染物的水平。基于监测数据，确定主要污染物，进行风险评价。进而，对于一些特殊的污染场地，当污染导致的风险超出某种限值而影响场地的使用功能时，需要对场地进行污染修复。化学品环境管理的系统工程，重点在于源头防控，下面重点介绍源头防控所需要的一些技术措施。

1. 物质流分析

物质流分析（MFA）是产业生态学的核心方法之一（Graedel, 2019），是指在特定时空范围内，对特定系统中的物质流动和储存进行系统性分析或评价的方法。MFA将物质的源、路径、中间过程和汇联系在一起，基于质量守恒原理，通过研究经济社会系统中物质的输入量、输出量和储存量，追踪并定位物质利用及迁移转化途径，进而为资源、废弃物和环境管理提供决策支持（Paul et al., 2004）。

根据研究对象的不同，MFA通常可分为基于单一物质的物质流分析（substance flow analysis, SFA）和基于通量的物质流分析（bulk-material flow analysis, MFA）。前者主要针对元素展开分析，而后者主要是对基本材料、产品、制成品、废弃物等进行研究（袁增伟和毕军, 2010）。

根据时间范围的不同，MFA又可分为静态物质流分析（static material flow analysis, s-MFA）和动态物质流分析（dynamic material flow analysis, d-MFA）。静态物质流分析是对研究系统的瞬时量化，通常选取的时间范围为1年；d-MFA则可进一步揭示特定系统或区域内的物质在一段时间内（>1年）的流动情况（Graedel, 2019）。图1-14为MFA的操作步骤。

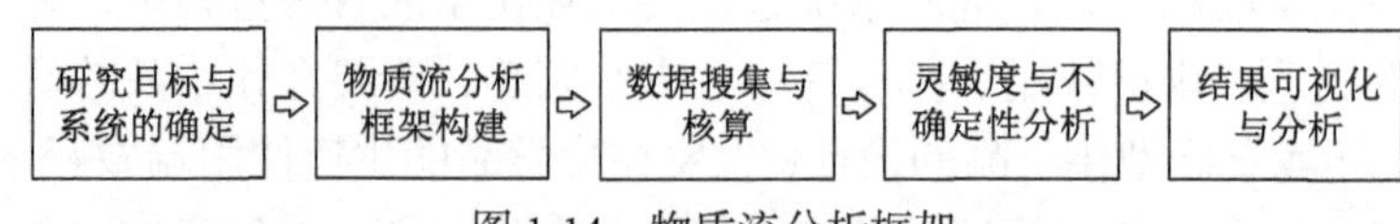

图1-14　物质流分析框架

研究目标与系统的确定。MFA的第一步是要对研究目标和系统进行清晰的界定。研究目标即研究对象，研究系统的界定包括时间边界和空间边界。

MFA框架构建。该过程需要对研究对象全生命周期的各阶段进行解析，识别各阶段的流量和存量，并基于此构建MFA研究框架。

数据搜集与核算。数据是 MFA 的基础，常见的数据来源包括联合国商品贸易统计数据库（UN comtrade database）、统计年鉴、科技文献、行业报告、问卷调研或专业访谈、现场调研和亲自实验等。利用搜集的数据，基于质量守恒原理，可量化研究系统中的所有流量和存量。

灵敏度和不确定性分析。由于数据的限制，MFA 通常具有较大不确定性（Meylan et al., 2017），因此，对结果进行灵敏度和不确定性分析十分必要。

结果可视化与分析。利用图、表等形式对量化的数据结果进行表示，基于研究结果对数据趋势、变化规律、结果可靠性和政策制定影响等方面展开分析与讨论。例如，王佳钰等（2021）采用物质流分析方法，量化了全氟辛烷磺酰基化合物（perfluorooctane sulphonates, PFOS）在中国大陆区域的流量、存量及环境释放量，并对结果进行灵敏度和不确定性分析，图 1-15 为其研究框架。PFOS 是一类具有 PBT 属性的化学品，广泛应用于纺织、皮革、电镀、消防、农药及食品包装等行业。PFOS 会在其生产、使用和废弃处置等全生命周期不可避免地释放到环境中，危害人体和生态健康。物质流分析结果表明，国内生产是中国 PFOS 主要的源，生产的 PFOS 多以终端产品形态流向国内市场，少数以原料形式出口；土壤和水体是中国 PFOS 主要的汇，释放到两者中的 PFOS 主要来自产品使用阶段。2000 年前 PFOS 的总输入量和总输出量均相对较小，后逐步增加；2009 年，相关公约的实施使两者明显下降。2005 年起，在用存量和环境释放量逐年增加，土地填埋存量自 1985 年起始终保持增长状态。含 PFOS 的废弃物的末端处理目前仍以土地填埋和焚烧等传统方式为主，但有向绿色处理方式转型的趋势。该结果可为健全我国 PFOS 管理提供基础数据支持。

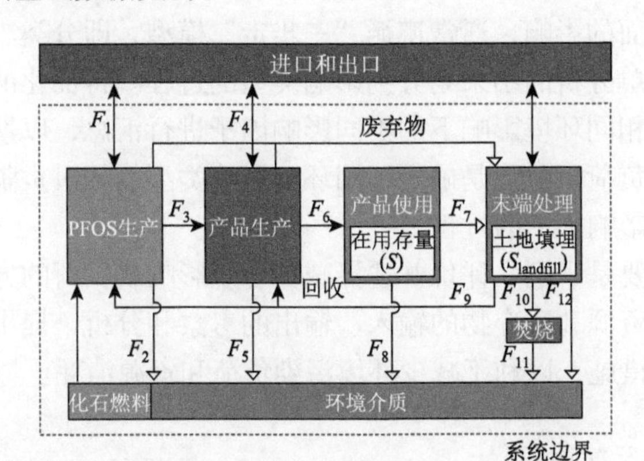

图 1-15　中国 PFOS 动态物质流分析框架（王佳钰等, 2021）

2. 生命周期评价

生命周期评价（LCA）是一种客观评价产品、过程或者活动的环境负荷的方法。

该方法通过识别与量化所有物质和能量的使用以及环境排放，来评价由此造成的环境影响，并评估和实施相应的改善。LCA 涉及产品、过程或活动的整个生命周期，包括从原材料获取和加工、生产、运输、销售、使用/再使用/维修、再循环到最终处置的整个过程(SETAC, 1993)。LCA 的技术框架，可分为目标和范围确定、清单分析、影响评价和结果解释四部分(图 1-16)。

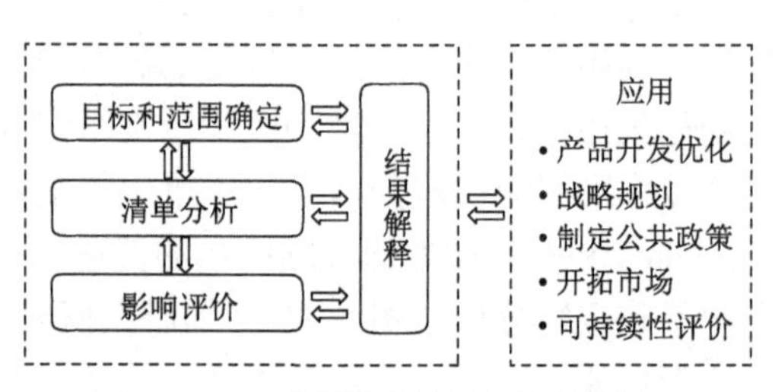

图 1-16　生命周期评价框架及其应用

目标和范围的确定，是通过系统边界和功能单位来描述产品系统。需要重点考虑以下几方面因素：目的、范围、功能单元、系统边界、数据质量和关键复核过程。

清单分析是定性描述系统内外物质流和能量流的方法，也是进行 LCA 的基础。清单分析包括：数据搜集与准备、数据计算、对产品系统的输入或输出进行分配和清单分析结果的展示与说明。

影响评价是 LCA 最重要的阶段。该阶段将生命周期清单分析过程中列出的要素对现实环境的影响，进行定性和定量分析。影响评价应考虑对生态系统、人体健康以及其他方面的影响，通常遵循“三步走”模型，即分类、特征化和量化。分类是一个将清单分析的结果划分到影响类型的过程。特征化的目的是利用环境负荷指标方法将相同环境影响下的不同影响因子进行汇总，以期得到每一种影响类型的综合环境负荷。量化是确定不同环境影响类型的相对贡献大小或权重，以期得到总的环境影响水平的过程。

结果解释主要是识别、评价并选择减少环境影响或负荷的方案，通过对产品生命周期过程的资源和废弃物的输入、输出的考察和分析，提出一些资源消耗和污染排放的改进措施，以利于减少环境污染负荷和资源消耗。

3. 绿色化学及绿色工程

绿色化学是解决环境问题的根本手段之一。绿色化学的核心，是运用化学的基本原理和方法来减少化工产品设计、制备、使用过程中危害性物质的使用和排放。1998 年，美国的 Paul T. Anastas 和 John C. Warner 提出绿色化学十二条原则，即：

污染预防原则：污染预防优于末端治理污染；

提升原子经济性：设计和优化合成方法，使原材料尽可能多地转移到最终产品中；

低危害性(毒性)的材料：尽最大努力来优化和设计合成方法，使得所使用的化学原料及合成的产品对人体健康和环境具有很小的毒性或者无毒；

设计安全的化学品：应该设计化学品，使之在具有最优的功能属性的同时，具有最低的毒性；

使用安全的溶剂和助剂：尽量不用溶剂、分离试剂等辅助物质；在不得不使用时，也应使用无毒、无害的溶剂及助剂；

提升能源使用效率：化工生产过程需要消耗能源，而能源的生产和使用具有环境影响，所以应该尽量降低能源的使用，尽可能在常温常压下进行化工合成；

使用可再生原料：在技术可行和经济合理的前提下，尽量使用可再生原料；

减少不必要的衍生物：尽量避免使用阻断或保护性基团，或者如果可能的话，避免临时变更所涉及的物理化学过程，因为衍生物需要额外的试剂并产生废弃物；

使用高选择性催化剂：利用催化反应，尽量减少废弃物的产生；

设计使用后可降解的化学品：设计在使用后可分解为无害物质的化学产品，以使其不会在环境中持久存在和累积；

应用实时在线分析系统，预防污染物的产生：发展和应用合适的实时在线分析与监测方法，预防有害化学物质的产生；

从根源上避免事故的发生：设计化学品及其存在形态(如固体、液体或气体)，使化学过程发生事故(包括爆炸、火灾以及环境排放)的风险降到最低。

绿色化学的本质，要求在源头上避免废物的产生。因此，在设计阶段，应对分子的重要固有属性加以考虑，优先选择使用可再生原料和能源，保证所得产物可以降解或者回收再利用，避免后期造成环境污染，即“良性设计(benign by design)”，如图 1-17 所示(Zimmerman et al., 2020)。

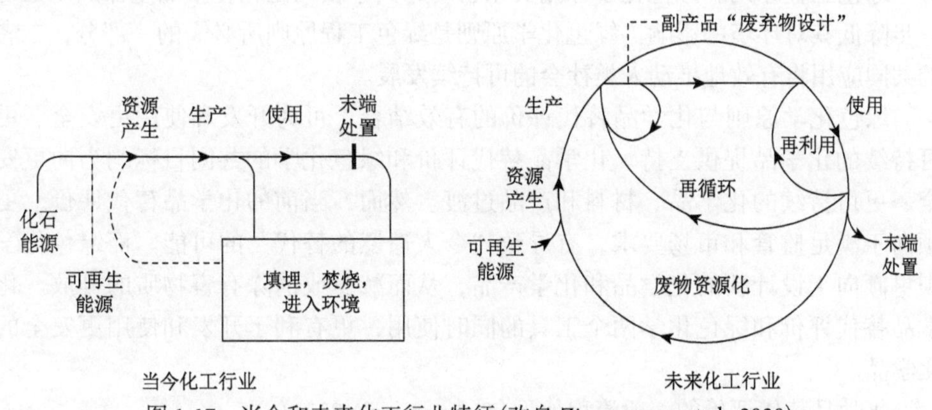

图 1-17　当今和未来化工行业特征(改自 Zimmerman et al., 2020)

随后，绿色工程的概念被提出，即在产品和生产过程的设计、商业化和使用时，不仅要从源头上使污染及其对人类健康和环境的风险最小化，还要切实可行且经济(Allen et al., 2002)。基于该概念，Anastas 等(2003)提出十二条绿色工程原则，即：

从源头上使用无害原料：设计者要努力确保所有输入和输出的原料和能量尽可能无害；

污染预防取代末端处理：防止废物产生，而非产生后再处理或清除；

减少能源和材料的消耗：分离和纯化操作设计应使能量消耗最小化、原料利用最大化；

最大限度提高效率：设计产品、过程和系统时，应使质量、能量、空间和时间的效率最大化；

产出驱动而非投入推动：产品、过程和系统应为产出驱动型而不是投入推动型，即不额外投入能量和原料；

增加对复杂产品的回收：设计时宁愿考虑回收高度复杂的产品，如计算机芯片，也不循环利用一般产品，如塑料袋；

保障产品使用寿命：设计的产品应具有耐用性；

避免过度设计：不必要的性能或生产能力其实是一种设计缺陷；

降低原材料复杂性：产品应尽量减少原料的多样性，以利于产品的分离和保值；

整合物质和能量的流动：产品、过程和系统的设计必须包括可利用能量和物质流的相互关联和集成；

产品末端处置设计：为产品、过程和系统的设计要考虑产品使用结束后的归宿，在设计阶段，要使产品有利于再回收、再循环和再利用；

使用可再生能源和原料：使用可再生而非耗散型的原料和能量。

绿色工程原则和绿色化学原则关系密切，其本质均是在化学品生命周期的每一步降低其对环境的影响。绿色化学原则是绿色工程原则所必需的一部分，二者的共同应用将有效地推动人类社会的可持续发展。

绿色化学原则与化学品替代评价的有效结合，可为开发和使用更安全、更可持续的化学品提供支持。化学品替代评价和绿色化学的共同目标均为向更安全、更可持续的化学品、材料和产品过渡。然而，当前的化学品替代评价，更倾向于满足监管和市场要求，有导致“令人遗憾的替代”的可能。而绿色化学则更倾向于设计新的化学品和化学产品，从而减少或消除有害物质的排放。化学品替代评价和绿色化学两个工具的同时使用，更有利于开发和使用更安全的化学品。

化学品替代评价的一般流程如下(Tickner et al., 2021)：

①范围界定：确定评价过程中的优先关注点以及影响评价过程的决策规则；

②危害评价：评价现有物质和替代品对人体健康和生态系统的危害，确定用于评价替代品是否“更安全”的标准；

③暴露比较：考虑暴露属性，即使用条件和暴露场景，对替代方案的固有暴露潜力进行考量；

④技术可行性：考虑替代方案在特定场景下是否可以应用，是否可生产并规模化；

⑤决策：在权衡评价过程的所有步骤后，决定是否采纳替代方案，并作出最终选择。

1.6　小结与展望

我国生态文明建设进入了新阶段，给化学品环境管理提出了新的更高要求。“十四五”规划和 2035 年远景目标纲要指出：“重视新污染物治理”“深入实施健康中国行动”“提升生态系统质量和稳定性”。健全我国化学品管理和新污染物治理体制，是保障群众健康、满足日益增长的优美生态环境需要的客观需求，也是促进我国产业升级及社会可持续发展的重要举措。

当前，完善我国化学品环境管理体制，仍需进一步健全风险防控体系，制定并完善相关法律法规，加强化学品风险预测与管理的支撑技术研究，推进化学品管理专业人才梯队建设。同时，有必要探索新思想、新方法，加快推动我国化学品环境管理和新污染物治理体系的科学化、精准化、系统化发展。

防控化学品的环境风险，是进行化学品环境管理与新污染物治理的根本策略。需要以环境系统工程思想为指导，源头管控化学品，防范其进入环境成为污染物。一方面，发展和应用计算毒理学技术，筛查具有 PBT 属性的化学品并优先管理；运用物质流分析和生命周期评价方法，结合环境监测分析，评估化学品在社会经济系统中的源-流-汇以及环境释放、迁移的暴露概貌，进而定量其潜在环境影响并加以管控。

另一方面，针对环境高风险化学品，在进行风险防控的基础上，需秉承绿色化学理念，减少化学品设计开发全链条中有害原料使用和废物排放，实现化学品的绿色替代。针对以管端排放的污染物，利用污染控制工程手段进行管端控制和处理，并避免产生二次污染；针对已进入环境且影响人体健康和生态系统功能的污染物，则需发展相应的污染修复技术。综上，以环境系统工程理论为指引，综合进行化学品风险防控和末端治理，将有助于健全化学品管理，助力生态文明建设。

知识图谱

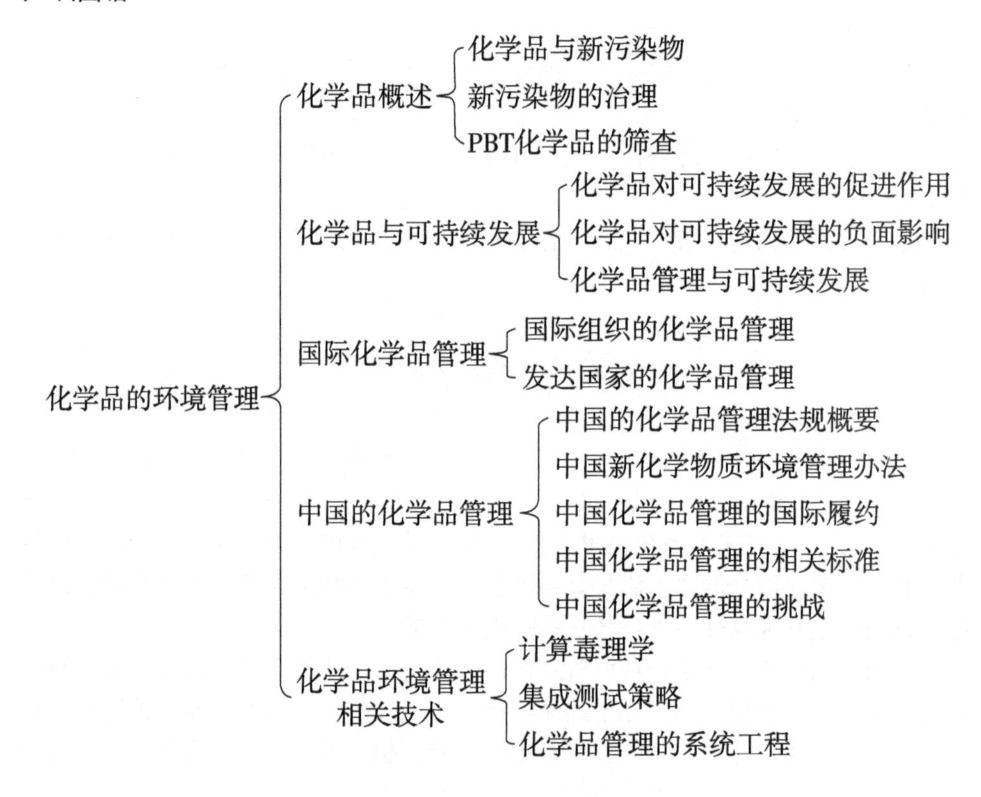

参 考 文 献

陈景文, 王中钰, 傅志强. 2018. 环境计算化学与毒理学. 北京: 科学出版社.

环境保护部. 2017. 淡水水生生物水质基准制定技术指南: HJ 831-2017. 北京: 中国标准出版社.

江桂斌, 阮挺, 曲广波. 2019. 发现新型有机污染物的理论与方法. 北京: 科学出版社.

刘建国. 2015. 中国化学品管理: 现状与评估. 北京: 北京大学出版社.

毛岩, 孙锦业, 沈英娃. 2007. "国际化学品管理战略方针"发展及应对对策. 毒理学杂志, 02: 149-152.

唐本忠. 2021. 聚集体学: 无疆之域 待琢之玉. 人民日报海外版, 2-1(09). http://paper.people.com.cn/rmrbhwb/html/2021-02/01/content_2031981.htm. [2021-8-23].

王佳钰, 陈景文, 唐伟豪, 崔蕴晗, 王中钰, 宋国宝, 陈伟强. 2021. 1985~2019 年中国全氟辛烷磺酰基化合物的动态物质流分析. 环境科学, 42(9): 4566-4574.

王中钰, 陈景文, 乔显亮, 李雪花, 谢宏彬, 蔡喜运. 2016. 面向化学品风险评价的计算(预测)毒理学. 中国科学: 化学. 46(2): 222-240.

杨先海, 陈景文, 李斐. 2015 化学品甲状腺干扰效应的计算毒理学研究进展. 科学通报, 60: 1761-1771.

叶旌, 刘洪英, 周荃. 2019, 美国有毒物质控制法修订进展及对我国化学品环境管理的启示. 科技管理研究, 39(06): 222-228.

袁增伟, 毕军. 2010. 产业生态学. 北京: 科学出版社.

张蕾, 曹梦然, 温涛, 王晓兵. 2015. 中国化学品管理标准体系发展与化学品安全.中国标准化, (03): 76-78.

中华人民共和国外交部. 变革我们的世界: 2030 年可持续发展议程. http://infogate.fmprc.gov.cn/web/ziliao_674904/zt_674979/dnzt_674981/qtzt/2030kcxfzyc_686343/t1331382.shtml.(2016-01-13)[2021-03-19].

Allen D T, Shonnard D R. 2002. Green engineering: Environmentally conscious design of chemical process. New Jersy: Prentice Hall.

Anastas P T, Warner J C. 1998. Green Chemistry: Theory and Practice. Oxford: Oxford University Press.

Anastas P T, Zimmerman J B. 2003. Design through the 12 principles of green engineering. Environ. Sci. Technol., 37(5): 95A-101A.

Ankley G T, Bennett R S, Erickson R J, Hoff D J, Hornung M W, Johnson R D, Mount D R, Nichols J W, Russom C L, Schmieder P K, Serrrano J A, Tietge J E, Villeneuve D L. 2010. Adverse outcome pathways: A conceptual framework to support ecotoxicology research and risk assessment. Environ. Toxicol. Chem., 29: 730-741.

Baduel C, Lai F Y, van Nuijs A L N, Covaci A. 2019. Suspect and nontargeted strategies to investigate *in vitro* human biotransformation products of emerging environmental contaminants: The benzotriazoles. Environ. Sci. Technol., 53(17): 10462-10469.

Blaauboer B J, Barratt M D. Houston J B. 1999. The integrated use of alternative methods in toxicological risk evaluation-ECVAM integrated testing strategies task force report 1. Altern. Lab. Anim., 27: 229-237.

Boer J, Stapleton H M. 2019. Toward fire safety without chemical risk. Science, 364: 231-232.

Buist H, Aldenberg T, Batke M, Escher S, Entink R K, Kuhne R, Marquart H, Paune E, Rorije E, Schuurmann G, Kroese D. 2013. The OSIRIS weight of evidence approach: ITS mutagenicity and ITS carcinogenicity. Regul. Toxicol. Pharmacol., 67: 157-167.

Chen D, Kannan K, Tan H L, Zheng Z G, Feng Y L, Wu Y, Widelka M. 2016. Bisphenol analogues other than BPA: Environmental occurrence, human exposure, and toxicity—A review. Environ. Sci. Technol., 50(11): 5438-5453.

Covaci A, Harrad S, Abdallah A E, Ali N, Law R, Herzke D, Wit C A D. 2011. Novel brominated flame retardants: A review of their analysis, environmental fate and behaviour. Environ Int., 37(2): 532-556.

Cresswell T, Simpson S L, Mazumder D, Callaghan P D, Nguyen A P. 2015. Bioaccumulation kinetics and organ distribution of cadmium and zinc in the freshwater decapod crustacean *macrobrachium australiense*. Environ. Sci. Technol., 49: 1182-1189.

Czub G, McLachlan M S. 2004. Bioaccumulation potential of persistent organic chemicals in humans. Environ. Sci. Technol., 38(8): 2406-2412.

EPA. 1989. Risk Assessment Guidance for Superfund Volume 1 Human Health Evaluation Manual(Part A) Interim Final. EPA/540/1-89/002. Office of Emergency and Remedial Response U.S. Environmental Protection Agency, Washington, DC. https://www.epa.gov/sites/production/files/2015-09/documents/rags_a.pdf. [2021-8-23].

Fang X K, Ravishankara A R, Velders G J M, Molina M J, Su S S, Zhang J B, Hu J X, Prinn R G. 2018. Changes in emissions of ozone-depleting substances from China due to implementation of the montreal protocol. Environ. Sci. Technol., 52(19): 11359-11366.

FAO. 2020. World Food and Agriculture-Statistical Yearbook 2020. Rome: Food and Agriculture Organization of the United Nations.

Gao C J, Wang F, Shen H M, Kannan K, Guo Y. 2020. Feminine hygiene products—A neglected source of phthalate exposure in women. Environ. Sci. Technol., 54(2): 930-937.

Graedel T E. 2019. Material flow analysis from origin to evolution. Environ. Sci. Technol., 53(21): 12188-12196 .

Greeson K W, Fowler K L, Estave P M, Thompson S K, Wagner C, Edenfield R C, Symosko K M, Steves A N, Marder E M, Terrell M L, Barton H, Koval M, Marcus M, Easley C A. 2020. Detrimental effects of flame retardant, PBB153, exposure on sperm and future generations. Sci. Rep., 10(1), 8567.

Guo W H, Holden A, Smith S C, Gephart R, Petreas M, Park J S. 2016. PBDE levels in breast milk are decreasing in california. Chemosphere, 150: 505-513.

Hartung T, Hoffmann S, Stephens M. 2013. Food for thought···integrated testing strategies for safety assessments. ALTEX-Altern. Anim. Exp., 30: 3-18.

Iribarne-Durán L M, Artacho-Cordón F, Pea-Caballero M, Molina-Molina J M, Jiménez-Díaz I, Vela-Soria F, Serrano L, Hurtado J A, Fernández M F, Freire C, Olea N. 2019. Presence of bisphenol a and parabens in a neonatal intensive care unit: An exploratory study of potential sources of exposure. Environ. Health Perspect., 127(12), 117004.

Jaworska J S, Natsch A, Ryan C, Strickland J, Ashikaga T, Miyazawa M. 2015. Bayesian Integrated Testing Strategy(ITS) for skin sensitization potency assessment: A decision support system for quantitative weight of evidence and adaptive testing strategy. Arch. Toxicol., 89: 2355-2383.

Jaworska J, Gabbert S, Aldenberg T. 2010a. Towards optimization of chemical testing under REACH: A Bayesian network approach to integrated testing strategies. Regul. Toxicol. Pharmacol., 57: 157-167.

Jaworska J, Hoffmann S. 2010b. Integrated Testing Strategy(ITS)—Opportunities to better use existing data and guide future testing in toxicology. ALTEX, 27: 231-242.

Johnson A C, Jin X W, Nakada N, Sumpter J P. 2020. Learning from the past and considering the future of chemicals in the environment. Science, 367, 384-387.

Karrer C, de Boer W, Delmaar C, Cai Y P, Crepet A, Hungerbuhle K, von Goet N. 2019. Linking probabilistic exposure and pharmacokinetic modeling to assess the cumulative risk from the bisphenols BPA, BPS, BPF, and BPAF for Europeans. Environ. Sci. Technol., 53(15): 9181-9191.

Khaled A, Rivaton A, Richard C, Jaber F, Sleiman M. 2018. Phototransformation of plastic containing brominated flame retardants: Enhanced fragmentation and release of photoproducts to water and air. Environ. Sci. Technol., 52(19): 11123-11131.

Kimbrough R D. 1976. Toxicity and health effects of selected organotin compounds: A review. Environ. Health Perspect., 14: 51-56.

Kinsner-Ovaskainen A, Prieto P, Stanzel S, Kopp-Schneider A. 2013. Selection of test methods to be included in a testing strategy to predict acute oral toxicity: An approach based on statistical analysis of data collected in phase 1 of the A Cute Tox Project. Toxicol. Vitro., 27(4): 1377-1394.

Kleinstreuer N C, Tetko I V, Tong W D. 2021. Introduction to special issue: Computational toxicology. Chem. Res. Toxicol., 34(2): 171-175.

Kobusińska M E, Lewandowski K K, Panasiuk A, Leczynski L, Urbaniak M, Ossowski T, Niemirycz E. 2020. Precursors of polychlorinated dibenzo-*p*-dioxins and dibenzofurans in arctic and antarctic marine sediments: Environmental concern in the face of climate change. Chemosphere, 260, 127605.

Lanctôt C M, Cresswell T, Callaghan P D, Melvin S D. 2017. Bioaccumulation and biodistribution of selenium in metamorphosing tadpoles. Environ. Sci. Technol., 51: 5764-5773.

Liao C Y, Kannan K. J. 2013. Concentrations and profiles of bisphenol a and other bisphenol analogues in foodstuffs from the United States and their implications for human exposure. J. Agric. Food Chem., 61(19): 4655-4662.

Lim X Z. 2019. Tainted water: The scientists tracing thousands of fluorinated chemicals in our environment. Nature, 566(7742): 26-29.

Liu R, Mabury S A. 2019. Identification of photoinitiators, including novel phosphine oxides, and their transformation products in food packaging materials and indoor dust in Canada. Environ. Sci. Technol., 53(8): 4109-4118.

Liu R Z, Mabury S A. 2021. Single-use face masks as a potential source of synthetic antioxidants to the environment. Environ. Sci. Technol. Lett., 8(8): 651-655.

Liu X, Zeng X, Dong G, Venier M, Xie Q T, Yang M, Wu Q Z, Zhao F R, Chen D. 2021. Plastic additives in ambient fine particulate matter in the Pearl River Delta, China: High-throughput characterization and health implications. Environ. Sci. Technol., 55: 4474-4482.

Mackay D, Fraser A. 2000. Bioaccumulation of persistent organic chemicals: Mechanisms and models. Environ. Pollut., 110: 375-391.

Mackay D, Hughes D M, Romano M L, Bonnell M. 2014. The role of persistence in chemical evaluations. Integr. Environ. Assess. Manag., 10 (4): 588-594.

Maruyama T, Matsushita H, Shimada Y, Kamata I, Hanaki M, Sonokawa S, Kamiya N, Goto M. 2007. Proteins and protein-rich biomass as environmentally friendly adsorbents selective for precious metal ions. Environ. Sci. Technol., 41: 1359-1364.

Meylan G, Reck B K, Rechberger H, Graedel T E, Schwab O. 2017. Assessing the reliability of material flow analysis results: The cases of rhenium, gallium, and germanium in the United States economy. Environ. Sci. Technol., 51 (20): 11839-11847.

Molina M J, Rowland F S. 1974. Stratospheric sink for chlorofluoromethanes: Chlorine atom-catalysed destruction of ozone. Nature, 249 (5460): 810-812.

Nambirajan K, Muralidharan S, Roy A A, Roy A A, Manonmani S. 2018. Residues of diclofenac in tissues of vultures in India: A post-ban scenario. Arch. Environ. Contam. Toxicol., 74 (2): 292-297.

Ng C A, Hungerbühler K. 2014. Bioaccumulation of perfluorinated alkyl acids: Observations and models. Environ. Sci. Technol., 48: 4637-4648.

Osimitz T G, Kacew S, Hayes A W. 2019. Assess flame retardants with care. Science, 365 (6457): 992-993.

Paul H, Helmut R. 2004. Practical Handbook of Material Flow Analysis. Boca Raton, London, New York Washington D C: Lewis Publishers.

Prüss-Ustün A, Vickers C, Haefliger P, Bertollini, R. 2011. Knowns and unknowns on burden of disease due to chemicals: A systematic review. Environ. Health, 10 (1), 9.

Ritscher A, Wang Z, Scheringer M, Boucher J M, Ahrens L, Berger U, Bintein S, Bopp S K, Borg D, Buser A M, Cousins I, DeWitt J, Fletcher T, Green C, Herzke D, Higgins C, Huang J, Hung H, Knepper T, Lau C S, Leinala E, Lindstrom A B, Liu, J X, Miller M, Ohno K, Perkola N, Shi Y L, Haug L S, Trier X, Valsecchi S, van der Jagt K, Vierke L. 2018. Zürich statement on future actions on per- and polyfluoroalkyl substances (PFASs). Environ. Health Perspect., 126, 84502.

Rorije E, Aldenberg T, Buist H, Kroese D, Schuurmann G. 2013. The OSIRIS weight of evidence approach: Its for skin sensitization. Regul. Toxicol. Pharmacol., 67: 145-156.

Rosenberg K V, Dokter A M, Blancher P J, Sauer J R, Smith A C, Smith P A, Stanton J C Panjabi A, Helft L, Parr M, Marra P P. 2019. Decline of the North American avifauna. Science, 366 (6461): 120-124.

Rovida C, Alépée N, Api A M, Basketter D A, Bois F Y, Caloni F, Corsini E, Daneshian M, Eskes C, Ezendam J, Fuchs H, Hayden P, Hegele-Hartung C, Hoffmann S, Hubesch B, Jacobs MN, Jaworska J, Kleensang A, Kleinstreuer N, Lalko J, Landsiedel R, Lebreux F, Luechtefeld T, Locatelli M, Mehling A, Natsch A, Pitchford JW, Prater D, Prieto P, Schepky A, Schüürmann G, Smirnova L, Toole C, van Vliet E, Weisensee D, Hartung T. 2015. Integrated Testing Strategies (ITS) for safety assessment. ALTEX, 32 (1): 25-40.

Rovira J, Domingo J L. 2019. Human health risks due to exposure to inorganic and organic chemicals from textiles: A review. Environ. Res., 168: 62-69.

Schecter A, Lorber M, Guo Y, Wu Q, Yun S H, Kannan K, Hommel M, Imran N, Hynan L S, Cheng D L, Colacino J A. Birnbaum L S. 2013. Phthalate concentrations and dietary exposure from food purchased in New York State. Environ. Health Perspect., 1 (1): 473-479.

Schultes L, Peaslee G F, Brockman J D, Majumdar A, Mcguinness S R, Wilkinson J T, Sandblom O, Ngwenyama R A, Benskin J P. 2019. Total fluorine measurements in food packaging: How do current methods perform? Environ. Sci. Technol. Lett., 6 (2): 73-78.

Schwarzman Megan R, Wilson M P. 2009. New science for chemicals policy. Science, 326 (5956): 1065-1066.

SETAC. 1993. Guidelines for Life-Cycle Assessment: A “Code of Practice”. Brussels, Belgium: Society of Environmental Toxicology and Chemistry.

Shi D, Wang W X. 2004. Understanding the differences in Cd and Zn bioaccumulation and subcellular storage among different populations of marine clams. Environ. Sci. Technol., 38: 449-456.

Sunderland E M, Hu X C, Dassuncao C, Tokranov A K, Wagner C C, Allen J G. 2019. A review of the pathways of human exposure to poly- and perfluoroalkyl substances (PFASs) and present understanding of health effects. J. Expo. Sci. Environ. Epidemiol., 29 (2): 131-147.

Tang S Q, Chen Y K, Song G X, Liu X T, Shi Y M, Xie Q T, Chen D. 2021. A cocktail of industrial chemicals in lipstick and nail polish: Profiles and health implications. Environ. Sci. Technol. Lett. DOI: 10.1021/acs.estlett.1c00512.

Thomann R V. 1995. Modeling organic chemical fate in aquatic systems: Significance of bioaccumulation and relevant time-space scales. Environ. Health Perspect., 103 (Suppl5): 53-57.

Tickner J A, Simon R V, Jacobs M, Pollard L D, van Bergen S K. 2021. The nexus between alternatives assessment and green chemistry supporting the development and adoption of safer chemicals. Green Chem. Lett. Rev., 14 (1): 23-44.

UN. 2015. Transforming our World: The 2030 Agenda for Sustainable Development. New York: United Nations.

UNEP. 2013. Global Chemicals Outlook I—Towards Sound Management of Chemicals. Nairobi: United Nations Environment Programme.

UNEP. 2019. Global Chemicals Outlook Ⅱ -from Legacies to Innovative Solutions: Implementing the 2030 Agenda for Sustainable Development. Geneva: United Nations Environment Programme.

UNEP. 2021. Sustainable Development Goals. https://china.un.org/zh/sdgs. [2021-03-22].

Vandenberg L N, Colborn T, Hayes T B, Heindel J J, Jacobs D R, Lee D H, Shioda T, Soto A M, vom Saal F S, Welshons W V, Zoeller R T, Myers J P. 2012. Hormones and endocrine-disrupting chemicals: Low-dose effects and nonmonotonic dose responses. Endocrine. Rev., 33 (3): 378-475.

Wang L, Zhang Y, Liu Y, Gong X, Zhang T, Sun H. 2019. Widespread occurrence of bisphenol a in daily clothes and its high exposure risk in humans. Environ. Sci. Technol., 53 (12): 7095-7102.

Wang Y, Hou M M, Zhang Q N, Wu X W, Zhao H X, Xie Q, Chen J W. 2017. Organophosphorus flame retardants and plasticizers in building and decoration materials and their potential burdens in newly decorated houses in China. Environ. Sci. Technol., 51 (19): 10991-10999.

Wang Z Y, Walker G W, Muir D C G, Nagatani-Yoshida K. 2020. Toward a global understanding of chemical pollution: A first comprehensive analysis of national and regional chemical inventories. Environ. Sci. Technol., 54 (5): 2575-2584.

Wang Z, DeWitt J C, Higgins C P, Cousins I T. 2017. A never-ending story of per- and polyfluoroalkyl substances (PFASs)? Environ. Sci. Technol., 51: 2508-2518.

Whitehead H D, Venier M, Wu Y, Eastman E, Urbanik S, Diamond M L, Shalin A, Schwartz-Narbonne H, Bruton T A, Blum A, Wang Z Y, Green M, Tighe M, Wilkinson J T, McGuinness S, Peaslee G F. 2021. Fluorinated compounds in North American cosmetics. Environ. Sci. Technol. Lett., 8 (7): 538-544.

WHO. 2018. The Public Health Impact of Chemicals: Knowns and Unknowns: Data Addendum for 2016. World Health Organization.

WHO. 2020. World Malaria Report 2020: 20 Years of Global Progress and Challenges. Geneva: World Health Organization.

Wu Y, Miller G Z, Gearhart J, Romanak K, Lopez-Avila V, Venier M. 2019a. Children's car seats contain legacy and novel flame retardants. Environ. Sci. Technol. Lett., 6 (1): 14-20.

Wu Y, Venier M, Hites R A. 2019b. Identification of unusual antioxidants in the natural and built environments. Environ. Sci. Technol. Lett., 6 (8): 443-447.

Xie H J, Du J, Han W J, Tang J H, Li X Y, Chen J W. 2021. Occurrence and health risks of semi-volatile organic compounds in face masks. Sci. Bull., 66 (16): 1601-1603.

Xie H J, Han W J, Xie Q, Xu T, Zhu M H, Chen J W. 2022. Face mask—A potential source of phthalate exposure for human. J. Hazard. Mater., 422, 126848.

Xu Y, Liu Z, Park J, Clausen P A, Benning J L, Little J C. 2012. Measuring and predicting the emission rate of phthalate plasticizer from vinyl flooring in A specially-designed chamber. Environ. Sci. Technol., 46(22): 12534-12541.

Xue J, Liu W, Kannan K. 2017. Bisphenols, benzophenones, and bisphenol A diglycidyl ethers in textiles and infant clothing. Environ. Sci. Technol., 51(9): 5279-5286.

Yuan G X, Peng H, Huang C, Hu J Y. 2016. Ubiquitous occurrence of fluorotelomer alcohols in eco-friendly paper-made food-contact materials and their implication for human exposure. Environ. Sci. Technol., 50(2): 942-950.

Zhu H K, Kannan K. 2018. Continuing occurrence of melamine and its derivatives in infant formula and dairy products from the United States: Implications for environmental sources. Environ. Sci. Technol. Lett., 5(11): 641-648.

Zhu H, Al-Bazi M. M, Kumosani T A, Kannan K. 2020. Occurrence and profiles of organophosphate esters in infant clothing and raw textiles collected from the United States. Environ. Sci. Technol. Lett., 7(6): 415-420.

Zimmerman J B, Anastas P T, Erythropel H C, Leitner W. 2020. Designing for a green chemistry future. Science, 367(6476): 397-400.

第 2 章　化学品的环境迁移性

化学品的环境迁移性，指产品中的化学品通过无组织排放(释放)和有组织排放，进入环境成为新污染物后，在不同环境介质中的迁移、分配和赋存的行为。从热力学角度看，化学品环境迁移的方向性和平衡分配的程度，由化学品的热力学分配参数决定。本章简要介绍化学品的环境迁移行为，重点介绍化学品分配行为参数的模拟预测方法。

2.1　环境迁移性及分配行为概述

迁移是指化学品在环境中发生空间位置和范围的变化，这种变化常伴随着化学品在环境中浓度的变化。根据涉及的介质类型(大气、水、土壤和生物相等)，可将化学品迁移分为相内迁移和相间迁移。从空间尺度看，化学品的迁移还表现为全球或区域尺度的长距离迁移(如随全球大气环流迁移的“蚱蜢跳效应”和随全球洋流迁移)和小范围/短距离迁移(如进入水体后被吸附固定)。

化学品的环境迁移性可从动力学与热力学两方面衡量。动力学上，迁移性主要考察化学品的迁移通量及其随时间的变化规律(迁移通量为单位时间和单位截面上迁移的化学品的量)，以及化学品在大气、水等流体中的平流、扩散速率。热力学方面，化学品的迁移性常用其在某一环境相中的逸度(fugacity, f, Pa)或化学势(chemical potential, μ, J/mol)等热力学量表示，两者关系如下式：

$$\mu = \mu^0 + RT\ln(f/p^0) \tag{2-1}$$

其中，p^0 为标准压力，1.013×10^5 kPa；R 为理想气体常数，8.314 J/(mol·K)；T 为热力学温度，K；μ^0 为化学品在 T 和 p^0 下的标准态化学势，J/mol。

逸度和化学势均表示化学品从一种环境相向另一相的逃逸倾向。当化学品在两相中的逸度或化学势相等时迁移达到平衡。迁移过程的吉布斯自由能变(Gibbs free energy change, ΔG)与化学品相间分配平衡参数(K)相关。因此，K 是表征化学品迁移性的基础数据。本节概述化学品多介质环境迁移行为及相关的动力学和热力学规律。

2.1.1　化学品的多介质环境迁移行为

化学品在大气中随风力和气流的迁移，能使化学品从排放源向外传输和扩散，并使其浓度降低。大气中的化学品还能通过湿沉降(降水)或干沉降(附着于空气粒子)的方式到地表的土壤、水体和植被上。

水环境中的化学品可在水流作用下发生迁移，同时发生分子扩散、湍流扩散和弥散等分散作用，使浓度趋于均一；化学品还能被水中的颗粒物吸附，通过重力沉降进入沉积物；沉积物中的化学品，亦可发生再悬浮而释放。此外，化学品还能在气-水界面进行迁移，从气相向水相扩散或者自水相挥发进入大气。

化学品在土壤中可自发地由浓度较高的地方向浓度较低的地方扩散。此外，还可通过雨水或灌溉水，从上方土层中淋溶至下方；或从土壤挥发进入大气；或吸附于土壤固相表面和有机质中；或通过植物根系从土壤向植物的茎、叶和果实部分迁移。

化学品在生物相中的迁移可分为生物体内的迁移及经生物携带的迁移。生物体内迁移指化学品在生物体内的吸收、分布、代谢和排泄过程。生物体携带的迁移涉及化学品随生物迁徙而移动至其他区域等形式，也涉及生物富集、生物放大和生物积累三个过程，详见第 4 章。

化学品随不同环境介质的迁移，可产生全球长距离迁移的宏观效应，如由热温带地区往寒冷地区迁移的现象。一个典型例子是持久性有机污染物(POPs)的长距离迁移。POPs 具有持久性和生物积累性，容易在环境中进行长距离迁移，到达极地或高山等寒冷地区。

“全球蒸馏假说”(图 2-1)是描述 POPs 长距离迁移行为的重要机制之一(Jones, 2021)。POPs 能跟随洋流和大气环流进行长距离迁移，进而在全球范围内重新分布。各类环境参数都会影响 POPs 的挥发、迁移和沉降过程，其中，温度是影响

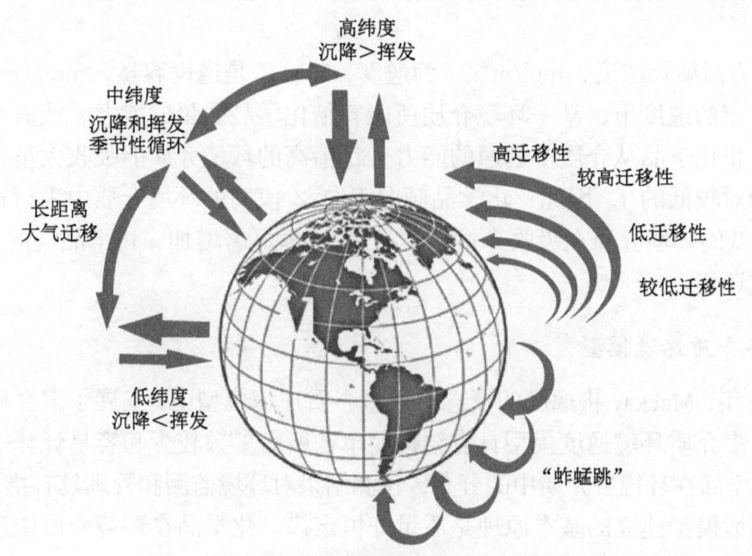

图 2-1　POPs 全球蒸馏假说(改自 Jones, 2021)

POPs 迁移的关键因素。POPs 在温度较高的夏季易于挥发和迁移，在温度较低的冬季易于沉降，因而在迁移过程中会有一系列相对短的跳跃过程，称为“蚱蜢跳效应”。从全球来看，由于各地温度的差异，地球就像一个蒸馏装置，在温度相对高的中低纬度地区，POPs 挥发速率大于沉降速率，从而使得它们不断进入大气中，并随着大气传输不断迁移；当半挥发性 POPs 到达温度较低的高纬度、高海拔地区时，它们的沉降速率大于挥发速率，POPs 会在这些地区逐渐积累。因此，高纬度的极地环境成为了 POPs 全球迁移中的汇。

2.1.2　化学品迁移的热力学表征

化学品由一种环境相到另一相的迁移趋势，在物理化学中常用 μ_i 表示，μ_i 指的是温度、压强以及其他化学品 j 的物质的量不变的情况下，化学品 i 物质的量的改变所引起的体系热力学自由能的改变（Schwarzenbach et al., 2003），即：

$$\mu_i = (\partial G/\partial n_i)_{T,P,nj\neq i} \tag{2-2}$$

式中，G 是体系中总的自由能，J；n_i 是化学品 i 的物质的量，mol。

由于 μ 不能通过实验直接测得，1901 年 Lewis 提出了 f 的概念，f 指实际气体对理想气体的校正压力，表示化学品脱离某一环境介质倾向的大小。通过 f 也能判断化学品在环境各介质间是否达到平衡。

如果化学品在各环境介质间的 f 相等，那么化学品在环境各介质间就达到了平衡。反之，化学品有从高逸度向低逸度环境介质迁移的趋势。对于理想气体或稀溶液（环境中污染物的浓度通常较低），浓度和逸度之间有如下关系：

$$c = Z \times f \tag{2-3}$$

式中，c 为污染物浓度，mol/m^3；f 为逸度，Pa；Z 是逸度容量，mol/(m^3·Pa)。Z 代表在给定的逸度下，某一环境介质所能容纳化学品数量的能力，或表示某一环境介质防止化学品从介质中逃逸的能力。Z 值高的环境介质能吸收大量化学品但仍保持相对较低的 f，因此，化学品倾向于向 Z 值高的环境介质中进行迁移。反之，Z 值低的环境介质在吸收少量化学品后，f 值显著增加，化学品会向 f 值低的环境介质迁移。

1. 多介质环境模型

1979 年，Mackay 将逸度的概念引入多介质环境模型中，发展了多介质环境逸度模型。多介质环境逸度模型具有结构简单、所需参数较少和容易计算等优点，能预测化学品在环境各介质中的分布，预测结果对环境监测和管理具有指导意义。多介质环境模型建立的基本原理是质量守恒定律。化学品在环境介质中进行的一系列迁移转化过程都必须遵守质量守恒定律。

多介质环境逸度模型主要基于 f、迁移与反应系数[D, mol/(Pa·h)]，建立化学品在各环境介质间的质量守恒方程式，求解方程组得出化学品在各环境介质中的浓度。根据环境系统的条件，多介质环境逸度模型可以分为Ⅰ，Ⅱ，Ⅲ和Ⅳ级(表 2-1)。

表 2-1　多介质环境逸度模型分类

模型级别	系统类别	系统特征	逸度计算
Ⅰ级	封闭稳态平衡	稳态、平衡 无降解反应 无流动过程	$f = n_T/\Sigma V_i Z_i$
Ⅱ级	开放稳态平衡	稳态、平衡 有降解反应 有流动过程	$f = I/(\Sigma D_{Ai} + \Sigma D_{ri}) = I/\Sigma D_T$
Ⅲ级	开放稳态非平衡	稳态、非平衡 有降解反应 有流动过程	$I_i = f_i(D_{ri} + D_{Ai} + \Sigma D_{ij}) - f_j \Sigma D_{ji}$
Ⅳ级	开放动态非平衡	非稳态、非平衡 有降解反应 有流动过程	$V_i Z_i \mathrm{d}f_i/\mathrm{d}t = I_i + f_j \Sigma D_{ji} - f_i(D_{ri} + D_{Ai} + \Sigma D_{ij})$

注：f 是逸度，Pa；Z_i 是相 i 的逸度容量，mol/(m^3·Pa)；n_T 是系统内污染物总量，mol；V_i 是介质相 i 体积，m^3；I 是污染物总输入速率，即单位时间内通过平流(大气、水体等)进入环境系统的污染物量和直接排放进入环境系统的污染物量之和，mol/h；D_{Ai} 是表征平流过程的参数，mol/(Pa·h)；D_{ri} 是表征反应过程的参数，mol/(Pa·h)；D_{ij}(D_{ji})是表征污染物在两相间迁移的参数，mol/(Pa·h)；t 是时间，h。

在Ⅰ级多介质环境逸度模型中，系统内物质总量保持不变，不考虑任何化学反应的发生，也没有化学品的输入和输出，只有环境介质间的传质使系统达到平衡。Ⅱ级多介质环境逸度模型，考虑化学品进行环境系统外的稳态输入及系统向外输出；考虑环境系统内水解、光解、氧化还原和生物降解等化学反应；假设各介质内化学品分布均匀，达到分配平衡。

Ⅰ，Ⅱ级多介质环境逸度模型假设化学品在各环境介质间达到平衡。然而，在真实自然环境中，化学品在各环境介质间达到平衡状态需要一定的时间。因此有必要建立非平衡状态下化学品的多介质环境逸度模型。

Ⅲ级多介质环境逸度模型假设化学品在各介质间处于非平衡状态，考虑化学品稳态输入、输出和在介质内发生的反应，及相邻两相间化学品的扩散与非扩散过程，与真实情况较为相符。Mackay 等(1989)开发的 QWASI 模型(quantitative water/air/sediment interaction model)是经典的Ⅲ级多介质环境逸度模型，能有效模拟湖泊和河流系统中，经点源排放、河水流入和大气沉降所产生的污染物的多介质环境迁移行为。

Ⅳ级多介质环境逸度模型在Ⅲ级模型的基础上，进一步考虑了化学品的非稳态输入与输出。Ⅳ级多介质环境逸度模型能较全面地考虑化学品在整个环境系统中的迁移转化，描述化学品在环境系统中的动态行为。相对于Ⅰ和Ⅱ级模型，Ⅲ和Ⅳ级的多介质环境逸度模型更接近真实环境。

2. 描述化学品分配平衡的热力学量

分配平衡指在一定温度和压力下，化学品在系统中每一相的浓度保持稳定，且化学品没有在各相间发生质量净迁移的趋势。例如一个气-水两相系统，化学品达到分配平衡意味其水-气和气-水扩散速度大小相等、方向相反，两相间没有净扩散发生。

化学品达到分配平衡的状态可用多种热力学量表征。由于多介质环境系统会自发地寻找并逐渐趋于吉布斯自由能(G, J/mol)最小的状态。因此，化学品在环境多介质系统中的迁移将一直持续到 G 最小为止，此时，化学品在各环境介质间的分配达到平衡状态。

化学品在两相间的分配达到平衡状态时，可用平衡分配常数(K)描述：

$$K = c_1/c_2 \tag{2-4}$$

其中，c_1 为化学品在相 1 中的浓度，mol/m³；c_2 为化学品在相 2 中的浓度，mol/m³。K 与化学品离开相 2 进入相 1 过程的自由能变(ΔG, J/mol)相关：

$$K = C \cdot e^{-\Delta G/RT} \tag{2-5}$$

$$\ln K = -\Delta G/RT + \ln C \tag{2-6}$$

$$\log K = -\Delta G/(2.303RT) + \log C \tag{2-7}$$

其中，R 为理想气体常数，8.314 J/(mol·K)；T 为热力学温度，K；常数 C 的值与化学品在两相中浓度的表达方式(摩尔分数或摩尔浓度等)有关。当 K 是以摩尔分数为基础的分配常数时，C 为 1。然而，表示浓度最常用的方法不是摩尔分数，而是摩尔浓度，用单位体积内的分子数表示。此时，C 为相 2 与相 1 的摩尔体积之比。

随着量子化学计算自由能速度和准确性的提升，其能替代实验有效地获取化学品 K 的数据。例如，Nedyalkova 等(2019)结合隐式溶剂化模型，采用密度泛函理论(density functional theory, DFT)计算化学品从水相向正辛醇相溶解的自由能变 ΔG_{OW}，进而得到化学品的正辛醇-水分配系数(octanol/water partition coefficient, K_{OW})对数值。对于 55 个有机化学品，计算值与实验值的均方根误差(root mean square error, RMSE)为 0.72，表明此方法能可靠地获取 $\log K_{OW}$ 值。

3. 温度对平衡分配的影响

K 具有温度依附性，其值随温度变化，可用 van't Hoff 方程描述温度对 K 的影响：

$$\frac{\mathrm{d}\ln K}{\mathrm{d}T}=\frac{\Delta H}{RT^2} \tag{2-8}$$

其中，ΔH 表示化学品离开相 2 进入相 1 的焓变，J/mol。假设ΔH 与温度无关，或在一定温度范围内变化很小。ΔH 可作为常数，对式(2-8)进行积分得：

$$\ln\frac{K(T_2)}{K(T_1)}=-\frac{\Delta H}{R}\left(\frac{1}{T_2}-\frac{1}{T_1}\right) \tag{2-9}$$

通过测定各温度下的 K 值，对 $\ln K$ 和 $1/T$ 作线性回归得：

$$\ln K=-\frac{A}{T}+B \tag{2-10}$$

其中，回归线的斜率 A 可以表示为 $A=\Delta H/R$。ΔH 可通过下式得到：

$$\Delta H=R\times A \tag{2-11}$$

例如，亨利定律常数(Henry's law constant, K_{H})就有很强的温度依附性。在典型夏季温度($T=25$℃)和冬季温度($T=5$℃)下，苯的 K_{H} 分别为 0.22 和 0.05，表明相比于炎热的夏季，在冬季苯更倾向于向水中进行迁移。

2.1.3　化学品迁移的动力学特征

化学品在环境介质内和介质间的迁移主要表现为平流运动和扩散两种过程。化学品随环境介质流动而进行的迁移为平流运动。扩散(分子扩散和涡流扩散等)是指因化学品分子热运动而导致的从高浓度区向低浓度区运动的现象，直至浓度梯度消失为止。

1. 化学品的平流速率

假设一个由空气、水和土壤组成的开放、稳态且平衡的多介质环境系统，其中空气和水是主要的流动相，且不考虑其降解反应，则化学品的总输出速率(I, mol/h)等于空气相的平流输出速率(N_{A}, mol/h)和水相的平流输出速率(N_{W}, mol/h)之和。

$$I=N_{\mathrm{A}}+N_{\mathrm{W}} \tag{2-12}$$

化学品的平流速率 N(mol/h)可通过下式计算：

$$N=G\times c \tag{2-13}$$

其中，G 是平流介质的流速，$\mathrm{m^3/h}$；c 是介质中化学品的浓度，$\mathrm{mol/m^3}$。由式(2-3)、式(2-12)和式(2-13)可得：

$$I=G_{\mathrm{A}}c_{\mathrm{A}}+G_{\mathrm{W}}c_{\mathrm{W}}=G_{\mathrm{A}}Z_{\mathrm{A}}f+G_{\mathrm{W}}Z_{\mathrm{W}}f=f(G_{\mathrm{A}}Z_{\mathrm{A}}+G_{\mathrm{W}}Z) \tag{2-14}$$

$$f=I/(G_{\mathrm{A}}Z_{\mathrm{A}}+G_{\mathrm{W}}Z_{\mathrm{W}}) \tag{2-15}$$

$$f=I/\sum G_iZ_i \tag{2-16}$$

其中，f 为化学品达到平衡时的逸度；Z 表示逸度容量；i 代表空气(A)、水(W)

等环境介质。如果化学品在环境系统中的总物质的量是 n_T, mol，则化学品在该系统中的停留时间 τ(h)：

$$\tau = n_T/I \tag{2-17}$$

2. 化学品的扩散速率

当存在浓度梯度时，化学品能通过分子扩散进行环境介质内迁移，扩散速率可用 Fick 定律描述。当系统处于稳态时，化学品 A 的分子扩散通量与浓度梯度成正比，并沿浓度降低的方向迁移：

$$J_A = -B_M dc_A/dy \tag{2-18}$$

其中，J_A 是化学品在单位面积上的扩散通量，mol/(m²·h)；B_M 是化学品在环境介质中的分子扩散系数，m²/h；c_A 为环境介质中化学品的浓度，mol/m³；y 是化学品在扩散方向上经过的距离，m；$-dc_A/dy$ 是化学品沿扩散方向的浓度梯度。

化学品在环境中的扩散通常是介质间扩散，涉及两种及以上的环境介质。化学品介质间的扩散行为通常采用双膜理论来描述。下面以挥发过程为例，介绍双膜理论。

在双膜理论中，化学品由水相向空气相迁移的速率，受近水表层和空气层的阻力影响。双膜理论有 3 个基本要点：①在气液两相的界面处，存在着气膜与液膜，溶质以分子扩散方式通过这两个膜层。②对于膜层以外的两相主体，无浓度梯度，无传质阻力。浓度梯度存在于气液膜层中，全部阻力存在于两膜内。③界面间气液达到平衡，无传质阻力。通过推导，液相和气相中的扩散通量[J, mol/(m²·h)]可通过以下公式表示：

$$J = k_V \cdot c_W \tag{2-19}$$

$$\frac{1}{k_V} = \frac{1}{k_{WA}} + \frac{RT}{k_{AW} K_H} \tag{2-20}$$

其中，k_V 代表挥发速率常数，m/h；$1/k_V$ 表示挥发过程的总阻力，h/m；$1/k_{WA}$ 表示液相侧的传质阻力，h/m；$RT/k_{AW}K_H$ 表示气相侧的传质阻力，h/m。化学品在水相中的挥发速率（或挥发通量），等于其在液相中的浓度（c_W, mol/m³）与挥发速率常数的乘积，挥发过程的快慢主要受气相侧的传质系数（k_{AW}, m/h），液相侧的传质系数（k_{WA}, m/h）以及亨利定律常数[K_H, (Pa·m³)/mol]的控制。

2.2　化学品分配行为参数的模拟预测

化学品种类众多，难以通过实验逐个测定其环境分配行为参数。一些理论方法与模型已被用于预测化学品的分配行为参数。化学品分配行为参数的模拟预测方法可分为两大类：定量构效关系（quantitative structure activity relationship, QSAR）模型和分子模拟。

2.2.1 定量构效关系

化学品的物理化学性质，本质上取决于化学品的分子结构。化学品的环境行为、毒理学特性，与化学品的物理化学性质紧密相关。所谓 QSAR 指利用现有的化学知识或实验数据，建立化学品分子结构与其活性(理化性质、环境行为和毒理效应参数)之间的定量关系，并利用这种关系来预测其他化学品的活性。

1. 基本原理

20 世纪 30 年代，Hammett(1935)发现苯衍生物侧链的对位、间位取代基对其侧链反应速率常数的影响具有一定规律，并提出了 Hammett 方程[式(2-21)]来定量描述该规律：

$$\log(k/k_0) = \rho \cdot \sigma \quad (2\text{-}21)$$

其中，k 和 k_0 分别是取代和未取代苯衍生物的反应速率常数；σ 是间位或对位取代基电子效应参数；ρ 则与反应本身有关，反映了一个特定反应对取代基电子效应的灵敏度。该等式左边也可将 k 替换为 K，用于预测苯衍生物的分配参数，这类化学品结构与性质相关联的简单等式，就是经典的线性自由能关系(linear free energy relationship, LFER)，也是 QSAR 理论的基础。

早期 LFER 通常只用一个描述符(如 σ)来预测反应平衡常数或速率常数，为单参数 LFER 模型。由于单参数难以反映化学品结构或者性质全貌，使得模型预测效果有限，仅适用于一些结构较为简单且相似性高的化学品。Taft 于 1952 年对 Hammett 方程进行了拓展，引入了取代基的立体效应常数(E_S，也称 Taft 常数)，并建立了 $\log k$ 与 σ 和 E_s 的之间的线性关系，此为多参数线性自由能关系(ployparameter linear free energy relationship, pp-LFER)的雏形。

由 Kamlet 等(1986)发展的线性溶解能关系(linear solvation energy relationships, LSER)也是 pp-LFER 的一种。根据 LSER，溶解包括三个与自由能有关的过程：①在溶剂中形成一个可以容纳溶质分子的空穴；②溶质分子互相分离并进入空穴；③溶质与溶剂间产生吸引力。据此，提出如下模型：

$$\mathrm{SP} = \mathrm{SP}_0 + \text{空穴项} + \text{偶极项} + \text{氢键项} \quad (2\text{-}22)$$

式中，SP 代表溶解度或与溶解、分配有关的性质[例如，水溶解度(water solubility, S_W)、有机溶剂-水分配系数、非反应性毒性等]，根据 LFER 理论，SP 常以某一测得值的对数表示；SP_0 代表模型中的常数项，空穴项描述在溶剂分子中形成空穴时的吸收能量效应，偶极项表示溶质与溶剂分子间的偶极-偶极和偶极-诱导偶极相互作用；氢键项表示溶质分子与溶剂分子间的氢键作用。这一关系可用 4 个溶剂化变色参数(包括表征空穴作用的分子体积参数 V_i、表征偶极/极化作用的极性参数 π^*、表征氢键作用的酸碱性参数 α_m 和 β_m)的线性组合来定量描述。

Abraham 等(2004)提出了一套新参数用于预测化学品分配相关性质。表征化学品在两个凝聚相(如正辛醇-水体系、水与土壤体系等)间分配行为的 pp-LFER 模型为:

$$SP = SP_0 + eE + sS + aA + bB + vV \tag{2-23}$$

表征物质在气相和凝聚相间分配系数的模型为:

$$SP = SP_0 + eE + sS + aA + bB + lL \tag{2-24}$$

式中,e, s, a, b, v, l 为系数;E 是过量分子摩尔折射率;S 表示分子偶极/极化性的参数;A 和 B 分别表征分子氢键质子供体能力、氢键质子受体能力的参数,V 是 McGowan 分子体积,L 是正十六烷-空气分配系数的对数值。

随着对化学物质物理化学过程认识的不断加深,分子结构参数、pp-LFER 模型形式等都在不断丰富和完善。在前述模型里,除分子体积参数可以根据程序计算得到外,其他分子结构参数则需采用溶剂化变色比较法、色谱方法等实验手段得到,这限制了模型的应用。鉴于此,Wilson 和 Famini(1991)提出了理论线性溶解能关系(theory linear solvation energy relationships, TLSER)模型。TLSER 使用 MOPAC 软件中的 MNDO 半经验量化计算得到的描述符替代 LSER 模型中的溶剂化变色参数。Hansch 和 Leo(1979)等研究者,发展了基于化学品的基团或分子碎片预测其性质的方法,即基团贡献法或分子碎片法。这类方法认为,化学品的性质或活性可以表示为其结构中所含各类基团或分子碎片的贡献的线性加和,由于这类方法计算简便而被广泛使用,也常被集成至各类化学品性质预测软件/平台中。

2. QSAR 模型的建立与验证

随着计算机技术的发展,QSAR 模型已不再拘泥于传统的线性方程。Hansch 和 Fujita(1964)将 Hansch 方程改进为非线性方程形式,使其预测效果得到进一步提升,并且能够描述化学品的生物活性与 K_{OW} 之间的非线性关系。近年来,得益于大数据和人工智能的飞速发展,基于机器学习的非线性 QSAR 模型不断涌现。这类模型可以用一个函数来概括:

$$\text{拟预测变量} = f(\text{分子描述符}) \tag{2-25}$$

其中,拟预测变量也常被表述为预测终点、Y 值等。拟预测变量主要有三类:化学品的环境分配行为参数及物理化学性质;化学品的转化行为参数;化学品的毒性参数。f 为分子描述符与拟预测变量之间的函数形式,早期的 QSAR 模型,如 Hammett 方程或 LSER 模型,是比较简单的线性形式。随着计算机技术的发展,越来越多的非线性算法用于探索描述符与预测变量间的关系。分子描述符,也常被表述为 X 值、自变量、特征等。

20 世纪 80 年代以来,经济合作与发展组织(OECD)、美国环保局(U. S. EPA)、欧盟(EU)等机构致力于将 QSAR 应用到化学品管理领域。2007 年，EU 颁布的《关于化学品注册、评估、授权和限制法规》(简称 REACH 法规)中明确规定，QSAR 可作为一种实验测试的替代方法，用于获取化学品注册登记相关信息。同年，为了规范 QSAR 的使用，OECD(2007)发布了“关于 QSAR 模型构建和验证的导则”。该导则规定，用于化学品风险评价与管理的 QSAR 模型应满足以下 5 个要求：有明确的终点；使用透明清晰的算法；需要定义模型的应用域；模型应该具备良好的拟合度、稳健性和预测能力；易于进行机理解释。模型的应用域可避免 QSAR 模型的滥用。拟合度、稳健性和预测能力则表征模型的效果。

根据 OECD 导则，构建 QSAR 模型时，需要将数据集拆分为训练集和验证集两部分。训练集用于建立模型，因此训练集化学品结构应具有多样性，并涵盖所有验证集化学品的结构特性，使模型具有更强的泛化能力。验证集用于测试模型的稳健性和预测效果。

用于表征回归类 QSAR 模型的统计评价指标，包括决定系数(R^2)和经自由度调整后的决定系数(R_{adj}^2)、均方根误差等。在判定一个线性回归模型的拟合优度时，R^2 是一个重要的指标，它体现了回归模型所能解释的因变量变异的百分比，定义式如下：

$$R^2 = 1 - \frac{\sum_{i=1}^{n}(y_i - \hat{y}_i)^2}{\sum_{i=1}^{n}(y_i - \overline{y})^2} \tag{2-26}$$

其中，y_i 和 $\hat{y}_i$ 分别为第 i 个化学品活性的实测值和预测值；$\overline{y}$ 为化学品活性实测值的平均值；n 为训练集化学品的个数。决定系数值越大，拟合优度越好。然而，如果引入多余的预测变量会导致较低的自由度，虽然 R^2 较高，但是模型的预测能力较差。所以，常采用 R_{adj}^2 对模型拟效果进行表征，R_{adj}^2 定义式如下：

$$R_{\mathrm{adj}}^2 = 1 - \frac{\sum_{i=1}^{n}(y_i - \hat{y}_i)^2/(n-p-1)}{\sum_{i=1}^{n}(y_i - \overline{y})^2/(n-1)} \tag{2-27}$$

其中，p 为自变量(描述符)的个数。

RMSE 是衡量模型预测精度的常用参数，依赖于环境指标的数据范围和分布，并受离域点的影响，其定义为：

$$\mathrm{RMSE} = \sqrt{\frac{\sum_{i=1}^{n}(y_i - \hat{y}_i)^2}{n}} \tag{2-28}$$

模型的稳健性可以反映出模型拟合不足或过度拟合问题。内部验证方法可用于评价模型的稳健性。交叉验证是一种常见的内部验证手段。其中，去多法将初

始训练集中的 n 个数据点平均分成大小为 $m(m = n/G)$ 的 G 个子集。然后每次去除 m 个数据点，采用剩下的 $n–m$ 个数据点作为训练集重新建模，并验证由 m 个数据点构成的验证集。对于回归模型的验证，经 G 次计算，得到交叉验证系数 Q^2_{CV} 来表征模型的稳健性和预测能力。Q^2_{CV} 的定义为：

$$Q^2_{CV} = 1 - \frac{\sum_{i=1}^{n}(\hat{y}_i^{(n-m)} - y_i)^2}{\sum_{i=1}^{n}(y_i - \overline{y}^{(n-m,i)})^2} \tag{2-29}$$

其中，$\hat{y}_i^{(n-m)}$ 表示 $n–m$ 个化学品所得到的模型对被剔除的第 i 个化学品活性的预测值，$\overline{y}^{(n-m,i)}$ 表示 $n–m$ 个化学品（i 包含于剔除的 m 个化学品中）活性实测值的平均值。如果 Q^2_{CV} 大于 0.5，模型比较稳健；如果 Q^2_{CV} 大于 0.9，模型的稳健性非常好。

另外一种交叉验证是去一法（leave-one-out, LOO），其具体过程与去多法相似，区别仅在于 $m = 1$。统计学理论证明，在变量选择方面，去多法比 LOO 好，主要是因为 m 值越小，模型容易包含越多的变量信息，导致模型过度拟合，对验证集的预测能力下降。

对模型性能进行评价后还要确定模型的应用域。应用域反映预测模型的普遍化程度，应用域越小，模型可预测化学品越有限。对于统计分析所建的经典 QSAR 模型，可采用 Williams 图等对模型的应用域进行表征。

2008 年，OECD 发布了 OECD (Q) SAR Toolbox，以提供化学品的结构、理化参数、毒性等相关数据，从而辅助化学品的 QSAR 建模、分类和管理工作。U. S. EPA 和 Syracuse Research Corp 共同开发了 EPI Suite™ 软件，可实现对化学品的多种物理化学性质的预测。QSAR 模型在化学品的分类和标记、高通量筛选、优先级判定、毒理效应评估、风险评价和防控等方面均发挥着重要作用。

2.2.2　分子模拟方法

如式（2-7）所示，化学品分配行为参数与其吸附分配过程中的自由能变（ΔG, J/mol）直接相关。因此，可通过计算化学品吸附分配过程中的 ΔG 进而预测化学品的分配行为参数值。在实际应用中，由于计算量的限制，常通过基于经典的分子力学方法的显式溶剂化模型或基于量子化学的隐式溶剂化模型实现。

1. 基于量子化学的隐式溶剂化模型

量子化学计算的核心是求解薛定谔（Schrödinger）方程，从而获取体系的分子轨道能级等信息。在隐式溶剂化模型中，溶剂分子被连续的、各向同性的介质替代，溶质分子在介质中形成一个腔体，且溶剂与溶质、溶剂与溶剂的分子间作用被平均化。按照对溶剂化能的计算方式不同，隐式溶剂化模型包括 Tomasi and Persico

(1994)发展的极化连续介质(polarized continuum model, PCM)模型，Marenich 等(2009)发展的明尼苏达溶剂化模型 SMx 系列，如 SMD, SM8 和 SM8AD 模型，以及 Klamt 等(2011)发展的类导体屏蔽模型(conductor like screening model, COSMO)等。如式(2-30)，隐式溶剂化模型通常将自由能变表达为极性部分(ΔG_{polar})与非极性部分(ΔG_{apolar})之和：

$$\Delta G = \Delta G_{polar} + \Delta G_{apolar} \tag{2-30}$$

其中，ΔG_{polar} 也被认为表征溶质-溶剂静电相互作用，其数值可通过求解 Poisson-Boltzmann 方程，或者求解简化的 Generalized Born 方程得出。

在大多数隐式溶剂化模型中，ΔG_{apolar} 贡献被简化为通过非极性溶质溶剂化自由能实验值拟合得到的经验表面张力参数 γ 与溶剂可及表面积(A_{SA})的乘积之和：

$$\Delta G_{apolar} = \sum \gamma_i \cdot A_{SAi} + b \tag{2-31}$$

其中，b 为常数，且多数情况下为 0。

更为精细的模型，如 SMD 模型，则对不同原子采用不同的表面张力参数，并将非极性贡献进一步拆分为 $\Delta G_{dispersion}$ 与 ΔG_{cavity}。$\Delta G_{dispersion}$ 是溶质-溶剂色散相互作用(范德华相互作用)，ΔG_{cavity} 指溶质排开溶剂形成空穴所需能量(Marenich et al., 2009)。

不同于上述隐式溶剂化模型，COSMO 模型的基本思想和传统的基团贡献法相似。不同的是，传统的基团贡献法认为分子由不同种类的基团构成并相互作用；而在 COSMO 模型中，则将分子表面分为具有不同电荷密度的等面积的链节片段，从而获得物质的能量及活度系数并达到预测热力学性质的目的。

隐式溶剂化模型的缺点，是无法描述溶剂与溶质分子间的强相互作用(如氢键)，且在离子作为溶质时，溶剂化模型的计算精度低于中性分子充当溶质的情况。近年来，为了提高溶剂化模型的准确性，模型中的半经验参数和物理近似一直在改进(Marenich et al., 2013)。

2. 基于分子力学的显式溶剂化模型

借助经典力学来描述微观相互作用，提供了有别于量子化学的另一种模拟分子结构、能量和动态行为的思路，并逐渐形成了分子力学(molecular mechanics, MM)的方法体系。由于避免了求解薛定谔方程的自洽迭代，分子力学方法的计算量相比量子化学方法大幅降低。基于分子力学的显式溶剂化模型，包含更全面的原子细节，也更接近真实的溶剂，也是计算模拟时首选的溶剂化模型，在力场选择恰当时，计算结果可与量子化学方法的结果相媲美。

分子力学的概念起源于 20 世纪 70 年代，其主要目的是采用经典力学来确定分子的平衡结构。该方法的基本思想是将分子看作是一组靠弹性力维系在一起的原子集合。这些原子若过于靠近，则会受到斥力的影响；若远离，则会造成连接它们的化学键拉伸或收缩、键角的扭曲，引起分子内引力增加。每个分子结构，都是上述几种作用力达到平衡的结果。然而，由于无法处理电子结构，分子力学方法一般不能模拟涉及化学键生成或断裂的化学反应过程。它主要用于振动分析、能量计算、(基态)分子构象优化等任务。

如需要模拟分子运动，而不仅是分子势能面上某局部极小点的(静态)构象，分子动力学(molecular dynamics, MD)模拟提供了一种解决方案。MD 模拟能直接给出系统中所有分子(瞬时)坐标、受力和速度的时间演变趋势(轨迹)。

MD 模拟的本质，是通过求解牛顿运动方程，获得原子的位置和速度随时间的变化轨迹，进而结合统计力学，预测体系的宏观性质。在 Born-Oppenheimer 近似的条件下，可将原子核和电子的运动分开处理。假设原子核的运动服从牛顿经典运动定律，即

$$a_i(t) = \frac{F(t)}{m_i} \tag{2-32}$$

其中，$a_i(t)$ 为原子在 t 时刻运动的加速度；$F(t)$ 为原子在 t 时刻受到的作用力；m_i 为原子的质量。在经典力学中，原子所受作用力是势能的梯度。由量子化学计算方法或分子力场方法可得到体系的势能，进而求得原子所受作用力，进而由式(2-32)求得其加速度并预测出原子在下一时刻的位置和速度。这样下来，就可得到体系构型随时间的演变。

一般来说，MD 模拟首先要构建用于模拟的模型；接下来，确定体系的初始状态，包括粒子的初始位置和速度以及设置合适的溶剂环境；然后选定分子力场，即明确计算体系势能的方法，得到粒子所受的外力；随后通过求解牛顿运动方程，得到体系中粒子的加速度，从而求得粒子在下一刻的位置和速度；评估运算结果直至体系达到平衡；记录体系达到平衡后粒子的运动轨迹和速度；最后，统计分析运动轨迹数据，得到体系的宏观性质信息。

在特定的系综约束下，进行 MD 模拟，然后对模拟过程中粒子的轨迹信息进行统计分析，就可获得与体系结构相关的径向分布函数、均方差位移、速度自相关函数、偶极自相关函数以及热力学信息(如自由能)等。基于此得出的热力学信息可带入相应公式直接求解部分物理化学参数，也可作为描述符用于 QSAR 模型的构建。

2.3 化学品分配行为参数的数据及预测模型

测定分配系数的关键，是保证体系达到平衡态。实验通常在静态或动态低流速条件下，测定化学品在相互接触的两相中的平衡浓度。不同化学品的分配系数差异很大，且易受 pH、温度等条件影响。下面介绍一些表征化学品环境分配行为的常见参数。

2.3.1　过冷液体蒸气压

1. 基本概念

饱和蒸气压(vapor pressure, P, Pa)指在一定温度下，与固态或液态纯化学品处于相平衡时，气相或者空气中化学品所能达到的最大压力。根据纯化学品的凝聚状态，饱和蒸气压分为固相饱和蒸气压(P_S)和过冷液体蒸气压(P_L)。与 P_S 相比，环境科学更关注 P_L。这是因为环境污染物常以分子形式分散于各个环境介质中，彼此之间的距离较大，难以聚集形成晶体。因此，它们在自然环境中的存在状态与溶液中的存在状态类似，故 P_L 比 P_S 更能反映有机污染物在环境中的挥发性。

P_L 的大小影响化学品的大气浓度、长距离迁移性、多介质环境行为。P_L 还可用来估算化学品的其他性质，如 K_{OW}、K_H、蒸发焓以及蒸发速率等。

P_L 具有温度依附性，对于蒸气-液体两相平衡，其关系式为：

$$\frac{\mathrm{d}\ln P_L}{\mathrm{d}T}=\frac{\Delta H_{vap}}{RT^2} \tag{2-33}$$

式中，ΔH_{vap} 表示液态纯化学品的摩尔蒸发热，J/mol；R 为理想气体常数，8.314 J/(mol·K)；T 为热力学温度，K。假设 ΔH_{vap} 与温度无关，或因温度变化范围很小，则可将 ΔH_{vap} 可作为常数，并将气体视为理想气体，对式(2-33)进行积分，得：

$$\ln P_L=-\frac{\Delta H_{vap}}{RT}+C \tag{2-34}$$

因此，在较小的温度范围内，如果化学品的状态没发生变化，就可根据式(2-34)计算化学品在不同温度下的 P_L。

2. 测定方法

从原理上讲，最可靠的 P_L 测定方法，是直接测定气相中溶质的压力，也可根据蒸发率或色谱保留时间等数据间接测定。OECD 104 号导则中规定的饱和蒸气压的测定方式有：动态法、静态法、蒸气压计法、蒸气压天平法、努森法、热重分析法、饱和气流法与旋转马达法。国标 GB/T 22228—2008、GB/T 22229—2008 与 GB/T 35930—2018 中，根据化学品饱和蒸气压值的范围对化学品进行分类，并对各类化学品饱和蒸气压的测定方法做了详细规定。其中动态法、静态法与饱和气流法是最常见的几类测定方法。

静态法通过使用压力计，直接测定恒温容器中的平衡压力。动态法通过测定液体在不同外压下的沸点，得出化学品的 P_L。对于难挥发化学品，使用动态法测定其饱和蒸气压值存在困难。饱和气流法精度较高，但只适用于 P_L 较小的液体。

大部分的饱和蒸气压实测数据，仅限于小分子量的烃类，而熔点超过 200℃的化学品饱和蒸气压数据很少。为了弥补实验数据的缺失，有必要发展可靠的预测技术来获取不同温度下的 P_L 值。

3. 数据库及预测模型

已有一些组织收集了化学品分配行为参数、发展了计算模型并集成至软件平台中。代表性的软件包括(Q)SAR Toolbox 与 EPI Suite™。(Q)SAR Toolbox 由 OECD 和欧洲化学品管理局(ECHA)联合开发，软件中包含 6811 种化学品的 P_L 数据及相应的测定方法及预测模型等信息。EPI Suite™ 由 U. S. EPA 联合企业开发，可查询到每个模型的训练集和验证集的源数据、预测模型表达式、拟合度、应用域以及机理解释相关信息。该软件包含了 3113 种化学品的 P_L、6573 种化学品的 S_W、1829 种化学品的 K_H、308 种化学品正辛醇-空气分配系数(octanol/air partition coefficient, K_{OA})、13540 种化学品的 K_{OW}、571 种化学品的土壤(沉积物)有机碳吸附系数[soil (sediment) organic carbon sorption coefficient, K_{OC}]的相关数据。

从各类文献及数据库中收集了 7000 多种有机化学品的 P_L 数据，表 2-2 列举了部分化学品 P_L 的测定值。

表 2-2　化学品 P_L 的数据库(节选)

CAS 号	名称	SMILES	温度/℃	$\log P_L$ (P_L, Pa)	参考文献
62-44-2	非那西丁(Phenacetin)	CCOc1ccc(cc1)NC(=O)C	25	−4.04	Wiedemann, 1972
56-49-5	3-甲基胆蒽(3-Methylcholanthrene)	Cc1ccc2c3c1CCc3c1c(c2)c2ccccc2cc1	25	−5.24	Lei et al., 2002
56-23-5	四氯化碳(Tetrachloromethane)	ClC(Cl)(Cl)Cl	25	4.19	Boublik et al., 1984
53-70-3	二苯并[a,h]蒽(Dibenz[a,h]anthracene)	c1ccc2c(c1)c1cc3ccc4c(c3cc1cc2)cccc4	25	−6.90	Lei et al., 2002
53-19-0	米托坦(Mitotane)	ClC(C(c1ccccc1Cl)c1ccc(cc1)Cl)Cl	30	−3.59	Suntio et al., 1988
52-68-6	敌百虫(Trichlorfon)	COP(=O)(C(C(Cl)(Cl)Cl)O)OC	20	−2.98	Freed et al., 1977
50-21-5	乳酸(Lactic Acid)	OC(=O)C(O)C	25	1.03	Daubert and Danner, 1989
50-00-0	甲醛(Formaldehyde)	C=O	25	5.71	Boublik et al., 1984

早期的 QSAR 预测模型涉及的化学品种类和数量少，且只可预测特定温度下的 $\log P_L$ 值。P_L 具有很强的温度依附性，因此预测模型需要考虑温度的影响。EPI Suite™ 中的 MPBPWIN 模块基于化学品的沸点预测其 $\log P_L$ 值，该模型可实现

15~30℃范围内化学品的 $\log P_L$ 值预测。Kühne 等(1997)采用人工神经网络(artificial neural network, ANN)算法，基于化学品分子结构、温度和熔点等 23 个参数，使用训练集中的 1200 种化学品建立了模型，并对验证集中 638 种化学品做出了预测。Chalk 等(2001)基于前馈 ANN 算法和量子化学描述符，发展了可预测 76~800 K 温度范围内 $\log P_L$ 值的 QSAR 模型。Yaffe 和 Cohen(2001)使用共价分子连接性指数、分子量和温度预测了 274 个烃类(碳原子数在 4~12 之间)不同温度下的 7613 个 P_L 值。Zang 等(2017)基于 EPI Suite™ 中的数据，使用多种机器学习算法建立了 P_L 的预测模型，并评估了模型性能，其中支持向量机(support vector machine, SVM)的模型取得了最佳效果。

尽管上述模型的拟合效果与预测准确度较好，但由于机器学习算法的复杂性，大多模型无法对机理进行解释，也未给出模型的应用域。赵文星等(2015)基于不同温度下 644 种化学品的 7797 个 $\log P_L$ 实验数据，采用多元线性回归(multiple linear regression, MLR)、偏最小二乘(partial least-square, PLS)算法，构建了可用于预测不同温度下 P_L 的 QSAR 模型。P_L 的部分预测模型的信息列于表 2-3。

表 2-3　P_L 的部分预测模型

文献	模型
Kühne et al., 1997	ANN, n_{tra} = 1200, n_{ext} = 638, R^2_{tra} = 0.995, R^2_{ext} = 0.990
Chalk et al., 2001	ANN, T = 76~800 K, n_{tra} = 7681, n_{ext} = 861, R^2_{tra} = 0.976, R^2_{ext} = 0.976
Yaffe and Cohen, 2001	ANN, n_{tra} = 5330, n_{ext} = 1529, 模型对训练集和验证集的预测平均百分误差(绝对误差/实验值)分别为 11.6%和 8.2%。
赵文星等, 2015	$\log P_L = 13.33 - 2571D_1 - 6.90\times10^{-1}D_2 - 5.06\times10^{-1}D_3 - 6.09\times10^{-1}D_4 - 1.36\times10^{-1}D_5 + 8.01\times10^{-1}D_6$ n_{tra} = 7797, n_{ext} = 2681; R^2_{tra} = 0.912, R^2_{ext} = 0.912, RMSE$_{tra}$ = 0.48, RMSE$_{ext}$ = 0.49 D_1: $1/T$, 温度的倒数；D_2: *X1sol*, 1 级溶剂连接性指数；D_3: *nHDon*, 氢键供体个数；D_4: *nROH*, 羟基基团的个数；D_5: μ, 偶极矩；D_6: *GATS1v*, 拓扑距离为 1 时范德华体积加权的 Geary 自相关系数。各描述符详细解释参见 Todeschini 和 Consonni(2000)的专著。
Zang et al., 2017	SVM, n_{tra} = 2034, n_{ext} = 679, R^2_{tra} = 0.923, R^2_{ext} = 0.900, RMSE$_{tra}$ = 0.93, RMSE$_{ext}$ = 1.07

注：n 代表化学品个数；R^2 为决定系数；RMSE 为均方根误差；tra, ext 分别代表模型的训练集与外部验证集。

赵文星等(2015)建立的模型具有良好的可解释性，通过分析模型中描述符的投影变量重要性(variable importance in projection, VIP)值发现，温度是影响 P_L 的最主要因素，温度越高，P_L 值越大。此外，在溶质分子的众多性质中，*X1sol* 的 VIP 值最大，表明 *X1sol* 对 $\log P_L$ 的影响较大。*X1sol* 可用来描述化学品在溶剂中的色散作用。分子的色散力越大，其相互作用就越强，蒸气压就越小。所构建的 PLS 模型的 R^2_{tra} 和 R^2_{ext} 均超过 0.9，表明模型的拟合优度和稳健性良好，实测值与预测值拟合图如图 2-2 所示。

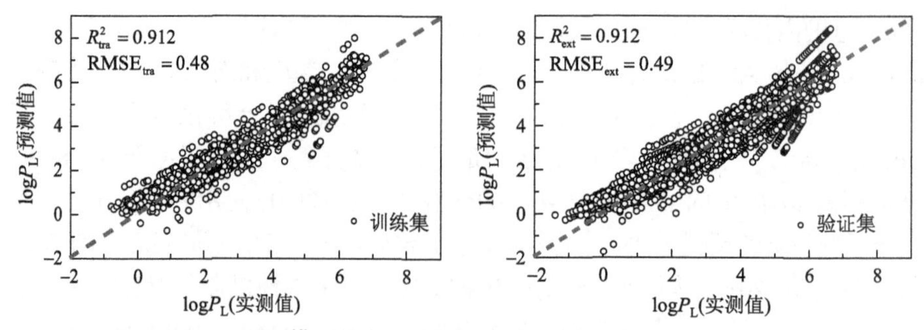

图 2-2 logP_L 预测模型的实测值与预测值拟合图(改自赵文星等, 2015)

2.3.2 水溶解度

1. 基本概念

化学品的水溶解度(S_W, mol/L)定义为：一定温度下，该化学品溶解在纯水中的最大量。S_W 是表征化学品迁移性的重要因素，具有较高 S_W 的化学品，通常难以富集于环境有机相(如水生生物、土壤和沉积物的有机相)中，而倾向于随水迁移。化学品在水中的溶解能力也影响其降解途径，如光解、水解和生物降解等。

S_W 除了受化学品本身的分子特性影响外，还受到外界条件的影响，例如温度、pH 和电解质。S_W 具有一定的温度依赖性，通常 S_W 随温度升高而增加。pH 也会对 S_W 产生影响。有研究表明，pH 增大，有机酸类农药的 S_W 增高，有机碱类农药则相反。电解质一般会导致化学品的 S_W 下降，有机质也会对化学品的 S_W 产生影响。

2. 测定方法

测定 S_W 的最常用方法为摇瓶法，这也是 OECD105 号导则及 GB/T 21845—2008 中规定的方法。该方法向水中加入过量的溶质化学品，并通过轻轻摇动或用磁力搅拌器缓慢搅拌来实现平衡，目的是防止形成乳液或悬浮液，避免过滤或离心等额外的实验程序。产生柱法也可用于测定化学品 S_W，即用惰性固体载体(如玻璃珠)充当填充柱，然后涂上溶质化学品。将水以可控的、已知的流速泵入填充柱中，以达到饱和(Weil et al., 1974)。气相色谱法(McAuliffe, 1966)、荧光分光光度法(Mackay and Shiu, 1977)、干涉测定法(Gross and Saylor, 1931)、高效液相色谱法(May et al., 1978)、液相洗脱色谱法(Schwarz, 1980)和散射比浊法(Davis and Parke, 1942)也可用于测定 S_W。

对于可电离化学品(如酚、羧酸和胺)，必须记录实验 pH 值，因为电离程度影响化学品溶解度。通常采用适当的缓冲盐溶液来保持 pH 值的稳定，但这种做法可能会引起盐析效应，因此，当水中存在电解质时，应该注意记录测试条件。

3. 数据库及预测模型

表 2-4 列举了部分化学品的 S_W 值。该数据库涵盖了各类化学品的 S_W 数据 5610 条，涉及化学品种类广泛。

表 2-4　化学品 S_W 的数据库(节选)

CAS 号	名称	SMILES	$\log S_W$ (S_W, mol/L)	参考文献
75-28-5	2-甲基丙烷 (2-Methylpropane)	CC(C)C	−3.08	Mcauliffe, 1966
75-83-2	2,2-二甲基丁烷 (2,2-Dimethylbutane)	CCC(C)(C)C	−3.67	Yalkowsky and Dannenfelser, 1992
79-29-8	2,3-二甲基丁烷 (2,3-Dimethylbutane)	CC(C(C)C)C	−3.58	Yalkowsky and Dannenfelser, 1992
96-14-0	3-甲基戊烷 (3-Methylpentane)	CCC(CC)C	−3.68	Yalkowsky and Dannenfelser, 1992
96-37-7	甲基环戊烷 (Methylcyclopentane)	CC1CCCC1	−3.30	Mcauliffe, 1966
106-97-8	丁烷(Butane)	CCCC	−2.98	Mcauliffe, 1966
110-54-3	己烷(Hexane)	CCCCCC	−3.96	Mcauliffe, 1966
110-82-7	环己烷(Cyclohexane)	C1CCCCC1	−3.18	Mcauliffe, 1966
218-01-9	䓛(Chrysene)	c1ccc2c(c1)c1ccc3c(c1cc2)cccc3	−8.06	Miller et al., 1985
238-84-6	苯并[*a*]芴(Benzo[*a*]fluorene)	c1ccc2c(c1)c1ccc3c(c1C2)cccc3	−6.68	Yalkowsky and Dannenfelser, 1992
243-17-4	苯并[*b*]芴(Benzo[*b*]fluorene)	c1ccc2c(c1)c1cc3ccccc3cc1C2	−7.73	Yalkowsky and Dannenfelser, 1992

预测化学品 S_W 值的方法大致可分为三类。其一是直接采用分子的理化性质来估算，如根据化学品的 K_{OW} 进行估算(Hansch et al., 1968)；其二是采用基团贡献法(Klopman et al., 2001)；其三是建立 QSAR 模型。早期的 QSAR 模型多为线性，使用的分子描述符包括 Abraham 参数、分子连接性指数、几何描述符、分子指纹等(Abraham and Le, 1999; Huuskonen, 2000; Fioressi, 2019; Fioressi, 2020)。

随着计算机技术的提升，非线性算法也用于预测化学品的 S_W。Zang 等(2017)基于 EPI Suite™ 程序中的数据集，对化学品的多种物理化学性质进行了预测，其中基于 SVM 的模型取得了最佳效果。Wu 等(2018)建立了可同时预测化学品 $\log K_{OW}$ 和 $\log S_W$ 的多任务神经网络模型。一些模型的信息列于表 2-5 中。

表 2-5　S_W 的部分预测模型

作者	模型
Hansch et al., 1968	$\log S_w = -1.34\log K_{OW} + 9.78 \times 10^{-1}$ $(n = 156, R^2 = 0.935)$
Abraham and Le, 1999	$\log S_w = -5.76 \times 10^{-1}E + 9.80 \times 10^{-1}S + 1.23A + 3.39B - 4.08V - 0.10 \times 10^{-1}(mp-25) + 5.79 \times 10^{-1}$ $(n = 411, R^2 = 0.915)$ $\log S_w = -1.06E + 8.51 \times 10^{-1}S + 6.46 \times 10^{-1}A + 3.28B - 4.05V + 8.49 \times 10^{-1}$ $(n = 594, R^2 = 0.895, SD = 0.63)$
Huuskonen, 2000	$n_{tra} = 884, n_{ext} = 413$ MLR, $R^2_{tra} = 0.89$, $R^2_{ext} = 0.88$ ANN, $R^2_{tra} = 0.94$, $R^2_{ext} = 0.92$
Klopman et al., 2001	基团贡献法（$n_{tra} = 1168, n_{ext} = 120, R^2 = 0.951, RMSE = 0.92$）
Zang et al., 2017	SVM, $n_{tra} = 1507$, $n_{ext} = 503$, $R^2_{tra} = 0.995$, $R^2_{ext} = 0.910$, $RMSE_{tra} = 0.156$, $RMSE_{ext} = 0.649$
Wu et al., 2018	深度神经网络（DNN），$n = 178$, $R^2 = 0.931$, $RMSE_{tra} = 0.54$
Fioressi et al., 2019	$\log S_w = 1.46D_1 + 1.80D_2 - 3.54 \times 10^{-1}D_3 + 4.25D_4 + 9.90 \times 10^{-1}D_5 - 1.34D_6 + 2.25D_7 + 1.56 \times 10^{-1}$ （$n_{tra} = 404$, $n_{test} = 404$, $n_{ext} = 403$, $R^2_{train} = 0.56$, $R^2_{test} = 0.54$　$R^2_{ext} = 0.56$, $RMSE_{tra} = 1.57$, $RMSE_{test} = 1.38$, $RMSE_{ext} = 2.30$） D_1: *GATS2m*, 拓扑距离为 2 时分子质量加权的 Geary 自相关系数；D_2: *GATS1p*, 拓扑距离为 1 时分子极化率加权的 Geary 自相关系数；D_3: *CrippenlogP*, 亲脂性参数；D_4: *SIC3*, 三阶邻域对称性指数；D_5: *SpDiam_D*, 拓扑距离矩阵的直径；D_6: *VAdjMat*, 重原子邻接矩阵信息；D_7: *MACCSFP35*, 表示存在 IA 族碱金属原子；各描述符详细解释参见 Todeschini 和 Consonni（2000）的专著。
Fioressi et al., 2020	$\log S_w = -8.00 \times 10^{-2}D_1 + 1.01D_2 - 0.23D_3 + 0.07D_4 - 0.60$ （$n_{tra} = 1870$, $n_{test} = 1870$, $n_{ext} = 1870$, $R^2_{tra} = 0.84$, $R^2_{test} = 0.83$, $R^2_{ext} = 0.84$, $RMSE_{tra} = 0.87$, $RMSE_{test} = 0.91$, $RMSE_{ext} = 0.88$） D_1: *XLogP*, 亲脂性指标；D_2: *Sub295*, 分子中存在极性官能团；D_3: D_{585}, 由 6 阶电负性加权的负荷矩阵的最高特征值；D_4: *DCW*, 分子柔性的度量。各描述符详细解释参见 Todeschini 和 Consonni（2000）的专著。

注：n 代表化学品个数；R^2 为决定系数；RMSE 为均方根误差；SD 为标准差；tra, test, ext 分别代表模型的训练集、内部验证集与外部验证集。

2.3.3　亨利定律常数

1. 基本概念

亨利定律常数[K_H,（$Pa \cdot m^3$）/mol]为描述化学品在气液两相中分配能力的物理常数，可用于判断化学品在多介质环境中的迁移趋势。K_H 的表达式为：

$$K_H = p/c \tag{2-35}$$

其中，p 为一定温度和平衡状态下气相中化学品的分压, Pa; c 表示水溶液中化学品的浓度, mol/m^3。

K_H有多种表达方式。在不同的表达方式中，由于所使用的物理量单位不同，K_H的大小和单位也不同。当使用摩尔浓度表示时：

$$K_H = K_{AW} = c_A/c_W \tag{2-36}$$

其中，c_A与c_W分别代表化学品在空气相与水相中的浓度，mol/m^3，这里K_H又可称为空气-水分配系数(K_{AW})。

K_H容易受到溶液中电解质和温度的影响。对于非极性或弱极性的化学品，如正烷烃、氯代苯、烷基苯等，其K_H随温度的变化不会超过一个数量级。溶液中电解质浓度会影响化学品的水溶解度，进而影响K_H。

2. 测定方法

K_H的实验测定方法包括直接法和间接法。直接法需要测定化学品在两相中的浓度。间接法通过测定化学品在水中的极限活度系数，进一步计算出化学品的K_H。

挥发性测定法(Butler et al., 1935)、多重平衡法(McAuliffe, 1971)、气相色谱法(Leighton and Calo, 1981)和气相色谱保留体积/时间测定活度系数法(Karger et al., 1971)均可用于间接测定化学品K_H，但这些方法不适用于挥发性过大或过小的化学品。气提法(Mackay et al., 1979)适用于高挥发性化学品，可通过分析"鼓泡塔"中溶液的挥发损失，或通过量化一定时间段内气提出来的溶质的量来确定K_H。而静态顶空分析法(Hussam and Carr, 1985)则可用于测定挥发性较小的化学品的K_H值。

3. 数据库及预测模型

表 2-6 中列出了部分化学品在不同温度下的K_H值，该数据集包括 1954 种化学品在不同温度下的K_H值共 2286 条。

表 2-6　化学品 K_H 的数据库(节选)

CAS 号	名称	SMILES	温度/℃	$\log K_H[K_H, (Pa \cdot m^3)/mol]$	参考文献
100-46-9	苄胺(Benzylamine)	NCc1ccccc1	25	0.47	EPI Suite™
100-47-0	苯甲腈(Benzonitrile)	N#Cc1ccccc1	100	1.75	EPI Suite™
100-51-6	苯甲醇(Benzyl alcohol)	OCc1ccccc1	25	−1.60	Yaws et al., 2003
100-52-7	苯甲醛(Benzaldehyde)	O=Cc1ccccc1	25	0.40	Yaws et al., 2003
100-66-3	甲基苯醚(Methyl phenyl ether)	COc1ccccc1	25	2.57	Yaws et al., 2003
107-13-1	丙烯腈(Acrylonitrile)	C=CC#N	20	0.90	Yaws et al., 2003
107-18-6	烯丙醇(Allyl alcohol)	OCC=C	25	−0.20	Yaws et al., 2003
64-19-7	醋酸(Acetic Acid)	CC(=O)O	100	0.53	Yaws et al., 2003
65-85-0	苯甲酸(Benzoic acid)	OC(=O)c1ccccc1	25	−1.65	(Q)SAR Toolbox

续表

CAS 号	名称	SMILES	温度/℃	$\log K_H[K_H,$ (Pa·m³)/mol]	参考文献
67-64-1	丙酮(2-Propanone)	CC(=O)C	25	0.69	Yaws et al., 2003
71-43-2	苯(Benzene)	c1ccccc1	25	2.75	Yaws et al., 2003
75-07-0	乙醛(Acetaldehyde)	CC=O	99	1.11	Yaws et al., 2003
79-10-7	丙烯酸(Acrylic acid)	OC(=O)C=C	100	0.17	EPI Suite™

K_H 的预测模型可分为三大类：基团贡献模型、pp-LFER 模型以及 QSAR。Meylan 和 Howard(1991)提出使用基团贡献法预测 K_H 并将其用于 EPI Suite™ 中的 HENRYWIN 模块。该方法基于 345 种有机化学品建立模型，并最终确定了 59 种基团对 K_H 的贡献。在此基础上，利用 74 种结构复杂的化学品作为验证集测试该模型的预测性能，发现模型具有较高的预测能力，外部验证 R^2 达到 0.96。

Abraham(1994)提出将 pp-LFER 用于预测化学品的 K_H。Goss 等(2006)对上述 pp-LFER 模型进行了改进，使用正十六烷-水分配系数的对数值，替换 Abraham 模型中的 McGowan 体积，以更好地描述化学品在凝聚相(水)与非凝聚相(气)之间的分配。

English 和 Carroll(2001)将 ANN 算法引入 $\log K_H$ 的预测建模，所构建模型的拟合能力很强(R^2 达 0.999)，但模型仅使用 200 余种化学品进行建模。Gharagheizi 等(2010)基于 1954 种有机化学品的 K_H，构建了 ANN 模型，但未对模型做出验证。随后，该团队对模型进行了改进(Gharagheizi et al., 2012)，建立了 $\log K_H$ 的线性模型使得模型机理性得到提升，并对数据进行划分，以验证模型的外部预测能力。

上述模型缺乏对模型应用域的明确表征。Duchowicz 等(2020)基于 530 种结构多样的化学品，采用 MLR 建立了 $\log K_H$ 的预测模型，并明确定义了模型应用域。表 2-7 中汇总了部分 K_H 预测模型的基本信息。

表 2-7 K_H 的部分预测模型

文献	模型
Meylan and Howard, 1991	基团贡献法，$n_{tra} = 345$, $n_{ext} = 59$, $R^2_{tra} = 0.97$, $R^2_{est} = 0.96$
Abraham, 1994	$\log K_H = 8.70 \times 10^{-1}V – 4.84A – 3.81B – 5.80 \times 10^{-1}E – 2.55S + 9.90 \times 10^{-1}$ ($n = 408$, $R^2 = 0.995$)
Goss, 2006	$\log K_H = -4.80 \times 10^{-1}L + 2.55V – 4.87B – 3.67A – 2.07S + 5.90 \times 10^{-1}$ ($n = 390$, $R^2 = 0.997$)
English and Carroll, 2001	ANN, $n_{tra} = 261$, $n_{ext} = 42$, $R^2_{tra} = 0.999$, $R^2_{ext} = 0.992$, $RMSE_{tra} = 0.273$, $RMSE_{ext} = 0.221$
Gharagheizi et al., 2010	ANN, $n = 1954$, $R^2 = 0.990$, RMSE＜0.10

续表

文献	模型
Gharagheizi et al., 2012	$\log K_H = -1.21D_1 + 2.23\times10^{-1}D_2 - 1.04D_3 + 5.38\times10^{-1}D_4 - 1.74D_5 - 1.40D_6 - 9.15\times10^{-1}D_7 - 1.78D_8 - 1.81$ (n_{tra} = 1564, n_{ext} = 390, R^2_{tra} = 0.983, R^2_{ext} = 0.983) D_1: *ESpm01d*, 是由偶极矩加权的边缘邻接矩阵的谱一阶矩，与极化率有关；D_2: *J3D*, 三维 Balaban 指数；D_3: *HOMA*, 芳香指数的谐振子模型；D_4: *nR = Ct*, sp^2 杂化碳原子个数；D_5: *nRNHR*, 仲胺（脂肪胺）的个数；D_6: *nHDon*, 氢键供体个数（氧原子和氮原子）；D_7: *Hy*, 亲水因子；D_8: *B01[C-O]*, 拓扑距离为 1 处是否存在 C—O 键。各描述符详细解释参见 Todeschini 和 Consonni（2000）的专著。
Duchowicz et al., 2020	$\log K_H = -1.76D_1 - 3.78D_2 - 3.42D_3 - 4.00\times10^{-2}D_4 + 3.86D_5 + 4.70\times10^{-1}D_6 - 1.90\times10^{-1}D_7 - 2.31$ (n_{tra} = 177, n_{test} = 176, n_{ext} = 177, R^2_{tra} = 0.87, R^2_{test} = 0.85 R^2_{ext} = 0.81, $RMSE_{tra}$ = 0.85, $RMSE_{test}$ = 0.70, $RMSE_{ext}$ = 0.76) D_1: *ATSCle*, 拓扑距离为 1 时 Sanderson 电负性加权的中心 Broto-Moreau 自相关；D_2: *LFEA*, 溶质的整体氢键酸性；D_3: *LFEBH*, 溶质的整体氢键碱度；D_4: *ToPSA*, 拓扑可及表面积；D_5: *MCS48*, OQ(O)O 基团的数目，其中 Q 是非碳和氢的杂原子；D_6: *SubCl*, 伯碳的数量；D_7: *D604*, sp^2 芳烃碳的数量。各描述符详细解释参见 Todeschini 和 Consonni（2000）的专著。

注：n 代表化学品个数；R^2 为决定系数；RMSE 为均方根误差；tra, test, ext 分别代表模型的训练集、内部验证集与外部验证集。

2.3.4　正辛醇-空气分配系数

1. 基本概念

正辛醇-空气分配系数（octanol/air partition coefficient, K_{OA}）为化学品在正辛醇相中浓度（c_O, mol/m³）与在空气相中的浓度（c_A, mol/m³）的比值，即：

$$K_{OA} = c_O/c_A \tag{2-37}$$

一般情况下，用 K_{OA} 来表征化学品在空气与环境有机相之间的分配能力。K_{OA} 具有较强的温度依附性，通常可表示为：

$$\ln K_{OA} = -\Delta G_{OA}/RT \tag{2-38}$$

式中，ΔG_{OA} 表示化学品从空气向正辛醇相溶解的自由能变化，J/mol；R 为理想气体常数，8.314 J/(mol·K)；T 为热力学温度，K。

2. 测定方法

Harner 等（2002）发展的产生柱法常用于测定化学品 K_{OA}。实验装置主要由压缩空气钢瓶、气体管路系统、气体控制系统、空气净化装置、热交换装置、装填正辛醇的玻璃柱、涂布了正辛醇溶液（已溶解目标化学品）的产生柱、样品富集阱等组成。压缩空气钢瓶中的空气经净化后，进入热交换装置，温度为 T_1，然后经过装填了正辛醇的玻璃柱。从玻璃柱出来的饱和正辛醇空气进入另一个热交换装置，温度变为 $T_2(T_1<T_2)$，产生柱的温度也控制在 T_2，在产生柱下面装一个 U 形管，以截取冷凝下来的正辛醇，经过产生柱的空气通入到样品富集阱，并采用色谱分析样品富集阱中化学品的含量。最后基于双膜理论，考虑平衡条件，计算得到 K_{OA}。迄今，该方法已被用于测定氯代苯、多氯联苯、多氯代萘、多溴代联苯醚和有机氯农药等典型环境污染物在不同温度下的 K_{OA}。此外，通过测定气相色谱保留时间来间接测定 K_{OA} 也十分常见(Su, 2002)。

3. 数据库及预测模型

表 2-8 示例列出各类化学品在不同温度下的 K_{OA} 测定值、测定温度和数据来源，全部数据共 935 条。

表 2-8　化学品 K_{OA} 的数据库(节选)

CAS 号	名称	SMILES	温度/K	$\log K_{OA}$	参考文献
71-55-6	1,1,1-三氯乙烷 (1,1,1-Trichloroethane)	C(Cl)(Cl)(Cl)C	298.15	2.70	Fu et al., 2016
103426-93-3	1,2,3,4,5,8-六氯萘 (1,2,3,4,5,8-PCN)	c1(c(c(c(c2c(ccc(c12)Cl)Cl)Cl)Cl)Cl)Cl	298.15	10.37	Fu et al., 2016
634-66-2	1,2,3,4-四氯苯 (1,2,3,4-Tetrachlorobenzene)	c(c(c(c(c1)Cl)Cl)Cl)(c1)Cl	298.15	5.64	Fu et al., 2016
20020-02-4	1,2,3,4-四氯萘 (1,2,3,4-PCN)	c1ccc2c(Cl)c(Cl)c(Cl)c(Cl)c2c1	298.15	8.32	Fu et al., 2016
103426-97-7	1,2,3,5,6,7-六氯萘 (1,2,3,5,6,7-PCN)	Clc1c(cc2c(c(c(cc2c1Cl)Cl)Cl)Cl)Cl	298.15	9.58	Fu et al., 2016
103426-94-4	1,2,3,5,7,8-六氯萘 (1,2,3,5,7,8-PCN)	Clc1c(cc2c(cc(c(c2c1Cl)Cl)Cl)Cl)Cl	298.15	9.83	Fu et al., 2016
53555-65-0	1,2,3,5,7-五氯萘 (1,2,3,5,7-PCN)	Clc1c(cc2c(cc(cc2c1Cl)Cl)Cl)Cl	298.15	8.73	Fu et al., 2016
150224-24-1	1,2,3,5,8-五氯萘 (1,2,3,5,8-PCN)	Clc1c(c(c2c(ccc(c2c1)Cl)Cl)Cl)Cl	298.15	9.13	Fu et al., 2016
634-90-2	1,2,3,5-四氯苯 (1,2,3,5-Tetrachlorobenzene)	c(cc(c(c1Cl)Cl)Cl)(c1)Cl	298.15	5.68	Fu et al., 2016
53555-63-8	1,2,3,5-四氯萘 (1,2,3,5-PCN)	c1cc(Cl)c2cc(Cl)c(Cl)c(Cl)c2c1	298.15	8.28	Fu et al., 2016

化学品 K_{OA} 的实验测定，往往需要化学标准品和色谱等仪器设备，比较费时。因此，有必要发展 K_{OA} 的高效预测方法。通常可采用 K_{OA} 与其他分配系数间的相关关系来简单估算化学品的 K_{OA}，如可使用 K_{OW} 和 K_H 之比来估算 K_{OA}(Meylan et al., 2005)，EPI Suite™ 中使用的就是这一方法。但由于 K_{OW} 表示化学品在水饱和的正辛醇相和正辛醇饱和的水相之间的分配系数，而 K_H 表征的是化学品在纯水相和空

气相间的分配行为，采用上述方法估算 K_{OA} 存在理论误差。

Fu 等(2016)将 379 种化学品在不同温度下的 935 个 $\log K_{OA}$ 值按 3∶1 比例随机划分为训练集和验证集。基于 MLR 算法筛选与训练集化学品 $\log K_{OA}$ 值相关性强的 Dragon 描述符，选取具有最大 R^2_{adj} 的 MLR 模型，其中每个描述符的方差膨胀因子(variance inflation factor, VIF)＜10，显著性水平 p＜0.001。采用 PLS 算法进一步去除 MLR 模型中的多余变量。在 PLS 计算中，将温度(T)作为一个描述符加入，并对已筛选描述符加上温度校正，形成可预测不同温度下 $\log K_{OA}$ 的 QSAR 模型[$\log K_{OA}(T)$]。在每步 PLS 计算时，去掉权重指数最小的描述符，得到具有最大 R^2_{adj} 值和最大 PLS 主成分能解释的因变量总方差比例 Q^2_{CUM}（表示模型稳健性的参数）的模型。

所构建的 $\log K_{OA}(T)$ 模型含有 11 种描述符，其中 *X0sol* 具有最大的偏最小二乘投影变量重要性(VIP)值，是决定 K_{OA} 大小的主要因素。*X0sol* 指溶剂化连接性指数，表征溶剂化过程中的焓变及溶质-溶剂色散相互作用。可推测决定化学品 K_{OA} 的主要因素，是化学品溶于溶剂过程中的熵变和色散相互作用大小。

基于欧几里得距离法、城市街区距离法和概率密度分布法表征建立的 $\log K_{OA}(T)$ 模型的应用域，如图 2-3 所示。

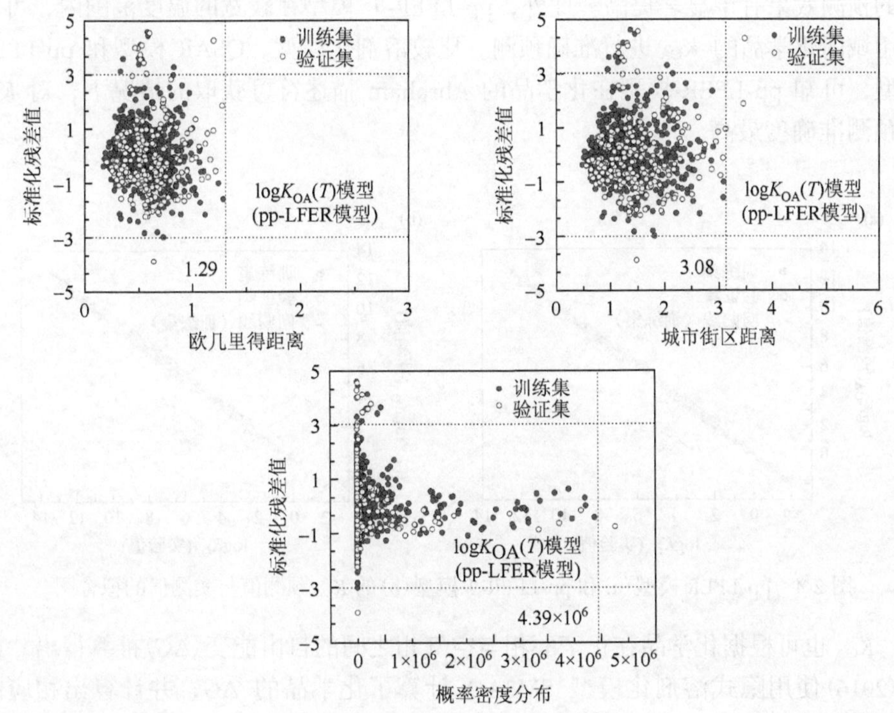

图 2-3　欧几里得距离、城市街区距离及概率密度分布方法定义的 $\log K_{OA}(T)$ 模型应用域散点图（改自 Fu et al., 2016）

若验证集化学品的相应指标超过某阈值，则将该化学品视为在模型的应用域外。总体上，所建立 QSAR 模型拟合度和稳健性良好，同时通过外部验证表征模型的预测能力，可满足有机化学品不同温度下 K_{OA} 的预测需求。

Jin 等(2017)基于收集的 379 种化学品的 Abraham 描述符值，及化学品在不同温度下的 795 个 K_{OA} 实测值，建立了预测化学品在 298.15 K 下 K_{OA} 的 pp-LFER 模型和预测不同温度下 K_{OA} 的 pp-LFER-T 模型：

pp-LFER:

$$\log K_{OA}(298.15\ \text{K}) = -1.13\times10^{-1} - 1.57\times10^{-1}E + 6.12\times10^{-1}S + 3.51A + 7.27\times10^{-1}B + 9.25\times10^{-2}L \tag{2-39}$$

$n_{tra} = 229$, $n_{ext} = 58$, $R^2_{tra} = 0.998$, $R^2_{ext} = 0.996$, $RMSE_{tra} = 0.15$, $RMSE_{ext} = 0.22$

pp-LFER-T:

$$\log K_{OA}(T) = -6.41 - 7.480\times10E/T + 2.46\times10^{2}S/T + 1.03\times10^{3}A/T + 2.22\times10^{2}B/T + 2.77\times10^{2}L/T + 1.85\times10^{3}1/T \tag{2-40}$$

$n_{tra} = 552$, $n_{ext} = 203$, $R^2_{tra} = 0.996$, $R^2_{ext} = 0.996$, $RMSE_{tra} = 0.18$, $RMSE_{ext} = 0.18$

pp-LFER 和 pp-LFER-T 模型的 K_{OA} 预测值和实测值的对比如图 2-4 所示。对比前人模型发现，pp-LFER 模型不仅应用域更广，且对有机硅化学品和多氟烷基化学品的预测效果有了显著提高。此外，pp-LFER-T 模型在较宽的温度范围内，可对应用域内化学品的 K_{OA} 进行准确预测。比较溶剂化模型、QSAR 模型和 pp-LFER 模型，可知 pp-LFER 模型在化学品的 Abraham 描述符可获取的情况下，对 K_{OA} 的预测准确度最高。

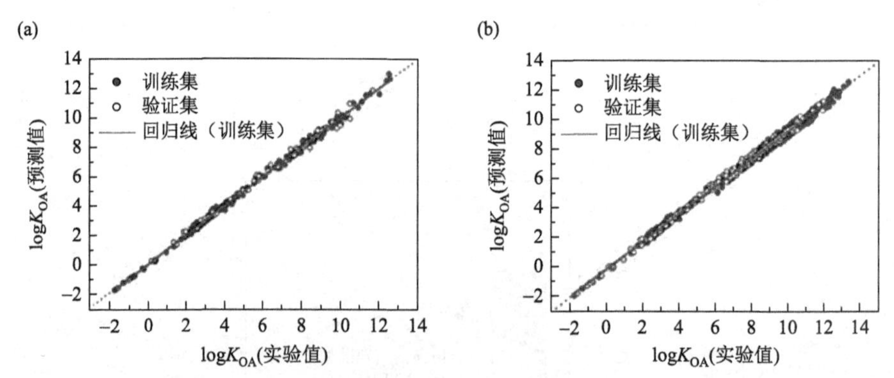

图 2-4　pp-LFER 模型(a)和 pp-LFER-T 模型(b)的 K_{OA} 预测值与实测值的拟合图

K_{OA} 也可根据化学品在正辛醇相与空气相之间的自由能变(ΔG)推算得出。Fu 等(2016)使用隐式溶剂化模型 SM8AD 计算了化学品的 ΔG，并计算出相应的 $\log K_{OA}$ 值。发现 SM8AD 模型总体低估了化学品的 $\log K_{OA}$ 值，且随着 $\log K_{OA}$ 值的增大($\log K_{OA} > 5$)，低估愈加明显。对于高卤代苯类化学品，如高氯代多氯联苯

(PCBs)、高溴代多溴联苯醚(PBDEs)及长链氟醇等，低估明显。

Li 等(2020)基于隐式溶剂化模型 SMD，计算了 30 种多氯联苯的 ΔG，也发现分子量越大，实测 $\log K_{OA}$ 值与基于 ΔG 得出的 $\log K_{OA}$ 差值越大。结合前人的一些实验观测证据(Wild et al., 2008; Guo et al., 2015)，推测在测定 K_{OA} 的体系中，存在一定比例分子聚集体(主要是二聚体)，导致高分子量(MW)分子的 $\log K_{OA}$ 测量值大于其理论值。究其原因，在于 MW 与分子极化率(α)正相关，分子极化率大的分子之间具有强的分子间最普遍的作用力——色散力，即：

$$U = -\frac{3I_1 I_2 \alpha_1 \alpha_2}{2\sigma^6 (I_1 + I_2)(4\pi\varepsilon)^2} \tag{2-41}$$

其中，U 表示分子间色散相互作用能；I_1 和 I_2 为两个分子的第一电离势；α_1 和 α_2 为两分子的极化率；σ 为两分子瞬时偶极的距离；ε 为真空介电常数。分子间色散力大，则容易形成二聚体。另一方面，化学品的 $\log K_{OA}$ 与 MW 或 α 正相关，显然二聚体的 MW 或 α 显著大于其分子单体的相应值。这样，若在测定 $\log K_{OA}$ 的体系中存在一定比例的二聚体，则导致表观测定的 $\log K_{OA}$ 值大于分子单体所决定的相应 $\log K_{OA}$ 值。如果引入一个描述二聚体比例的参数对测量的表观 $\log K_{OA}$ 值进行调整，则基于溶剂模型的 ΔG 能够给出分子单体 $\log K_{OA}$ 的准确预测(Li et al., 2020)。由于环境中污染物分子是以单分子低浓度状态存在的，有必要表征以单分子状态存在的分子的相关行为。DFT 计算等分子模拟手段在表征单分子行为方面，具有优势。一些预测 $\log K_{OA}$ 的方法或模型，总结于表 2-9 中。

表 2-9　部分预测 $\log K_{OA}$ 的方法或模型

文献	模型
Meylan et al., 2005	$K_{OA} = K_{OW}(RT)/K_H$ $(n = 297, R^2 = 0.978)$
Fu et al., 2016	$\log K_{OA}(298.15\ K) = 6.62 \times 10^{-1} + 5.46 \times 10^{-1}D_1 - 7.74 \times 10^{-2}D_2 - 3.22 \times 10^{-1}D_3 - 9.77 \times 10^{-4}D_4 - 8.43 \times 10^{-2}D_5 + 1.50 \times 10^{-1}D_6 - 1.28D_7 + 9.43 \times 10^{-1}D_8 + 9.77 \times 10^{-1}D_9 + 2.10 \times 10^{-1}D_{10} - 9.60 \times 10^{-1}D_{11}$ $(n_{tra} = 285, n_{ext} = 84,\ R^2_{tra} = 0.979,\ R^2_{ext} = 0.962, RMSE_{tra} = 0.52, RMSE_{ext} = 0.61)$ D_1: *X0sol*, 0 级溶剂化连接性指数；D_2: *SpPos_D/Dt*, 2D 矩阵相关描述符；D_3: *GATS1s*, 2D 自相关描述符；D_4: *P_VSA_LogP_3*, 范德华表面积相关描述符；D_5: *RDF035v*, 范德华体积相关的径向分布函数；D_6: *Mor02p*, 3D-MoRSE 描述符，极化率加权 02 信号；D_7: *Mor13p*, 3D-MoRSE 描述符，极化率加权 13 信号；D_8: *E1s*, 原子电性拓扑态相关的 WHIM 分子描述符；D_9: *GATS1v*, 拓扑距离为 1 时范德华体积加权的 Geary 自相关系数；D_{10}, *NaaaC*, 芳香碳原子个数；D_{11}: *F05[Br-Br]*, Br-Br 拓扑距离为 5 的频率。各描述符详细解释参见 Todeschini 和 Consonni(2000)的专著。
Jin et al., 2017	pp-LFER: $\log K_{OA}(298.15\ K) = -1.13 \times 10^{-1} - 1.57 \times 10^{-1}E + 6.12 \times 10^{-1}S + 3.51A + 7.27 \times 10^{-1}B + 9.25 \times 10^{-2}L$ $n_{tra} = 229, n_{ext} = 58,\ R^2_{tra} = 0.998,\ R^2_{ext} = 0.996, RMSE_{tra} = 0.15, RMSE_{ext} = 0.22$ pp-LFER-T: $\log K_{OA}(T) = -6.41 - 7.480 \times 10E/T + 2.46 \times 10^2S/T + 1.03 \times 10^3A/T + 2.22 \times 10^2B/T + 2.77 \times 10^2L/T + 1.85 \times 10^3 1/T$ $n_{tra} = 552, n_{ext} = 203,\ R^2_{tra} = 0.996,\ R^2_{ext} = 0.996, RMSE_{tra} = 0.18, RMSE_{ext} = 0.18$

续表

文献	模型
Mathieu, 2020	分子碎片法 n = 373, RMSE = 0.48
Duarte, 2017	分子力学 n = 643, RMSE = 0.4
Li et al., 2020	隐式溶剂化模型（SMD） n = 30, R^2 = 0.974

注：n 代表化学品个数；R^2 为决定系数；RMSE 为均方根误差；tra, ext 分别代表模型的训练集与外部验证集。

2.3.5　正辛醇-水分配系数

1. 基本概念

正辛醇-水分配系数（K_{OW}）是指分配平衡时，某一化学品在正辛醇相中的浓度（c_o, mol/m^3）与其在水相中的浓度（c_w, mol/m^3）的比值，反映有机物疏水性大小。正辛醇是一种长链烷烃醇，在结构上与生物体内的脂肪和类脂相似。因此，常用 K_{OW} 来模拟化学品在有机相和水之间的平衡分配行为。影响化学品 K_{OW} 的主要因素包括化学品的分子体积、分子结构及溶液的 pH。通常，K_{OW} 较小的化学品更具亲水性，具有较高的 S_W，而 K_{OC} 以及生物富集因子（Bioconcentration Factors, BCF）相对较小；相反，K_{OW} 较大的化学品，其 S_W 较小，K_{OC} 和 BCF 则较大。

在生态毒理学研究中，一般用 logK_{OW} 表征疏水性有机污染物通过生物膜进入生物体的能力。因此，logK_{OW} 与有机污染物的非反应性毒性（即麻醉性毒性）之间具有显著的相关关系，可用 logK_{OW} 来估算化学品的麻醉毒性或基线毒性。

2. 测定方法

K_{OW} 的测定方法包括摇瓶法（OECD 107 号导则, 1995; GB/T 21853—2008）、缓慢搅拌法（OECD 123 号导则，2006）和高效液相色谱法（OECD 117 号导则; GB/T 21852—2008）等。摇瓶法通过将待测化学品加入盛有水和正辛醇混合溶剂的烧瓶中，摇动烧瓶以加速溶质在两相间的分配，平衡后分离各相，确定每相中化学品的量从而获得 K_{OW}。在控制 pH 的条件下，也可用该方法来测定离子型化学品的 K_{OW}。摇瓶法测定结果准确、重复性好，适用于测定 logK_{OW} 在−2~4 范围内的化学品。

缓慢搅拌法克服了摇瓶法中的乳化现象和水相取样容易受正辛醇相污染的问题，适用于测定高疏水性的化学品。该方法测定误差较摇瓶法小，且重现性好，但缓慢搅拌法测定化学品的 K_{OW} 非常耗时。

高效液相色谱法(OECD, 2004)通常以 C_{18} 为固定相，以甲醇为流动相，间接地测定化学品 $\log K_{OW}$。其依据是：不同化学品在流动相和固定相之间分配系数的不同，导致其色谱保留时间(t_R)不同。化学品在固定相和流动相之间的分配，与在正辛醇相和水相的分配类似。因此化学品的 $\log K_{OW}$ 与其 $\log t_R$ 相关。若测得一组 $\log K_{OW}$ 已知的标准化学品的 $\log t_R$ 值，建立 $\log K_{OW}$ 与 $\log t_R$ 的回归方程，再测得同一色谱条件下待测化学品的 $\log t_R$ 后，就能根据回归方程求出其 $\log K_{OW}$。高效液相色谱法适用于 $\log K_{OW}$ 值在 0~6 的范围内的化学品，且操作简单、快速、重复性好，对受试物的纯度没有严格要求。但是该方法不适用于强酸、强碱、金属络合物、表面活性剂和与洗脱剂反应的化学品，且需要 $\log K_{OW}$ 已知的标准化学品来建立标准曲线。

3. 数据库及预测模型

本书共搜集整理 14 208 条化学品的 $\log K_{OW}$ 测定值，表 2-10 是其节选。

表 2-10　化学品 $\log K_{OW}$ 的数据库(节选)

CAS 号	名称	SMILES	$\log K_{OW}$	参考文献
881-07-2	2-甲基-8-硝基喹啉 (2-Methyl-8-Nitroquinoline)	O=N(=O)c1c2nc(C)ccc2ccc1	1.99	Debnath and Hansch, 1992
882-06-4	4-硝基肉桂酸 (4-Nitrocinnamic Acid)	c1cc(N(=O)=O)ccc1C=CC(=O)O	2.12	Hansch et al., 1995
882-09-7	氯贝酸 (Clofibric Acid)	CC(C)(Oc1ccc(Cl)cc1)C(O)=O	2.57	Hansch et al., 1995
882-33-7	二硫化苯 (Phenyl Disulfide)	S(Sc(cccc1)c1)c(cccc2)c2	4.41	Hansch et al., 1995
883-57-8	1-己基苯并三唑 (1-Hexylbenzotriazole)	c1ccc2nnn(CCCCCC)c2c1	3.70	Hansch et al., 1995
923-26-2	2-甲基丙烯酸羟丙酯 (2-Hydroxypropyl Methacrylate)	O=C(OCC(O)C)C(=C)C	0.97	Hansch et al., 1995
923-99-9	亚磷酸三丙酯 (Tripropyl Phosphite)	CCCOP(OCCC)OCCC	2.26	Hansch et al., 1995
924-16-3	*N*-亚硝基二丁胺 (*N*-Nitrosodibutylamine)	O=NN(CCCC)CCCC	2.63	Hansch et al., 1995
925-15-5	琥珀酸二丙酯 (Dipropyl Succinate)	CCCOC(=O)CCC(=O)OCCC	2.16	Funasaki et al., 1984

化学品的 $\log K_{OW}$ 值可用基团贡献或碎片常数法来估算，如 EPI Suite™ 软件中的 KOWWIN 子程序。也可建立 $\log K_{OW}$ 与化学品其他参数之间的线性关系进而实现 $\log K_{OW}$ 的预测，如使用化学品的 $\log S_W$ 预测其 $\log K_{OW}$(Pinsuwan, 1995)。此外，pp-LFER 模型也在 $\log K_{OW}$ 预测上取得了较好效果(Abraham et al., 1994)。这些早期模型多是

针对于某一类化学品，覆盖化学品种类有限，应用域小且缺乏对模型效果的验证。随着计算能力的提升，数据驱动的非线性 QSAR 成为预测 $\log K_{OW}$ 的重要方法。

Tetko 等(2001)使用 ANN 与 E-state 指数描述符，基于 12777 种化学品的 $\log K_{OW}$，建立了 $\log K_{OW}$ 的预测模型。Chen(2009)使用 SVM, ANN 与 MLR，针对 3989 种化学品的 $\log K_{OW}$ 进行建模，并对模型进行验证，ANN 的预测效果最佳。Zang 等(2017)采用分子指纹描述符，并使用 MLR 及多种机器学习算法建模，发现 SVM 方法所建模型的效果最佳。

上述模型均为针对单一终点建立的单任务模型。多任务模型，可通过特征共享和参数共享等方法，将具有内在关联的终点联系起来，实现多终点的同时预测，并提升预测准确性。Wu 等(2018)利用代数拓扑的方法来描述分子特征，建立了可同时预测化学品 $\log K_{OW}$ 和 $\log S_W$ 的多任务模型。所构建的多任务模型在多个验证集上表现良好，对部分化学品的预测效果甚至优于传统的单任务机器学习模型。

除 QSAR 模型外，也可通过量子化学计算得到化学品在正辛醇-水体系中的 ΔG，进而计算其 $\log K_{OW}$。Nedyalkova 等(2019)使用溶剂化模型和 DFT 方法，估算了 55 种化学品的 $\log K_{OW}$，模型 R^2 超过 0.98。部分 $\log K_{OW}$ 的预测模型和方法整理于表 2-11 中。

表 2-11　部分关于 $\log K_{OW}$ 的预测模型及方法

文献	模型
Zhu et al., 2005	基团贡献法 (n_{tra} = 8320, n_{ext} = 176, R^2_{tra} = 0.922, R^2_{ext} = 0.890)
Abraham et al., 1994	$\log K_{OW} = 0.562E - 1.054S + 0.034A - 3.460B + 3.841V + 0.849$ (n = 613, SD = 0.116)
Pinsuwan et al., 1995	$\log K_{OW} = 8.80\times10^{-1}\log S_W + 4.10\times10^{-1}$ (n = 96, R^2 = 0.96)
Tetko et al., 2001	ANN, n = 12777, R^2 = 0.95, RMSE = 0.39
Chen, 2009	n_{tra} = 3561, n_{ext} = 428 MLR, R^2_{tra} = 0.88, R^2_{ext} = 0.87, SE_{tra} = 0.62, SE_{ext} = 0.56 ANN, R^2_{tra} = 0.90, R^2_{ext} = 0.85, SE_{tra} = 0.55, SE_{ext} = 0.72 SVM, R^2_{tra} = 0.91, R^2_{ext} = 0.89, SE_{tra} = 0.54, SE_{ext} = 0.56
Zang et al., 2017	SVM, n_{tra} = 11370, n_{ext} = 2837, R^2_{tra} = 0.991, R^2_{ext} = 0.920, $RMSE_{tra}$ = 0.18, $RMSE_{ext}$ = 0.52
Wu et al., 2018	DNN, n = 8199, R^2 = 0.923, $RMSE_{tra}$ = 0.45
Wang et al., 2019a	DNN, n = 10668, R^2 = 0.961
Nedyalkova et al., 2019	隐式溶剂化模型(SMD) n = 55, R^2 = 0.984, RMSE = 0.72

注：n 代表化学品个数；R^2 为决定系数；RMSE 为均方根误差；SE 为标准误差；SD 为标准差；tra, ext 分别代表模型的训练集与外部验证集；描述符的详细介绍参照 Todeschini 和 Consonni(2000)的专著。

2.3.6　土壤(沉积物)有机碳吸附系数

1. 基本概念

化学品在土壤(沉积物)与水间的吸附、分配作用，可用分配系数 K_d (m^3/kg) 表示：

$$K_d = c_S / c_W \tag{2-42}$$

式中，c_S 表示分配平衡时化学品在土壤(沉积物)中的浓度，mol/kg；c_W 表示分配平衡时化学品在水中的浓度，mol/m^3。

化学品在土壤(沉积物)与水间的分配理论认为，非离子型化学品主要通过在土壤(沉积物)有机相中的溶解作用，实现土壤(沉积物)和水间的分配。因此，K_d 与土壤(沉积物)有机碳的含量(X_{OC}, g/g)成正比。为了校正类型各异、组分复杂的土壤(沉积物)中的 K_d，引入了标化的分配系数(K_{OC}, m^3/kg)，即以有机碳为基础表示的分配系数，其表达式为：

$$K_{OC} = K_d / X_{OC} \tag{2-43}$$

K_d 和 K_{OC} 对评价化学品在水体、悬浮颗粒物、土壤和沉积物间的迁移行为具有重要意义。化学品在土壤(沉积物)-水之间分配的程度，不仅影响化学品的迁移行为，而且影响化学品的挥发、光降解、水解和生物降解等过程。

2. 测定方法

OECD 121 号导则规定 K_{OC} 的标准测试方法如下：配置不同初始浓度的待测化学品溶液，按一定比例与土壤或沉积物混合，恒温振荡至化学品在两相中达到动态平衡。测定化学品在水中的浓度，再根据质量守恒方程求出土壤(沉积物)中的浓度，然后将吸附量 x/m(被吸附化学品的质量/土壤的质量)和溶液浓度 c 代入吸附等温线方程(例如 Freundlich 方程)，确定分配系数 K_d 和参数 n，即：

$$x/m = K_d c^{1/n} \tag{2-44}$$

进而根据式(2-43)计算 $\log K_{OC}$。环境条件如温度、pH、颗粒物大小和表面积、水中盐的浓度、水中溶解性有机质、水中悬浮颗粒物的表面结构、非平衡吸附及固液比等均会对化学品的 $\log K_{OC}$ 值测定产生影响。化学品的挥发、化学或生物降解等导致的损失也会影响 $\log K_{OC}$ 值的测定。也可采用液相色谱柱法，通过测定 $\log t_R$ 间接测定化学品的 $\log K_{OC}$(Wang et al., 2019b)。

3. 数据库及预测模型

搜集整理了化学品的 K_{OC} 测定值，共 624 条记录，表 2-12 节选了部分数据。

表 2-12　化学品 $\log K_{OC}$ 的数据（节选）

CAS 号	名称	SMILES	$\log K_{OC}$（K_{OC}, m^3/kg）	参考文献
50-29-3	滴滴涕（DDT）	c(ccc(c1)Cl)(c1)C(c(ccc(c2)Cl)c2)C(Cl)(Cl)Cl	5.31	Schüürmann et al., 2006
50-32-8	苯并[a]芘（Benzo[a]pyrene）	c(c(c(cc1)ccc2)c2cc3)(c3cc(c4ccc5)c5)c14	5.95	EPI Suite™
57-13-6	尿素（Urea）	O=C(N)N	0.15	Schüürmann et al., 2006
57-55-6	1,2-丙二醇（1,2-Propanediol）	OCC(O)C	0.36	Schüürmann et al., 2006
58-89-9	γ-六氯环己烷（γ-Hexachlorocyclohexane）	C(C(C(C(C1Cl)Cl)Cl)Cl)(C1Cl)Cl	3.04	Schüürmann et al., 2006
58-90-2	2,3,4,6-四氯酚（2,3,4,6-Tetrachlorophenol）	Oc(c(cc(c1Cl)Cl)Cl)c1Cl	3.35	Schüürmann et al., 2006

U. S. EPA 开发的 EPI Suite™ 软件中内嵌的 PCKOCWIN 模块采用 $\log K_{OW}$ 来预测 $\log K_{OC}$，该方法计算简便，但面临 $\log K_{OW}$ 实测数据缺乏的问题（Meylan et al., 1992）。其 PCKOCWIN 模块还利用基于分子连接性指数的 QSAR 模型来预测 $\log K_{OC}$。Wang 等（2015）基于 9 种分子结构描述符、824 种化学品的 $\log K_{OC}$ 值，采用 MLR 的方法，构建了可预测 $\log K_{OC}$ 的 QSAR 模型。模型对训练集化学品的拟合效果较好，稳健性较高（$Q^2_{LOO}=0.850$），对外部验证集的化学品也表现出较好的预测性能。其中，描述符 *MLOGP2* 和 α 对 $\log K_{OC}$ 值的影响较其他描述符显著，由于 *MLOGP2* 与分子的疏水性参数（$\log K_{OW}$）相关，因此，分子的疏水性和极化率是影响 K_{OC} 的主要因素。$\log K_{OC}$ 的部分预测模型汇总于表 2-13 中。

表 2-13　关于 $\log K_{OC}$ 的部分预测模型

作者	模型
Meylan et al., 1992	$\log K_{OC}=5.21\times10^{-1}\text{MCI}+6.00\times10^{-1}$ ($n=69$, $R^2=0.967$, SD $=0.25$)
Poole and Poole, 1999	$\log K_{OC}=2.12V+7.20\times10^{-1}E-2.30\times10^{-1}A-2.33B+1.00\times10^{-1}$ ($n=119$, $R^2=0.954$)
Wang et al., 2015	$\log K_{OC}=3.9\times10^{-2}D_1+1.00\times10^{-2}D_2-3.42\times10^{-1}D_3-6.90\times10^{-2}D_4-1.23\times10^{-1}D_5-3.68\times10^{-1}D_6-4.73\times10^{-1}D_7+2.34D_8+3.02\times10^{-1}D_9-1.61$ ($n_{tra}=618$, $n_{ext}=206$, $R^2_{tra}=0.854$, $R^2_{ext}=0.761$, $\text{RMSE}_{tra}=0.47$, $\text{RMSE}_{ext}=0.558$) 注：D_1: *MLOGP2*, Moriguchi 正辛醇-水分配系数的平方值；D_2: α，极化率；*D3*: *O-058*，分子中=O 基团的个数；D_4: *ATSC8v*，拓扑距离为 8 时体积加权的 2D 自相关描述符；*D5*: *nN*，氮原子的个数；D_6: *nROH*，羟基基团的个数；D_7: *P-117*，X3-P = X 基团存在与否，存在取 1，不存在取 0；*D8*: *SpMaxA_G/D*，3D 矩阵相关描述符；D_9: *Mor16u*，三维 MoRSE 信号 16，由偶极矩加权。各描述符详细解释参见 Todeschini 和 Consonni（2000）的专著。

注：n 代表化学品个数；R^2 为决定系数；RMSE 为均方根误差；SD 为标准差；tra, ext 分别代表模型的训练集与外部验证集。

2.3.7 化学品在纳米材料上的吸附系数

1. 基本概念

纳米材料由于优异的物理化学性质，在多领域展现出极大的应用前景。随着纳米材料产量的增加，其在生产、运输、使用和废弃处置等生命周期过程中，将不可避免地进入环境介质(大气、水、沉积物和土壤)中。由于纳米材料的比表面积大，容易吸附环境中的污染物，进而影响纳米材料和污染物的环境行为与毒性效应。因此，有必要研究纳米材料对污染物的吸附能力。

吸附平衡分配系数(K_d，L/kg)能描述纳米材料对有机化学品的吸附能力，其定义式为：

$$K_d = \frac{Q_e}{c_e} \tag{2-45}$$

式中，Q_e 表示平衡时有机化学品在纳米材料表面的浓度，mol/kg；c_e 表示平衡时有机化学品在水相中的浓度，mol/L。纳米材料对有机化学品的吸附，涉及多种分子间作用力。对吸附作用有贡献的包括：疏水相互作用、π-π 相互作用、范德华相互作用、静电相互作用和氢键相互作用等。

2. 测定方法

吸附等温线能在某一温度条件下定量描述 c_e 与 Q_e 间的关系。大多研究主要是通过实验绘制吸附等温线，获取 K_d 值。绘制吸附等温线的步骤如下：将质量为 m(kg)的纳米材料加入体积为 V(L)且初始浓度为 c_0(mol/L)的化学品溶液中，待分配平衡时，测定化学品在水相中的浓度 c_e(mol/L)。此时，Q_e 和 K_d 可通过下式计算：

$$Q_e = V(c_0 - c_e)/m \tag{2-46}$$

$$K_d = Q_e/c_e = V(c_0 - c_e)/(mc_e) \tag{2-47}$$

基于不同初始浓度测定的 Q_e 与 c_e，可拟合吸附等温线。常见的吸附等温线类型有 Langmuir 吸附等温线和 Freundlich 吸附等温线。

3. 分子动力学模拟方法

在 MD 模拟中，可通过概率来计算分子不同状态间的 ΔG(陈淏川等, 2018)。理论上，纳米材料吸附有机化学品的自由能变(ΔG, J/mol)，可以基于 MD 模拟，通过下式计算：

$$\Delta G = -RT\ln(P_{near}/P_{far}) \tag{2-48}$$

其中，R 是理想气体常数, 8.314 J/(mol·K)；T 是吸附温度, K；P_{near} 表示在纳米材料表面附近有机化学品出现的概率；P_{far} 表示距离纳米材料表面远处有机化学品出现的概率。在实际应用中，受模拟时间的限制，目标分子绝大多数的时间都处在自由能低的区域，一般的动力学模拟很难计算其在自由能高的区域的概率，使得ΔG难以被准确计算。

为解决经典 MD 模拟中采样不足，导致 ΔG 计算不准的问题，许多增强采样的方法相继被提出。自适应偏置力（adaptive biasing force, ABF）采样的方法（Fu et al., 2019），已被成功应用于计算碳纳米管、石墨烯吸附有机化学品的 K_d, ΔG, 吸附焓（ΔH）和吸附熵（ΔS）等热力学参数（Comer et al., 2015; Azhagiya et al., 2019）。有机化学品在纳米材料或微塑料上的 K_d（L/kg），可用下式计算（Comer et al., 2015）：

$$K_d = S_A \int e^{-G(Z)/RT} dZ \tag{2-49}$$

其中，R 是理想气体常数，1.987cal/（mol·K）；T 是吸附温度，K；$G(Z)$是采用 ABF 方法计算得到的自由能随吸附距离（Z, Å）的变化曲线（图 2-5）；S_A（dm^2/kg）代表的是吸附剂的比表面积。

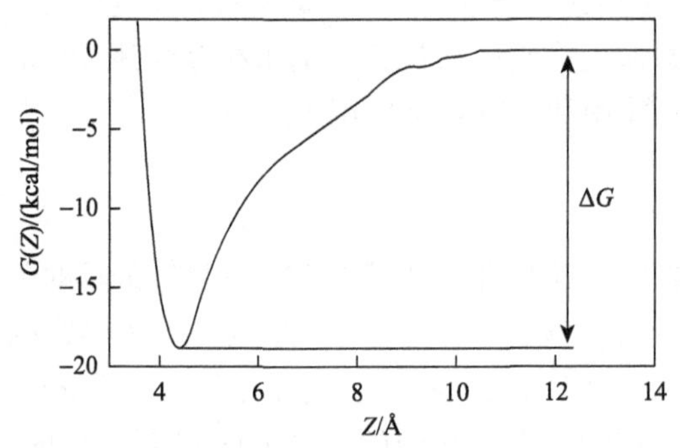

图 2-5　吸附自由能[$G(Z)$]随吸附距离（Z）的变化

4. 预测模型

前人建立了有机化学品在石墨烯、氧化石墨烯、多壁碳纳米管、单壁碳纳米管、富勒烯、二氧化硅和二氧化钛等纳米材料上的吸附预测模型（表 2-14）。其中，pp-LFER 模型应用最广泛，不仅能很好地预测吸附参数，还能从分子间相互作用的角度进行机理解释。例如，Wang 等（2017）构建了 pp-LFER 模型预测气相和水相中脂肪族化学品、苯及其衍生物和多环芳烃在石墨烯表面的吸附能（$|E_{ad}|$, kcal/mol）：

气相：

$$|E_{ad}| = 3.570 + 0.911E - 4.350S - 1.684A + 4.910B + 3.456L \tag{2-50}$$

$$n = 38, R^2 = 0.906, \text{RMSE} = 1.505$$

水相：

$$|E_{ad}| = -0.951 + 2.486E - 0.450S - 0.668A + 0.609B + 14.638V \tag{2-51}$$

$$n = 38, R^2 = 0.917, \text{RMSE} = 1.341$$

基于上述 pp-LFER 模型不仅能很好地预测其他脂肪族和芳香族化学品在石墨烯表面的 E_{ad}，还能定量解释各种吸附作用的贡献。气相中，这些有机物在石墨烯表面的吸附行为主要受色散作用和静电作用影响；水相中，主要受疏水和色散作用影响。

表 2-14　纳米材料吸附有机物行为参数的部分预测模型

参考文献	纳米材料	预测终点	n	R^2	方法
Wang et al., 2017	石墨烯	E_{ad}	38	0.92	pp-LFER
Wang et al., 2018	石墨烯	log$K$	29	0.89	pp-LFER
Ding et al., 2016	石墨烯	log$K$	35	0.88	pp-LFER
Shan et al., 2017	氧化石墨烯	log$K$	36	0.84	pp-LFER
Wang et al., 2017	氧化石墨烯	log$K$	36	0.93	多元线性回归
Apul et al., 2013	氧化石墨烯	log$K$	35	0.77	pp-LFER
Wang et al., 2019c	氧化石墨烯	log$K$	36	0.92	pp-LFER
Apul et al., 2015	多壁碳纳米管	log$K$	29	0.83	pp-LFER
Xia et al., 2010	多壁碳纳米管	log$K$	28	0.93	pp-LFER
Xia et al., 2011	多壁碳纳米管	log$K$	28	0.92	pp-LFER
Ersan et al., 2019	多壁碳纳米管	log$K$	52	0.89	pp-LFER
Wang et al., 2013	多壁碳纳米管	log$K$	29	0.83	pp-LFER
Apul et al., 2015	多壁碳纳米管	log$K$	39	0.76	多元线性回归
Xia et al., 2010	多壁碳纳米管	log$K$	34	0.85	pp-LFER
Xia et al., 2011	多壁碳纳米管	log$K$	38	0.64	pp-LFER
Yu et al., 2015	富勒烯	log$K$	28	0.91	pp-LFER
Ding et al., 2016	二氧化硅	log$K$	26	0.78	pp-LFER
Apul et al., 2013	二氧化钛	log$K$	26	0.84	pp-LFER
Wang et al., 2019c	单壁碳纳米管	log$K$	30	0.95	pp-LFER
Lata et al., 2019	单壁碳纳米管	log$K$	30	0.87	pp-LFER
Hueffer et al., 2014	单壁碳纳米管	log$K$	51	0.95	支持向量机
Ersan et al., 2016	单壁碳纳米管	log$K$	51	0.83	多元线性回归

续表

参考文献	纳米材料	预测终点	n	R^2	方法
Zou et al., 2012	单壁碳纳米管	ΔG	9	0.97	线性回归
Yu et al., 2015	单壁碳纳米管	$\log K$	27	0.80	pp-LFER
Su et al., 2022	黑磷	$\log K$	33	0.87	pp-LFER
Su et al., 2022	黑磷	E_{ad}	33	0.96	pp-LFER

注：n 表示用于建模的数据点个数；R^2 为决定系数，表征模型性能；E_{ad} 为 DFT 计算的吸附能，kcal/mol；ΔG 为 DFT 计算的吸附自由能，kcal/mol。

Zou 等(2012)通过 DFT 计算了环已烷、苯衍生物和多环芳烃在单壁碳纳米管上的 ΔG 和 ΔH 等热力学参数，发现 DFT 计算的吸附自由能(ΔG_{cal}, kcal/mol)与实验值(ΔG_{exp}, kcal/mol)有着很好的线性关系：

$$\Delta G_{exp} = -0.60 + 1.73\Delta G_{cal} \tag{2-52}$$

$$(n = 9, r = 0.97, p < 0.01)$$

Wang 等(2018)通过 MD 模拟，计算了 1, 3-二硝基苯、4-硝基甲苯和硝基苯在石墨烯和氧化石墨烯上的 K(L/kg)，发现 MD 计算的石墨烯 $\log K$ 值与实验值间的平均绝对误差为 0.51，氧化石墨烯计算值和实验值间的平均绝对误差为 0.24。

Su 等(2022)基于 MD 计算了水相中 15 种芳香族化学品在石墨烯上的吸附自由能(ΔG_{MD}, kcal/mol)和 $\log K_{MD}$(L/kg)，并与实验值($\log K_{exp}$)进行比较，发现 $\log K_{exp}$ 和 $\log K_{MD}$ 与 ΔG_{MD} 都具有很好的线性关系：

$$\log K_{MD} = -0.70\Delta G_{MD} - 0.8 \tag{2-53}$$

$$n = 15, r = 0.99, p < 0.01$$

$$\log K_{exp} = -0.68\Delta G_{MD} + 0.3 \tag{2-54}$$

$$n = 15, r = 0.81, p < 0.01$$

当 $T = 300$ K 时，式(2-7)的斜率项($-1/2.303RT$)可计算为-0.73 mol/kcal。上述两式中的斜率非常接近式(2-7)中的理论值，表明上述两式符合式(2-7)的理论关系。$\log K_{MD}$ 与 $\log K_{exp}$ 也具有显著的相关性：

$$\log K_{exp} = 0.99\log K_{MD} + 0.9 \tag{2-55}$$

$$(n = 15, r = 0.84, p < 0.01)$$

基于建立的 MD 模拟方法，计算了 41 种脂肪族和芳香族化合物在黑磷纳米材料上的 $\log K$，并构建了 pp-LFER 模型：

气相:

$$\log K = 0.2 - 0.0076E - 1.1S - 1.1A + 1.4B + 1.5L \tag{2-56}$$

$$n_{tra} = 33,\ R^2_{adj} = 0.96, \mathrm{RMSE}_{tra} = 0.35, n_{ext} = 8,\ R^2_{ext} = 0.97, \mathrm{RMSE}_{ext} = 0.35$$

水相:

$$\log K = -1.7 + 0.65E + 0.75S + 0.048A - 0.095B + 4.0V \tag{2-57}$$

$$n_{\text{tra}} = 33,\ R_{\text{adj}}^2 = 0.87, \text{RMSE}_{\text{tra}} = 0.46, n_{\text{ext}} = 8,\ R_{\text{ext}}^2 = 0.90, \text{RMSE}_{\text{ext}} = 0.43$$

统计学参数（R_{adj}^2, RMSE_{tra}, R_{ext}^2 和 RMSE_{ext}）的值表明，这些模型都具有较高的拟合优度和预测能力。这些 pp-LFER 模型为估算有机物在黑磷上的 $\log K$ 提供了一种有效方法。

2.4　小结与展望

本章从化学品环境迁移性的概念出发，阐述了化学品在多介质环境中的迁移行为、化学品迁移的动力学与热力学表征，重点介绍了表征化学品环境分配行为的若干参数的概念及相应的预测技术。

传统的环境分配行为参数预测方法多是基于测试数据，如使用 K_{OW} 和 K_{H} 的实测值来估算同一化学品的 K_{OA} 值，或者用色谱保留参数实现对化学品分配行为参数的预测。分子碎片法、基团贡献法等，计算每个碎片对分子性质的贡献，也可实现对化学品分配行为参数的快速预测。但这些采用线性回归与简单加和方法的传统模型，预测准确度有限，应用域受限。

pp-LFER 被成功用于多种环境分配行为参数的建模，呈现出较好的预测准确性。但是，pp-LFER 所需的分子参数，通常需通过色谱等仪器进行测定。仅有 3800 多种化学品具有 pp-LFER 分子参数的测定值，限制了该模型的实际应用。因此，亦需发展 pp-LFER 分子参数值的预测方法。

随着运算速度的快速提升，使得基于溶剂化模型和量子化学计算，直接预测化学品的某些环境分配行为参数值成为可能。该方法有望解决由于高浓度和器壁吸附等因素导致测试结果误差大的问题。需要进一步筛选和发展隐式溶剂模型和 DFT 方法，对于一些体系，也可尝试显式溶剂模型以及 MD 模拟，提高预测准确度。

现有分配行为参数的 QSAR 模型，大多针对中性分子形态。自然环境中，许多化学品（如有机酸碱、许多药物和个人护理用化学品、离子液体）以解离形态存在，对可电离化学品分配行为参数的预测模型仍十分有限。特殊介质（如纳米颗粒物和微纳塑料颗粒）对化学品的吸附作用也影响化学品环境行为和风险，但化学品在特殊介质上的吸附行为参数的预测模型也很有限，有待进一步深入研究。

此外，化学品的各种分配行为参数间具有明显的相关性，而鲜有模型考虑到这种相关性。在机器学习领域已出现多任务学习的算法，可考虑模型终点间相关性，实现一次性对多个终点的预测，这无疑是高效且富有机理性的一种模型。考虑到分配行为参数的多样性，未来应该发展分配行为参数的多任务模型。除多任务模型外，也可通过构建一系列 pp-LFER 模型实现分配行为参数的“一揽子”预测。

知识图谱

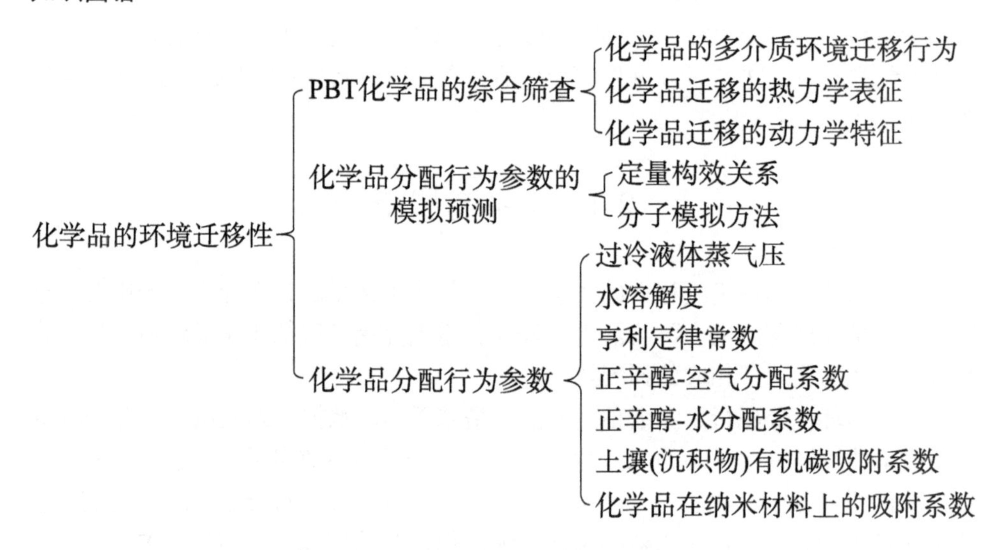

参 考 文 献

陈淏川, 付浩浩, 邵学广, 蔡文生. 2018. 重要性采样方法与自由能计算, 化学进展, 30(7): 921-931.

林梦海. 2005. 量子化学简明教程. 北京: 化学工业出版社.

赵文星, 李雪花, 傅志强, 陈景文. 2015. 有机化学品不同温度下(过冷)液体蒸气压预测模型的建立与评价, 生态毒理学报, 10(2): 159-166.

Abraham M H, Andonian-Haftvan J, Whiting G S, Leo A, Taft R S. 1994a. Hydrogen bonding. Part 34. The factors that influence the solubility of gases and vapours in water at 298 K, and a new method for its determination. J. Chem. Sov. Perk. T. Ⅱ, (8): 1777-1794.

Abraham M H, Chadha H S, Leo A J. 1994b. Hydrogen bonding XXXV. Relationship between high-performance liquid chromatography capacity factors and water-octanol partition coefficients. J. Chromatogr. A, 685(2): 203-211.

Abraham M H, Ibrahim A, Zissimos A M. 2004. Determination of sets of solute descriptors from chromatographic measurements. J. Chromatogr. A, 1037(1-2): 29-47.

Abraham M H, Le J. 1999. The correlation and prediction of the solubility of compounds in water using an amended solvation energy relationship. J. Pharm. Sci-US, 88(9): 868-880.

Abrams J B, Tuckerman M E. 2008. Efficient and direct generation of multidimensional free energy surfaces *via* adiabatic dynamics without coordinate transformations. J. Phys. Chem. B, 112(49): 15742-15757.

Altschuh J, Brüggemann R, Santl H, Eichinger G, Piringer O G. 1999. Henry's law constants for a diverse set of organic chemicals: Experimental determination and comparison of estimation methods. Chemosphere, 39(11): 1871-1887.

Ambrose D, Lawrenson I J, Sprake C H S. 1975. The vapour pressure of naphthalene. J. Chem. Thermodyn., 7(12): 1173-1176.

Ambrose D. 1981. Reference values of vapour pressure: The vapour pressures of benzene and hexafluorobenzene. J. Chem. Thermodyn., 13(12): 1161-1167.

Andrews D H. 1930. The relation between the raman spectra and the structure of organic molecules. Phys. Rev., 36(3): 544-554.

Apul O G, Wang Q, Shao T, Rieck J R, Karanfil T. 2013. Predictive model development for adsorption of aromatic contaminants by multi-walled carbon nanotubes. Environ. Sci. Technol., 47(5): 2295-2303.

Apul O G, Zhou Y, Karanfil T. 2015. Mechanisms and modeling of halogenated aliphatic contaminant adsorption by carbon nanotubes. J. Hazard. Mater., 295: 138-144.

Azhagiya S E R, Zhang Y, Magnin G, Miranda-Carvajal I, Coates L, Thakkar R, Poblete H, Comer J. 2019. Thermodynamics of adsorption on graphenic surfaces from aqueous solution. J. Chem. Theory Comput., 15(2): 1302-1316.

Baker J E, Poster D L, Bamford H A. 1999. Temperature dependence of Henry's law constants of thirteen polycyclic aromatic hydrocarbons between 4 deg. Celsius and 31 deg. Celsius. Environ. Toxicol. Chem., 18(9): 1905-1912.

Balson E W. 1947. Studies in vapour pressure measurement. Part III. An effusion manometer sensitive to 5×10^{-6} millimetres of mercury: Vapour pressure of D.D.T. and other slightly volatile substances. Transactions of the Faraday Society, 43: 54-60.

Betterton E A, Hoffmann M R. 2002. Henry's law constants of some environmentally important aldehydes. Environ. Sci. Technol., 22(12): 1415-1418.

Boublík T, Fried V, Hála E. 1975. The vapour pressures of pure substances. Zeitschrift Für Physikalische Chemie, 95: 322-323.

Butler J, Ramchandani C N, Thomson D W. 1935. The solubility of non-electrolytes. Part I. The free energy of hydration of some sliphatic slcohols. J. Chem. Sov. Perk. T. Ⅱ, 58: 280-285.

Cancès E, Mennucci B, Tomasi J. 1997. A new integral equation formalism for the polarizable continuum model: Theoretical background and applications to isotropic and anisotropic dielectrics. J. Chem. Phys., 107(8): 3032-3041.

Chalk A J, Beck B, Clark T. 2001. A Temperature-dependent quantum mechanical/neural net model for vapor pressure. J. Chem. Inf. Comput. Sci., 41(4): 1053-1059.

Chen H F. 2009. *In Silico* Log *P* prediction for a large data set with support vector machines, radial basis neural networks and multiple linear regression. Chem. Biol. Drug Des., 74(2): 142-147.

Comer J, Chen R, Poblete H, Vergara-Jaque A, Riviere J E. 2015. Predicting adsorption affinities of small molecules on carbon nanotubes using molecular dynamics simulation. ACS Nano, 9(12): 11761-11774.

Darve E, Pohorille A. 2001. Calculating free energies using average force. J. Chem. Phys., 115(20): 9169-9183.

Daubert T E, Danner R. 1989. Physical and thermodynamic properties of pure chemicals: Data compilation. Washington, DC.

Davis W W, Parke T V. 1942. A nephelometric method for determination of solubilities of extremely low order. J. Am. Chem. Soc., 64: 101-107.

Debnath A K, Hansch C. 1992. Structure-activity relationship of genotoxic polycyclic aromatic nitro compounds: Further evidence for the importance of hydrophobicity and molecular orbital energies in genetic toxicity. Environ. Mol. Mutagen., 20(2): 140-144.

Ding H, Chen C, Zhang X. 2016. Linear solvation energy relationship for the adsorption of synthetic organic compounds on single-walled carbon nanotubes in water. SAR QSAR Environ. Res., 27(1): 31-45.

Duarte R M G, Kyu D Y, Loeffler H H, Chodera J D, Shirts M R, Mobley D L. 2017. Approaches for calculating solvation free energies and enthalpies demonstrated with an update of the FreeSolv database. J. Chem. Eng. Data, 62(5): 1559-1569.

English N J, Carroll D G. 2001. Prediction of Henry's law constants by a quantitative structure property relationship and neural networks. J. Chem. Inf. Comput. Sci., 41(5): 1150-1161.

Ersan G, Apul O G, Karanfil T. 2016. Linear solvation energy relationships(LSER)for adsorption of organic compounds by carbon nanotubes. Water Res., 98: 28-38.

Ersan G, Apul O G, Karanfil T. 2019. Predictive models for adsorption of organic compounds by graphene nanosheets: Comparison with carbon nanotubes. Sci. Total Environ., 654: 28-34.

Fioressi S E, Bacelo D E, Aranda J F, Duchowicz P R. 2020. Prediction of the aqueous solubility of diverse compounds by 2D-QSPR. J. Mol. Liq., 302 (3): 112572.

Fioressi S E, Bacelo D E, Rojas C, Aranda J F, Duchowicz P R. 2019. Conformation-independent quantitative structure-property relationships study on water solubility of pesticides. Ecotox. Environ. Safe, 171: 47-53.

Ford R M, Lauffenburger D A. 2005. Analysis of chemotactic bacterial distributions in population migration assays using a mathematical model applicable to steep or shallow attractant gradients. B Math. Biol., 53 (5): 721-749.

Foreman W T, Bidleman T F. 2002. An experimental system for investigating vapor-particle partitioning of trace organic pollutants. Environ. Sci. Technol., 21 (9): 869-875.

Freed V H, Chiou C T, Haque R. 1977. Chemodynamics: Transport and behavior of chemicals in the environment—A problem in environmental health. Environ. Health. Persp., 20: 55-70.

Fu H H, Shao X G, Cai W S, Chipot C. 2019. Taming rugged free energy landscapes using an average force. Acc. Chem. Res. 52 (11): 3254-3264.

Fu Z Q, Chen J W, Li X H, Wang Y, Yu H. 2016. Comparison of prediction methods for octanol-air partition coefficients of diverse organic compounds. Chemosphere, 148: 118-125.

Fujita T, Iwasa J, Hansch C. 1964. A new substituent constant, Π, derived from partition coefficients. J. Am. Chem. Soc., 86: 5175-5180.

Funasaki N, Hada S, Neya S, Machida K. 2002. Intramolecular hydrophobic association of two alkyl chains of oligoethylene glycol diethers and diesters in water. J. Phys. Chem., 88 (24): 5786-5790.

Gharagheizi F, Abbasi R, Tirandazi B. 2010. Prediction of Henry's law constant of organic compounds in water from a new group-contribution-based model. Ind. Eng. Chem. Res., 49: 10149-10152.

Gharagheizi F, Ilani-Kashkouli P, Mirkhani S A, Farahani N, Mohammadi A H. 2012. QSPR molecular approach for estimating Henry's law constants of pure compounds in water at ambient conditions. Ind. Eng. Chem. Res., 51 (12): 4764-4767.

Ghose A K, Crippen G M, Revankar G R, McKernan P A, Smee D F, Robins R K. 1989. Analysis of the *in vitro* antiviral activity of certain ribonucleosides against parainfluenza virus using a novel computer aided receptor modeling procedure. J. Med. Chem., 32 (4): 746-756.

Goss K-U. 2006. Prediction of the temperature dependency of Henry's law constant using poly-parameter linear free energy relationships. Chemosphere, 64 (8): 1369-1374.

Gramatica P, Cassani S, Chirico N. 2014. QSARINS-chem: Insubria datasets and new QSAR/QSPR models for environmental pollutants in QSARINS. J. Comput. Chem., 35 (13): 1036-1044.

Gross P M, Saylor J H. 1931. The solubilities of certain slightly soluble organic compounds in water. J. Am. Chem. Soc., 53 (5): 1744-1751.

Gücke W, Rittig F R, Synnatschke G. 1974. A Method for determining the volatility of active ingredients used in plant protection II. Applications to Formulated Products. Pestic. Sci., 5: 393-400.

Guo X J, Jin X, Lv X F, Pu Y Y, Bai F. 2015. Real-time visualization of perylene nanoclusters in water and their partitioning to graphene surface and macrophage Cells. Environ. Sci. Technol., 49 (13): 7926-7933.

Hamilton D J. 1980. Gas chromatographic measurement of volatility of herbicide esters. J. Chromatogr. A, 195 (1): 75-83.

Hammett L P. 1935. Some relations between reaction rates and equilibrium constants. Chem. Rev., 17: 125-136.

Hammett L P. 1937. The effect of structure upon the reactions of organic compounds. Benzene Derivatives. J. Am. Chem. Soc., 59: 96-103.

Hansch C, Fujita T. 1964. P-σ-π analysis. A method for the correlation of biological activity and chemical structure.

J. Am. Chem. Soc., 86(8): 1616-1626.

Hansch C, Hoekman D, Leo A, Zhang L, Li P. 1995. The expanding role of quantitative structure-activity relationships(QSAR) in toxicology. Toxicol. Lett., 79(1-3): 45-53.

Hansch C, Leo A, Taft R W. 1991. A survey of hammett substituent constants and resonance and field parameters. Chem. Rev., 91(2): 165-195.

Hansch C, Leo A. 1979. Substituent constants for correlation analysis in chemistry and biology. John Wiley & Sons Inc., New York.

Hansch C, Maloney P P, Fujita T. 1962. Correlation of biological activity of phenoxyacetic acids with hammett substituent constants and partition coefficients. Nature, 194: 178-180.

Hansch C, Muir R M, Fujita T, Maloney P P, Geiger F, Streich M. 1963. The correlation of biological activity of plant growth regulators and chloromycetin derivatives with hammett constants and partition coefficients. J. Am. Chem. Soc., 85: 2817-2824.

Harner T, Mackay D. 2002. Measurement of octanol-air partition coefficients for chlorobenzenes, PCBs, and DDT. Environ. Sci. Technol., 29(6): 1599-1606.

Helmer F, Kiehs K, Hansch C. 1968. The linear free-energy relationship between partition coefficients and the binding and conformational perturbation of macromolecules by small organic compounds. Biochem. US, 7(8): 2858-2863.

Hüffer T, Endo S, Metzelder F, Schroth S, Schmidt T C. 2014. Prediction of sorption of aromatic and aliphatic organic compounds by carbon nanotubes using poly-parameter linear free-energy relationships. Water Res., 59: 295-303.

Hussam A, Carr P W. 2002. Rapid and precise method for the measurement of vapor/liquid equilibria by headspace gas chromatography. Anal. Chem., 57(4): 793-801.

Huuskonen J, Salo M, Taskinen J. 1997. Neural network modeling for estimation of the aqueous solubility of structurally related drugs. J. Pharm. Sci-US, 86(4): 450-454.

Huuskonen J. 2000. Estimation of aqueous solubility for a diverse set of organic compounds based on molecular topology. J. Chem. Inf. Comput. Sci., 40(3): 773-777.

Jin X C, Fu Z Q, Li X H, Chen J W. 2017. Development of polyparameter linear free energy relationship models for octanol–air partition coefficients of diverse chemicals. Environ. Sci.-Proc. Imp., 19(3): 300-306.

Jones K C. 2021. Persistent organic pollutants(POPs) and related chemicals in the global environment: Some personal reflections. Environ. Sci. Technol., 55(14): 9400-9412.

Kamlet M J, Doherty R M, Abboud J, Abraham M H, Taft R W. 1986. Solubility: A new look. Chemtech, 16(9): 566-576.

Kanazawa J. 1989. Relationship between the soil sorption constants for pesticides and their physicochemical properties. Environ. Toxicol. Chem., 8(6): 477-484.

Karger B L, Castells R C, Sewell P A, Hartkopf A. 1971. Study of the adsorption of insoluble and sparingly soluble vapors at the gas-liquid interface of water by gas chromatography. J. Phys. Chem., 75(25): 3870-3879.

Kim M, Li L Y, Grace J R. 2016. Predictability of physicochemical properties of polychlorinated dibenzo-*p*-dioxins(PCDDs) based on single-molecular descriptor models. Environ. Pollut., 213: 99-111.

Klamt A. 2011. The COSMO and COSMO-RS solvation models. Wires. Comput. Mol. Sci., 1: 699-709.

Klamt A. 2018. The COSMO and COSMO-RS solvation models. Wires. Comput. Mol. Sci., 8(1): 1338.

Klopman G, Zhu H. 2001. Estimation of the aqueous solubility of organic molecules by the group contribution approach. J. Chem. Inf. Comput. Sci., 41(2): 439-445.

Kühne R, Ebert R U, Schüürmann G. 1997. Estimation of vapour pressures for hydrocarbons and halogenated hydrocarbons from chemical structure by a neural network. Chemosphere, 34(4): 671-686.

Laio A, Parrinello M. 2002. Escaping free-energy minima. Proc. Natl. Acad. Sci. USA, 99(20): 12562-12566.

Lei Y D, Chankalal R, Chan A, Wania F. 2002. Supercooled liquid vapor pressures of the polycyclic aromatic hydrocarbons. J. Chem. Eng. Data, 47 (4): 801-806.

Leighton D T, Calo J M. 2002. Distribution coefficients of chlorinated hydrocarbons in dilute air-water systems for groundwater contamination applications. J. Chem. Eng. Data, 26 (4): 382-385.

Li W, Ding G, Gao H, Zhuang Y, Gu X, Peijnenburg W J. 2020. Prediction of octanol-air partition coefficients for PCBs at different ambient temperatures based on the solvation free energy and the dimer ratio. Chemosphere, 242: 125246.

Li X H, Chen J W, Zhang L, Qiao X L, Huang L. 2006. The fragment constant method for predicting octanol-air partition coefficients of persistent organic pollutants at different temperatures. J. Phys. Chem. Ref. Data, 35 (3): 1365-1384.

Mackay D, Diamond M. 1989. Application of the QWASI (Quantitative Water Air Sediment Interaction) fugacity model to the dynamics of organic and inorganic chemicals in lakes. Chemosphere, 18 (7): 1343-1365.

Mackay D, Shiu W Y, Sutherland R P. 1979. Determination of air-water Henry's law constants for hydrophobic pollutants. Environ. Sci. Technol., 13 (3): 333-337.

Mackay D, Shiu W Y. 1977. Aqueous solubility of polynuclear aromatic hydrocarbons. J. Chem. Eng. Data, 22 (4): 399-402.

Mackay D. 1979. Finding fugacity feasible. Environ Sci Technol, 13 (10): 1218-1223.

Maragliano L, Vanden-Eijnden E. 2006. A temperature accelerated method for sampling free energy and determining reaction pathways in rare events simulations. Chem. Phys. Lett., 426 (1-3): 168-175.

Marenich A V, Cramer C J, Truhlar D G. 2009a. Universal solvation model based on solute electron density and on a continuum model of the solvent defined by the bulk dielectric constant and atomic surface tensions. J. Phys. Chem. B, 113 (18): 6378-6396.

Marenich A V, Cramer C J, Truhlar D G. 2009b. Universal solvation model based on the generalized born approximation with asymmetric descreening. J. Chem. Theory Comput., 5 (9): 2447-2464.

Marenich A V, Cramer C J, Truhlar D G. 2013. Generalized born solvation model SM12. J. Chem. Theory Comput., 9 (1): 609-620.

Mathieu D. 2020. QSPR versus fragment-based methods to predict octanol-air partition coefficients: Revisiting a recent comparison of both approaches. Chemosphere, 245, 125584.

May W E, Wasik S P, Freeman D H. 1978. Determination of the aqueous solubility of polynuclear aromatic hydrocarbons by a coupled column liquid chromatographic technique. Anal. Chem., 50 (1): 175-179.

McAuliffe C. 1966. Solubility in water of paraffin, cycloparaffin, olefin, acetylene, cycloolefin, and aromatic hydrocarbons1. J. Phys. Chem., 70 (4): 1267-1275.

McAuliffe C. 1971. GC determination of solutes by multiple phase equilibration. Chem. Technol., 1: 46-51.

Meylan W M, Howard P H. 1991. Bond contribution method for estimating Henry's law constants. Environ. Toxicol. Chem., 10: 1283-1293.

Meylan W M, Howard P H. 2005. Estimating octanol-air partition coefficients with octanol -water partition coefficients and Henry's law constants. Chemosphere, 61(5): 640-644.

Miller M M, Wasik S P, Huang G L, Shiu W Y, Mackay D. 1985. Relationships between octanol-water partition coefficient and aqueous solubility. Environ. Sci. Technol., 19 (6): 522-529.

Nakagawa Y, Itai S, Yoshida T, Nagai T. 1992. Physicochemical properties and stability in the acidic solution of a new macrolide antibiotic, clarithromycin, in comparison with erythromycin. Chem. Pharm. Bull, 40 (3): 725-728.

Nedyalkova M A, Madurga S, Tobiszewski M, Simeonov V. 2019. Calculating the partition coefficients of organic solvents in octanol/water and octanol/air. J. Chem. Inf. Model., 59 (5): 2257-2263.

OECD. 1995a. Test No. 105: Water Solubility. Paris: OECD Publishing.

OECD. 1995b. Test No. 107: Partition Coefficient (*n*-octanol/water): Shake Flask Method. Paris: OECD Publishing.

OECD. 2001. Test No. 121: Estimation of the Adsorption Coefficient (K_{oc}) on Soil and on Sewage Sludge using

High Performance Liquid Chromatography (HPLC). Paris: OECD Publishing.

OECD. 2004. Test No. 117: Partition Coefficient (*n*-octanol/water), HPLC Method. Paris: OECD Publishing.

OECD. 2006. Test No. 104: Vapour Pressure. Paris: OECD Publishing.

OECD. 2007. Guidance document on the validation of (Quantitative) Structure-Activity Relationships [(Q)SAR] models. Paris: OECD Publishing.

Pinsuwan S, Li A, Yalkowsky S H. 1995. Correlation of octanol/water solubility ratios and partition coefficients. J Chem. Eng. Data, 40 (3): 623-626.

Poole S K, Poole C F. 1999. Chromatographic models for the sorption of neutral organic compounds by soil from water and air. J. Chromatogr. A, 845 (1-2): 381-400.

Schüürmann G, Ebert R U, Kühne R. 2006. Prediction of the sorption of organic compounds into soil organic matter from molecular structure. Environ. Sci. Technol., 40 (22): 7005-7011.

Schwarz F P. 1980. Measurement of the solubilities of slightly soluble organic liquids in water by elution chromatography. Anal. Chem., 52 (1): 10-15.

Schwarzenbach R P, Gschwend P M, Imboden D M. 2003. Environmental Organic Chemistry. 2nd edition. New York: John Willey and Sons Inc.

Shan S J, Zhao Y, Tang H, Cui F Y. 2017. Linear solvation energy relationship to predict the adsorption of aromatic contaminants on graphene oxide. Chemosphere, 185: 826-832.

Singam E R A, Zhang Y, Magnin G, Miranda-Carvajal I, Coates L, Thakkar R, Poblete H, Comer J. 2018. Thermodynamics of adsorption on graphenic surfaces from aqueous solution. J. Chem. Theory Comput., 15 (2): 1302-1316.

Singh U C, Brown F K, Bash P A, Kollman P A. 1987. An approach to the application of free energy perturbation methods using molecular dynamics. J. Am. Chem. Soc., 109 (6): 1607-1614.

Sonnefeld W J, Zoller W H, May W E. 1983. Dynamic coupled-column liquid-chromatographic determination of ambient-temperature vapor pressures of polynuclear aromatic hydrocarbons. Anal. Chem., 55 (2): 275-280.

Staikova M, Wania F, Donaldson D J. 2004. Molecular polarizability as a single-parameter predictor of vapour pressures and octanol-air partitioning coefficients of non-polar compounds: A priori approach and results. Atmos Environ., 38 (2): 213-225.

Steinmann S N, Sautet P, Michel C. 2016. Solvation free energies for periodic surfaces: Comparison of implicit and explicit solvation models. Phys. Chem. Chem. Phys., 18 (46): 31850-31861.

Straatsma T P, Berendsen H J C. 1988. Free energy of ionic hydration: Analysis of a thermodynamic integration technique to evaluate free energy differences by molecular dynamics simulations. J. Chem. Phys., 89 (9): 5876-5886.

Su L H, Wang Y, Wang Z Y, Zhang S Y, Xiao Z J, Xia D M, Chen J W. 2022. Simulating and predicting adsorption of organic pollutants onto black phosphorus nanomaterials. Nanomaterials, 12 (4): 590.

Su L M, Liu X, Wang Y, Li J J, Wang X H, Sheng L X, Zhao Y H. 2014. The discrimination of excess toxicity from baseline effect: Effect of bioconcentration. Sci. Total Environ., 484 (15): 137-145.

Su Y, Lei Y D, Daly G L, Wania F. 2002. Determination of octanol-air partition coefficient (KOA) values for chlorobenzenes and polychlorinated naphthalenes from gas chromatographic retention times. J. Chem. Eng. Data, 47(3): 449-455.

Suntio L R, Shiu W Y, Mackay D. 1988. A review of the nature and properties of chemicals present in pulp mill effluents. Chemosphere, 17 (7): 1249-1290.

Taft R W. 1952. Polar and steric substituent constants for aliphatic and *o*-benzoate groups from rates of esterification and hydrolysis of esters1. J. Am. Chem. Soc., 74 (12): 3120-3128.

Tetko I V, Tanchuk V Y, Villa A E P. 2001. Prediction on octanol/water partition coefficients from PHYSPROP database using artificial neural networks and E-state indices. J. Chem. Inf. Comput. Sci., 41 (5): 1407-1421.

Todeschini R, Consonni V. 2000. Handbook of Molecular Descriptors. New York: John Wiley & Sons.

Tomasi J, Persico M. 1994. Molecular interactions in solution: An overview of methods based on continuous distributions of the solvent. Chem. Rev., 94(7): 2027-2094.

Torrie G M, Valleau J P. 1977. Nonphysical sampling distributions in Monte Carlo free-energy estimation: Umbrella sampling. J. Comput. Phys., 23(2): 187-199.

US EPA. 2012. Estimation Programs Interface Suite™ for Microsoft® Windows, v 4.11. United States Environmental Protection Agency, Washington, DC, USA.

Viswanadhan V N, Ghose A K, Revankar G R, Robins R K. 1989. Atomic physicochemical parameters for three dimensional structure directed quantitative structure-activity relationships. 4. Additional parameters for hydrophobic and dispersive interactions and their application for an automated superposition of certain naturally occurring nucleoside antibiotics. J. Chem. Inf. Model., 29: 163-172.

Wang Q L, Apul O G, Xuan P, Feng L, Karanfil T. 2013. Development of a 3D QSPR model for adsorption of aromatic compounds by carbon nanotubes. RSC. Adv., 3(46): 23924-23934.

Wang X R, Zhou L, Zhang X Z, Luo F J, Chen Z M. 2019b. Transfer of pesticide residue during tea brewing: Understanding the effects of pesticide's physico-chemical parameters on its transfer behavior. Food Res. Int., 121: 776-784.

Wang Y, Chen J W, Tang W H, Xia D W, Liang Y Z, Li X H. 2019c. Modeling adsorption of organic pollutants onto single-walled carbon nanotubes with theoretical molecular descriptors using MLR and SVM algorithms. Chemosphere, 214: 79-84.

Wang Y, Chen J W, Wei X X, Hernandez M A J, Chen Z F. 2017. Unveiling adsorption mechanisms of organic pollutants onto carbon nanomaterials by density functional theory computations and linear free energy relationship modeling. Environ. Sci. Technol., 51(20): 11820-11828.

Wang Y, Chen J W, Yang X H, Lyakurwa F, Li X H, Qiao X L. 2015. *In silico* model for predicting soil organic carbon normalized sorption coefficient (K_{oc}) of organic chemicals. Chemosphere, 119: 438-444.

Wang Y, Comer J, Chen Z F, Chen J W, Gumbart J C. 2018. Exploring adsorption of neutral aromatic pollutants onto graphene nanomaterials *via* molecular dynamics simulations and theoretical linear solvation energy relationships. Environ. Sci: Nano, 5(9): 2117-2128.

Wang Z Y, Walker G W, Muir D C G, Nagatani-Yoshida K. 2020. Toward a global understanding of chemical pollution: A first comprehensive analysis of national and regional chemical inventories. Environ. Sci. Technol., 54(5): 2575-2584.

Wang Z, Su Y, Shen W, Jin S, Clark J H, Ren J, Zhang X. 2019a. Predictive deep learning models for environmental properties: The direct calculation of octanol-Water partition coefficients from molecular graphs. Green Chem., 21(16): 4555-4565.

Warshel A, Levitt M. 1976. Theoretical studies of enzymic reactions: Dielectric, electrostatic and steric stabilization of the carbonium ion in the reaction of lysozyme. J. Mol. Bio., 103(2): 227-249.

Weil L, Dure G, Quentin K E. 1974. Solubility in water of insecticide, chlorinated hydrocarbons and polychlorinated biphenylsin view of water pollution. Z. Wasser u. Abwasserforsch., 7: 169-175.

Wiedemann H G. 1972. Applications of thermogravimetry for vapor pressure determination. Thermochim. Acta., 3(5): 355-366.

Wild E, Cabrerizo A, Dachs J, Jones K C. 2008. Clustering of nonpolar organic compounds in lipid media: Evidence and implications. J. Phys. Chem. A, 112(46): 11699-11703.

Wilson L Y, Famini G R. 1991. Using theoretical descriptors in quantitative structure-activity relationships: Some toxicological indices. J. Med. Chem., 34(5): 1668-1674.

Wu K D, Zhao Z X, Wang R X, Wei G W. 2018. TopP: Persistent homology-based multi-task deep neural networks for simultaneous predictions of partition coefficient and aqueous solubility. J. Comput. Chem., 39(20): 1444-1454.

Xia X R, Monteiro-Riviere N A, Mathur S, Song X F, Xiao L S, Oldenberg S J, Fadeel B, Riviere J E. 2011. Mapping the surface adsorption forces of nanomaterials in biological systems. ACS Nano, 5(11): 9074-9081.

Xia X R, Monteiro-Riviere N A, Riviere J E. 2010. An index for characterization of nanomaterials in biological systems. Nat. Nanotechnol., 5(9): 671-675.

Yaffe D, Cohen Y. 2001. Neural network based temperature-dependent quantitative structure property relations (QSPRs) for predicting vapor pressure of hydrocarbons. J. Chem. Inf. Comput. Sci., 41(2): 463-477.

Yalkowsky S H, Dannenfelser R M. 1992. Aquasol database of aqueous solubility, Version 5. Tuscon, Arizona: University of Arizona, College of Pharmacy.

Yaws C L, Bajaj P, Singh H, Pike R W. 2003. Solubility & Henry's law constants for sulfur compounds in water. Chem. Eng.-New York, 110(8): 60-64.

Yaws C L. 2003. Yaws' Handbook of Thermodynamic and Physical Properties of Chemical Compounds.

Yu X Q, Sun W L, Ni J R. 2015. LSER model for organic compounds adsorption by single-walled carbon nanotubes: Comparison with multi-walled carbon nanotubes and activated carbon. Environ. Pollut., 206: 652-660.

Zang Q, Mansouri K, Williams A J, Judson R S, Allen D G, Casey W M, Kleinstreuer N C. 2017. In silico prediction of physicochemical properties of environmental chemicals using molecular fingerprints and machine learning. J. Chem. Inf. Model., 57(1): 36-49.

Zeng X L, Wang H J, Wang Y. 2012. QSPR models of *N*-octanol/water partition coefficients and aqueous solubility of halogenated methyl-phenyl ethers by DFT method. Chemosphere, 86(6): 619-625.

Zhu H, Sedykh A, Chakravarti S K, Klopman G. 2005. A new group contribution approach to the calculation of log*P*. Curr. Comput.-Aid. Drug, 1(1): 3-9.

Zou M Y, Zhang J D, Chen J W, Li X H. 2012. Simulating adsorption of organic pollutants on finite (8, 0) single-walled carbon nanotubes in water. Environ. Sci. Technol., 46(16): 8887-8894.

第3章　化学品环境持久性的模拟预测

化学品的环境暴露是决定其风险的关键因素，环境暴露量取决于化学品的环境浓度。如果以整个地表环境为一个评价整体，忽略化学品向外层空间和地质空间的迁移，化学品的环境浓度主要取决于人类活动向环境中释放化学品的速率（E, mol/s）和化学品进入环境后的降解速率（D, mol/s）。化学品的环境降解速率常数，是表征其环境持久性的重要指标。具有环境持久性的化学品可在环境中积累，一旦达到对生态系统产生不良影响的水平，造成的危害将难以消除或逆转。第1章介绍了化学品环境持久性筛查的必要性，本章重点介绍化学品环境持久性评价方法及降解转化动力学的模拟预测技术。

3.1　化学品环境持久性概述

化学品进入环境后，可在各个环境介质间发生迁移与转化。化学品的环境持久性，可用降解半减期（$t_{1/2}$）或停留时间（τ）来描述。为管理持久性化学品，一些国际组织和政府机构设定了化学品环境持久性的判别标准。如果某化学品的 $t_{1/2}$ 大于相关的标准值，即可判断该化学品具有环境持久性。因此，环境持久性评价的关键为如何确定化学品的 $t_{1/2}$ 或 τ 值。

3.1.1　化学品的环境降解反应及动力学

化学品的环境持久性由其在环境中的降解反应所决定，降解反应包括生物降解和非生物降解。生物降解反应主要是微生物降解，非生物降解反应主要包括光降解、水解和氧化降解等。在水体、土壤和沉积物中化学品的降解途径包括生物降解、光降解、水解和氧化降解等；在大气中，化学品的降解方式主要为光解及由羟基自由基（$^{\bullet}OH$）、三氧化氮（NO_3）、臭氧（O_3）等引起的氧化降解（Boethling et al., 2009）。

评价化学品的环境持久性，需要了解化学反应动力学的相关概念及参数。化学品的环境浓度低，而决定其降解的其他环境因素可视作恒定，因此，降解可以用一级或准一级动力学来描述，即：

$$-\mathrm{d}[\mathrm{B}]/\mathrm{d}t = k\cdot[\mathrm{B}] \quad (3\text{-}1)$$

$$t_{1/2} = \ln 2/k \quad (3\text{-}2)$$

式中，[B]表示化学品B的浓度，mol/L；k 表示（准）一级反应速率常数，s^{-1}。

化学品在环境中的降解并不是通过单一途径进行的，而是在多介质中通过多途径进行。如果某化学品 B 在同一介质通过多途径降解(如光解、水解、氧化降解等)，各途径的一级或准一级速率常数分别为 k_1, k_2, k_3。那么该介质中 B 的总降解速率常数 k_T 等于各个反应速率常数的加和：

$$k_T = k_1 + k_2 + k_3 \tag{3-3}$$

除降解反应外，化学品在环境中的去除，还可表现为在环境介质内部及介质间的迁移。化学品的环境迁移过程分为扩散和非扩散两种。扩散过程包括化学品从水体或土壤向空气中挥发(或反向迁移)、在水体和沉积物之间的吸附/解吸；非扩散迁移过程主要有化学品被水体和气流携带的平流运动、在空气中的干/湿沉降、随水中颗粒物沉降到沉积物中、随颗粒物的再悬浮过程等。

化学品(P)在某一环境介质中的持久性还可用 τ 来描述，表示化学品在某特定环境系统中的存在时间，可用环境中化学品的量(M)除以去除速率(D)求得。当某一环境介质中化学品仅通过降解去除时，τ 和 k 有如下关系：

$$\tau = M/D = M/(k \cdot V \cdot [\mathrm{P}]) = 1/k \tag{3-4}$$

其中，V 为环境相体积，m^3。

不同化学品的 τ 值不同，范围可从几个小时跨越至数十年。一些 τ 值大的化学品，即使排放速率很小，也可能在环境中大量积累，导致高浓度污染，危害环境及人体健康。化学品在整个环境系统的总停留时间(τ_T)并不是其在各相中 τ 的简单加和，而是需要结合多介质环境模型，计算出环境系统中化学品的量(M_T)与总去除速率(D_T)，再进行 τ_T 的计算。M_T 可用各相浓度与体积乘积的加和求得，D_T 则为环境系统中所有途径去除速率的加和。

3.1.2 化学品环境持久性评价标准

不同国家、国际组织和机构提出的化学品环境持久性评价标准，都基于化学品在单一环境介质中的 $t_{1/2}$：若化学品在任一介质中的 $t_{1/2}$ 超过其对应的标准值，可判断其具有持久性(P)或强持久性(vP)。相关的环境持久性评价标准见表 3-1。

表 3-1 化学品环境持久性评价标准

国家或组织	持久性(P)的 $t_{1/2}$ 标准				强持久性(vP)的 $t_{1/2}$ 标准
	大气	水	土壤	沉积物	
中国	—	＞40 d(淡水) ＞60 d(海水)	＞120 d	＞120 d(淡水) ＞180 d(海水)	＞60 d(水) ＞180 d(土壤/沉积物)
加拿大	≥2 d	≥182 d	≥182 d	≥365 d	—
美国	—	＞60 d	＞60 d	＞60 d	＞180 d

续表

国家或组织	持久性(P)的 $t_{1/2}$ 标准				强持久性(vP)的 $t_{1/2}$ 标准
	大气	水	土壤	沉积物	
英国	—	＞40 d(淡水) ＞60 d(海水)	＞120 d	＞120 d(淡水) ＞180 d(海水)	＞60 d(水) ＞180 d(土壤/沉积物)
欧盟	—	＞40 d(淡水) ＞60 d(海水)	＞120 d	＞120 d(淡水) ＞180 d(海水)	＞60 d(水) ＞180 d(土壤/沉积物)
OSPAR 公约	—	≥50 d	≥50 d	≥50 d	—
斯德哥尔摩公约	—	＞2 m	＞6 m	＞6 m	—

注：d 表示天，m 表示月；OSPAR 公约：《奥斯陆巴黎保护东北大西洋海洋环境公约》。

目前，获取化学品在各个介质中的 $t_{1/2}$ 较为困难。尽管部分国家或组织出台了一些污染物在特定环境介质中的降解性或 $t_{1/2}$ 的测试导则/规范，如经济合作与发展组织(Organisation for Economic Co-operation and Development, OECD)发布的化学品测试导则(OECD Guidelines for the Testing of Chemicals, Section 3)，但现有的导则/规范难以覆盖所有的降解途径及环境介质，一些降解过程难以通过实验方法进行模拟，测试的条件(如 pH、微生物种群分布、温度、风速、日照时长和强度等)还可影响化学品降解性及 $t_{1/2}$ 的结果。此外，化学品种类众多，通过测试考察化学品的环境持久性，存在标样缺乏、效率低、成本高等问题。计算毒理学技术的发展，给化学品环境持久性的评价工作带来曙光。以化学品结构信息为特征，环境降解行为参数为预测目标，构建定量构效关系(QSAR)模型，可用于高效获取化学品环境降解行为参数，进而快速筛查化学品的环境持久性。

3.2 生物降解

生物降解指生物将大分子化合物分解转化为小分子的过程。化学品的生物降解可能由多种生物引起，但目前普遍认为微生物降解起主导作用。化学品的生物降解可分为初级生物降解(primary biodegradation)和最终生物降解(ultimate biodegradation)。初级生物降解指化学品在微生物作用下，母体分子结构发生改变的过程。最终生物降解指化学品通过微生物作用，完全被矿化为二氧化碳、水和其他无机物的过程。本节重点介绍微生物降解动力学、影响微生物降解的因素、化学品生物降解性数据及预测模型。

3.2.1 微生物降解动力学

微生物降解存在两种代谢模式：生长代谢(growth metabolism)和共代谢

(co-metabolism)。一些化学污染物可充当微生物生长的碳源，微生物可将这类物质彻底降解/矿化，这种代谢方式称为生长代谢。当化学污染物作为唯一碳源时，可基于 Monod 方程描述其微生物降解动力学：

$$-\mathrm{d}c/\mathrm{d}t=\frac{V_{\max}\cdot[\mathrm{B}]\cdot c}{Y_{\mathrm{d}}(K_{\mathrm{s}}+c)} \tag{3-5}$$

式中，c 表示化学污染物的浓度，mol/L；[B]为微生物浓度，cell/L；Y_{d} 为消耗一个单位碳所产生的生物量，cell/mol；$V_{\max}$ 为最大比生长速率，h^{-1}；K_{s} 为半饱和常数，即在生长速率为 $V_{\max}$ 一半时的污染物浓度，mol/L。

通常情况下，环境中化学污染物的浓度 $c \ll K_{\mathrm{s}}$，因此微生物降解动力学可描述为二级动力学方程，即：

$$-\mathrm{d}c/\mathrm{d}t=k_2\cdot[\mathrm{B}]\cdot c \tag{3-6}$$

$$k_2=V_{\max}/(Y_{\mathrm{d}}\cdot K_{\mathrm{s}}) \tag{3-7}$$

当环境中微生物处于稳定生长状态时，微生物浓度[B]基本保持不变。此时，化学品的微生物降解反应表现为简单的一级动力学形式：

$$-\mathrm{d}c/\mathrm{d}t=k_{\mathrm{b}}\cdot c \tag{3-8}$$

式中，k_{b} 表示微生物降解速率常数，d^{-1}。

当化学品本身不能作为微生物生长的碳源，须由其他化合物充当碳源时，该化学品才能被降解，这种模式称为共代谢。与生长代谢相比，共代谢没有滞后期，降解速率比生长代谢慢，不提供微生物能量，不影响微生物种群的数量。其动力学可表示为：

$$-\mathrm{d}c/\mathrm{d}t=k_{\mathrm{b2}}\cdot[\mathrm{B}]\cdot c \tag{3-9}$$

式中，k_{b2} 为二级生物降解速率常数，L/(cell·d)。

由于微生物种群数量不依赖于共代谢速率，可视为代谢过程中微生物浓度[B]恒定，因而微生物降解速率常数可用 $k_{\mathrm{b}}=k_{\mathrm{b2}}\cdot[\mathrm{B}]$ 表示，从而使上式简化为一级动力学方程。

3.2.2　微生物降解的影响因素

影响化学品微生物降解性的主要因素有遗传潜能及环境因子(温度、酸碱度、氧气浓度等)。

遗传潜能的影响。遗传潜能即微生物细胞内污染物降解基因的存在和表达。微生物体内可能先天缺乏一些污染物的降解酶，对于污染物的降解，要经历一段适应期。在适应期内，污染物可诱导该微生物表达特定的降解酶，或引发基因突变，使微生物建立新的污染物降解酶系。微生物细胞内污染物降解酶的先天性缺乏往往是一些污染物具有环境持久性的重要原因。

温度的影响。在一定范围内，温度升高会加快反应速率，微生物降解反应与温度关系的经验式为：

$$k_{b,T} = k_{b,T_0} \cdot Q_B^{(T-T_0)} \tag{3-10}$$

式中，$k_{b,T}$和k_{b,T_0}分别为温度 T 和 T_0时的生物降解速率常数；Q_B为生物降解的温度系数。值得注意的是，温度过高时，微生物会失活，导致降解速率为 0。

酸碱度的影响。环境 pH 的改变，可以影响细胞膜的通透性、稳定性以及污染物的性质(如溶解性、电离性)，从而影响微生物对污染物的吸收；此外，酶在最适宜的 pH 时才能发挥其最大活性，不适宜的 pH 会降低酶的活性，影响微生物的代谢。

氧气的影响。污染物的微生物降解过程可能是好氧的，也可能是厌氧的。对好氧降解过程，氧气浓度在一定范围内升高可以加快微生物的降解速率。一般来说，好氧过程要比厌氧过程的降解速率快。但是，过高浓度的氧气，也会对微生物造成损伤，从而导致微生物降解速率降低。例如，水中的氧气在一定条件下可以转化成活性氧物种(reactive oxygen species, ROS)，对微生物造成氧化损伤，影响其降解速率。

3.2.3　标准测试方法

OECD 于 1993 年制定了化学品生物降解性测试方法，该测试方法分为三个层级：快速生物降解测试、固有生物降解测试以及模拟生物降解测试(OECD, 1993)。快速生物降解测试，指在限定时间内，以目标化学物质作为唯一有机碳源，在较高目标物浓度(2~100 mg/L)下，通过测定溶解性有机碳、生化需氧量、无机碳或二氧化碳生成量等综合性指标，评价目标化学物质的生物降解性；固有生物降解测试是在好氧条件下，使目标化合物长时间与接种的微生物接触，评价目标化合物具有的最大生物降解能力；模拟生物降解测试是指模拟特定环境，考察化学品降解情况。我国及其他国家和组织机构在分层测试的基础上，相继发布了生物降解测试标准与方法，具体如下：

快速生物降解测试：OECD 301《快速生物降解性》,《欧盟化学品测试方法法规》C.4，GB/T 27850—2011《化学品　快速生物降解性通则》，GB/T 21801—2008《化学品　快速生物降解性　呼吸计量法试验》，GB/T 21802—2008《化学品　快速生物降解性　改进的 MITI 试验(Ⅰ)》，GB/T 21803—2008《化学品　快速生物降解性　DOC 消减试验》，GB/T 21831—2008《化学品　快速生物降解性：密闭瓶法试验》，GB/T 21856—2008《化学品　快速生物降解性　二氧化碳产生试验》，GB/T 21857—2008《化学品　快速生物降解性　改进的 OECD 筛选试验》。

固有生物降解测试：OECD 302《固有生物降解性》,《欧盟化学品测试方法法规》C.12，GB/T 21816—2008《化学品　固有生物降解性》，GB/T 21817—2008《化学品　固有生物降解性　改进的半连续活性污泥试验》，GB/T 21818—2008《化学品　固有生物降解性　改进的 MITI 试验（Ⅱ）》。

模拟生物降解测试：OECD 303《模拟生物降解测试》。

3.2.4　化学品生物降解性数据

从美国环保局（U.S. Environmental Protection Agency, U.S. EPA）开发的 EPI Suite™ 软件（U.S. EPA, 2012）和文献中，共搜集了 2091 种化合物生物降解性数据，已整理至化学品预测毒理学平台（CPTP, http://cptp.dlut.edu.cn），数据示例见表 3-2。

表 3-2　部分化学品生物降解性示例

中文名称	英文名称	CAS	SMILES	生物降解性
2, 2, 4-三甲基戊烷	2, 2, 4-trimethylpentane	540-84-1	C(CC(C)C)(C)(C)C	不易降解
丙烯	propene	115-07-1	C(=C)C	不易降解
1, 3-丁二烯	1, 3-butadiene	106-99-0	C(C=C)=C	不易降解
二氯甲烷	dichloromethane	75-09-2	ClCCl	不易降解
三氯甲烷	trichloromethane	67-66-3	C(Cl)(Cl)Cl	不易降解
三溴甲烷	tribromomethane	75-25-2	BrC(Br)Br	不易降解
氯乙烷	chloroethane	75-00-3	ClCC	不易降解
1, 1, 2, 2-四氯乙烷	1, 1, 2, 2-tetrachloroethane	79-34-5	C(C(Cl)Cl)(Cl)Cl	不易降解
溴氯甲烷	bromochloromethane	74-97-5	BrCCl	不易降解
3-甲基-4-(二甲氨基)苯基	3-methyl-4-(dimethylamino) phenyl methylcarbamate	2032-59-9	CNC(=O)Oc1ccc(N(C)C)c(C)c1	易降解
戊二醇	pentan-2-ol	6032-29-7	CCCC(C)O	易降解
丙酮	acetone	67-64-1	CC(=O)C	易降解
4-羟基肉桂酸	4-hydroxycinnamic acid	7400-08-0	OC(=O)\C=C\c1ccc(O)cc1	易降解

3.2.5　生物降解性预测模型

EPI Suite™ 软件中的 BIOWIN 模块，包含了使用最广泛的微生物降解性预测模型。BIOWIN 中共有 7 个预测微生物降解的模型。其中 BIOWIN1 和 BIOWIN2 分别为线性和非线性概率模型，可预测化学物质发生快速生物降解的概率；

BIOWIN3 和 BIOWIN4 分别为最终和初级生物降解预测模型，可预测化学物质的生物降解 $t_{1/2}$，这两个模型将化学物质的生物降解 $t_{1/2}$ 分成 5 级，时长分别为小时、天、星期、月和更长时间。BIOWIN5 和 BIOWIN6 分别是基于 OECD 301C《改进的 MITI 试验（Ⅰ）》的结果所构建的线性和非线性分类模型，可判断化学物质是否易被快速生物降解。BIOWIN7 为基于多元线性回归（multiple linear regression, MLR）和分子碎片构建的好氧生物降解性判别模型。

Howard 等（1992）基于 BIODEG（Howard et al., 1987）的快速微生物降解数据和 35 个化学品分子结构碎片，构建了线性和非线性（逻辑）回归模型。该模型对训练集（264 个化学品）和验证集（27 个化学品）的分类准确率（被正确分类样本占全部样本的比例）分别为 90.0%和 95.0%。Huuskonen 等（2001）基于 BIOWIN3 模型中 172 个化学品的最终生物降解速率等级数据，使用 MLR 构建了预测模型，模型在训练集上的预测决定系数（R^2_{tra}）为 0.760。在两个外部验证集（验证集 1：包含 12 个具有连续值数据的化学品；验证集 2：包含 57 个具有离散值数据的化合物）也表现出良好的预测效果：对验证集 1 的预测决定系数（R^2_{ext}）为 0.680，正确预测了验证集 2 中的 48 个化合物。

Gamberger 等（1993）基于 MITI-1 数据集（化合物生化需氧量数据集，由日本技术评估研究所发布，见 https://www.nite.go.jp/index.html），提出了筛查化学品生物降解性的规则。根据该规则，如果化学品满足以下任一条件，则被认为可快速生物降解：①具有一个 C—O 键，但无季碳的无环化学物质；②由 C, H, N 和 O 原子构成但不具有 C═C 键或具有 2 个 C═C 键的酯、酰胺或酸酐；③无季碳的无环酯、酰胺或酸酐；④由 C, H, N 和 O 原子构成的单环或无环，但没有季碳的酯、酰胺或酸酐；⑤由 C, H, N 和 O 原子构成的无环化学物质，但不具有季碳或叔胺基团且不具有 C═C 键或具有 2 个 C═C 键；⑥由 C, H, N 和 O 原子构成的化学物质，无环或具有 1 个环，具有至少一个 C—O 键，但不具有季碳或叔胺基团，不具有 C═C 键或具有 2 个 C═C 键。

Cheng 等（2012）整合了 MITI-1 数据集和 BIOWIN 中的快速生物降解数据集，获得了 1440 个化学品快速生物降解测试数据，采用支持向量机（support vector machines, SVM）、决策树（decision tree, DT）、*k* 近邻和朴素贝叶斯 4 种机器学习算法，结合物理化学描述符和分子指纹构建了分类模型。结果显示，最优模型对一个包含 164 个化学品的外部验证集的预测准确率可超过 80.0%。Chen 等（2014）基于 825 个有机化合物的数据集，采用 DT、功能回归树和逻辑回归，结合 487 个 Dragon 描述符构建了分类模型。发现基于功能回归树算法的模型为生物降解性预测的最优模型，该模型在训练集和两个外部验证集（包含 777 和 27 个化学物质）上的预测准确率分别为 81.5%, 81.0%和 100%。Acharya 等（2019）基于 BIOWIN3 模型中的最终生物降解速率等级数据，首先构建了最终生物降解速率等级和最终生

物降解 $t_{1/2}$ 的回归模型；使用该模型，将化学品最终生物降解等级数据转化为 $t_{1/2}$ 数据。基于转化的数据，使用量子化学和 Dragon 描述符，构建了预测芳香族化学品最终生物降解速率的模型，模型预测值与真实值的相关系数（R）为 0.890。

Tang 等（2020）基于 EPI Suite™ 软件 BIOWIN3 和 BIOWIN4 模块中的化学物质生物降解速率等级数据，构建了化学品初级和最终生物降解速率等级的预测模型。在半经验量子化学 PM7 方法计算所得的 4 个量子化学描述符和 3383 个 Dragon 描述符中筛选模型的分子描述符。对碳原子数≤9 的化合物数据集，采用 MLR 分别构建生物降解速率等级预测模型和最终生物降解速率等级预测模型，两个模型的 R^2 分别为 0.690 和 0.760；对碳原子数＞9 的化合物数据集，采用 SVM 方法建模，初级和最终生物降解速率等级模型的 R^2 分别为 0.970 和 0.980，表明这些模型具有较好的稳健性和预测能力。

3.3　光　降　解

太阳光是地球生态系统物质循环和能量流动的驱动力。到达地表的太阳光引发的化学品转化反应，能改变其分子结构，是环境中化学品（尤其是难以被微生物所降解的化学品）的重要转化途径。化学品的环境光降解，可发生在表层水体、大气等介质中或土壤、建筑物、植物叶片的表面，是影响化学品环境持久性的关键途径。本节介绍环境光降解动力学原理、测试方法、影响因素、相关降解动力学参数及其预测模型。

3.3.1　环境光降解动力学及测试方法

光降解是典型的光化学反应，涉及多个过程和步骤。化学品分子吸收光子后直接引发的分解反应称为直接光解；除直接光解外，化学品还可在其他化合物（光敏剂）吸光形成的光活性中间体（photochemically produced reactive intermediates, PPRIs）作用下发生降解，该过程称为间接光解。广义上，环境光催化降解也属于间接光解，指在光催化剂存在条件下，导致有机物发生降解（分解）。通常是催化剂吸收光子，通过链式反应，生成强氧化性/还原性的自由基，使有机物降解。

根据波长（λ）的不同，光可分为不同波段，包括紫外光、可见光、红外光等。其中紫外光又可分为三个波段，UV-C（200~280 nm），UV-B（280~320 nm），UV-A（320~400 nm），这部分光波长短，光子能量大，一般对化学物质光降解起主要作用。由于大气中吸光组分的存在，到达地表的光一般大于 290 nm，该数值会随所处地理位置及大气条件的改变而波动。在实际工作中，需对所研究区域的太阳光谱进行现场测量。

分子吸光后，可发生一系列光物理过程和光化学过程。光物理过程包括振动弛豫、内部转变、辐射荧光、系间窜跃、辐射磷光、热失活和能量转移等。光化学过程涉及多个分步反应。物质吸收光子后直接发生的光物理和光化学过程，称为光化学反应的初级过程。而初级过程中反应物、生成物之间的进一步反应称为光化学反应的次级过程。初级光化学过程的主要反应类型包括单分子反应和双分子反应。单分子反应包括激发态分子分解为小分子、自由基以及分子内重排和光致异构化等。对于双分子反应，两个激发态分子发生反应的情况很罕见，主要是一个激发态分子和一个处于基态的分子发生反应，例如分子间氢摘取、光致聚合反应等。光解反应可以界定为化学物质由于吸收光子所引发的分解反应。

模拟实验测试表明，化学品在环境中的光降解大多遵循一级（或准一级）动力学。其原因在于，影响化学品光降解的环境因素（如光强、PPRI 浓度）可视为稳态，则决定化学品光降解速率的因素主要为化学品的环境浓度及降解速率常数。植物叶面（例如松树和杉树的针叶表面）(Wang et al., 2005; Niu et al., 2003; Niu et al., 2004)、大气颗粒物表面（Behymer et al., 1988）、土壤颗粒表面（Zhang et al., 2006）以及冰雪中（白东晓等, 2022）的化学污染物，其光降解也遵循准一级动力学。

1. 光化学基本定律和量子产率

光化学第一定律认为，只有被体系吸收的光，对光化学反应才是有效的。照射在体系中的光，必须在能量或波长上满足体系中分子激发的条件，才可能被分子所吸收。值得指出的是，即使照射光的能量满足激发所需，若未被体系中的分子所吸收，也不能引发光化学反应。当然，照射的光不一定必须被反应分子吸收才导致其反应，被体系中的其他分子吸收也可能引起光化学反应。光化学第一定律表明，吸收光谱是表征光化学反应发生可能性的重要指标。

光化学第二定律指出，分子吸收光的过程是单光子过程。通常情况下，每个分子只吸收一个光子到达它的激发态。激发态分子十分不稳定，寿命很短，有些可能发生光化学过程，有些可能通过分子内或分子间的物理失活回到基态。物质吸收光子后，发生光物理或光化学过程的相对效率可用量子产率来表示，其定义式为：

$$\Phi_i = \frac{i\text{过程所消耗的激发态物种的数目}}{\text{吸收光子数目}} \tag{3-11}$$

式中，Φ_i 指单个初级过程的量子产率，亦称初级量子产率。如果光物理和光化学过程均有发生，则所有初级过程的量子产率之和必定等于 1。

光物理过程一般不会发生后续的热反应，而光化学过程则不同。所以对于光化学反应，除了初级量子产率外，还要考虑总量子产率，或称表观量子产率、量子效率（Φ）：

$$\Phi = \frac{\text{光化学过程中消耗反应物或生成产物的分子数}}{\text{吸收的有效光子数}I_a} \tag{3-12}$$

式中，I_a 代表单位时间、单位体积内吸收的光子数。

2. 化学物质在水环境中的光降解动力学及测试方法

天然水环境中含有大量的吸光物质，导致太阳光在水中逐渐衰减，因此化学物质的光降解主要发生在表层水体中。直接光解一般遵循一级反应动力学，其表观光解速率常数(k, s^{-1})可由下式获得(Dulin and Mill, 1982)：

$$-dc/dt = \Phi \cdot (\sum I_\lambda \cdot \varepsilon_\lambda) \cdot c = k \cdot c \tag{3-13}$$

$$c_t = c_0 \cdot e^{-k \cdot t} \tag{3-14}$$

式中，I_λ 为化学物质在波长 $\Delta\lambda$ 区间内所暴露的平均光强，Einstein/($cm^2 \cdot s \cdot 10^3$)；ε_λ 为化学品在波长 $\Delta\lambda$ 区间内的平均摩尔吸光系数，L/(mol·cm)；$\sum I_\lambda \cdot \varepsilon_\lambda$ 表示化学品在全波长范围的累计光吸收(以固定 $\Delta\lambda$ 为间隔累加，后续表达式同理)；c_t, c_0 分别为 t 时刻与初始时刻化学物质浓度，mol/L。据此，化学品直接光解的半减期($t_{1/2}$)可由下式获得：

$$t_{1/2} = \ln 2 / k \tag{3-15}$$

水中化学物质的直接光解测试，可参考 OECD 316《水体中物质的直接光解标准测试方法》进行。直接光解动力学参数(Φ, k, $t_{1/2}$)，可通过测定化学物质在自然或模拟太阳光下的降解速率来获取。光解动力学实验通常使用汞灯、氙灯等光源及滤光片来模拟太阳光。模拟光化学实验的流程为：配置光解反应溶液，将溶液置于光化学反应器中进行光照实验，定时取样，测定不同时刻目标物的浓度。基于式(3-14)和式(3-15)进行拟合，得到化学品在该实验条件下的 k 及 $t_{1/2}$。

一般采用化学露光计法测定化学物质的 Φ 值。常用的化学露光计有草酸铁钾($K_3[Fe(C_2O_4)_3]$)、对硝基苯甲醚/吡啶(PNA/pyr)等(Hatchard et al., 1956; Dulin and Mill, 1982)。化学露光计的 Φ 是明确的，在测定某一化学品(B)的 Φ 时，通常将化学品溶液和露光计溶液置于相同的光照条件下，进行光化学实验，并通过下式计算该化学品的 Φ：

$$\Phi_B = \Phi_a \cdot k_B \cdot \sum I_\lambda \cdot \varepsilon_\lambda^a / (k_a \cdot \sum I_\lambda \cdot \varepsilon_\lambda^B) \tag{3-16}$$

式中，k_B, k_a 分别为待测化学品及露光计的表观光解速率常数，s^{-1}；$\sum I_\lambda \cdot \varepsilon_\lambda^B$，$\sum I_\lambda \cdot \varepsilon_\lambda^a$ 分别为化学品与露光计的累计光吸收；Φ_a 为化学露光计的量子产率。

由 PPRIs[如$^\bullet$OH, 单线态氧($^1O_2$)]引发的化学品间接光解反应，一般遵循二级反应动力学：

$$-dc/dt = k_{PPRIs} \cdot [PPRIs] \cdot c \tag{3-17}$$

式中，k_{PPRIs} 为化学品与 PPRIs 反应的二级反应速率常数，L/(mol·s)，表征化学品与 PPRIs 的反应活性；[PPRIs]为 PPRIs 的浓度，mol/L；c 为化学品浓度，mol/L。天然水体中[PPRIs]近似稳态，此时化学品的间接光解可视为遵循准一级动力学：

$$-\mathrm{d}c/\mathrm{d}t = k_{\mathrm{p}} \cdot c \tag{3-18}$$

$$k_{\mathrm{p}} = k_{\mathrm{PPRIs}} \cdot [\mathrm{PPRIs}]_{\mathrm{ss}} \tag{3-19}$$

式中，k_{p} 为准一级反应速率常数，s^{-1}, $[\mathrm{PPRIs}]_{\mathrm{ss}}$ 为 PPRIs 的稳态浓度，mol/L。化学品与 PPRIs 反应的 $t_{1/2}$ 可表示为：

$$t_{1/2} = \ln 2 / k_{\mathrm{p}} \tag{3-20}$$

水环境中，k_{PPRIs} 可采用直接测定法或间接测定法获取。直接测定法通过直接测定反应中 PPRIs 的猝灭动力学或产物的生成动力学参数来得到 k_{PPRIs}。激光闪光光解是直接测定 k_{PPRIs} 的常用方法，通过观测由强脉冲激光光源激发样品产生的中间体(激发单线态、三线态分子以及自由基等)的瞬态吸收或发射光谱以及其动力学衰减曲线，探究化学品光化学过程(Li et al., 2016a)。一般采用激光闪光光解仪中动力猝灭模块结合 Stern-Volmer 公式(Pavanello et al., 2022)来求得 k_{PPRIs}。

相较于直接测定法，以竞争动力学实验为主的间接测定法，因操作简便而得到了广泛的应用。具体过程为：将一个已知二级反应速率常数的参比化合物(R)与待测化学品(B)放入同一溶液中，使用敏化剂产生过量的 PPRIs，此时被测化学品与参比化合物的降解速率之比即为它们的二级反应速率常数的比值：

$$k_{\mathrm{PPRIs,\,B}} = \frac{\ln([\mathrm{B}]/[\mathrm{B}]_0)}{\ln([\mathrm{R}]/[\mathrm{R}]_0)} \cdot k_{\mathrm{PPRIs,\,R}} \tag{3-21}$$

式中，[B], [R], $[\mathrm{B}]_0$, $[\mathrm{R}]_0$ 分别表示在 t 时刻与初始时刻 B 与 R 的浓度，mol/L；$k_{\mathrm{PPRIs,\,B}}$, $k_{\mathrm{PPRIs,\,R}}$ 分别为 B, R 与 PPRIs 的二级反应速率常数，L/(mol·s)。

3. 化学物质在大气环境中的光解动力学及测试方法

大部分化学污染物被对流层中活跃的化学反应和物理清除过程消耗，无法进入平流层，因此化学物质的大气光降解主要集中在对流层。大气中的多种吸光组分可以吸收大部分短波长太阳光，使参与对流层光化学反应的光通常波长大于 290 nm(随地理位置与大气条件的改变而波动)。这部分波长大于 290 nm 的光，称为光化辐射，通常用光化通量[光子数/(cm^2·s)]表征，即对流层中某一给定体积气体在所有方向上光化辐射通量的积分，包括直接辐射、散射辐射与反射辐射。

为了描述化学品在大气中的直接光解动力学，首先假设对流层中某体积空气“盒子”得到的 λ 波长入射光总强度为 I_λ(图 3-1)，用光化通量 J_λ 表示。该空间中某化学品(B)吸收的光强度 $I_{\mathrm{a},\lambda}$ 可近似表示为：

$$I_{\mathrm{a},\lambda} = \sigma_\lambda \cdot J_\lambda \cdot [\mathrm{B}] \tag{3-22}$$

式中，σ_λ 表示吸收截面，cm^2/mol，反映 B 对波长为 λ 的光的吸收特性；[B]为化学品 B 的浓度，mol/cm^3；J_λ 表示光化通量，光子数/(cm^2·s)。

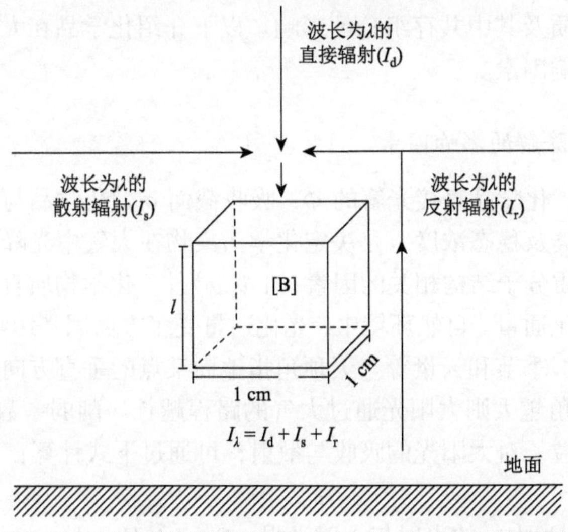

图 3-1 对流层空气“盒子”中分子 B 的光吸收示意图

若 B 在波长为 λ 的光辐照下可发生降解，则此时的光解速率为：

$$(-\mathrm{d}[\mathrm{B}]/\mathrm{d}t)_\lambda = \Phi_\lambda \cdot \sigma_\lambda \cdot J_\lambda \cdot [\mathrm{B}] \tag{3-23}$$

式中，Φ_λ 指 B 吸收波长 λ 的光后的表观光解量子产率。由于 B 对不同波长光的吸收能力不同，因此太阳光照射下 B 的总光解速率为不同波长下光解速率的累积(以固定 Δλ 为间隔累加)：

$$-\mathrm{d}[\mathrm{B}]/\mathrm{d}t = \sum_{\lambda=290\mathrm{nm}}^{\lambda_i} \Phi_\lambda \cdot \sigma_\lambda \cdot J_\lambda \cdot [\mathrm{B}] \tag{3-24}$$

式中，λ_i 表示 B 的最大吸收波长，nm；J_λ 则受到季节、纬度和高度等因素的影响。化学品在大气中的直接光解一般遵循一级反应动力学，因此上式也可表示为：

$$-\mathrm{d}[\mathrm{B}]/\mathrm{d}t = k_\mathrm{B} \cdot [\mathrm{B}] \tag{3-25}$$

式中，k_B 表示一级反应速率常数，s^{-1}。

化学品的气相直接光解动力学参数一般通过模拟实验获得。与水环境中的研究不同，气相的反应条件难以控制，需要更为复杂的反应器进行模拟实验，如各类烟雾箱、反应器[如 European PHOtoREactor 反应器(Munoz et al., 2018)]等。

化学品也可在大气中 PPRIs(主要为˙OH)的作用下发生间接光解，该过程遵循二级反应动力学，反应速率常数可通过相对速率法测定(Munoz et al., 2018)，其基本原理及计算式，与水中化学品间接光解竞争动力学(式 3-21)相同。

3.3.2 光降解的影响因素

除化学品本身的分子结构外，化学品的光降解反应动力学和途径还会受到所在环境介质的性质及其中共存组分的影响。以下介绍化学品在大气和表层水体中光降解行为的影响因素。

1. 大气中光降解的影响因素

光化通量 J_λ、化学品直接光解的 Φ、吸收截面 σ_λ、化学品与 PPRIs 的反应速率、PPRIs 的种类及稳态浓度，是决定化学污染物在大气中光降解速率的直接因素。除与化学物质分子结构相关的因素（如 Φ, σ_λ）外，化学物质直接光解速率的主要影响因素为光化通量。自然环境中，光化通量受多方面因素影响，包括天顶角、削弱系数、纬度、季节和云量等。天顶角指地面某点的垂直方向与太阳光入射方向的夹角，天顶角越大则太阳光通过大气的路程越长。削弱系数（w）表征了大气中气体与气溶胶粒子对太阳光的吸收与散射，可通过下式计算：

$$I/I_0 = e^{-w \cdot m} \tag{3-26}$$

式中，I 与 I_0 分别为大气的出射与入射光强，Einstein/（$cm^2 \cdot s$）；m 为大气质量数，由太阳光通过大气层路程长度与地面到大气层顶端的垂直路程长度的比值得出。纬度与季节会影响太阳高度与天顶角。云量会影响阳光在大气中的穿透率，需根据实际天气情况计算云量影响以对光化通量进行校正。

化学品的间接光解，主要受化学品与 PPRIs 的反应速率、PPRIs 的种类及稳态浓度所影响。大气中的 PPRIs 主要是各类自由基。自由基是大气光化学的重要组成部分，可由光化学反应产生，也可以作为引发剂参与光化学反应。光化学反应中自由基的类型不同，作用也不同。针对自由基引发的大气光化学反应，在理论计算方面的研究较多，开展模拟实验的研究相对较少。

昼夜、温度以及相对湿度，是影响自由基反应的关键性因素。昼夜不同，参与反应的自由基也不相同，白天主要是·OH 的反应，夜间主要是 NO_3 的作用。一些自由基的反应呈现温度依赖性，如 Bouzidi 等（2015）发现 4-羟基-2-丁酮与·OH 的反应性与温度呈负相关。相对湿度的影响，主要取决于大气中水分子对光化学反应过程的参与。Li 等（2017）基于量子化学计算（图 3-2），发现水分子可以通过形成氢键，改变磷酸三（2-氯丙基）酯[tris（2-chloroisopropyl）phosphate，TCPP]与·OH 反应前络合物和过渡态的稳定性，从而降低 TCPP 与·OH 反应的速率，延长 TCPP 的大气寿命，并且水分子会影响 TCPP 的降解途径，导致产物分布不同。总体上，自由基参与的大气光化学反应还有待深入探究，尤其是大气自由基的观测以及多种自由基的相互影响。

2. 水环境中光降解的影响因素

化学品在水环境中的光降解，受光照强度和 pH 等环境条件的影响。水中存在的离子（如 NO_3^-，NO_2^-，CO_3^{2-}，HCO_3^-，Cl^-，Fe^{2+}）、溶解性气体（尤其是 O_2）、溶解性有机质(dissolved organic matter, DOM)、胶体、悬浮物、藻类以及共存的其他化学物质等，均可能影响化学品的光降解。同一种溶解性物质对不同化学品的影响也可能不同。

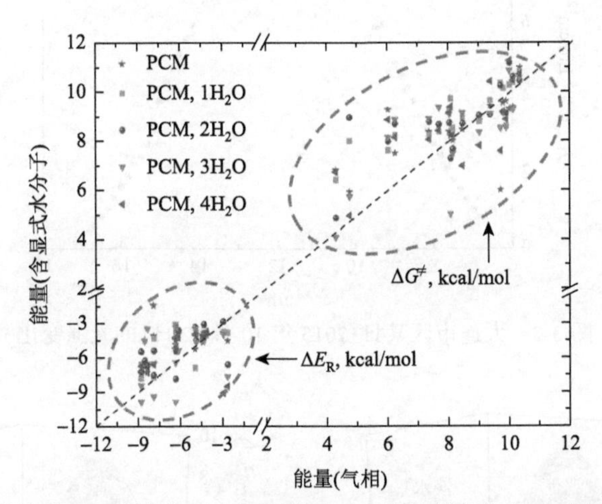

图 3-2 量子化学计算模拟显式水分子参与下磷酸三(2-氯丙基)酯(TCPP)与·OH 反应不同通路的活化自由能($\Delta G^{\neq}$)及相对能 ΔE_R(反应前复合物与反应物的能量差)的比较(PCM 指极化连续介质模型)(改自 Li et al., 2017)

1)光强的影响

到达地表的太阳光包括直射光和散射光。地表某一点的太阳光谱与地理位置(纬度、高度)、季节、时间、天气情况、区域的大气污染状况等因素相关。图 3-3 所示为在大连测定的光强(I_{sum})日变化(2015 年 10 月 22 日)，测定时间范围为 6:50~17:10，每次间隔 10 分钟，测定时天空晴朗伴随零星微云。将光强值[I_{sum}, Einstein/(cm²·s)]与时刻(t, h)做多项式回归，可得到光强随时刻变化的模型：

$$I_{sum}(t) = 9.51 \times 10^{-3}t^4 - 4.47 \times 10^{-1}t^3 + 7.32t^2 - 4.85 \times 10t + 1.13 \times 10^2 \quad (3\text{-}27)$$

$$n = 63, p < 0.001, R^2 = 0.996$$

式中，n 为数据点个数，p 为 t-检验的显著性水平，R^2 为决定系数。

受水中悬浮物和溶解性物质的影响，自然水体中光强随水深的增加而衰减。这种衰减一方面可以影响污染物的光吸收，影响其直接光解；另一方面可以影响水中光敏剂(例如 DOM)的光吸收，通过改变 PPRIs 的浓度影响污染物的间接光解。光强在水中的衰减程度，是由水中所含组分决定的。早期研究认为 DOM 是水中的主要吸光物质，根据 DOM 的光吸收系数或溶解性有机碳(DOC)的浓度，可建立光强在水体中衰减的经验式。C. Zhou 等(2018)利用水下光谱仪及深度传感器，在黄河三角洲的河流、河口和滨海水体中测定了不同水深、不同时刻的光强值，建立了水下光强的预测模型(图 3-4)。

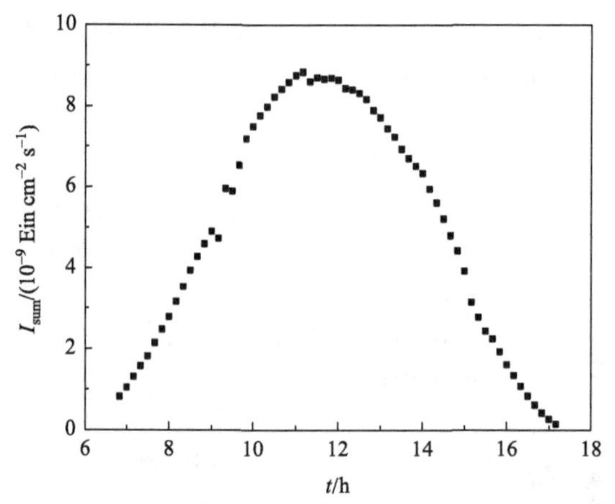

图 3-3　大连市区某日(2015 年 10 月 22 日)的光强变化

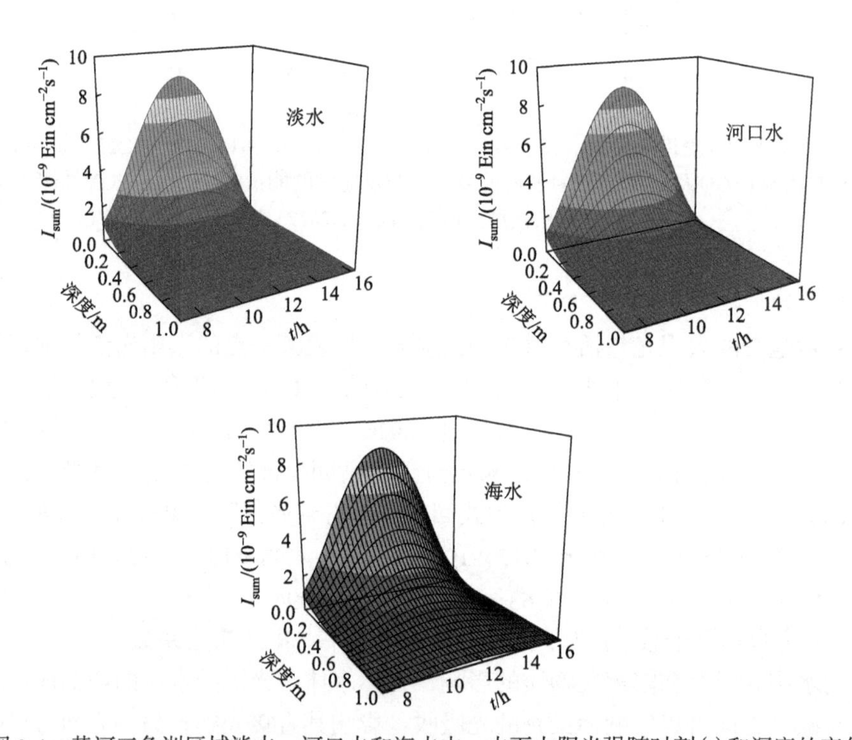

图 3-4　黄河三角洲区域淡水、河口水和海水中，水下太阳光强随时刻(t)和深度的变化

2)pH 值的影响

水体 pH 值可以显著影响 H^+或 OH^-参与或催化的反应。pH 对化学品环境光化学行为的影响，可分为直接影响和间接影响。首先，pH 通过影响可电离化学品在水中的存在形态，直接影响其光化学活性。例如，Wei 等(2013)发现，不同 pH

水环境中环丙沙星可以 5 种解离形态存在，它们具有不同的光降解途径、光降解产物、动力学参数以及与 $^1O_2$ 和 $^{\bullet}OH$ 等的反应活性(图 3-5)。

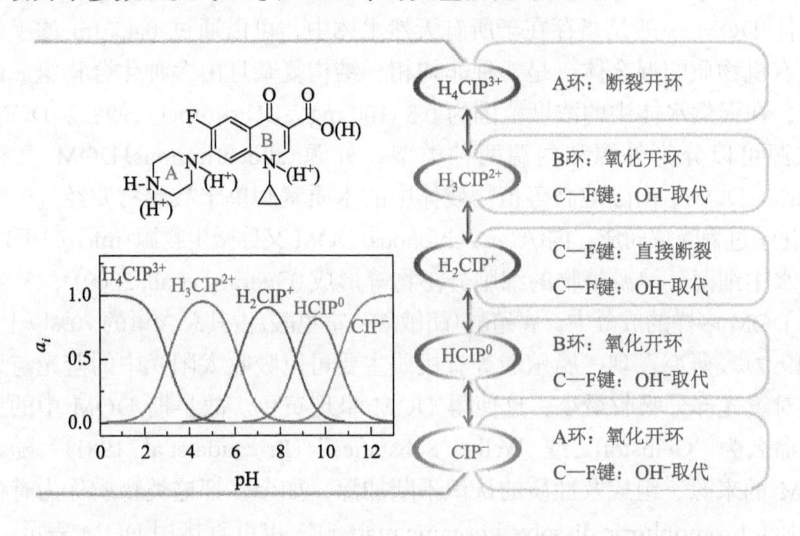

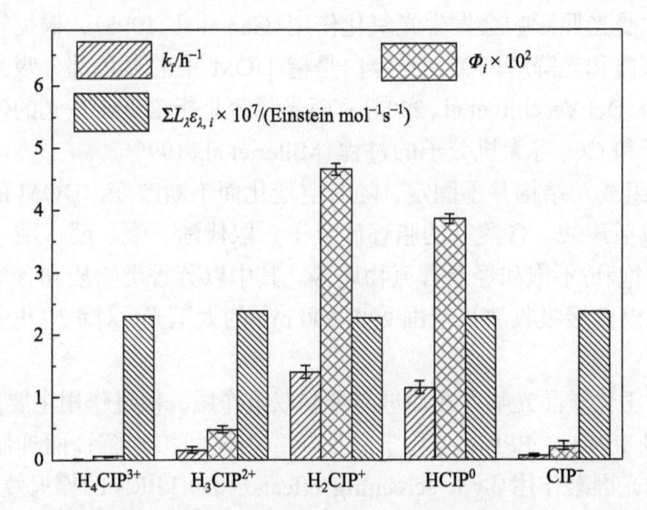

图 3-5 不同 pH 条件下环丙沙星(CIP)的形态分布、光化学反应途径、光解速率常数(k_i)、量子产率(Φ_i)和累积光吸收($\Sigma I_\lambda \varepsilon_{\lambda,i}$)

pH 的变化还通过影响水中其他溶解性组分进而间接影响化学品的光解。如水体 DOM 的吸光特性及激发三线态 DOM(excited triplet state dissolved organic matter, $^3DOM^*$)的生成与反应性会随 pH 的改变而变化。Wenk 等(2021)通过实验发现，随着 pH 的增加，水体中 DOM 对芳香胺光转化的抑制作用逐渐增强。此外，DOM 的光漂白也受到 pH 的影响，在 pH 为 6~6.5 时最慢，更低或更高的 pH 都会使得光漂白作用增强。

3）DOM 的影响

水体 DOM 一般是指存在于所有天然水体中，可以通过 0.45 μm 滤膜的一切溶解性有机物质的混合体，是一种非均相、结构复杂且由多种化合物组成的有机混合物，在天然水体中的浓度范围为 0.5~100 mgC/L（Frimmel, 1998）。DOM 按照生成来源可以分为外源和内源两种类型，外源（allochthonous）DOM 又称陆源（terrestrial）DOM，由陆地高等植物残体中的木质素和单宁酸等物质经过一系列生物地球化学过程降解而成，内源（autochtonous）DOM 又称微生物源（microbial）DOM，主要由水中细菌、浮游植物的细胞分泌物等形成（Guerard et al., 2009）。

在 DOM 多样的成分中，腐殖酸（胡敏酸、富里酸）占其总含量的 70%以上（Nieke et al., 1997）。研究发现，腐殖酸等有机质主要可以吸收太阳光中的蓝光与紫光部分，而对黄光部分吸收最小，这使得 DOM 呈现黄色。故早期 DOM 中的显色部分也被命名为“Gelbstoff”或“Yellow Substance”（Bricauda et al., 1981）。随着人们对 DOM 的来源、组成及性质的认识不断加深，如今多把这类物质称为有色可溶性有机质（chromophoric dissolved organic matter），也可直接用 DOM 表示。DOM 在天然水体中受光照影响会发生光氧化作用（Gao et al., 1998），根据转化程度的不同，分为光漂白和光降解两类，光漂白是指 DOM 中的显色部分吸光后导致吸光度减小的过程（Del Vecchio et al., 2002）；而光降解是指 DOM 在光的作用下被分解为有机小分子和 CO_2 等无机分子的过程（Miller et al., 1995）。

DOM 的组成及结构并不固定，随时空变化而不断改变。DOM 的化学组成也十分复杂，包括羧酸、含羧基的脂环族分子、取代酚、酮、醛、醌、糖类、蛋白质、木质素、饱和/不饱和烃及含氮物质等。其中以芳香类物质和含羰基物质为主的发色团，可以直接吸收波长范围 290~500 nm 的太阳光，对水中化学品的光解产生影响。

DOM 对于化学品光解存在促进与抑制双重作用，促进作用主要体现为 DOM 光致生成多种 PPRIs，PPRIs 与化学品反应，引发间接光解；而抑制作用主要体现为 DOM 的光屏蔽作用（light screening effects）和对 PPRIs 的猝灭效应（quenching effects）。

DOM 对化学品光解的促进作用。DOM 吸光可生成多种 PPRIs，以往的研究工作初步揭示了 DOM 光致生成不同 PPRIs 的机理（Gligorovski et al., 2015; Ossola et al., 2021; 郭忠禹等, 2020），示于图 3-6 中。

PPRIs 包括激发单线态 DOM（excited singlet state dissolved organic matter, $^1DOM^*$），$^3DOM^*$, $^1O_2$, $^{\bullet}OH$, 超氧阴离子自由基（$O_2^{\bullet-}$），过氧化氢（H_2O_2），水合电子（e_{aq}^-），电荷分离态 DOM（charge-separated DOM, $DOM^{\bullet+}/DOM^{\bullet-}$）等。其中 $^3DOM^*$, $^1O_2$ 及 $^{\bullet}OH$ 对于化学品光降解的影响最受关注（Wasswa et al., 2020）。

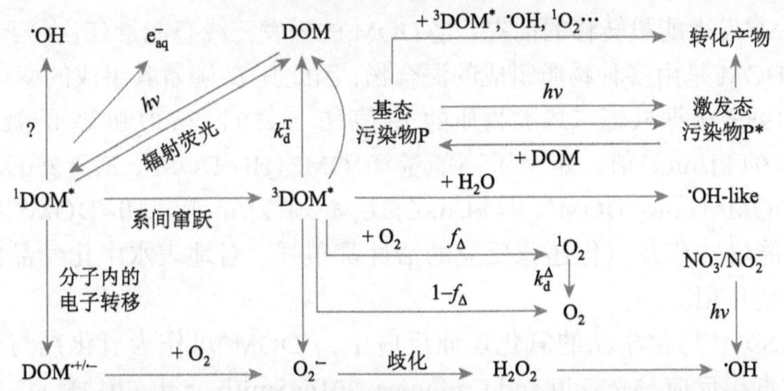

图 3-6 DOM 的光激发和光致生成 PPRIs 的过程(f_Δ: ^{3}DOM*与 O_2 反应生成 $^1O_2$ 比例; k_d^T: ^{3}DOM*一级失活速率常数; k_d^Δ: $^1O_2$ 一级猝灭速率常数)

如图 3-6 所示，DOM 吸光后首先会被激发产生 ^{1}DOM*。虽然 ^{1}DOM*的反应性很强，是许多其他重要的 PPRIs 的前体，包括 e_{aq}^-，$^{\bullet}OH$, $O_2^{\bullet -}$, H_2O_2, ^{3}DOM*和 $DOM^{\bullet +}/DOM^{\bullet -}$，但 ^{1}DOM*寿命短，稳态浓度低，难以直接与水中的化学品发生反应。^{1}DOM*中的芳香基团(主要是酚及其衍生物，如芳香羧酸和芳香氨基酸等)会诱导产生 e_{aq}^-，e_{aq}^- 容易与含有电负性大的原子的有机或无机物反应，如与 $ClCH_2CH_2OH$ 的反应(Zepp et al., 1987)：

$$e_{aq}^- + ClCH_2CH_2OH \longrightarrow Cl^- + {}^{\bullet}CH_2CH_2OH \tag{3-28}$$

e_{aq}^- 的量子产率(Φ_e)很低，在 300~400 nm 光照下，$\Phi_e \approx 10^{-5} \sim 10^{-4}$(Page et al., 2011)。此外，$e_{aq}^-$ 产生于 DOM 的内部微环境中，绝大多数 e_{aq}^- 会和微环境中的阳离子快速结合，使得 e_{aq}^- 很难扩散到溶液中与化学品反应(Zepp et al., 1987)。因此，e_{aq}^- 对环境水体中化学品的降解几乎不起作用。然而，一些疏水性很强(高 $\log K_{OW}$ 值)的化学品，可以与 DOM 结合，e_{aq}^- 则易与此类化学品反应。例如，有研究发现 e_{aq}^- 对灭蚁灵(mirex, $\log K_{OW} = 6.89$)的降解起重要作用(Burns et al., 1997)。e_{aq}^- 还可能与 O_2 反应生成 $O_2^{\bullet -}$，$O_2^{\bullet -}$进一步通过歧化反应生成 H_2O_2(Cooper et al., 1983)。

^{1}DOM*中芳香羰基和醌类物质发生系间窜跃的量子产率很高(如芳香酮的系间窜跃量子产率接近 100%)(Lamola et al., 1965)，容易形成 ^{3}DOM*(Mckay et al., 2020)。与 ^{1}DOM*相比，^{3}DOM*的反应活性弱，但寿命要长很多(1~100 μs)。因此，^{3}DOM*在地表水中的稳态浓度较 ^{1}DOM*高，达 $10^{-14} \sim 10^{-12}$ mol/L(McNeill and Canonica, 2016)，使其成为化学品水环境光降解中的一种重要 PPRI。^{3}DOM*能够与化学品分子发生能量转移和氧化还原反应(电子转移、质子耦合电子转移等)(McNeill and Canonica, 2016)。

^{3}DOM*的反应具有选择性，能与 ^{3}DOM*发生能量转移的物质(除 O_2 外)，通常都含有共轭二烯结构，如山梨酸、山梨醇和软骨藻酸等(Parker and Mitch, 2016; Zhou et al., 2017)，经能量转移后这类物质会一般会发生顺反异构反应。化学品分

子与 ³DOM*发生能量转移的前提，是 DOM 的激发三线态能量(E_T)大于化学品分子的 E_T。DOM 是由多种物质组成的混合物，因此其 E_T 随着其组成的变化而变化。Zepp 等(1985)根据共轭二烯类物质的 E_T 值($E_T \approx 250$ kJ/mol)和 O_2 的激发单线态能量($E_S = 94$ kJ/mol)值，定义了高能量 ³DOM*(Hi-³DOM*, $E_T \geqslant 250$ kJ/mol)和低能量 ³DOM*(Low-³DOM*, 94 kJ/mol $\leqslant E_T \leqslant$ 250 kJ/mol)。Hi-³DOM*因其 E_T 较高，发生能量转移及氧化还原反应的活性都很强，对地表水中化学品的间接光降解起重要作用。

在 ³DOM*与化学品的氧化还原反应中，³DOM*可作为氧化剂与芳香胺和酚类物质直接反应(McNeill and Canonica, 2016; Smith et al., 2014)。一些含硫化合物也能与 ³DOM*发生直接氧化还原反应。图 3-7 给出了一些具有代表性且被证明能与 ³DOM*直接反应的化学分子结构，包括取代芳香胺类(Leresche et al., 2016)、磺胺类药物(Wang et al., 2018)、苯基脲类除草剂(Gerecke et al., 2001)、阿特拉津/草净津、氯乙酰胺类除草剂(Zeng and Arnold, 2013)、富电子的取代酚(Halladja et al., 2007)、β-受体阻滞剂(高血压和心脏病药物，Chen et al., 2012)、17β-雌二醇(Zhou Z et al., 2018)、色氨酸(Janssen and McNeil, 2015)、阿莫西林(Xu et al., 2010)、二苯甲酮类防晒剂(Burns et al., 1997)、苯并三唑类紫外线稳定剂(Gligorovski et al., 2015)等。

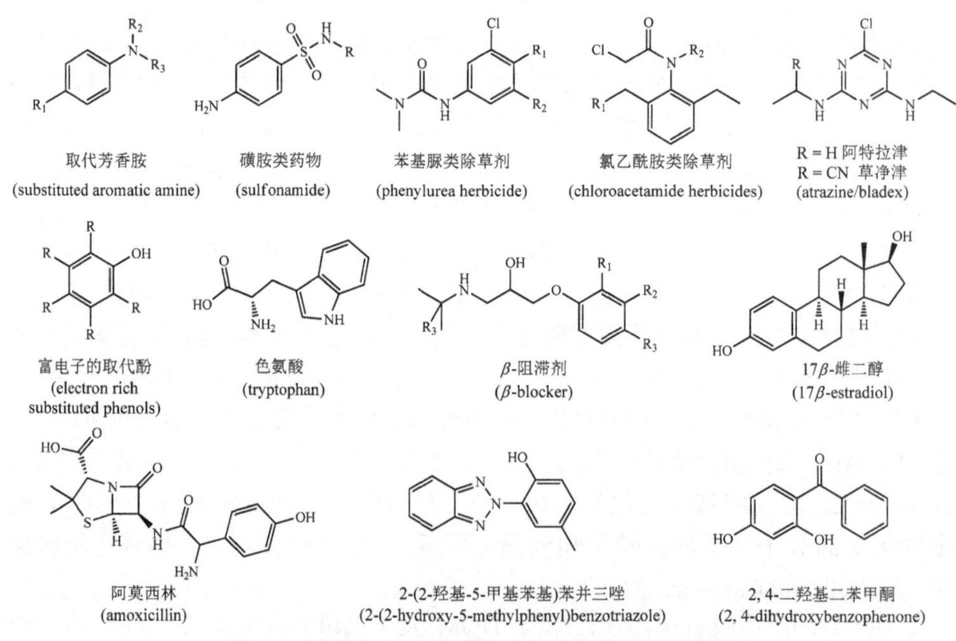

图 3-7　可与 ³DOM*直接发生氧化还原反应的物质

Li 等(2015)采用 4-羧基二苯甲酮(4-carboxybenzophenone, CBBP)作为 DOM

的小分子模型化合物，通过稳态光解实验，发现激发三线态 CBBP(^{3}CBBP*)是诱发磺胺嘧啶光解最主要的 PPRI。磺胺嘧啶与 ^{3}CBBP*的反应位点为氨基或磺酰基上的氮原子。密度泛函理论(density functional theory, DFT)计算发现，电子从反应位点的氮原子转移到了 ^{3}CBBP*的羰基氧原子上，伴随质子转移生成磺胺嘧啶自由基(失去氢原子，如图 3-8)，该自由基的产生得到了激光闪光光解实验的证实。Li 等(2016a)还探究了磺胺吡啶的间接光降解机理，发现化学品与 ^{3}DOM*的反应活性与其解离形态有关，阴离子形态的磺胺吡啶与 ^{3}DOM*的电子转移反应活性比中性形态更强。

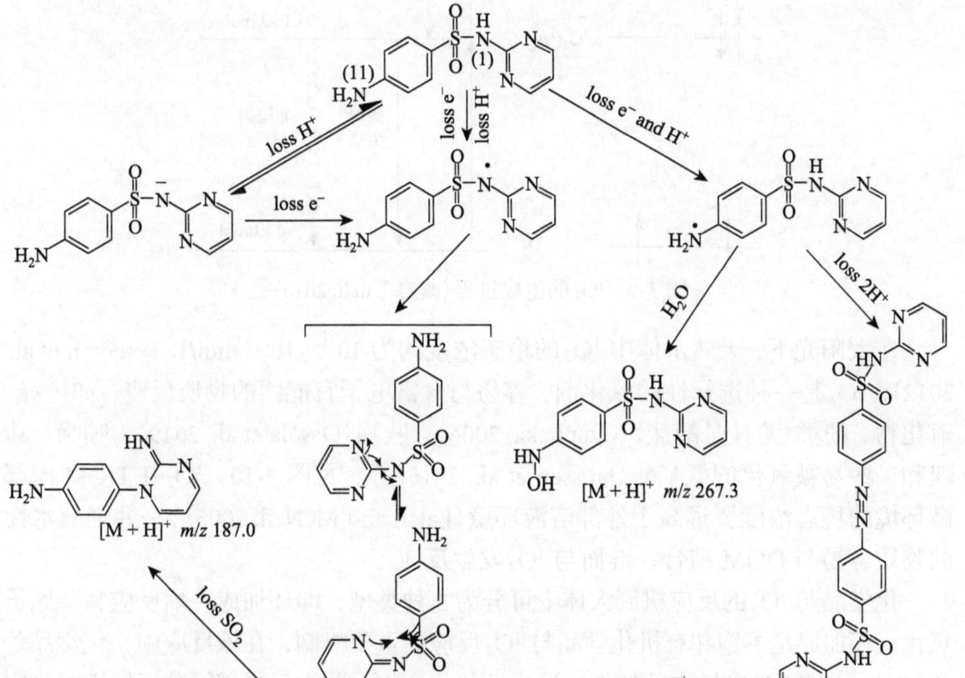

图 3-8　磺胺嘧啶与 ^{3}DOM*类似物的反应途径(改自 Li et al., 2015)

^{3}DOM*的氧化还原能力，常用激发态还原电势[$E^{\circ}*_{\mathrm{NHE(3DOM*/DOM^{\bullet-})}}$]来表征，若 ^{3}DOM*在与化学品分子的氧化还原反应中被还原成 DOM$^{\bullet-}$，其还原电势的计算方法如下(McNeill and Canonica, 2016)：

$$E^{\circ}*_{\mathrm{NHE(3DOM*/DOM^{\bullet-})}} = E^{\circ}_{\mathrm{NHE(DOM/DOM^{\bullet-})}} + E_{\mathrm{T}}/\mathrm{F} \quad (3\text{-}29)$$

式中，$E^{\circ}_{\mathrm{NHE(DOM/DOM^{\bullet-})}}$是基态 DOM 的还原电势；F 是法拉第常数，96.485 kJ/V。通常基态还原电势高的物质(如醌类)和 E_{T} 高的物质(如芳香酮类)，其激发三线态还原电势都很高，是良好的氧化剂。

$^1O_2$可通过 $^3DOM^*$与基态 O_2的能量转移而形成，这也是经典的能量转移反应，有 30%~50%的 $^3DOM^*$能与 O_2反应生成 $^1O_2$(Sharpless and Blough, 2014)。如图 3-9 所示，O_2被激发后会生成两种类型的 $^1O_2$($^1\Delta_g$和 $^1\Sigma_g$)，处于 $^1\Sigma_g$的 $^1O_2$由于能量较高会快速转化成相对稳定的 $^1\Delta_g$态，这里讨论的 $^1O_2$都属 $^1\Delta_g$态。

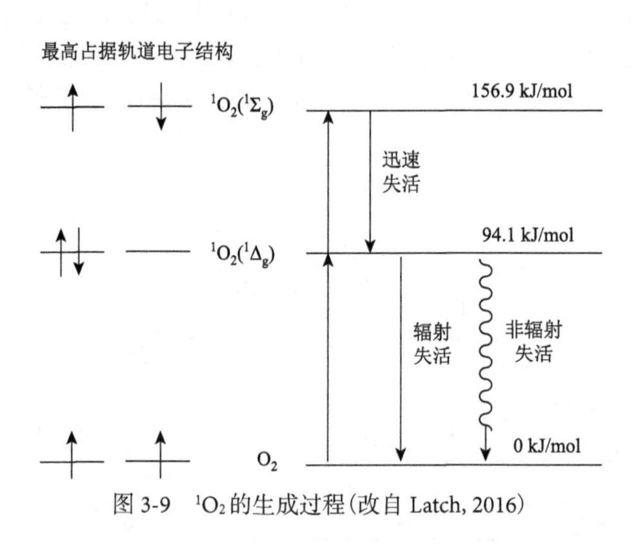

图 3-9 $^1O_2$的生成过程(改自 Latch, 2016)

在太阳光下，天然水体中 $^1O_2$的稳态浓度约为 10^{-14}~10^{-12} mol/L(Peterson et al., 2012)。$^1O_2$是一种选择性的氧化剂，容易与含富电子官能团的物质反应，如烯烃、硫化物、酚类(尤其是酚盐)(Czaplicka, 2006)、呋喃(Ossola et al., 2019)、吲哚、咪唑和一些易被氧化的氨基酸(Janssen et al., 2015)等，见图 3-10。$^1O_2$在 DOM 内部微环境的稳态浓度要远高于外部溶液环境(Latch and McNeil, 2006)，一些强疏水性的物质容易与 DOM 结合，继而与 $^1O_2$发生反应。

化学品与 $^1O_2$的反应机制大体上可分为 3 种类型，即环加成、烯反应和杂原子氧化。环加成是不饱和有机化学品与 $^1O_2$反应的重要机制，在该反应中，化学品分子与 $^1O_2$通过不饱和键之间的加成形成环状化合物。此类反应遵循分子轨道对称守恒原理，根据参加反应的电子数和种类可分为[2π + 2π], [4π + 2π], [6π + 2π], [8π + 2π]和[4π + 4π]等类型，$^1O_2$参与的反应中最常见的为[2π + 2π]及[4π + 2π]型环加成反应。在[2π + 2π]环加成反应中，$^1O_2$主要加成到碳碳双键上(Nolte and Peijnenburg, 2017)，该过程形成的二氧杂环化合物通常不稳定，易开环形成羰基化合物等其他产物。$^1O_2$参与的[4π + 2π]环加成反应类似于 Diels-Alder 反应(共轭双烯与烯烃或炔烃加成生成六元环)，$^1O_2$作为电子受体与含有共轭双烯结构的化学品分子发生 1, 4-环加成反应，形成环状过氧化物(Nolte and Peijnenburg, 2017; Kotzabasaki et al., 2016)。若与 $^1O_2$ 反应的化学品分子为环状共轭双烯结构，则通常形成环内过氧化物，这种结构极不稳定，会进一步反应生成其他产物(Latch and Peijnenburg, 2016)。

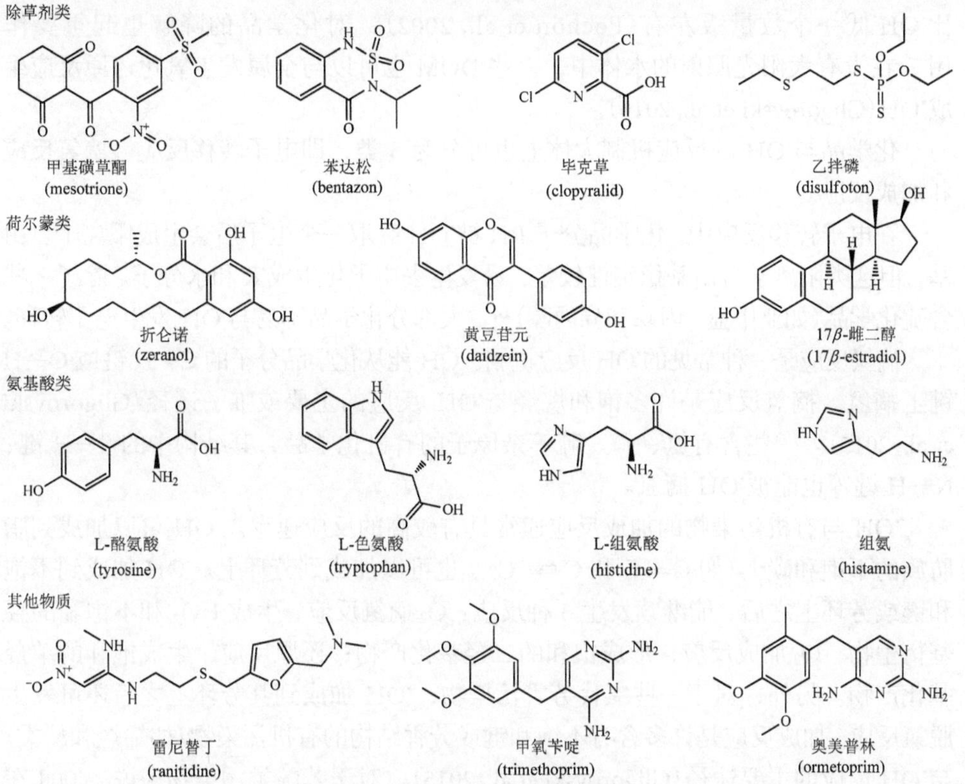

除草剂类

甲基磺草酮 (mesotrione)　苯达松 (bentazon)　毕克草 (clopyralid)　乙拌磷 (disulfoton)

荷尔蒙类

折仑诺 (zeranol)　黄豆苷元 (daidzein)　17β-雌二醇 (17β-estradiol)

氨基酸类

L-酪氨酸 (tyrosine)　L-色氨酸 (tryptophan)　L-组氨酸 (histidine)　组氨 (histamine)

其他物质

雷尼替丁 (ranitidine)　甲氧苄啶 (trimethoprim)　奥美普林 (ormetoprim)

图 3-10 能与 $^1O_2$ 反应的物质

烯反应也称为 Aleder-ene 反应，是一种官能团转化反应。反应中，$^1O_2$ 可以加成到含有烯丙基结构的烯烃上，并通过双键及氢转移作用，形成氢过氧化物。

一些含有氧、氮、硫、磷等杂原子的有机化学品，可以与 $^1O_2$ 发生氧化反应，生成醛、酮、亚胺等产物。$^1O_2$ 能通过电子转移等机制氧化酚类物质，生成过氧化氢和醌类氧化物(Calza and Vione, 2015)。此外，$^1O_2$ 可以通过电荷转移、脱氢等作用将胺氧化为亚胺(Jiang et al., 2009; Al-Nu'airat et al., 2017)。研究表明，在光敏剂(如卟啉)的作用下，$^1O_2$ 还能嵌入醛的 C—H 键中，形成过氧酸，最终分解为羧酸(Hajimohammadi et al., 2010)。

·OH 是一种在地表水中活性极高的 PPRI，它可以与水中的多种成分反应。DOM 作为水中重要的光敏物质，既可通过光反应参与·OH 的生成，也能通过猝灭作用去除部分·OH。

DOM 光致生成·OH 的机理一直存在争议，尚不清楚·OH 是否由 $^3DOM^*$ 或其他 PPRIs 所生成，以及这个过程中是否有 H_2O_2 的参与。一些研究认为，DOM 光致产生的·OH 分为两类，一类是·OH 本身(·OH-free, 以·OH 表示)；另一类是能量稍低的类羟基化产物(·OH-like)，·OH-like 与化学品反应的二级速率常数仅比·OH 低一个数量级左右（Pochon et al., 2002），对化学品的降解也起重要作用。在没有太阳光照射的水体中，一些 DOM 也可以与金属发生氧化还原反应生成·OH（Gligorovski et al., 2015）。

化学品与·OH 的反应机制大体上也可分为 3 类，即电子转移反应、摘氢反应和加成反应。

在电子转移反应中，化学品分子 RH 被·OH 夺取一个电子后会生成阳离子自由基，但这类阳离子自由基稳定性较差，易发生去质子化生成·R 和水分子。除了一些含硫化学品（如亚甲蓝、丙嗪和异丙嗪）外，大部分化学品不易与·OH 发生电子转移。

摘氢反应是一种常见的·OH 反应机制，·OH 能从化学品分子的 C—H 键或 O—H 键上摘氢。摘氢反应是许多饱和烷烃与·OH 反应的主要或唯一途径（Gligorovski et al., 2015）。一些含有氮、磷、硫等杂原子的有机化学品，其结构中的 S—H 键、N—H 键等也能被·OH 摘氢。

·OH 与有机污染物的加成反应通常具有较高的反应速率。·OH 可以加成到脂肪族的不饱和碳上（如 C═C 和 C ≡ C），也可以加成到芳环上。·OH 加成到不饱和键或芳环上之后，能继续发生 3 种反应：O_2 摘氢反应，生成 HO_2·和不饱和的羟基衍生物；O_2 加成反应，形成饱和的二羟基化产物；还原反应，生成饱和的单羟基化产物。另外，对于一些氯代芳香污染物，·OH 加成到其芳环上之后还可发生脱氯反应。加成反应是许多含有不饱和键或芳香结构的有机污染物（如烯烃和酚类）与·OH 反应的主要途径（Gligorovski et al., 2015）。对于苯酚类污染物来说，·OH 在其芳环上的加成反应优先于摘氢反应（Alnaizy et al., 2000）。

DOM 除了光致产生 PPRIs 促进化学品的降解外，还可对化学品的光降解起到抑制作用。DOM 会通过与化学品竞争光吸收，起到光屏蔽作用；基态 DOM 还会猝灭 PPRIs 和化学品的激发态，这两种过程都会抑制化学品的光降解。

光屏蔽作用是指水中共存的 DOM 与化学物质竞争太阳光，使得化学物质吸收的光子数减少，导致其直接光解速率变慢的过程。光屏蔽因子（S_λ）可用于评估某一波长下，DOM 对化学品直接光解光屏蔽作用的大小。总光屏蔽因子（ΣS_λ）代表全波长范围内，DOM 对化学品总的光屏蔽作用大小，ΣS_λ 越小，DOM 的光屏蔽作用越强，计算公式如下：

$$S_\lambda = \frac{1-10^{-(\alpha_\lambda+\varepsilon_\lambda\cdot[\mathrm{B}]\cdot l)}}{2.303(\alpha_\lambda+\varepsilon_\lambda\cdot[\mathrm{B}])\cdot l} \tag{3-30}$$

$$\sum S_\lambda = \frac{\sum I_\lambda\cdot S_\lambda\cdot\varepsilon_\lambda}{\sum I_\lambda\cdot\varepsilon} \tag{3-31}$$

式中，[B]代表化学品的浓度，mol/L；α_λ 代表在波长 λ 处 DOM 的单位吸光度，cm^{-1}；ε_λ 代表波长 λ 处化学品的摩尔吸光系数，L/(mol·cm)；l 代表光程，cm；I_λ 代表入射光强。

当水中 DOM 浓度高于 20 mgC/L 时，DOM 中富电子的酚类物质，可作为抗氧化剂与 ^{3}DOM*发生单电子转移反应而消耗 ^{3}DOM*，起到猝灭作用，从而抑制化学品的光降解(Canonica et al., 2000)。研究表明，这些酚类抗氧化剂对 Hi-^{3}DOM*的猝灭作用比 Low-^{3}DOM*明显，这可能和 Hi-^{3}DOM*具有较高的还原电势有关(Zhou et al., 2019)。另外，^{3}DOM*与某些化学物质氧化还原反应产生的中间体可以被酚类物质去除。图 3-11 显示酚类抗氧化剂抑制 ^{3}DOM*与化学物质氧化还原反应的过程。Guo 等(2021)通过光化学实验，探究了不同水体 DOM 的酚类含量及其产生的 ^{3}DOM*的反应性，发现 DOM 生成的 ^{3}DOM*反应性高低并不取决 Hi-^{3}DOM*的生成量，而是取决于酚类含量，低的酚类含量会使其对光化学反应的抑制作用更小。

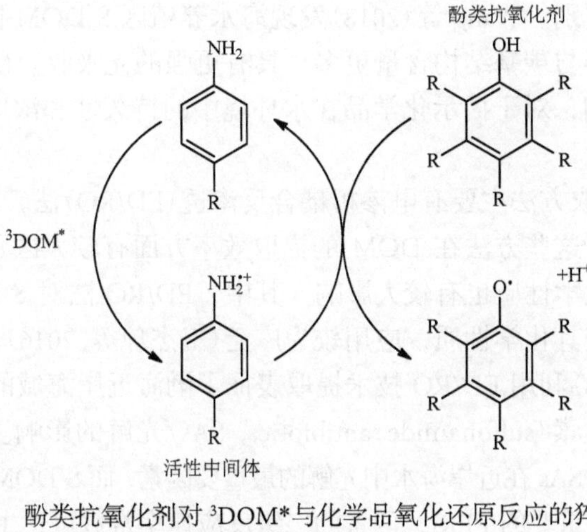

图 3-11　酚类抗氧化剂对 ^{3}DOM*与化学品氧化还原反应的猝灭作用
(改自 Wenk et al., 2012)

DOM 对化学品光化学过程的双重影响，由其结构与组成所决定，而 DOM 的结构组成多样性与其来源及形成过程密切相关。Kellerman 等(2018)通过傅里叶变换离子回旋共振质谱(FT-ICR-MS)，分析了 37 种陆源、微生物源 DOM 的分子结构，发现陆源 DOM 通常含有较多稠环芳香化学组分，而微生物源 DOM 通常含有较多脂肪族化合物和类多肽化合物。因此，在同等有机碳浓度下，陆源 DOM 的光吸收能力一般强于微生物源 DOM。但 McNeill 等(2016)研究指出，微生物源的 ^{3}DOM*比陆源 ^{3}DOM*具有更强的氧化能力，这可能使微生物源 ^{3}DOM*具有更高的光反应活性。

不同来源 DOM 的环境光化学活性差异主要体现在两个方面。首先，不同来源 DOM 生成 PPRIs 的 Φ 和稳态浓度有差异。Wasswa 等(2020)统计了 DOM 生成 PPRIs 的 Φ 数据，发现不同水体中的 DOM 生成 ^{3}DOM*，$^1O_2$ 及$^{\bullet}$OH 的 Φ 在数值上相差 2~3 个数量级。其次，不同来源 DOM 光致产生的 ^{3}DOM*也具有不同的反应活性。Zhou 等(2019)比较了淡水源 DOM 及从污水处理厂与污染河流中提取的 DOM，发现不同来源 DOM 所生成的 ^{3}DOM*与山梨酸、山梨胺的反应速率存在较大差异。

相较淡水 DOM，海水 DOM(S-DOM)的环境光化学活性受关注较少。其中一个原因是，海水盐度高且 DOM 含量较低(Gurtler et al., 2008)，使 S-DOM 的提取较为困难。海洋占地表总面积的 71%，是多种化学品的汇，尤其对于面积远大于淡水水域的近岸海域来说，由于河流携带输送、陆源排放、干湿沉降、船舶和港口排放、海水养殖等自然和人为活动，使得其中的化学污染物维持着较高的浓度。海水养殖饵料、养殖生物残体及分泌物等，均对近岸海水 S-DOM 有所贡献。加之长时间的光漂白作用，使得 S-DOM 与淡水 DOM 在组成上存在差异，相应的光化学性质也有所差别。Wang 等(2018)发现海水养殖区 S-DOM 比淡水 DOM 的腐殖质含量及芳香环与羰基结构含量更多，具有更强的光吸收。研究 S-DOM 对化学品光降解的影响，对于揭示化学品在水环境中的持久性和浓度演变趋势具有重要意义。

S-DOM 的提取方法主要有电渗析耦合反渗透(ED/RO)法、Amberlite XAD 树脂法及超滤法等。这些方法在 DOM 的提取效率方面有较大区别，不同方法对所提 DOM 的物理化学性质也有较大影响。其中，ED/RO 法对 S-DOM 的提取效率最高，且不会改变其化学性质，应用较为广泛(王杰琼等, 2016)。

Wang 等(2018)利用 ED/RO 技术提取表征了渤海近岸海域的 S-DOM，并研究了其对磺胺类抗生素(sulfonamide antibiotics, SAs)光解的影响。稳态光解实验发现，S-DOM 是影响 SAs 在近岸海水中光解的最重要因素，而 S-DOM 所产生的 ^{3}DOM*是促进 SAs 光解最重要的 PPRI，两者的二级反应速率常数可达 10^9~10^{10} L/(mol·s)。此外，Wang 等(2019)还发现，渤海近岸(非养殖区)海水中的 S-DOM 经历了光漂白作用，其 C═C 和 C═O 含量较低，具有更低的光吸收率。相较于淡水 DOM，S-DOM 中的抗氧化剂更少，生成的 ^{3}DOM*与 2, 4-二羟基苯甲酮的反应性更高。Guo 等(2021)的研究表明，虽然淡水 DOM 所生成 Hi-^{3}DOM*的含量远高于渤海 S-DOM，但后者产生的 ^{3}DOM*与磺胺氯哒嗪的反应性更高，并指出这源于渤海 S-DOM 中含有更少量的酚类抗氧化剂基团，降低了其对于 ^{3}DOM*反应的抑制作用。

4) 无机离子的影响

天然水体中常见的八大离子为 K^+, Na^+, Ca^{2+}, Mg^{2+}, HCO_3^-, NO_3^-, Cl^-, SO_4^{2-}，这些离子占天然水离子总量的 95%~99%。其中一些离子对化学品在水环境中的光解过程有着重要的影响。此外，一些金属离子(如 Fe^{2+}, Fe^{3+}, Cu^{2+})及海水中的 Br^- 等也会影响化学品的光解。

天然水体中的 K^+, Na^+, Ca^{2+}, Mg^{2+}等阳离子主要来自于天然矿物。Ca^{2+}与 Mg^{2+}是浓度较高的两种阳离子，它们可通过与水中化学物质形成配合物，进而影响其光化学过程。Werner 等(2006)发现四环素与 Ca^{2+}, Mg^{2+}形成的配合物相较于其本体具有更强的吸光度及光解速率常数。Turel(2002)实验发现 Ca^{2+}可以与喹诺酮类抗生素分子中羰基与羧基的氧原子发生配位作用，形成配合物。H. Zhang 等(2019)通过 DFT 计算发现，Ca^{2+}通过与喹诺酮类抗生素形成配合物，促进了后者从激发单线态系间窜跃至激发三线态的过程，进而加快了其在水中的光解。此外，Ca^{2+}, Mg^{2+}也被证明能通过配位作用，影响其他化学品在水环境中的光降解，如土霉素(Leal et al., 2019)、磺胺类抗生素(Wang et al., 2015)、噻嗪类药物(Uzelac et al., 2022)等。K^+与 Na^+在天然水体中的浓度远低于 Ca^{2+}与 Mg^{2+}，且不存在与化学品的特殊反应，目前尚未有研究讨论 K^+与 Na^+对水环境中化学物质光解的影响。

CO_3^{2-}/HCO_3^- 是淡水环境中主要的阴离子成分，其来源主要有大气中二氧化碳、岩石土壤中碳酸(氢)盐的溶解、水生生物的代谢活动等。自然水体中的 CO_3^{2-}/HCO_3^- 主要通过被$^{\bullet}OH$ 或 $^3DOM^*$氧化生成碳酸根自由基($CO_3^{\bullet-}$)来影响化学品的光降解过程，具体反应式如下：

$$HCO_3^- + {}^{\bullet}OH \longrightarrow CO_3^{\bullet-} + H_2O \tag{3-32}$$

$$CO_3^{2-} + {}^{\bullet}OH \longrightarrow CO_3^{\bullet-} + OH^- \tag{3-33}$$

$$CO_3^{2-} + {}^3DOM^* \longrightarrow CO_3^{\bullet-} + DOM^{\bullet-} \tag{3-34}$$

CO_3^{2-}，HCO_3^- 与$^{\bullet}OH$的反应速率常数分别为3.90×10^8 L/(mol·s)和8.50×10^6 L/(mol·s)。CO_3^{2-} 与$^{\bullet}OH$的反应速率高于 HCO_3^-，所以当水体 pH 升高时(CO_3^{2-} 所占比例上升)，更有利于 $CO_3^{\bullet-}$的生成(Zhou et al., 2020)。由 $^3DOM^*$生成 $CO_3^{\bullet-}$的过程只在高浓度 DOM 水体中有着较大作用。$CO_3^{\bullet-}$与化学品的反应主要为电子转移与摘氢反应(Liu et al., 2018)，这使得 $CO_3^{\bullet-}$在一些含有富电子基团化学品的光降解过程中起着重要作用，如含氮、含硫化合物及芳香族化合物等(Mazellier et al., 2007; Sun et al., 2020; Busset et al., 2007)。

天然水体中的 NO_3^-/NO_2^- 通常通过细菌的硝化反应生成，经浮游生物的同化作用或细菌的反硝化作用而去除。在化学品的光降解过程中，NO_3^-/NO_2^- 主要通过竞争光吸收起到抑制作用，以及产生$^{\bullet}OH$ 起到促进作用。自然条件下，NO_3^-/NO_2^- 可以吸光生成$^{\bullet}OH$，该过程是天然水环境中$^{\bullet}OH$ 的重要来源之一。NO_3^-/NO_2^- 光致生成$^{\bullet}OH$ 的过程如下：

$$NO_3^- + h\nu \rightleftharpoons [{}^{\bullet}NO_2 + O^{\bullet-}]_{\text{溶剂笼}} \longrightarrow {}^{\bullet}NO_2 + O^{\bullet-} \tag{3-35}$$

$$NO_2^- + h\nu \longrightarrow {}^{\bullet}NO + O^{\bullet-} \tag{3-36}$$

$$O^{\bullet-} + H^+ \rightleftharpoons {}^{\bullet}OH \tag{3-37}$$

天然水体中 NO_2^- 的浓度远低于 NO_3^- (Adarsh et al., 2013; Lima et al., 2010)，但 NO_2^-

能更有效地吸收太阳光且生成$^{\cdot}OH$的Φ更高(Warbeck and Wurzinger, 1988; Nissenson et al., 2010)。结合地表水中NO_3^-与NO_2^-的浓度比(Adarsh et al., 2013; Lima et al., 2010)，可以认为较NO_3^-来说，NO_2^-的光反应是更主要的$^{\cdot}OH$来源。NO_3^-/NO_2^-在光照过程中产生的其他活性物种(如$^{\cdot}NO_2$, $^{\cdot}NO$)，也会参与化学物质的光解。J. Ge等(2019)通过猝灭实验证实，NO_3^-光致生成的$^{\cdot}OH$, $^{\cdot}NO_2$和$^{\cdot}NO$参与了二苯甲酮类(BPs)紫外光吸收剂的光降解，通过质谱分析结合 DFT 计算揭示了这三种活性物种与 BPs 发生羟基化、硝基化、亚硝基化和二聚化的反应机理。

Cl^-是海水中的主要阴离子，大多来源于沉积岩(卤石岩等)。尽管地表水中的Cl^-不吸收太阳光，但它可通过生成氯自由基($Cl^{\cdot}$, $Cl_2^{\cdot-}$)影响化学品在水环境中的光降解。水中多种 PPRIs 可以与Cl^-发生反应，其中$^{\cdot}OH$的氧化作用最为重要(Yang and Pignatello, 2017)，$^{\cdot}OH$可以与Cl^-生成$Cl^{\cdot}$，生成的$Cl^{\cdot}$与Cl^-进一步反应可生成$Cl_2^{\cdot-}$。除Cl^-外，Br^-在海水中的浓度较高，也可以与$^{\cdot}OH$等 PPRIs 反应生成溴自由基($Br^{\cdot}$, $Br_2^{\cdot-}$)。这类活性卤素物种(reactive halogen species, RHS)的生成过程如下：

$$^{\cdot}OH + Cl^- \rightleftharpoons HOCl^{\cdot-} \tag{3-38}$$

$$HOCl^{\cdot-} + H^+ \rightleftharpoons Cl^{\cdot} + H_2O \tag{3-39}$$

$$Cl^{\cdot} + Cl^- \rightleftharpoons Cl_2^{\cdot-} \tag{3-40}$$

$$^{\cdot}OH + Br^- \rightleftharpoons OH^- + Br^{\cdot} \tag{3-41}$$

$$Br^{\cdot} + Br^- \rightleftharpoons Br_2^{\cdot-} \tag{3-42}$$

$^3DOM^*$可以氧化Cl^-，特别是在 DOM 浓度较高的自然水体中。但是，由于 DOM 是水中$Cl_2^{\cdot-}$的主要猝灭剂(Liu et al., 2009)，所以 DOM 浓度增加并不能提高$Cl_2^{\cdot-}$的稳态浓度。此外，RHS 与 DOM 反应还会生成卤代有机产物，引发潜在的环境风险(Lei et al., 2021a)。Br^-与$^{\cdot}OH$反应的二级反应速率常数比Cl^-高一个数量级(Grebel et al., 2012)，海水中约 93%的$^{\cdot}OH$被Br^-所去除(Mopper and Zhou, 1990)。

$$^3DOM^* + Cl^- \longrightarrow DOM^{\cdot-} + Cl^{\cdot} \tag{3-43}$$

$$^3DOM^* + Br^- \longrightarrow DOM^{\cdot-} + Br^{\cdot} \tag{3-44}$$

$$^3DOM^* + 2Cl^- \longrightarrow DOM^{\cdot-} + Cl_2^{\cdot-} \tag{3-45}$$

$$^3DOM^* + 2Br^- \longrightarrow DOM^{\cdot-} + Br_2^{\cdot-} \tag{3-46}$$

$$^3DOM^* + Br^- + Cl^- \longrightarrow DOM^{\cdot-} + BrCl^{\cdot-} \tag{3-47}$$

在天然水环境中，RHS 与化学品的反应主要有三种：摘氢反应、加成反应和单电子转移(Yang and Pignatello, 2017)。Zhang 等(2018a)通过稳态光解实验，研究了新型阻燃剂 2, 3-二溴丙基-2, 4, 6-三溴苯醚(2, 3-dibromopropyl-2, 4, 6-tribromophenyl ether, DPTE)在海水中的光转化，发现了两种氯代产物。采用 DFT 方法模拟了 DPTE 与$Cl^{\cdot}$及$Cl_2^{\cdot-}$的反应路径，结果表明$Cl^{\cdot}$和$Cl_2^{\cdot-}$可与 DPTE 苯环上 Br 取代的 C 原子发生加成，或者与 DPTE 的丙基发生摘氢反应，加成反应通过置换机制生成了 DPTE 的氯代产物(图 3-12)。

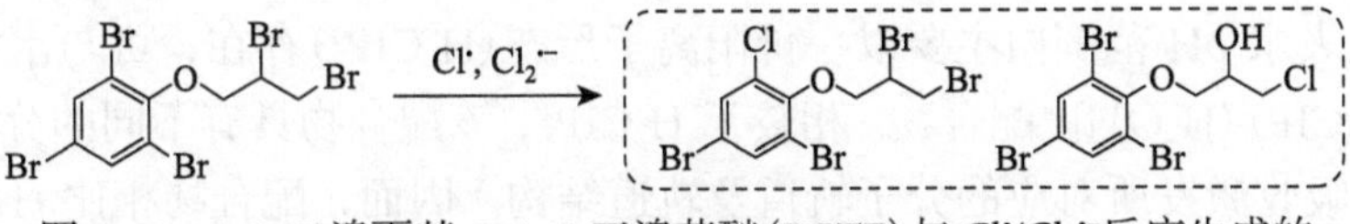

图 3-12　2, 3-二溴丙基-2, 4, 6-三溴苯醚(DPTE)与 $Cl^{\bullet}/Cl_2^{\bullet-}$ 反应生成的氯代产物(改自 Zhang et al., 2018a)

Lei 等(2019)通过激光闪光光解结合动力学分析方法，测定了 68 种常见痕量有机污染物及 20 种模型化合物与 $Cl^{\bullet}$ 和 $Cl_2^{\bullet-}$ 的二级反应速率常数。通过对反应瞬态中间体的分析发现，$Cl^{\bullet}$ 可通过加成、单电子转移、氢摘取途径与目标物反应，其中在与 SAs 等含富电子基团的化合物反应时，单电子转移为主要反应途径。单电子转移也是 $Cl_2^{\bullet-}$ 与含酚类、烷氧基苯类及苯胺类化合物反应的主要机制。Lei 等(2021b)进一步探究了 70 种痕量有机污染物及 17 种模型化合物与 $Br^{\bullet}$ 和 $Br_2^{\bullet-}$ 的二级反应速率常数，通过激光闪光光解瞬态光谱与 DFT 计算，证实了这些化合物更趋向于通过单电子转移途径与 $Br^{\bullet}$ 和 $Br_2^{\bullet-}$ 反应。

除了生成 RHS 与化学品直接反应外，卤素离子还可以通过离子强度效应及卤素特异效应影响化学品的光降解。Grebel 等(2012)发现卤素离子可以使 17β-雌二醇的间接光解速率下降，部分归因于离子强度效应。Parker 等(2013)发现高离子强度可以抑制分子间的电子转移，从而增加三线态寿命，使得水中 $^3DOM^*$ 稳态浓度升高，对涉及 $^3DOM^*$ 能量转移的反应有促进作用。但对于与 $^3DOM^*$ 发生电子转移反应的化学品来说，其光解速率可能会下降。Li 等(2016b)的研究表明，Cl^- 的离子强度效应可提高 SAs 的激发三线态($^3SAs^*$)浓度，进而促进 SAs 的直接光解。采用 DFT 计算与实验相结合的方法获取了 $^3SAs^*$ 的氧化电势，发现 Cl^- 可通过化学作用猝灭氧化电势高的 $^3SAs^*$，而无法氧化 Cl^- 的 $^3SAs^*$ 则通过物理作用被猝灭(图 3-13)。

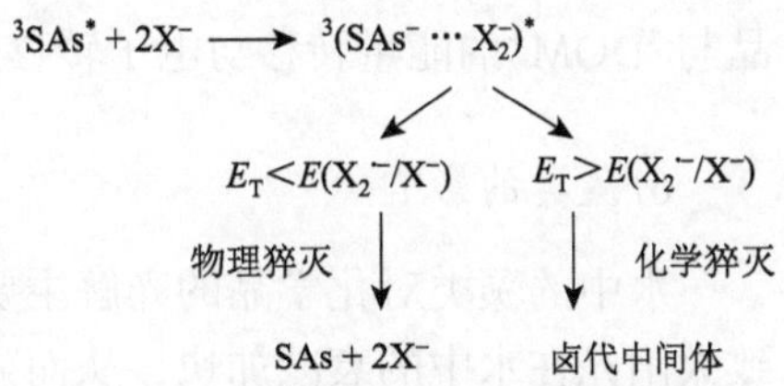

图 3-13　卤素离子(X^-)猝灭 $^3SAs^*$ 的途径[E_T, $E(X_2^{\bullet-}/X^-)$ 为 $^3SAs^*$, X^- 的氧化电势](改自 Li et al., 2016b)

水体中一些过渡金属离子，如 Fe^{2+}/Fe^{3+}, Cu^{2+} 等，也会影响化学品的光降解过程。例如 Fe^{2+}/Fe^{3+} 及其配合物可以发生 Fenton/Photo-Fenton 反应生成 $^{\bullet}OH$，进而促进水中化学品的间接光解(Zepp et al., 1992)。然而该反应的条件较为苛刻，需要较低的水体 pH 及高浓度的 Fe^{2+}/Fe^{3+}，在自然条件下很难发生，多用于污水处理过程。此外，一些结构中含有 O, N, S 等杂原子的化学品(如 SAs，四环素等)，更易与过渡金属离子形成配位键，改变其在水环境中的存在形态，所产生的配合物可能具有不同的吸光特性、光解反应途径、光致生成 PPRIs 的能力以及与 PPRIs 的反应活性等，进而影响化学品的光降解过程。Wei 等(2015)发现，环丙沙星在地表水 pH 范围内主要以一价阳离子形态(H_2CIP^+)存在，可与水中 Cu^{2+}形成$[Cu(H_2CIP)(H_2O)_4]^{3+}$配合物。相较于 H_2CIP^+，该配合物具有不同的分子内电荷分布、光吸收激发所对应的分子轨道及轨道结构。因而，配合物相比 H_2CIP^+的直接光解速率更低，光致生成 $^1O_2$ 的能力较弱。Cu^{2+}配位作用，改变了 H_2CIP^+的直接光解及与 $^1O_2$ 氧化反应的途径。

5)溶解性气体的影响

氧气、氮气、二氧化碳是天然水中含量较高的气体。其中溶解氧对于化学品在水环境中的光化学过程有较大的影响，主要通过 $^1O_2$ 的相关过程产生。

化学品吸光到达激发态后，还可通过能量或电子转移敏化水中 O_2 生成的 $^1O_2$, $^•OH$ 等 PPRIs，这些 PPRIs 可再将化学品氧化降解，该过程称为自敏化光解。此外，一些化学品的光转化产物也可敏化生成 PPRIs，进而降解其母体化合物(Hsu et al., 2019)。Zhang 等(2016)探究了对氨基苯甲酸(PABA)的自敏化光解途径，结果表明 PABA 可光致生成 $^1O_2$ 并与生成的 $^1O_2$ 快速反应。DFT 计算发现，$^1O_2$ 通过对苯环的亲电进攻与 PABA 反应，反应路径包括摘取氨基上的氢及诱导脱羧。不同化学品的自敏化光解作用不同：自敏化光解既可以猝灭化学品激发态，抑制其直接光解，也可以生成 PPRIs 促进化学品的间接光解。除自敏化光解外，O_2 也可与水中的 $^3DOM^*$通过能量转移生成 $^1O_2$，该过程可以猝灭水中的 $^3DOM^*$，抑制部分化学品与 $^3DOM^*$的能量转移与电子转移过程。

6)藻类的影响

水中的藻类对化学品的光解主要存在两方面影响，一方面藻类可以吸光，导致太阳光在水中的衰减加快，从而减少化学品的光吸收，抑制其光解；另一方面藻类细胞的分泌物可能会对化学品的光解起促进作用。

Zepp 和 Schlotzhauer(1983)首先观察到藻类对 22 种有机化合物(如有机磷农药、多环芳烃、苯胺类化合物等)光降解的促进现象。Zhang 等(2012)在探究诺氟沙星光解影响因素时也发现，随着水中藻类浓度的升高，诺氟沙星的光解速率加快。在藻类促进化学品光降解的机制方面，藻类细胞的分泌物，如胞外有机物(extracellular organic matters, EOMs)、叶绿素和酶等被认为是诱导化学品光解的活性物质(Tian et al., 2019)。EOMs 由多糖、蛋白质、腐殖质类物质组成(Qu et al., 2012)，是一种与 DOM 组成类似的光敏剂。Tenorio 等(2017)发现，EOMs 在模拟太阳光下可产生激发三线态 EOMs($^3EOMs^*$)与 $^1O_2$。Tian 等(2019)发现，随着小球藻浓度的增加，金霉素的光解速率显著提高，EOMs 是金霉素光解过程中的主要光敏剂。此外，叶绿素和酶也被证明可促进苯并[*a*]芘的光降解（Luo et al., 2015; Hadibarata and Kristanti, 2012）。

7）水中共存化学物质的影响

除了水环境因素外，水中共存的其他化学物质也可能对光降解过程产生影响。虽然化学物质在水环境中的浓度通常较低，但对一些经常同时在水环境中被检出的化学品来说，探究共存化学品对于光降解的影响是有一定意义的。

共存化学品对于光降解的作用主要体现在敏化生成 PPRIs 方面。Zhang 等（2018b）探究了贝特类药物中非诺贝特、非诺贝酸对吉非贝齐光降解的影响。发现吉非贝齐脱羧产生的中间体及非诺贝酸可以通过生成 $^1O_2$, $O_2^{\bullet -}$等 PPRIs 促进吉非贝齐的间接光解。

3.3.3　光解动力学参数预测模型

这里仅介绍直接光解动力学参数 Φ, k_C 及 $t_{1/2}$ 的预测模型及将测试数据外推至自然环境中的光降解动力学预测模型，化学品与$^\bullet$OH 等 PPRIs 反应动力学参数的预测模型在 3.5 节介绍。

1. 直接光解 Φ, k_C 及 $t_{1/2}$ 的 QSAR 模型

化学品直接光解 Φ 与其分子结构直接相关，k_C 及 $t_{1/2}$ 既取决于分子结构，也与环境条件（光源光谱等）有关。已有研究通过光解反应的机理分析，例如分子的吸光特征、化学键强度、反应中键的断裂规律、光源光强、光谱与分子光吸收特性之间关系等，基于化学品分子的量子化学描述符、Dragon 描述符，建立了卤代芳烃（Chen et al., 1998a）、多环芳烃（polycyclic aromatic hydrocarbons, PAHs）（Chen et al., 2001a）、多氯二苯并对二噁英及二苯并呋喃（polychlorinated dibenzo-*p*-dioxins/dibenzofurans, PCDD/Fs）（Niu et al., 2005）、多溴代联苯醚（Niu et al., 2006）、多氯联苯硫化物（Chen et al., 2020）、卤代消毒副产物（Zhang Y et al., 2019）等化合物的直接光解动力学参数QSAR模型。

Chen 等（1998a; 1998b; 2000a）构建了卤代苯类化合物 logΦ 的 QSAR 模型。采用 MOPAC 6.0 软件中的 PM3 方法对分子结构进行优化，计算并选取了 19 个量子化学描述符来描述分子的整体性质、光解中断裂的碳卤键性质以及离去基团的性质。采用简单回归分析、多元回归分析、逐步回归分析、主成分分析、因子分析、聚类分析和偏最小二乘分析（partial least-squares, PLS）等方法，得到了一系列 QSAR 模型。图 3-14（a）显示了采用 PLS 算法所得到的 40 种卤代芳烃 logΦ 的 QSAR 拟合结果。通过因子分析和聚类分析，根据卤代芳烃在直接光解反应中断裂的碳卤键性质和离去的卤原子的性质，可以将所研究的 45 种卤代芳烃分为三类，如图 3-14（b）所示。在此基础上，可以得到更准确、统计学更显著的 QSAR 模型。

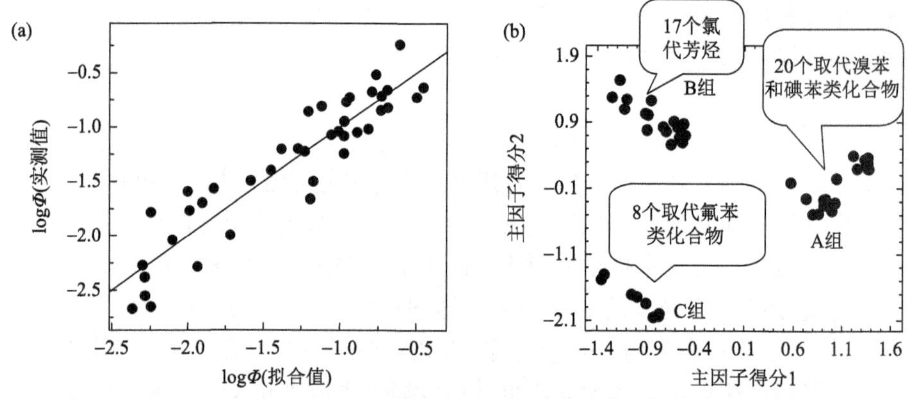

图 3-14　(a) 卤代芳烃直接光解量子产率 (logΦ) 实测值与预测值的拟合图；(b) 45 种卤代芳烃因子得分的聚类结果 (改自 Chen et al., 1998b)

Chen 等 (2001) 通过构建 QSAR 模型，发现平均分子极化率 (α) 较大的 PAHs 具有较小的 logΦ，这可能是因为分子的 α 越大，其激发单线态与激发三线态相对不稳定，较易发生内部转变、辐射荧光、辐射磷光过程。此外，最低未占据与最高占据分子轨道能之差 ($E_{LUMO}-E_{HOMO}$) 较大的 PAHs 分子，其 logΦ 更大。

Mamy 等 (2015) 总结了 39 个预测化合物直接光解动力学参数的 QSAR 模型，并对这些模型进行了简要的介绍，包括模型涉及的描述符及含义、模型效果等。这些 QSAR 模型大多是以 logΦ 为预测终点。表 3-3 中汇总了部分化合物直接光解动力学参数 QSAR 模型的信息。

表 3-3　部分直接光解动力学参数的 QSAR 模型

参考文献	化合物	预测终点	建模算法	模型相关参数
Chen et al., 1998a	卤代芳烃 (纯水)	logΦ	因子分析 多元回归分析	n = 40; R^2 = 0.857; SE = 0.255
Chen et al., 1998b	卤代芳烃 (纯水)	logΦ	因子分析 聚类分析	A: n = 20; R^2 = 0.875; SE = 0.141 B: n = 17; R^2 = 0.789; SE = 0.102 A 类为取代溴苯与碘苯类化合物 B 类为氯代芳烃
Chen et al., 2000a	卤代芳烃 (纯水)	logΦ	因子分析 PLS	A: n = 19; R = 0.919; SE = 0.157 B: n = 14; R = 0.905; SE = 0.230 C: n = 7; R = 0.958; SE = 0.273 A 类为取代溴苯与碘苯类化合物 B 类为氯代芳烃 C 类为取代氟苯类化合物
Chen et al., 2000b	PAHs (纯水)	logΦ	PLS	n = 9; R^2 = 0.719
Chen et al., 2001a	PAHs (纯水)	log$t_{1/2}$ (h)	PLS	n = 13; R^2 = 0.912
Chen et al., 2001b	PCDDs [水：乙腈 (2：3; 1：1)]	logΦ log$t_{1/2}$ (h)	PLS	logΦ: n = 9; R^2 = 0.972 log$t_{1/2\,(h)}$: n = 9; R^2 = 0.984

续表

参考文献	化合物	预测终点	建模算法	模型相关参数
Niu et al., 2005	PCDD/Fs（松针表面）	$\log t_{1/2}$(h)	PLS	PCDD/Fs: $n = 70$; $R = 0.802$ PCDFs: $n = 42$; $R = 0.860$
Niu et al., 2006	多溴代联苯醚[甲醇：水(8：2)]	$\log \Phi$ $\log k_C$	PLS	$\log \Phi$: $n = 11$; $R^2 = 0.982$; SE = 0.031 $\log k_C$: $n = 15$; $R^2 = 0.958$; SE = 0.187
Zhang Y et al., 2019	卤代消毒副产物（纯水）	$\log k_C$	MLR	$n_{tra} = 30$, $n_{ext} = 10$; $R^2 = 0.859$; $RMSE_{tra} = 0.175$, $RMSE_{ext} = 0.214$
Chen et al., 2020	多氯联苯硫化物[水：乙腈(1：1)]	$\log k_C$	逐步多元线性回归分析	$n = 25$; $R = 0.93$; SD = 0.12

注：PLS 为偏最小二乘回归；MLR 为多元线性回归；n 为化学品个数；R 为相关系数；R^2 为决定系数；SE 为标准误差；SD 为标准差；RMSE 为均方根误差；tra, ext 分别代表模型的训练集与外部验证集。

2. 自然水体中化学品光降解动力学的预测模型

从评价化学品环境光化学持久性的角度来看，仅获取化学品在实验室模拟条件下的光降解动力学参数还远未达到目标，因为在自然水环境条件下，太阳光谱、水体成分等因素都会影响化学品的光降解动力学。2001 年 Mackay 指出，将实验室条件下测定的反应速率外推至野外真实环境，需要环境化学家几十年的持续努力。显然，整合模拟实验所测定的光降解动力学参数、真实环境中的理化参数、不同环境因素对光降解过程的影响，构建自然水体中化学品光降解动力学的预测模型是十分必要的。

Bodrato 和 Vione(2014)开发了 APEX 模型，可预测化学品在水环境中的光降解动力学。模型的输入参数包括环境参数和化学品的性质参数。环境参数包括太阳光谱、水的吸收光谱、水中光敏物质的浓度、水深以及水中 DOM 产生 PPRIs(包括 $^3DOM^*$, $^1O_2$, $^{\bullet}OH$ 和 $CO_3^{\bullet-}$)的 Φ；化学品的性质参数包括化学品的吸收光谱、直接光解 Φ 以及与 PPRIs 的二级反应速率常数等。APEX 模型可以计算化学品的光降解 $t_{1/2}$ 及水环境中 PPRIs 的稳态浓度等。值得指出的是，该模型使用了北纬 45 度夏季晴朗情况下的太阳光强数据作为默认输入，未考虑光强随时间的变化。

C. Zhou 等(2018)针对我国黄河三角洲区域，构建了水环境中化学品光降解动力学的预测模型。该模型适用于黄河三角洲区域的淡水、河口水及海水体系。相较于 APEX，该模型考虑了一天内不同时刻的光强变化，从而使模型更接近自然情况。模型的输入包括化学品的直接光解 Φ、与 PPRIs 的二级反应速率常数及水体产生 PPRIs 的 Φ 等。通过该模型，可计算不同深度、不同时刻的 PPRIs 浓度，以及水中化学品光降解的 $t_{1/2}$。模型的总体架构如图 3-15 所示。

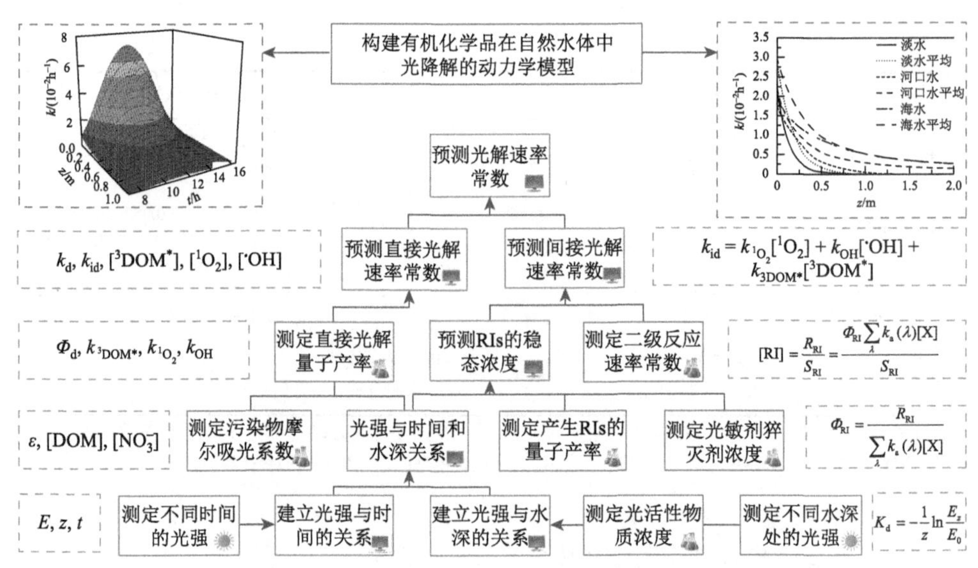

图 3-15　构建化学品在自然水体中光解动力学常数预测模型的流程图

蓝色、灰色和绿色实线框分别表示在野外、实验室和计算机上开展的工作；红色虚线框中的图展示了模型预测结果
请扫描封底二维码查看本书彩图

上述模型考虑了化学品在水环境中直接光解速率常数(k_d, s^{-1})和间接光降解速率常数(k_{id}, s^{-1})，即：

$$k = k_d + k_{id} \tag{3-48}$$

k_{id} 可通过下式计算：

$$k_{id} = k_{^1O_2} \cdot [^1O_2]_{ss} + k_{OH} \cdot [^{\cdot}OH]_{ss} + k_{^3DOM^*} \cdot [^3DOM^*]_{ss} \tag{3-49}$$

式中，$k_{^1O_2}$, k_{OH} 和 $k_{^3DOM^*}$ 分别为化学品与 $^1O_2$, $^{\cdot}OH$ 和 $^3DOM^*$ 反应的二级速率常数，L/(mol·s)；$[^1O_2]_{ss}$, $[^{\cdot}OH]_{ss}$ 和 $[^3DOM^*]_{ss}$ 分别为 $^1O_2$, $^{\cdot}OH$ 和 $^3DOM^*$ 的稳态浓度，μmol/L。

化学品间接光降解速率，除了与化学品和 PPRIs 反应的二级速率常数有关，还与水环境中 $[PPRIs]_{ss}$ 有关。$[PPRIs]_{ss}$ 取决于 PPRIs 的生成与猝灭速率，所以构建水中 $[PPRIs]_{ss}$ 以及决定 PPRIs 生成的 Φ_{PPRIs} 预测模型同样十分重要。

Zhao 等(2020)选取 16 种 DOM 小分子模型化合物作为训练集，以量子化学描述符与 Dragon 描述符为预测变量，构建了 $^1O_2$ 生成量子产率($\Phi_{^1O_2}$)的 QSAR 模型：

$$\log\Phi_{^1O_2} = -5.86 + 6.58D_1 + 4.48D_2 - 1.33D_3 \tag{3-50}$$

$$n = 16, R^2 = 0.901, \text{RMSE} = 0.194$$

式中，D_1 为 *CIC1* 描述符，表示化学结构和拓扑信息的最大可能复杂度；D_2 为 *DLS_cons* 描述符，常被用来描述有机物的亲脂性；D_3 为 *Mor27i* 描述符，是基于电子衍射描述符的 3D 分子结构的表示(Todeschini et al., 2000)。采用苏旺尼河富里酸对模拟结果进行了验证，得到的预测值($\log\Phi_{^1O_2} = -1.79$)与实验值($\log\Phi_{^1O_2} = -1.76$)吻合度高。

3.4 水　解

许多合成化学品的分子结构中，含有羧酸酯键、酰胺键、磷酸酯键等水解官能团。对于进入水环境中的这些化学品，水解可能是其环境降解的重要途径。这里重点介绍水解反应机理、水解反应动力学、水解反应的影响因素、水解动力学参数的数据及相关参数的预测模型。

3.4.1　水解反应机制及动力学

水解反应指 H_2O 或 OH^- 取代有机分子中的原子或原子团所发生的反应。如图 3-16 所示，有机化学品中常见的水解官能团约有二十种(Tebes-Stevens et al., 2017)。

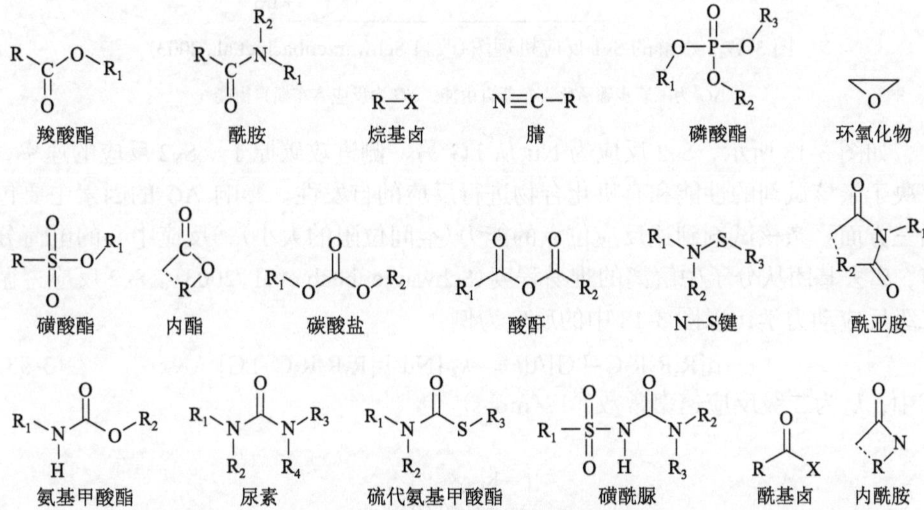

羧酸酯　酰胺　烷基卤　腈　磷酸酯　环氧化物

磺酸酯　内酯　碳酸盐　酸酐　N—S键　酰亚胺

氨基甲酸酯　尿素　硫代氨基甲酸酯　磺酰脲　酰基卤　内酰胺

图 3-16　化学品中常见的水解官能团

常见的水解反应属于亲核取代反应(Schwarzenbach et al., 2003)。其过程为，亲核试剂携带一对孤对电子，进攻化合物中缺电子中心原子并形成新键，离去基团(离核试剂)携带一对电子从原化合物中解离。可表示为：

$$Nu^- + R-LG \longrightarrow R-Nu + LG^- \tag{3-51}$$

式中，Nu^-代表亲核试剂；R–LG 代表底物；LG^-代表离去基团。亲核取代反应的机理有两种，单分子亲核取代(S_N1)反应和双分子亲核取代(S_N2)反应。

如图 3-17 所示，S_N1 亲核取代反应是一个两步反应。在第一步(限速步骤)中，离去基团从化合物中解离，同时携带一对孤对电子离去，从而形成中间产物碳正离子。反应第二步，碳正离子与亲核试剂结合形成产物。此时，水解反应速率仅取决于离去基团从分子中解离的难易程度，形成的碳正离子的稳定性是反应中决定限速步骤活化吉布斯自由能($\Delta G^{\neq}$)的重要因素(Schwarzenbach et al., 2003)。S_N1反应遵循一级反应动力学：

$$d[R_1R_2R_3C\text{–}LG]/dt = -k_1 \cdot [R_1R_2R_3C\text{–}LG] \tag{3-52}$$

式中，k_1为一级反应速率常数，s^{-1}。

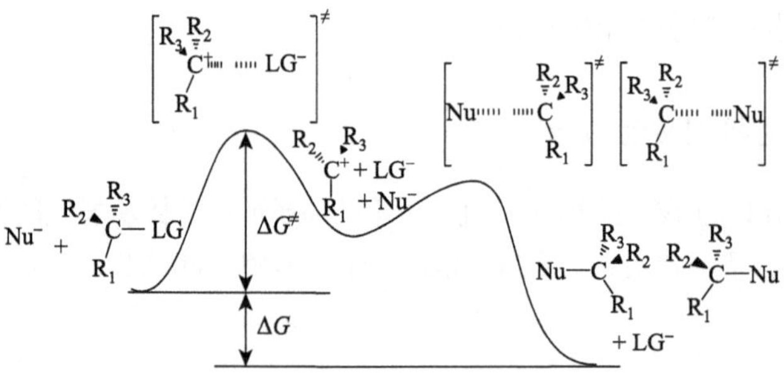

图 3-17　水解的 S_N1 反应机理图(改自 Schwarzenbach et al., 2003)

$\Delta G^{\neq}$为限速步骤活化吉布斯自由能，ΔG 为反应吉布斯自由能

如图 3-18 所示，S_N2 反应为 Nu^-从 LG^-另一侧进攻碳原子。S_N2 反应的速率，取决于亲核试剂的性能和有机化合物进行反应的自发性。影响 $\Delta G^{\neq}$的因素主要包括三方面：亲核试剂到达反应位点的能力(空间位阻的大小)，反应中心的电荷分布，离去基团从分子中解离的难易程度(Schwarzenbach et al., 2003)。S_N2 反应遵循二级反应动力学，以图 3-18 中的反应为例：

$$d[R_1R_2R_3C\text{–}LG]/dt = -k_2 \cdot [Nu^-] \cdot [R_1R_2R_3C\text{–}LG] \tag{3-53}$$

式中，k_2为二级反应速率常数，L/(mol·s)。

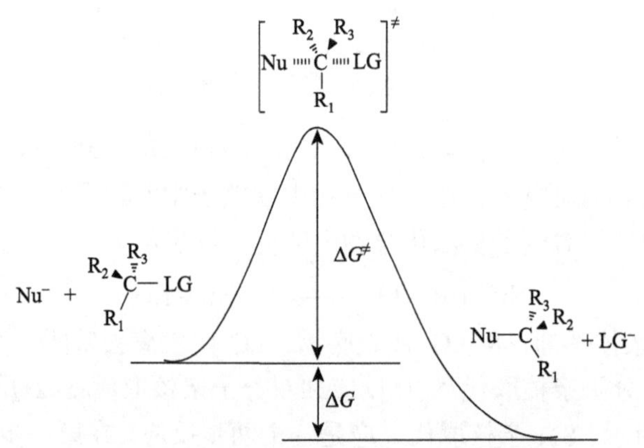

图 3-18　水解的 S_N2 反应机理图(改自 Schwarzenbach et al., 2003)

$\Delta G^{\neq}$为限速步骤活化吉布斯自由能，ΔG 为反应吉布斯自由能

化学品的水解反应涉及酸催化水解反应、中性水解反应和碱催化水解反应。以羧酸酯为例，其酸催化、碱催化、中性水解的反应机制如图 3-19 至图 3-21 所示。值得注意的是，在环境水体中，酸催化水解和中性水解对羧酸酯总水解速率贡献较小，主要发生碱催化水解反应（Schwarzenbach et al., 2003）。

$$R_1-C(=O)-O-R_2 + H_3O^+ \underset{(快)}{\overset{(快)}{\rightleftharpoons}} R_1-C^{+}(\cdots OH)(\cdots O-R_2) + H_2O$$

$$R_1-C^{+}(\cdots OH)(\cdots O-R_2) + H_2O \underset{(快)}{\overset{(慢)}{\rightleftharpoons}} R_1-C(OH)(^{+}OH_2)-O-R_2$$

$$R_1-C(OH)(^{+}OH_2)-O-R_2 \underset{(快)}{\overset{(快)}{\rightleftharpoons}} R_1-C(OH)(OH)-O^{+}(H)-R_2$$

$$R_1-C(OH)(OH)-O^{+}(H)-R_2 \underset{(慢)}{\overset{(快)}{\rightleftharpoons}} R_1-C^{+}(\cdots OH)(\cdots OH) + HO-R_2$$

$$R_1-C^{+}(\cdots OH)(\cdots OH) + H_2O \underset{(快)}{\overset{(快)}{\rightleftharpoons}} R_1-C(=O)-OH + H_3O^+$$

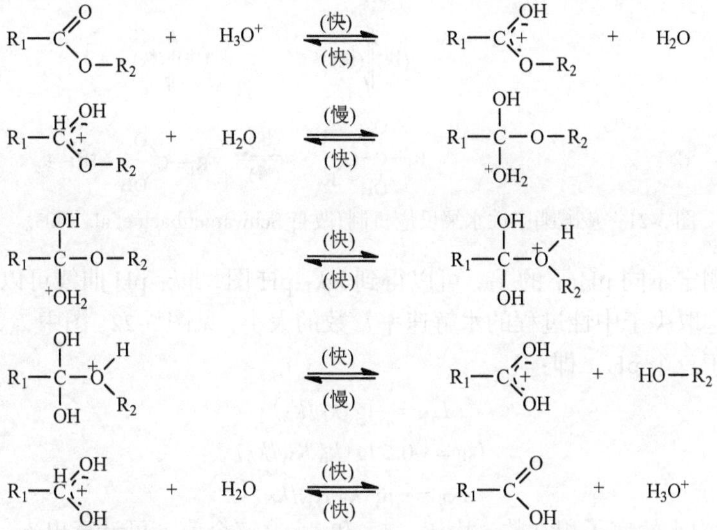

图 3-19　羧酸酯的酸催化水解反应机制（改自 Schwarzenbach et al., 2003）

$$R_1-C(=O)-O-R_2 + HO^- \underset{(快)}{\overset{(慢)}{\rightleftharpoons}} R_1-C(O^-)(OH)-O-R_2$$

$$R_1-C(O^-)(OH)-O-R_2 \underset{(慢)}{\overset{(快\cdots慢)}{\rightleftharpoons}} R_1-C(=O)-OH + {}^{-}O-R_2$$

$$R_1-C(=O)-OH + {}^{-}O-R_2 \underset{(快)}{\overset{(快)}{\rightleftharpoons}} R_1-C(=O)-O^- + HO-R_2$$

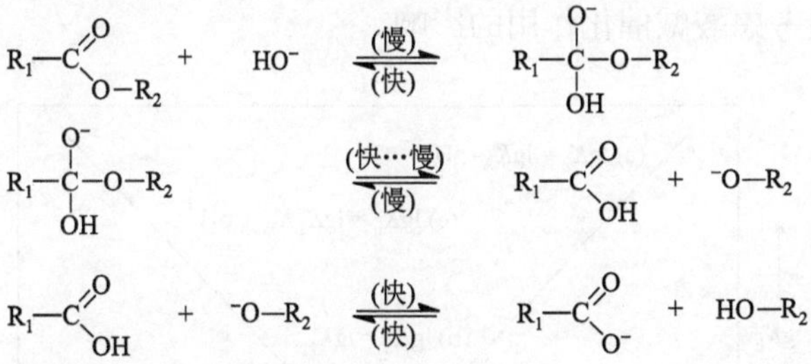

图 3-20　羧酸酯的碱催化水解反应机制（改自 Schwarzenbach et al., 2003）

3.4.2　水解反应的影响因素

水解反应通常受到 pH、温度、金属离子等因素的影响（Schwarzenbach et al., 2003）。pH 对水解反应动力学的影响主要体现在酸催化、碱催化、中性水解三方面。总水解速率常数 k_T 可表示为：

$$k_T = k_A \cdot [H^+] + k_N + k_B \cdot [OH^-] \tag{3-54}$$

式中，k_A 是酸催化水解反应二级速率常数，L/(mol·s)；k_B 是碱催化水解反应二级速率常数，L/(mol·s)；k_N 是中性水解一级速率常数，s^{-1}。

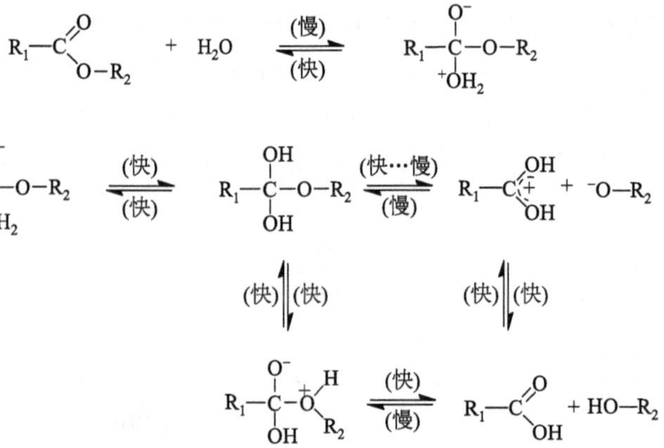

$R_1-C(=O)-O-R_2$ + H_2O ⇌ (慢)/(快) $R_1-C(O^-)(^+OH_2)-O-R_2$

$R_1-C(O^-)(^+OH_2)-O-R_2$ ⇌ (快)/(快) $R_1-C(OH)(OH)-O-R_2$ ⇌ (快…慢)/(慢) $R_1-C^+(OH)(OH)$ + $^-O-R_2$

(快)⇅(快)　　(快)⇅(快)

$R_1-C(O^-)(OH)-O^+(H)R_2$ ⇌ (快)/(慢) $R_1-C(=O)-OH$ + $HO-R_2$

图 3-21　羧酸酯中性水解反应机制(改自 Schwarzenbach et al., 2003)

通过测定不同 pH 下的 k_T，可以得到 $\lg k_T$-pH 图，$\lg k_T$-pH 曲线可以呈现 U 形或 V 形，这取决于中性过程的水解速率常数的大小，见图 3-22。图中 I_{AN}, I_{AB} 和 I_{NB} 三点对应于三个 pH，即：

$$I_{AN} = -\lg(k_N/k_A) \tag{3-55}$$

$$I_{AB} = -0.5\lg(k_B \cdot K_W/k_A) \tag{3-56}$$

$$I_{NB} = -\lg(k_B \cdot K_W/k_N) \tag{3-57}$$

式中，K_W 为水的离子积常数。由 I_{AN}, I_{AB} 和 I_{NB} 这三个值，可计算出 k_A, k_B, k_N。如果某有机物在 $\lg k_T$-pH 图中的曲线最低点落在 pH = 5~8 范围内，则在预测其水解反应速率时，必须考虑酸碱催化作用的影响。

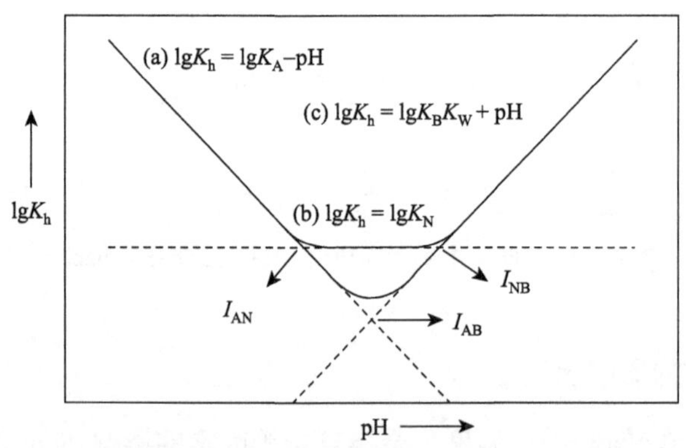

图 3-22　水解速率常数与 pH 的关系(改自 Schwarzenbach et al., 2003)

温度对水解反应动力学参数的影响，可以通过 Arrhenius 公式(3-58)表示(Schwarzenbach et al., 2003)，有机化学品的水解速率随温度的升高而增加(Khan et al., 1999; Ramesh et al., 1999)。

$$k = A \cdot e^{-E_a/RT} \tag{3-58}$$

式中，k 是水解速率常数，s^{-1}；A 是指前因子，s^{-1}；E_a 是 Arrhenius 活化能，kJ/mol；T 是温度，K；R 是理想气体常数，8.314 J/(mol·K)。

金属离子可以通过多种方式影响有机化学品的水解反应(Fazakerley et al., 1975; Gensmantel et al., 1980; Smolen et al., 1997; Huang et al., 1999; Anacona et al., 2005; Chen et al., 2006)。首先，溶解性金属离子可通过与分子结构中的水解官能团配位，使某些原子(如碳原子、磷原子)的电子密度降低，从而促进亲核试剂(如 H_2O, OH^-)的进攻。其次，金属中心可以与离去基团相互作用，促进离去基团从母体化合物中解离。亲核试剂还可与金属中心键合，同时参与反应。金属氧化物界面(Torrents and Stone, 1991; Sheng et al., 2019)和矿物表面(Wei et al., 2001; Jin et al., 2019)也会影响有机化学品的水解反应。与金属离子类似，表面的金属原子可以与水解官能团发生配位作用，促进反应的进行。

3.4.3　标准测试方法

OECD 于 2004 年发布了关于化学品水解反应测定的导则：OECD 111《化学品与 pH 有关的水解作用测试》。U.S. EPA 于 2008 年也制订了水解反应测试的相关导则：OPPTS 835.2120 Hydrolysis。以 OECD 导则的水解反应分层测试为例，其主要内容如图 3-23 所示。

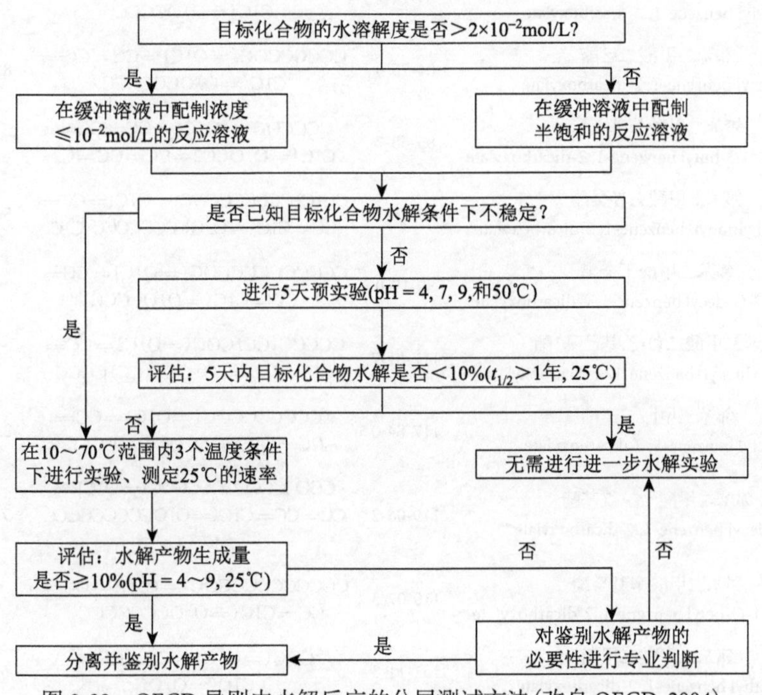

图 3-23　OECD 导则中水解反应的分层测试方法(改自 OECD, 2004)

3.4.4 化学品水解速率常数数据

U. S. EPA 于 2017 年收集了文献中报道的 200 种化学品的水解动力学参数（https://pasteur.epa.gov/uploads/630/HydrolysisRateConstants_est6b05412.xlsx）。Xu 等（2019）基于 DFT 计算了部分邻苯二甲酸酯的碱催化水解二级反应速率常数[k_B, L/(mol·s)]，见表 3-4。上述数据已嵌入 CPTP。

表 3-4 邻苯二甲酸酯碱催化水解二级反应速率常数

名称	CAS	SMILES	碱催化水解二级速率常数 /[k_B, L/(mol·s)]
邻苯二甲酸二环己酯 dicyclohexyl benzene-1, 2-dicarboxylate	84-61-7	C1CCC(CC1)OC(=O)C2=CC=CC=C2C(=O)OC3CCCCC3	1.48×10^{-2}
邻苯二甲酸环已基丁酯 1-*O*-butyl 2-*O*-cyclohexyl benzene-1, 2-dicarboxylate	84-64-0	CCCCOC(=O)C1=CC=CC=C1C(=O)OC2CCCCC2	5.32×10^{-2}
邻苯二甲酸二乙酯 diethyl benzene-1, 2-dicarboxylate	84-66-2	CCOC(=O)C1=CC=CC=C1C(=O)OCC	7.84×10^{-2}
邻苯二甲酸二异丁酯 bis(2-methylpropyl) benzene-1, 2-dicarboxylate	84-69-5	CC(C)COC(=O)C1=CC=CC=C1C(=O)OCC(C)C	2.00×10^{-4}
邻苯二甲酸二丁酯 dibutyl benzene-1, 2-dicarboxylate	84-74-2	CCCCOC(=O)C1=CC=CC=C1C(=O)OCCCC	1.84×10^{-1}
邻苯二甲酸二己酯 dihexyl benzene-1, 2-dicarboxylate	84-75-3	CCCCCCOC(=O)C1=CC=CC=C1C(=O)OCCCCCC	8.46×10^{-2}
邻苯二甲酸苄基丁酯 2-*O*-benzyl 1-*O*-butyl benzene-1, 2-dicarboxylate	85-68-7	CCCCOC(=O)C1=CC=CC=C1C(=O)OCC2=CC=CC=C2	5.83
邻苯二甲酸二异癸酯 bis(8-methylnonyl) benzene-1, 2-dicarboxylate	89-16-7	CC(C)CCCCCCCOC(=O)C1=CC=CC=C1C(=O)OCCCCCCCC(C)C	5.00×10^{-2}
邻苯二甲酸丁癸酯 1-*O*-butyl 2-*O*-decyl benzene-1, 2-dicarboxylate	89-19-0	CCCCCCCCCCOC(=O)C1=CC=CC=C1C(=O)OCCCC	3.11
邻苯二甲酸二(2-乙基己基)酯 bis(2-ethylhexyl) benzene-1, 2-dicarboxylate	117-81-7	CCCCC(CC)COC(=O)C1=CC=CC=C1C(=O)OCC(CC)CCCC	2.95×10
邻苯二甲酸二辛酯 dioctyl benzene-1, 2-dicarboxylate	117-84-0	CCCCCCCCOC(=O)C1=CC=CC=C1C(=O)OCCCCCCCC	2.05×10^{-1}
邻苯二甲酸十三烷基酯 ditridecyl benzene-1, 2-dicarboxylate	119-06-2	CCCCCCCCCCCCCOC(=O)C1=CC=CC=C1C(=O)OCCCCCCCCCCCCC	7.50×10^{3}
邻苯二甲酸辛基癸酯 2-*O*-decyl 1-*O*-octyl benzene-1, 2-dicarboxylate	119-07-3	CCCCCCCCCCOC(=O)C1=CC=CC=C1C(=O)OCCCCCCCC	1.16
邻苯二甲酸二甲酯 dimethyl benzene-1, 2-dicarboxylate	131-11-3	COC(=O)C1=CC=CC=C1C(=O)OC	6.24×10^{2}

续表

名称	CAS	SMILES	碱催化水解二级速率常数 /[k_B, L/(mol·s)]
邻苯二甲酸二丙酯 dipropyl benzene-1, 2-dicarboxylate	131-16-8	CCCOC(=O)C1=CC=CC=C1C(=O)OCCC	8.1×10^{-3}
邻苯二甲酸二烯丙酯 bis(prop-2-enyl) benzene-1, 2-dicarboxylate	131-17-9	C=CCOC(=O)C1=CC=CC=C1C(=O)OCC=C	5.27×10^{-2}
邻苯二甲酸二戊酯 dipentyl benzene-1, 2-dicarboxylate	131-18-0	CCCCCOC(=O)C1=CC=CC=C1C(=O)OCCCCC	3.24×10^{-2}
邻苯二甲酸二异辛酯 bis(6-methylheptyl) benzene-1, 2-dicarboxylate	131-20-4	CC(C)CCCCCOC(=O)C1=CC=CC=C1C(=O)OCCCCCC(C)C	1.65×10^{-2}
邻苯二甲酸二十一烷基酯 diundecyl benzene-1, 2-dicarboxylate	3648-20-2	CCCCCCCCCCCOC(=O)C1=CC=CC=C1C(=O)OCCCCCCCCCCC	3.44
邻苯二甲酸二异壬酯 bis(7-methyloctyl) benzene-1, 2-dicarboxylate	20548-62-3	CC(C)CCCCCCOC(=O)C1=CC=CC=C1C(=O)OCCCCCCC(C)C	8.91×10^{-1}
邻苯二甲酸二异十三烷基酯 bis(11-methyldodecyl) benzene-1, 2-dicarboxylate	36901-61-8	CC(C)CCCCCCCCCCOC(=O)C1=CC=CC=C1C(=O)OCCCCCCCCCCC(C)C	1.66×10^{-1}
邻苯二甲酸双(2-丙基庚基)酯 bis(2-propylheptyl) benzene-1, 2-dicarboxylate	53306-54-0	CCCCCC(CCC)COC(=O)C1=CC=CC=C1C(=O)OCC(CCC)CCCCC	7.00×10^{-4}
邻苯二甲酸二异庚酯 bis(5-methylhexyl) benzene-1, 2-dicarboxylate	90937-19-2	CC(C)CCCCOC(=O)C1=CC=CC=C1C(=O)OCCCCC(C)C	2.77×10^{-2}
邻苯二甲酸二异己酯 bis(4-methylpentyl) benzene-1, 2-dicarboxylate	259139-51-0	CC(C)CCCOC(=O)C1=CC=CC=C1C(=O)OCCCC(C)C	6.28×10^{-2}

3.4.5　水解速率常数的预测模型

EPI Suite™ 软件中，集成了多个关于水解动力学参数的 QSAR 预测模型，可预测羧酸酯类、氨基甲酸酯类、环氧化合物、卤代烷烃的水解速率常数。其中，预测羧酸酯类化合物[R_1–C(=O)–O–R_2]碱催化水解速率常数[k_B, L/(mol·s)]的模型为：

$$\log k_B = 9.20 \times 10^{-1} E_{sR1} + 3.10 \times 10^{-1} E_{sR2} + 2.16\sigma^*_{R1} + 2.30\sigma^*_{R2} + 2.10\sigma X_{R1} + 1.25\sigma X_{R2} + 2.67 \tag{3-59}$$

$$n = 124, R^2 = 0.965$$

式中，E_s 是立体效应常数，E_{sR1}，E_{sR2} 分别为 R_1 基团、R_2 基团的立体效应常数；σ^* 是 Taft 常数，σ^*_{R1}, σ^*_{R2} 分别为 R_1 基团、R_2 基团的 Taft 常数；σX 是 Hammett 常数，σX_{R1}, σX_{R2} 分别为 R_1 基团、R_2 基团的 Hammett 常数。

氨基甲酸酯类化合物[R_1–N(–R_2)–C(=O)–O–R_3]碱催化水解速率常数[k_B, L/(mol·s)]的 QSAR 预测模型为：

$$\log k_B = 2.30(\sigma^*_{R1} + \sigma^*_{R2}) + 9.60\times10^{-1}(\sigma X_{R1} + \sigma X_{R2}) + 7.97\sigma^*_{R3} + 2.81\sigma X_{R3} - 2.75\times10^{-1} \tag{3-60}$$

式中，R_1, R_2 代表氨基甲酸酯中与氮相连的基团；R_3 代表氨基甲酸酯中与酯键相连的基团。

脂肪族环氧化合物[$(R_2)(R_1)C$—(O)—$C(R_3)(R_4)$]酸催化水解速率常数[k_A, L/(mol·s)]的 QSAR 预测模型为：

$$\log k_A = 3.59\times10^{-1}(E_{sR1} + E_{sR2} + E_{sR3} + E_{sR4}) - 2.15(\sigma^*_{R1} + \sigma^*_{R2} + \sigma^*_{R3} + \sigma^*_{R4}) + 1.02C_o - 1.76 \tag{3-61}$$

$$n = 14,\ R^2 = 0.800$$

式中，R_1, R_2, R_3, R_4 代表与环氧键中的碳直接相连的基团；C_o 为校正因子，对于环状的环氧化合物，C_o 为 1；对于非环状的环氧化合物，C_o 为 0。

预测乙烯基环氧化合物或芳香族环氧化合物[$(R_2)(R_1)C$—(O)—$C(R_3)(R_4)$，R_1，R_2, R_3, R_4 中含有乙烯基或芳基]酸催化水解速率常数[k_A, L/(mol·s)]的 QSAR 预测模型为：

$$\log k_A = -8.80\times10^{-1}(E_{sR1} + E_{sR2} + E_{sR3} + E_{sR4}) - 4.18(\sigma^*_{R1} + \sigma^*_{R2} + \sigma^*_{R3} + \sigma^*_{R4}) + 6.30\times10^{-1}CT + 4.70\times10^{-1}D_o - 1.36C_o - 9.80\times10^{-1} \tag{3-62}$$

$$n = 20,\ R^2 = 0.940$$

式中，CT 对于顺式(*cis*)结构为 0，对于反式(*trans*)结构为–1；D_o 为稠环的个数(环氧化的环除外)。

预测卤代甲烷[X–C(Y_1)(Y_2)Y_3, X 为卤素原子]碱催化水解速率常数[k_B, 单位 L/(mol·s)]的 QSAR 预测模型为：

$$\log k_B = 2.99\sigma^*_{Y2} + 2.83(E_{sY1} + E_{sY2} + E_{sY3}) + 9.95\times10^{-1}f_x - 6.33\times10^{-1} \tag{3-63}$$

$$n = 12,\ R^2 = 0.996$$

式中，Y_1, Y_2 为卤素原子或氢原子，Y_3 为氢原子；f_x 为 X 取代基的卤素因子，当 X 为 F, Cl, Br, I 时，f_x 的值分别为 0.00, 1.33, 2.60, 2.02。

预测卤代烷基[H–C(R_1)(R_2)(R_3)，R_1 为卤素原子]碱催化水解速率常数[k_B, L/(mol·s)]的 QSAR 预测模型为：

$$\log k_B = 2.09(\sigma^*_{R1} + \sigma^*_{R2} + \sigma^*_{R3}) + 4.91\times10^{-1}(E_{sR1} + E_{sR2} + E_{sR3}) + 3.20f_x - 1.55\times10 \tag{3-64}$$

$$n = 7,\ R^2 = 0.980$$

式中，R_2, R_3 代表烷基基团。

总体上，U. S. EPA 所开发的水解反应速率常数的 QSAR 模型，用于训练模型的化合物数量少，没有验证集，缺乏应用域表征，模型的适用性低。

一些含有羧酸酯官能团的高产量化学品(如邻苯二甲酸酯和对羟基苯甲酸酯)，因其具有健康危害而受到关注。但受限于标准品缺乏，相关测试难以开展，水解动力学参数值十分缺乏。为此，Xu 等(2019; 2021)筛选量子化学计算方法，获取部分邻苯二甲酸酯(phthalic acid esters, PAEs)和对羟基苯甲酸酯的碱催化水解速率常数，并构建了 QSAR 预测模型。PAEs 分子结构中包含一个苯环和两个柔性的羧酸酯侧链(图 3-24)。Xu 等(2019)以 5 种具有碱催化水解二级速率常数[k_B, L/(mol·s)]实测值的 PAEs 为参考，筛选 DFT 方法，计算了另外 20 种 PAEs 的 k_B 值。在此基础上，分别构建了 PAEs 碱催化水解限速步骤判别模型和 k_B 值的预测模型。

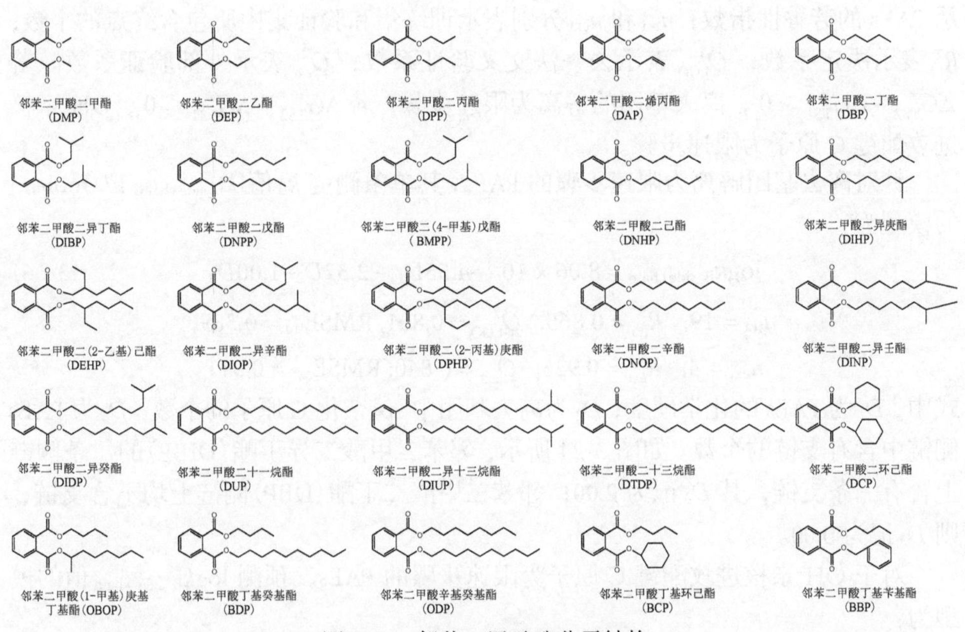

图 3-24　邻苯二甲酸酯分子结构

Xu 等(2019)在 Gaussian 09 中，基于 IEFPCM/B3LYP/6-311 + + G(2d, 2p)方法分别优化 PAEs 分子结构以及 PAEs 的结构片段。当仅考虑一条侧链上的酯键时，PAEs 结构可表示为 R_1–(C═O)–O–R_2，见图 3-25[以邻苯二甲酸二乙酯(DEP)为例]，其中 OR_2 为离去基团，R_1–H, HO–R_2 即为 PAEs 的结构片段。随后，计算 R_1–H, HO–R_2 和整个 PAE 分子的描述符。采用 Gaussian 09 计算 E_{HOMO} 和化学硬度($\eta = E_{LUMO} - E_{HOMO}$)，采用 Multiwfn 软件(Lu et al., 2012)计算 Hirshfeld 原子电荷，采用 Dragon 计算芳香性指数、sp^3 杂化 C 原子的个数和极化率等分子参数。

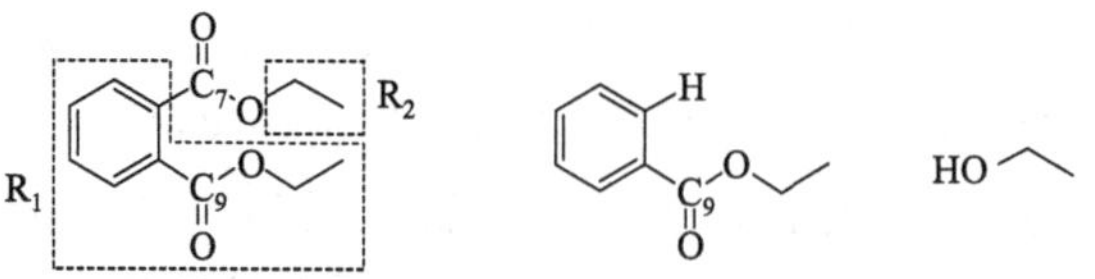

图 3-25　R_1–H, HO–R_2基团和邻苯二甲酸酯分子结构（以邻苯二甲酸二乙酯为例）

利用 MLR，构建 PAEs 碱催化水解限速步骤的判别模型：

$$\Delta G^{\neq}_{TS2} - \Delta G^{\neq}_{TS1} = 2.64 \times 10^{-1} D_1 - 1.61 \times 10^{-1} D_2 + 1.18 \times 10^{-1} D_3 - 8.43 \quad (3\text{-}65)$$

$$n_{tra} = 23,\ R^2_{tra} = 0.891,\ Q^2_{LOO} = 0.841,\ n_{ext} = 5,\ R^2_{ext} = 0.945,\ Q^2_{ext} = 0.848$$

式中，$\Delta G^{\neq}_{TS1}$和$\Delta G^{\neq}_{TS2}$分别表示 PAEs 碱催化水解第一过渡态（TS1）和第二过渡态（TS2）对应的反应吉布斯活化自由能；D_1~D_3表示分子结构描述符，D_1表示离去基团中 O 原子的 Hirshfeld 原子电荷；D_2表示 PAEs 中 R_1–H 子结构的 E_{HOMO}；D_3表示 PAEs 的芳香性指数；n_{tra}和n_{ext}分别表示训练集和验证集中所包含终点的个数；R^2 表示决定系数；Q^2_{LOO}表示去一法交叉验证系数；Q^2_{ext}表示外部验证系数。若$\Delta G^{\neq}_{TS2} - \Delta G^{\neq}_{TS1} > 0$，离去基团的解离为限速步骤；若$\Delta G^{\neq}_{TS2} - \Delta G^{\neq}_{TS1} < 0$，$OH^-$亲核进攻酯键 C 原子为限速步骤。

针对离去基团解离为限速步骤的 PAEs，其单条侧链 k_B 值[$k_{B\_side\ chain}$, L/(mol·s)]的模型为：

$$\log k_{B\_side\ chain} = 8.06 \times 10^{-1} - 4.55 D_1 + 2.32 D_2 - 1.00 D_3 \quad (3\text{-}66)$$

$$n_{tra} = 19,\ R^2_{tra} = 0.865,\ Q^2_{LOO} = 0.801,\ RMSE_{tra} = 0.389,$$

$$n_{ext} = 4,\ R^2_{ext} = 0.925,\ Q^2_{ext} = 0.840,\ RMSE_{ext} = 0.311$$

式中，D_1为 PAEs 的化学硬度；D_2为离去基团中 sp^3 杂化 C 原子的个数；D_3为 PAEs 侧链中含有支链的个数。如图 3-24 所示，邻苯二甲酸二异丁酯（DIBP）的每条侧链上含有一条支链，其 D_3 记为 2.00；邻苯二甲酸二丁酯（DBP）侧链上均不含支链，则 D_3 记为 0.00。

对于 OH^-亲核进攻酯键 C 原子为限速步骤的 PAEs，预测 $\log k_{B_side\ chain}$值的模型为：

$$\log k_{B\_side\ chain} = 5.29 D_1 - 1.64 \quad (3\text{-}67)$$

式中，D_1为 PAEs 的分子极化率。对于侧链相同的 PAEs，其综合水解速率常数为 $2k_{B\_side\ chain}$。对于侧链不相同的 PAEs，其综合水解常数表现为两条侧链的加和：$k_{B\_side\ chain\ 1} + k_{B\_side\ chain\ 2}$。

对羟基苯甲酸酯（parabens, PBs）分子结构中含有可解离的酚羟基和可水解的羧酸酯键，其结构如图 3-26 所示。水环境中 PBs 的不同解离形态，可能影响 PBs 水解动力学。Xu 等（2021）测定了 6 种 PBs 的 pK_a 和 k_B 值，并据此筛选了计算 pK_a 的半经验量子化学方法和计算 k_B 值的 DFT 方法。结合计算值和实测值，构建了酚类 pK_a 值的 QSAR 预测模型以及中性及解离形态 PBs 的 k_B 值[L/(mol·s)]的 QSAR 预测模型。

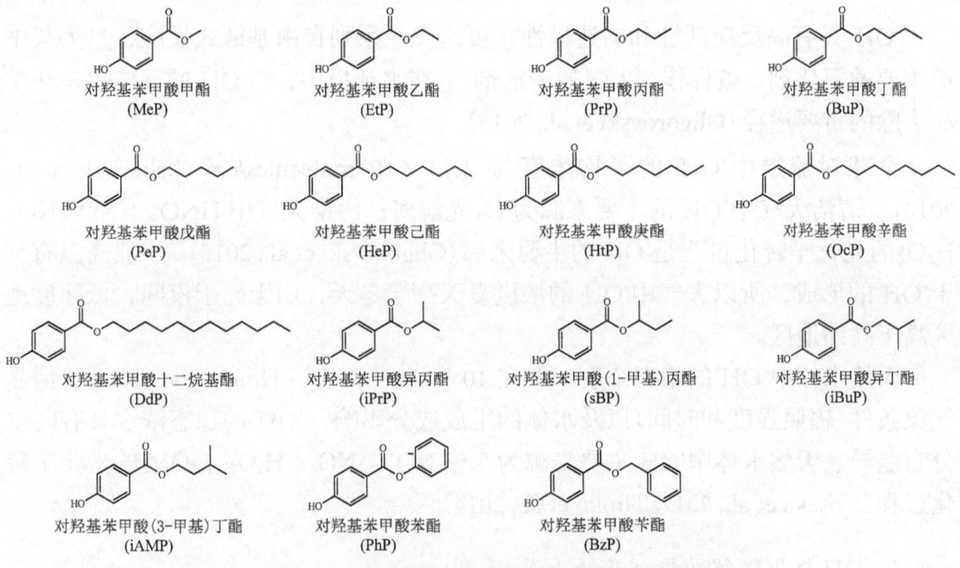

图 3-26　常见的对羟基苯甲酸酯的分子结构

中性和解离形态 PBs 碱催化水解反应二级速率常数的模型如下：

$$\log k_B = 3.92D_1 - 3.42D_2 + 1.19D_3 - 3.79 \tag{3-68}$$

$$n_{tra} = 24,\ R^2_{tra} = 0.842,\ Q^2_{LOO} = 0.723,\ n_{ext} = 6,\ R^2_{ext} = 0.919,\ Q^2_{ext} = 0.843$$

式中，D_1 为离去基团(HO–R)的化学势(μ)，$\mu = -(IP + EA)$，IP 是电离势，由离去基团失去一个电子状态与中性状态的能量差计算[$IP = E_{(N-1)} - E_{(N)}$]，EA 是电子亲和势，由离去基团中性状态与得到一个电子状态的能量差计算($EA = E_{(N)} - E_{(N+1)}$)；D_2 为离去基团中—CH_2—结构的数目；D_3 为 PBs 的亲水性指数。μ 采用 Gaussian 09 软件在 IEFPCM/M06-2X/6-311++G(2d, 2p)水平下计算。离去基团中—CH_2—结构的数目、亲水性指数由 Dragon 软件计算。各种描述符详细信息参见 Todeschini 和 Consonni(2000)的专著。

3.5　氧化降解

除上述反应外，环境中的化学品还可发生氧化降解。ROS 是自然环境中含氧活性物质的总称，包括$^{\bullet}OH$, $^1O_2$, O_3, $O_2^{\bullet -}$, $HO_2^{\bullet}$, H_2O_2 等。除了通过光化学反应生成以外，一些暗过程同样可生成 ROS，这使得 ROS 在环境中广泛存在。ROS 与大多数化学品的反应活性高，对化学品在环境中的降解具有重要作用。这里重点介绍两种重要的 ROS($^{\bullet}OH$ 与 O_3)引起化学品氧化降解的机理、反应动力学及影响因素、反应动力学参数的数据及相关参数的预测模型。

3.5.1 羟基自由基的氧化降解

$^{\bullet}$OH 具有高反应活性和弱选择性，可诱发一系列自由基链式反应，是大气中最重要的氧化剂，被称作“大气的清洁剂”。在水环境中，与$^{\bullet}$OH 的反应也是化学品去除的重要途径(Gligorovski et al., 2015)。

全球对流层中$^{\bullet}$OH 的平均浓度为 1.13×10^6 molecules/cm^3(Lelieveld et al., 2016)。清洁大气中$^{\bullet}$OH 的主要来源为 O_3 光解离；污染大气中 HNO_3, HNO_2, NO_2, H_2O_2 的光化学转化过程是$^{\bullet}$OH 的主要来源(Gligorovski et al., 2015)。一般高温有利于$^{\bullet}$OH 的形成，所以大气中$^{\bullet}$OH 的浓度夏天高于冬天，白天高于夜间，低纬度地区高于高纬地区。

天然水体中$^{\bullet}$OH 的稳态浓度一般在 10^{-19}~10^{-16} mol/L(Timko et al., 2014)，但受气象条件(辐照强度和时间)以及水体的组成成分影响，$^{\bullet}$OH 的稳态浓度具有时空分布差异。天然水体中$^{\bullet}$OH 主要来源为水中 NO_3^-，NO_2^-，H_2O_2, DOM 的光化学转化过程(Nosaka et al., 2017; Timko et al., 2014)。

1. $^{\bullet}$OH 氧化降解的机制及动力学

$^{\bullet}$OH 与化学污染物的反应主要可归纳为三种类型：①单电子转移反应，即从污染物分子中提取一个电子，产生一个阳离子自由基和氢氧根离子，见式(3-69)；②摘氢反应，即摘取 C–H 或 O–H 上的氢原子，见式(3-70)；③加成反应，即$^{\bullet}$OH 加成到双键、三键或芳香环上的过程，见式(3-71)。

$$RH + {}^{\bullet}OH \longrightarrow RH^{\bullet +} + OH^- \longrightarrow R^{\bullet} + H_2O \tag{3-69}$$

$$RH + {}^{\bullet}OH \longrightarrow R^{\bullet} + H_2O \tag{3-70}$$

$$CH_2 = CH_2 + {}^{\bullet}OH \longrightarrow HOCH_2\dot{C}H_2 \tag{3-71}$$

$^{\bullet}$OH 与化学品(B)的反应遵循二级反应动力学：

$$B + {}^{\bullet}OH \longrightarrow P \tag{3-72}$$

$$-d[B]/dt = k_{OH}\cdot[{}^{\bullet}OH]\cdot[B] \tag{3-73}$$

式中，$-d[B]/dt$ 为反应速率，mol/(L·s)或 molecules/(cm^3·s)；[$^{\bullet}$OH]为反应体系中$^{\bullet}$OH 浓度，mol/L 或 molecules/cm^3；[B]为反应体系中目标物 B 的浓度，mol/L 或 molecules/cm^3；k_{OH} 为化合物 B 与$^{\bullet}$OH 反应的二级速率常数，是表征化学品反应活性的重要参数，L/(mol·s)或 cm^3/(molecule·s)。

化学品 B 与$^{\bullet}$OH 反应的 $t_{1/2}$，可通过 k_{OH} 计算得到。$^{\bullet}$OH 浓度处于稳态时，反应遵循准一级动力学：

$$-d[B]/dt = k_{app}\cdot[B] \tag{3-74}$$

$$k_{app} = k_{OH}\cdot[{}^{\bullet}OH] \tag{3-75}$$

k_{app}为化学品与$^{\cdot}$OH 反应的表观速率常数，s^{-1}。当$[B]_t = 0.5[B]_0$时：

$$t_{1/2} = \ln 2 / k_{app} \tag{3-76}$$

2. k_{OH}的测定方法

目前尚未有 k_{OH} 的标准测试方法，文献中报道的 k_{OH} 的测试分为直接测定和间接测定(Ma et al., 2021)。直接测定，又可根据反应体系中$^{\cdot}$OH 浓度是否处于稳态分为不同的两种方法。当反应体系中$^{\cdot}$OH 浓度处于稳态时，可通过检测目标化合物浓度[B]随时间减少情况，获得表观速率常数 k_{app}。通过设置不同梯度的$^{\cdot}$OH 稳态浓度，绘制 k_{app}与$^{\cdot}$OH 稳态浓度关系图，斜率即为目标物的 k_{OH}，计算过程如式(3-74)和式(3-75)。当反应体系中反应物浓度远大于$^{\cdot}$OH 浓度，[B]视为恒定，$^{\cdot}$OH 浓度处于非稳态，此时表观速率常数为k'_{app}，见式(3-79)。通过观测$^{\cdot}$OH 的消逝速率或瞬时产物 P 的生成速率得到目标化合物的 k_{OH}，具体推导如下：

$$d[P]/dt = -d[^{\cdot}OH]/dt = k_{OH} \cdot [^{\cdot}OH] \cdot [B] \tag{3-77}$$

$$d[P]/dt = -d[^{\cdot}OH]/dt = k'_{app} \cdot [^{\cdot}OH] \tag{3-78}$$

$$k'_{app} = k_{OH} \cdot [B] \tag{3-79}$$

k_{OH}间接测定方法也称竞争动力学法。通过向体系中加入已知 k_{OH}的参考物(R)与目标物(B)竞争$^{\cdot}$OH。在反应过程中同步检测 B 与 R 的浓度变化，计算其速率常数比值，结合参考物的 $k_{OH,R}$，计算目标物的 $k_{OH,B}$值，具体推导如下：

$$B + {}^{\cdot}OH \xrightarrow{k_{OH,B}} P_B \tag{3-80}$$

$$R + {}^{\cdot}OH \xrightarrow{k_{OH,R}} P_R \tag{3-81}$$

式中，P_B与 P_R分别为 B 和 R 的氧化产物。$^{\cdot}$OH 与目标物 B、参考物 R 反应的速率表示为：

$$-d[B]/dt = k_{OH,B} \cdot [^{\cdot}OH] \cdot [B] = k_{app,B} \cdot [B] \tag{3-82}$$

$$-d[R]/dt = k_{OH,R} \cdot [^{\cdot}OH] \cdot [R] = k_{app,R} \cdot [R] \tag{3-83}$$

式中，[B]和[R]分别为反应体系中目标物和参考物的浓度。稳态条件下，$^{\cdot}$OH 浓度恒定，则有：

$$\frac{d[B]}{dt} \Big/ \frac{d[R]}{dt} = \frac{k_{OH,B} \cdot [B]}{k_{OH,R} \cdot [R]} \tag{3-84}$$

$$\frac{k_{OH,B}}{k_{OH,R}} = \frac{\ln([B]_t / [B]_0)}{\ln([R]_t / [R]_0)} \tag{3-85}$$

绘制 $\ln([B]_t/[B]_0)$与 $\ln([R]_t/[R]_0)$关系图，斜率为目标物与参比化合物二级反应速率常数的比值，由已知的 $k_{OH,R}$可得 $k_{OH,B}$。

3. $^{\cdot}$OH 氧化降解速率的影响因素

化学品的$^{\cdot}$OH 氧化降解速率受多种环境因素的影响。

(1)温度：在较窄的温度范围内，化学品 k_{OH} 值与温度的关系一般可用 Arrhenius 公式描述，见式(3-58)。Arrhenius 公式是经验公式，式中将活化能(E_a)视为与温度无关的常量。在较窄的温度范围内，该公式是适用的。但在温度变化范围较大时，k 与 T 不再呈指数关系，说明 E_a 与温度有关。因此，后人提出了修正后的三参数 Arrhenius 公式(Atkinson and Arey, 2003)：

$$k = A \cdot T^n \cdot e^{-E/(R \cdot T)} \tag{3-86}$$

式中，参数 A, n, E 的具体值，需要根据实验数据拟合。值得注意的是，在气相反应中，部分化学品与·OH 反应的速率常数与温度并不遵循以上关系，例如，丙酮的气相 k_{OH} 在 242~350 K 不呈现温度依附性(Atkinson and Arey, 2003)。

(2)溶剂：液相反应中，溶剂的物理化学性质会对化学反应速率产生影响。同一化学品在同一温度下的气相、水相 k_{OH} 值存在差异，这可能是由于溶剂分子对化学品与·OH 反应的影响所导致(Gligorovski et al., 2015)。水相中，H_2O 分子包裹在反应物上，反应物分子发生反应需要通过扩散穿过 H_2O 分子的溶剂笼与·OH 接触。发生反应后，产物同样需要穿过 H_2O 分子的溶剂笼离开。该过程中，H_2O 与反应物的相互作用，可改变反应活化能 E_a，从而影响反应速率常数(Reichardt et al., 2011)。

(3)pH：pH 是化学品水相反应中的重要影响因素。许多化学品具有一个或多个解离基团，在水相中可发生电离。水体的 pH 影响这些化学品的存在形态，同一化学品的不同解离形态可能具有不同的 k_{OH}(Wei et al., 2013; Ge et al., 2015; Ge L et al., 2019)。此外，pH 还会通过影响水相中·OH 浓度水平，影响反应速率(Wang et al., 2020)。

4. k_{OH} 的数据库及 QSAR 预测模型

构建化学品 k_{OH} 的 QSAR 预测模型是解决大量化学品 k_{OH} 数据空缺的重要手段。近年来，随着化学品的气相、水相 k_{OH} 测试数据的不断丰富，以及建模方法的发展，化学品气相、水相 k_{OH} 的 QSAR 模型在准确性和实用性方面显著提升。下文分别对气相、水相 k_{OH} 数据以及相关 QSAR 预测模型进行介绍。

本书整理了基于不同方法测定的水相 k_{OH}[L/(mol·s)]及气相 k_{OH}[cm³/(molecule·s)]数据，示例于表 3-5 和表 3-6。水相 k_{OH} 数据库，涵盖 1066 种化学品(包括温度、pH 等信息)的 1342 个水相 k_{OH} 测试值，气相 k_{OH} 数据库涵盖 940 种化学品在不同温度条件下(206~1364 K)的气相 k_{OH} 测试值，详细情况参见 CPTP。

表 3-5　部分化学品的水相 k_{OH} 实测值数据

英文名称	CAS	SMILES	温度/K	pH	$\log k_{OH}$/[k_{OH}, L/(mol·s)]
4-[(4-hydroxyphenyl) methyl]phenol	620-92-8	C1=CC(=CC=C1CC2=CC=C(C=C2)O)O	298	7	9.32
benzenecarboximidamide	618-39-3	C1=CC=C(C=C1)C(=N)N	298	6.9	9.43
2-phenylpropan-2-ol	617-94-7	CC(C)(C1=CC=CC=C1)O	298	3	10.02

续表

英文名称	CAS	SMILES	温度/K	pH	$\log k_{OH}$/[k_{OH}, L/(mol·s)]
2, 4-dibromophenol	615-58-7	C1=CC(=C(C=C1Br)Br)O	293	5	9.70
benzohydrazide	613-94-5	C1=CC=C(C=C1)C(=O)NN	296	7	10.21
2, 2-dibromoacetamide	598-70-9	C(C(=O)N)(Br)Br	293	7	8.39
2, 2, 2-trichloroacetamide	594-65-0	C(=O)(C(Cl)(Cl)Cl)N	293	7	6.32
dichloro(iodo)methane	594-04-7	C(Cl)(Cl)I	298	7	9.90
dibromo(iodo)methane	593-94-2	C(Br)(Br)I	293	7	9.81
2-bromoacetonitrile	590-17-0	C(C#N)Br	293	7	7.60

表 3-6　部分化学品的气相 k_{OH} 实测值数据

英文名称	CAS	SMILES	温度(K)	$\log k_{OH}$/(cm³·molecule⁻¹·s⁻¹)
1, 1-dimethylhydrazine	57-14-7	CN(C)N	298	−11.60
Aniline	62-53-3	Nc1ccccc1	298	−9.93
ethanol	64-17-5	CCO	523	−11.34
ethanol	64-17-5	CCO	807	−11.04
hexanal	66-25-1	CCCCCC=O	298	−10.50
isopropanol	67-63-0	CC(C)O	297	−11.28
acetone	67-64-1	CC(C)=O	872	−11.45
acetone	67-64-1	CC(C)=O	1111	−11.24
acetone	67-64-1	CC(C)=O	1307	−11.06
1-propanol	71-23-8	CCCO	253	−11.21
1-propanol	71-23-8	CCCO	356	−11.22
benzene	71-43-2	c1ccccc1	298	−11.91
benzene	71-43-2	c1ccccc1	405.8	−12.47
ethane	74-84-0	CC	231	−13.05

早期的气相 k_{OH} 预测模型，主要采用基团贡献法、分子轨道法以及电离能法(Meylan and Howard, 2003)构建，常见于EPI Suite™软件的AOPWIN模块中的模型。基团贡献法是依照化学品与·OH 反应的机制，赋予化学品结构中特定基团相应的取代因子和官能团速率因子来预测 k_{OH} 值。采用基团贡献法构建的 QSAR 模型，对训练集化合物的结构类似物或衍生物预测准确性高，但是外推能力较差，当预测对象与训练集化合物结构差异大时，误差较大。分子轨道法根据化学品分子中不同的·OH 反应位点的电子性质来预测 k_{OH} 值。相比于依赖经验参数的基团贡献

法，分子轨道法的科学性更强。电离能法根据分子或原子失去一个电子所需要的能量来预测化合物气相 k_{OH}。由于该方法依赖电离能实测值，其应用受到限制（Meylan et al., 2003）。表 3-7 中整理了近几年具有代表性的气相 k_{OH} 预测模型。

表 3-7 代表性的化学品气相 k_{OH} 预测模型

参考文献	建模方法	n_{tra}	n_{ext}	描述符来源	性能表征
Wang et al., 2009	PLS	576	146	量子化学 Dragon	$R^2_{ext}=0.872$, $RMSE_{ext}=0.430$
Li et al., 2014a	MLR	1234	309	量子化学 Dragon	$R^2_{ext}=0.838$, $RMSE_{ext}=0.452$, $Q^2_{ext}=0.835$
	MLR	696	176	量子化学 Dragon	$R^2_{ext}=0.858$, $RMSE_{ext}=0.489$, $Q^2_{ext}=0.851$
Gupta et al., 2016	RF	1234	309	PaDEL	$R^2_{ext}=0.910$, $RMSE_{ext}=0.280$
	DTB	1234	309	PaDEL	$R^2_{ext}=0.920$, $RMSE_{ext}=0.270$
徐童 等, 2017	MLR	734	183	量子化学 Dragon	$R^2_{ext}=0.840$, $RMSE_{ext}$=0.468, $Q^2_{ext}=0.850$
	SVM	734	183	量子化学 Dragon	$R^2_{ext}=0.860$, $RMSE_{ext}=0.454$, $Q^2_{ext}=0.860$

注：MLR：多元线性回归；PLS：偏最小二乘；SVM：支持向量机；RF：随机森林；DTB：提升决策树；R^2_{ext}：验证集决定系数；$RMSE_{ext}$：外部验证集的均方根误差；Q^2_{ext}：外部验证系数；n_{tra}：训练集数量；n_{ext}：测试集数量。

Wang 等（2009）收集了常温常压下，722 个化合物的气相 k_{OH} 实测值，包含烷烃、烯烃、炔烃、芳香烃、醇、醛、酮、醚、酸、脂、氮化合物、硫化物、卤代化合物以及有机硅化合物。通过将量子化学描述符和 Dragon 描述符相结合，构建了逐步 MLR 和 PLS 模型。最佳模型如下：

$$\log k_{OH} = C \cdot D_i^{T} - 9.90\ (i = 1, 2, \cdots, p) \tag{3-87}$$

式中，$\log k_{OH}$ 代表 k_{OH} 取 10 为底的对数，k_{OH} 单位为 $cm^3/(molecule \cdot s)$；$C = [C_1, \cdots, C_p]$，代表回归系数的行向量；D_i 为描述符编号。描述符的含义及其回归系数见表 3-8。该模型的 $R^2_{ext} = 0.872$, $RMSE_{ext} = 0.430$，具有很好的拟合能力、稳定性。

表 3-8 模型（3-87）中分子描述符含义及其回归系数

编号	分子描述符含义	回归系数	编号	分子描述符含义	回归系数
D_1	分子空间紧密程度	-1.09	D_8	分子中羰基官能团的个数（脂肪烃）	5.92×10^{-1}
D_2	原子电负性相关性指标	1.72×10^{-1}	D_9	标准生成热	1.53×10^{-4}
D_3	分子中卤素原子个数	-1.32×10^{-1}	D_{10}	原子范德华体积相关指标	1.13
D_4	分子量	-6.90×10^{-4}	D_{11}	以原子极化率为权重的 3D 分子结构描述符	-6.85×10^{-1}
D_5	最高占据分子轨道能量	2.80×10^{-1}	D_{12}	分子中 $=CX_2$ 结构信息	6.00×10^{-1}
D_6	分子中邻接杂原子的氢原子个数	2.60×10^{-1}	D_{13}	总能量	2.91×10^{-5}
D_7	反应位点邻接基团信息	5.77×10^{-1}	D_{14}	分子结构碎片信息	-3.48×10^{-1}

续表

编号	分子描述符含义	回归系数	编号	分子描述符含义	回归系数
D_{15}	分子中氧原子和氟原子直接的几何距离总和	2.80×10^{-2}	D_{19}	分子中双键个数	2.86×10^{-1}
D_{16}	分子中三环官能团个数	-5.35×10^{-1}	D_{20}	分子中羰基个数(脂肪烃)	-2.02×10^{-1}
D_{17}	二阶邻接对称性指标	2.73×10^{-1}	D_{21}	分子中 sp2 杂化的碳原子个数	2.69×10^{-1}
D_{18}	原子极化率信息	5.13×10^{-1}	D_{22}	分子中芳香环上硝基的个数	-6.41×10^{-1}

注：各描述符详细解释参见 Todeschini 和 Consonni(2000)的专著。

化学品气相 k_{OH} 受温度影响大。Li 等(2014a)收集了 872 种化学品在不同温度条件下(206~1364 K)的气相 k_{OH} 实测值[molecules/(cm³·s)]，共 1543 个数据，其中 298 K 下有 872 个数据。基于量子化学描述符和 Dragon 描述符分别构建了 298 K 下的 MLR 模型(3-88)和具有温度依附性的 MLR 模型(3-89)。

$$\log k_{OH} = C_A \cdot D_{Ai}^T - 6.51\ (i = 1, 2, \cdots, p) \tag{3-88}$$

$$\log k_{OH} = C_B \cdot D_{Bi}^T - 8.61\ (i = 1, 2, \cdots, p) \tag{3-89}$$

其中，$C_A = [C_{A1}, \cdots, C_{Ap}]$, $C_B = [C_{B1}, \cdots, C_{Bp}]$代表两个模型回归系数的行向量；$D_{Ai}$, D_{Bi} 为描述符编号。各描述符含义见表 3-9。两个模型在验证集上均表现出良好的预测性能。应用域表征结果表明，两种模型适用于长链烯烃(C_8~C_{13})、有机磷、二甲基萘、有机硒以及有机汞化合物的 k_{OH} 预测。

表 3-9 模型(3-88)和(3-89)中分子描述符含义及其回归系数

编号	分子描述符含义	回归系数	编号	分子描述符含义	回归系数
D_{A1}	最高占据分子轨道能量	2.48	D_{B2}	最高占据分子轨道能量	2.25
D_{A2}	平均分子质量	4.00	D_{B3}	未加权分子结构描述符	2.83
D_{A3}	分子中具有 = CH–结构的数目	1.50	D_{B4}	分子中具有 = CH–结构的数目	6.78
D_{A4}	离子化势加权的 3D 分子结构描述符	1.75	D_{B5}	Sanderson 电负性加权的 lag1 的 Geary 自相关指数	1.76
D_{A5}	末端 sp² 杂化 C(sp²)主碳的个数	1.37	D_{B6}	3 阶平均连接指数	1.20
D_{A6}	分子中磷原子个数	1.06	D_{B7}	= CH–结构电性拓扑总和	7.05
D_{A7}	分子中脂肪族醛的个数	1.27	D_{B8}	温度的倒数	1.27
D_{A8}	卤素在分子中所占的百分比	5.95	D_{B9}	1 阶临近对称键信息内容指标	2.14
D_{A9}	偶极矩加权的来自于扩增边缘临界处的标准化的主要特征值	1.55	D_{B10}	0.15 质量加权的径向分布函数	2.52
D_{A10}	分子中 = CX_2 结构信息	1.37	D_{B11}	极化率加权的 burden 矩阵的最小特征值	1.98
D_{A11}	非取代苯环上 sp² 杂化碳的数目	1.65	D_{B12}	末端 sp² 杂化的主碳数目	1.38
D_{A12}	lag03 处的 CATS2D 亲脂性供体	1.10	D_{B13}	分子中含＞C＜结构的个数	1.62
D_{B1}	卤素原子在分子中所占的百分比	2.54	D_{B14}	在拓扑距离为 2 处 F–Br 出现的频率	1.12

注：各描述符详细解释参见 Todeschini 和 Consonni(2000)的专著。

Gupta 等(2016)基于 Li 等(2014a)收集的气相 k_{OH} 数据库，采用提升决策树(decision tree boosting, DTB)和随机森林(random forest, RF)两种方法，建立了具有温度依附性的气相 k_{OH} 的 QSAR 模型。建模使用的描述符由 PaDEL 软件(Yap et al., 2011)计算得到。两个模型 R^2_{ext} 均大于 0.910，$RMSE_{ext}$ 均小于 0.280。表明这两种机器学习算法的引入，均使模型的性能得到提升。

徐童等(2017)在 Li 等(2014a)搜集的 872 个化学品(298 K) k_{OH} 实测值[molecules/(cm³·s)]基础上，补充了氟代烯烃和不饱和醇的 45 个 k_{OH} 实测值，构建了 MLR 和非线性的 SVM 模型，结果如表 3-7 所示。相较 Li 等(2014a)的 MLR 模型，该 SVM 模型的预测性能略有提升。

QSAR 模型的预测能力依赖于实测数据。尽管上述模型中气相 k_{OH} 的数据涵盖多种类的化学品，但一些高关注度的化学品的气相 k_{OH} 数据仍存在空白，实现其 k_{OH} 的准确预测仍具有挑战性。因此基于特定种类化学品 k_{OH} 的数据补充以及 QSAR 模型的构建，是解决此问题的重要手段。短链氯化石蜡(short chain chlorinated paraffins, SCCPs)具有成千上万的异构体、对映体和非对映体。例如，对于含氯 60%(质量比)的 SCCPs 工业产品，理论上有 4200 种系列物，但已有模型中仅覆盖 22 个 C_1~C_6 的氯代烷烃。Li 等(2014b)利用 TURBOMOLE 软件中从头算分子动力学，对 9 种 C_{10}~C_{13} 的 SCCPs 的构型进行搜索(图 3-27)，利用 DFT 计算其反应热力学参数，使用 Polyrate 软件计算了其气相 200~500 K 下的 k_{OH}[molecules/(cm³·s)]，结合已有的 22 个实测 k_{OH}，构建了 MLR 模型：

$$\log k_{OH} = -1.22 \times 10 + 5.06D_1 + 1.17D_2 - 1.40 \times 10D_3 \qquad (3\text{-}90)$$

式中，D_1 为分子的球形度；D_2 表示碳原子上的最负净电荷；D_3 为分子的绝对硬度[$\eta = (E_{LUMO} - E_{HOMO})/2$]。该模型的 $R^2_{tra} = 0.943$，$R^2_{ext} = 0.856$，$RMSE_{ext} = 0.264$，具有

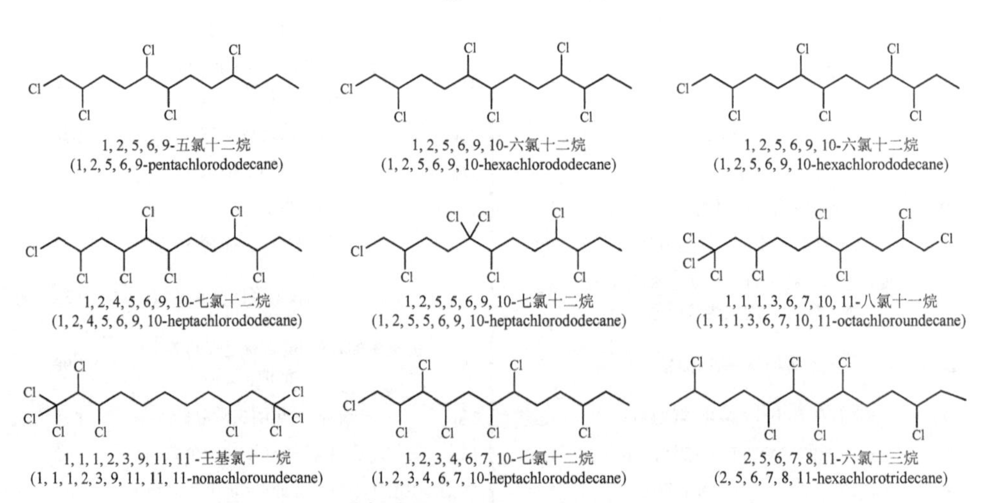

图 3-27　短链氯化石蜡分子结构(改自 Li et al., 2014b)

良好的预测能力，预测值与实测值拟合结果见图 3-28。此研究利用量子化学方法替代了 k_{OH} 的实验测定，补充了 SCCPs 的 k_{OH} 数据缺失，有助于评价 SCCPs 的气相持久性。

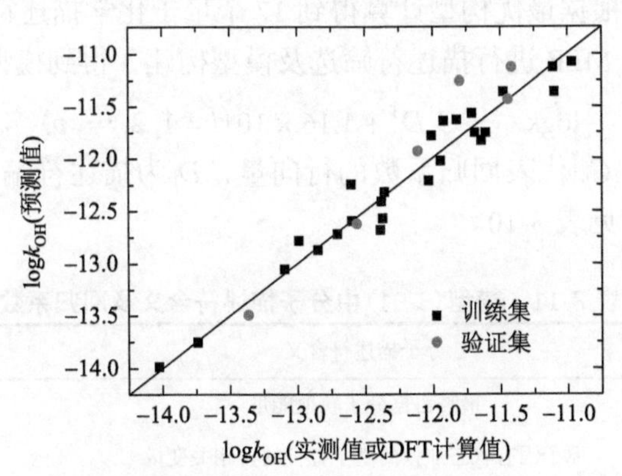

图 3-28　31 种短链氯化石蜡的 $\log k_{OH}$[k_{OH}, molecules/(cm^3·s)]预测值与实测值或 DFT 计算值的拟合图

随着化学品水相 k_{OH} 数据量的扩充，描述符和机器学习算法的多元发展，相关的 QSAR 预测模型不断涌现，表 3-10 中整理了近几年具有代表性的水相 k_{OH} 预测模型。

表 3-10　代表性的化学品水相 k_{OH} 预测模型

参考文献	建模算法	n_{tra}	n_{val}	n_{ext}	描述符来源	性能
Borhani et al., 2016	MLR	388	—	69	量子化学 Dragon	R^2_{ext} = 0.717, RMSE$_{ext}$ = 0.352, Q^2_{ext} = 0.841
Borhani et al., 2016	ANN	388	—	69	量子化学 Dragon	R^2_{ext} = 0.848, RMSE$_{ext}$ = 0.356, Q^2_{ext} = 0.929
Luo et al., 2017	MLR	421	—	105	量子化学 Dragon	R^2_{ext} = 0.802, RMSE$_{ext}$ = 0.232, Q^2_{ext} = 0.801
Gupta et al., 2017a	DTB	746	—	249	PaDEL	R^2_{ext} = 0.925, RMSE$_{ext}$ = 0.140
	DTB	376	—	249	PaDEL	R^2_{ext} = 0.936, RMSE$_{ext}$ = 0.150
Gupta et al., 2017b	DTB	136	—	35	PaDEL	R^2_{ext} = 0.953, RMSE$_{ext}$ = 0.160
	DTB	56	—	14	PaDEL	R^2_{ext} = 0.961, RMSE$_{ext}$ = 0.140
Li et al., 2018	MLR	18	—	—	量子化学 Dragon	R^2_{tra} = 0.877, RMSE$_{tra}$ = 0.175, Q^2_{LOO} = 0.842
Luo et al., 2019	MLR	45	—	15	量子化学 Dragon	R^2_{ext} = 0.820, RMSE$_{ext}$ = 0.197, Q^2_{ext} = 0.816
Zhong et al., 2020a	DNN	455	—	138	分子指纹	R^2_{ext} = 0.789, RMSE$_{ext}$ = 0.329
Zhong et al., 2020b	XGBoost	872	108	109	分子指纹	R^2_{ext} : 0.530~0.670, RMSE$_{ext}$: 0.530~0.670
Zhong et al., 2021	CNN	827	108	109	分子图像	R^2_{ext} : 0.600~0.730, RMSE$_{ext}$: 0.284~0.339

注：MLR：多元线性回归；ANN：人工神经网络；DTB：提升决策树；DNN：深度神经网络；XGBoost：极端梯度提升树；CNN：卷积神经网络；R^2：决定系数；RMSE$_{ext}$：验证集的均方根误差；Q^2_{ext}：外部验证系数；n_{tra}：训练集数量；n_{val}：验证集数量；n_{ext}：测试集数量。R^2_{tra}：训练集决定系数；RMSE$_{tra}$：训练集的均方根误差；Q^2_{LOO}：留一法交叉验证系数。

Luo 等(2017)收集了 526 种化学品水相的 k_{OH}[L/(mol·s)]测试值。这些化合物涵盖烯烃、醇、醚、酚、酮、醛、芳香烃、芳香杂环、有机酸、含氮化合物、含硫化合物、含磷化合物和卤代化合物等类型。使用半经验量子化学 PM6 方法对化学品结构进行优化。根据最优构型计算得到 17 个量子化学描述符和 2418 个 Dragon 描述符，采用逐步 MLR 进行描述符筛选及模型构建，得到模型如下：

$$\log k_{OH} = C \cdot D_i^T + 1.16 \times 10 (i = 1, 2, \cdots, p) \tag{3-91}$$

式中，$C = [C_1, \cdots, C_p]$代表回归系数的行向量，D_i为描述符编号，描述符含义见表 3-11，相关细节见表 3-10。

表 3-11　模型(3-91)中分子描述符含义及回归系数

编号	分子描述符含义	回归系数
D_1	最高占据分子轨道能量	6.23
D_2	原子固有状态加权的基于杠杆的自相关变量	7.40×10^{-2}
D_3	未加权的 3D-MoRSE 参数	1.83×10^{-1}
D_4	由 Sanderson 电负性加权的 Geary 自相关变量	2.38×10^{-1}
D_5	分子中 R--N--R 或 R--N--X 结构的数目	9.92×10^{-2}
D_6	分子中末端 sp2 杂化的主碳的数目	1.07×10^{-1}
D_7	分子中 $RCONH_2$ 的数目	2.30×10^{-1}
D_8	CH_3R 或 CH_4 结构的数目	7.01×10^{-2}
D_9	Moriguchi 辛醇-水分配系数	8.03×10^{-2}
D_{10}	分子中硫原子个数	1.13×10^{-1}
D_{11}	分子中溴原子个数	2.65×10^{-1}
D_{12}	分子中氢原子上最正净电荷	6.51×10^{-1}
D_{13}	分子偶极矩加权的边邻接矩阵的 3 号特征值	1.19×10^{-1}

注：--代表离域键(如含氮官能团中的 N–O 键)或苯环中的共轭键；各描述符详细解释参见 Todeschini 和 Consonni(2000)的专著。

Gupta 等(2017a)采用 DTB 算法，构建了水相 k_{OH}[L/(mol·s)]预测模型($n = 995$)。采用 PaDEL 软件计算了化学品分子结构描述符，在训练过程中根据对模型的贡献度，逐步剔除不重要的描述符。得到的最佳 $\log k_{OH}$ 预测模型包含 5 个描述符，*nX*(分子中卤原子个数)；*nBondsD*(分子中双键的数量)；*sSe*(原子 *Sanderson* 电负性之和)；*TopoPSA*(拓扑极性表面积)；AM_W(分子量与总原子数的比值)。此模型较以往模型准确性得到较大提升($R^2_{tra} = 0.954$，$R^2_{ext} = 0.925$, $RMSE_{ext} = 0.140$)。

Zhong 等(2020a)采用分子指纹表征化学品的分子结构特征，结合深度神经网络(deep neural networks, DNN)、极端梯度提升树(extreme gradient boosting, XGBoost)算法分别构建了化学品水相 k_{OH}[L/(mol·s)]的 QSAR 模型。Zhong 等(2021)还利用

分子 2D 图像描述化学品结构特征，通过数据增强技术扩大数据量，基于迁移学习理论，将图像识别模型迁移至化学品水相 k_{OH}[L/(mol·s)]预测任务中。

考虑到 pH 及温度对化合物水相 k_{OH} 值的影响，Gupta 等(2017b)收集了在不同 pH(0.1~11)和温度(273~310 K)条件下的化学品 k_{OH} 值[L/(mol·s)]。同样采用 DTB，以 pH、温度作为自变量，构建了 pH 依附性模型、温度依附性模型以及 pH-温度依附性模型，相关细节见表 3-10。

许多化学品的分子结构中包含可电离基团，进入水相后，解离成不同的阴离子/阳离子物种。其结构的改变，可导致与$^{\bullet}$OH 反应活性的改变。Luo 等(2019)通过竞争动力学测试，测定了 22℃ ± 1℃，9 种氟喹诺酮类和 11 种磺胺类抗生素在 3 种 pH(由分子结构中含有的解离基团及对应的 pK_a 值推算)下，3 种解离形态(阳离子态、阴离子态、双性离子/分子态，见图 3-29)的 k_{OH} 值。采用 ChemBio3D Ultra 软件生成了 20 种抗生素 3 种解离形态的 3D 分子结构，并使用 MM2 方法对其进行预优化。然后，通过 Gaussian 09 软件中的 M062X/6-31 + G(d, p)方法进一步优化结构。基于抗生素分子最稳定构型，计算了 21 个量子化学描述符及 1622 个 Dragon 描述符。

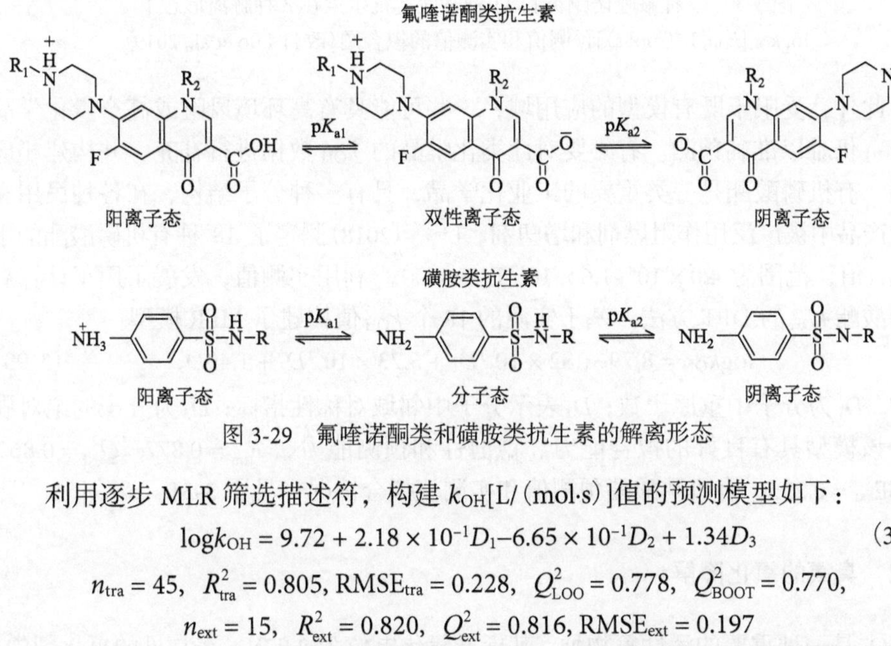

氟喹诺酮类抗生素

阳离子态 ⇌ (pK_{a1}) 双性离子态 ⇌ (pK_{a2}) 阴离子态

磺胺类抗生素

阳离子态 ⇌ (pK_{a1}) 分子态 ⇌ (pK_{a2}) 阴离子态

图 3-29　氟喹诺酮类和磺胺类抗生素的解离形态

利用逐步 MLR 筛选描述符，构建 k_{OH}[L/(mol·s)]值的预测模型如下：

$$\log k_{OH} = 9.72 + 2.18 \times 10^{-1} D_1 - 6.65 \times 10^{-1} D_2 + 1.34 D_3 \tag{3-92}$$

$$n_{tra} = 45,\ R^2_{tra} = 0.805,\ RMSE_{tra} = 0.228,\ Q^2_{LOO} = 0.778,\ Q^2_{BOOT} = 0.770,$$

$$n_{ext} = 15,\ R^2_{ext} = 0.820,\ Q^2_{ext} = 0.816,\ RMSE_{ext} = 0.197$$

式中，D_1 表示分子中与电负性原子(如氧、氮、硫和卤素原子)相连的 CH_2 结构的数目；D_2 表示碳原子上最正净电荷；D_3 表示分子偶极矩。模型具有较高的 R^2 值、Q^2 值和较低的 *RMSE* 值，表明模型具有良好的拟合能力、稳健性和预测能力。

图 3-30 为 20 种抗生素的不同解离形态 logk_{OH}实测值和预测值拟合结果，其中模型训练集和验证集中所有抗生素 logk_{OH}实测值和预测值的差距小于 0.6 个 log 单位，表明预测值与实测值吻合良好。对模型进行 Williams 应用域表征，表明模型无离群点且所有抗生素均在模型的应用域内，所构建的 QSAR 模型能够用于应用域内不同解离形态抗生素水相 k_{OH}的预测。

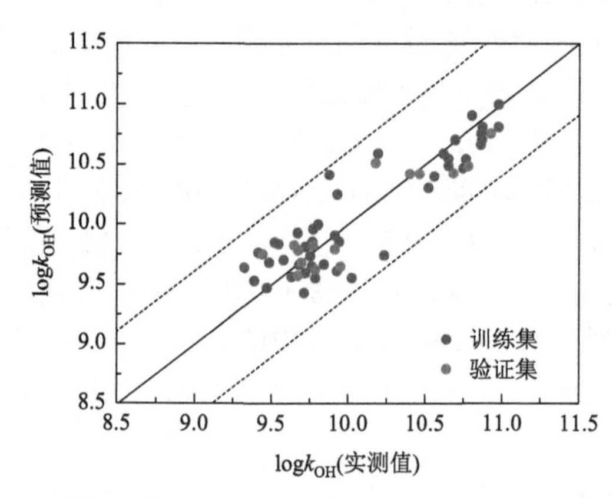

图 3-30　9 种氟喹诺酮类和 11 种磺胺类抗生素在 3 种解离形态下 logk_{OH}[k_{OH}, L/(mol·s)]预测值和实测值的拟合图(改自 Luo et al., 2019)

此外，受限于既有模型的应用域，一些可能具有高环境风险或高产量化学品的 k_{OH}仍难以准确预测。有必要对此类化学品的 k_{OH}数据进行补充，并构建相应模型。有机磷酸酯是一类重要的工业化学品，具有多种分子结构，在各种民用和工业产品中被广泛用作阻燃剂和增塑剂。Li 等(2018)测定了 18 种有机磷酸酯的水相 k_{OH}值，范围为 $4.0\times10^{8}\sim1.6\times10^{10}$ L/(mol·s)。利用实测值，发展了用于计算有机磷酸酯 k_{OH}的 DFT 方法。基于实测的 18 个 k_{OH}值构建了 MLR 模型：

$$\log k_{OH} = 8.79 - 1.82\times10^{-1}D_1 + 5.73\times10^{-1}D_2 + 1.49D_3 \tag{3-93}$$

式中，D_1为分子中重原子数；D_2表示分子中邻域对称性指标；D_3为分子的绝对硬度。该模型具有良好的拟合能力、稳健性和预测能力，$R^2_{tra}=0.877$，$Q^2_{ext}=0.862$，$RMSE_{ext}=0.235$。有机磷酸酯预测值和实测值拟合情况，见图 3-31。

3.5.2　臭氧的氧化降解

O_3是一种重要的活性氧物种，其标准氧化电位为 2.07V，在常见的氧化剂中，其氧化能力仅次于 F 原子、O 原子和$^{\bullet}$OH(Legrini et al., 1993)。O_3在大气中参与许多化学品的降解转化过程。在水体中，O_3的含量较低，但常在水处理、消毒等污染控制领域作为一种相对清洁和环境友好的氧化剂使用。

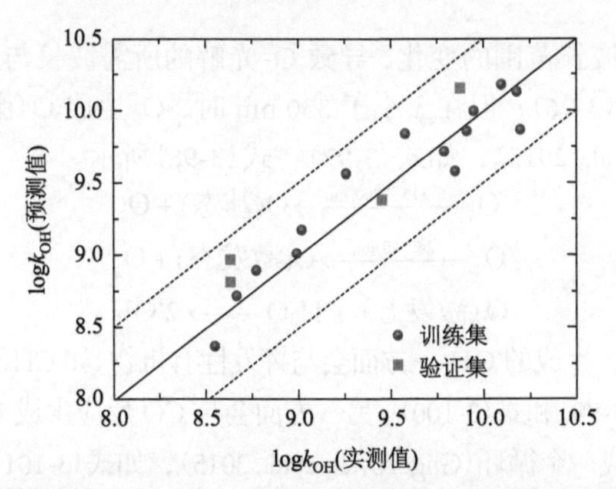

图 3-31 18 种有机磷酸酯的 $\log k_{OH}$[k_{OH}, L/(mol·s)]预测值和实测值拟合图(改自 Li et al., 2018)

1. O_3氧化降解的机制及动力学

O_3与化学品的反应可分为直接反应和间接反应。直接反应指 O_3 直接氧化降解化学品。在 O_3 的分子结构中，中心氧原子带正电、两侧氧原子一个带负电、一个不带电，因此 O_3 既具有亲电性也具有亲核性。O_3 可以与一些富电子官能团的化合物(如含不饱和键的化合物、胺类和芳香族化合物等)发生亲电反应(Miklos et al., 2018)。在亲电反应中，O_3 中带正电的氧原子进攻化合物中电子云密度较高的部位，形成臭氧化或羟基化的中间产物，并进一步分解成羰基或羧基化合物及 H_2O。O_3 还可以与含有吸电子基团(如–Cl 和–NO_2)的芳香族化合物发生亲核反应。在亲核反应中，O_3 带负电荷的氧原子进攻化合物的缺电子部位，最终生成小分子有机酸等产物。

大气中，化学品被 O_3 直接氧化降解的过程，遵循二级反应动力学：

$$O_3 + B \longrightarrow P \tag{3-94}$$

$$-d[B]/dt = k_{O_3} \cdot [B] \tag{3-95}$$

式中，$-d[B]/dt$ 为反应速率，molecules/(cm³·s)；[B]为反应体系中化学品 B 的浓度，molecules/cm³；k_{O_3} 为二级反应速率常数，cm³/(molecule·s)。

气相中化学品与 O_3 的反应速率常数(k_{O_3})的测试原理与 k_{OH} 类似，包括直接法(Klawatsch-Carrasco et al., 2004)和间接法(Avzianova et al., 2002)。直接测定是通过观察反应过程中 O_3 浓度随时间的衰减速率，以及化学品浓度变化情况，进而求解 k_{O_3}。间接测定是同时检测两种化学品(反应物和参比物)与 O_3 反应时浓度变化情况，计算得到待测目标物 k_{O_3}。实际应用中，较常采用间接测定法。

O_3 的间接反应是指 O_3 分解后产生·OH 等活性物种，进而氧化降解化学品。在所生成的活性物种中，·OH 是最重要的氧化剂，其氧化能力高于 O_3。

大气环境中，O_3 会通过光解生成·OH。在上层对流层中，O_3 光解生成基态 O 原子和 O_2，见式(3-96)，基态的 O 原子易再与 O_2 生成 O_3。在清洁大气的下层对流层中，由于光的波长范围的变化，导致 O_3 光解的所需波长与入射波长范围重叠变小，不能满足式(3-96)；但在 λ 小于 330 nm 时，O_3 生成 O(激发态)，从而生成 $^{\bullet}OH$ (Gligorovski et al., 2015)，如式(3-97)、式(3-98)所示。

$$O_3 \xrightarrow{315\sim1200\ \text{nm}} \text{O(基态)} + O_2 \tag{3-96}$$

$$O_3 \xrightarrow{\lambda\leqslant330\ \text{nm}} \text{O(激发态)} + O_2 \tag{3-97}$$

$$\text{O(激发态)} + H_2O \longrightarrow 2^{\bullet}OH \tag{3-98}$$

在清洁大气中，生成的 $^{\bullet}OH$ 一方面会与挥发性有机物(如 CH_4)反应生成有机过氧化物($RO_2^{\bullet}$)，见式(3-99)和式(3-100)。另一方面会与 CO 反应生成 $HO_2^{\bullet}$，随后 $HO_2^{\bullet}$, O_3 与 $^{\bullet}OH$ 相互反应形成一个循环(Gligorovski et al., 2015)，如式(3-101)至式(3-104)：

$$^{\bullet}OH + CH_4 \longrightarrow {^{\bullet}CH_3} + H_2O \tag{3-99}$$

$$^{\bullet}CH_3 + O_2 \longrightarrow CH_3O_2^{\bullet} \tag{3-100}$$

$$^{\bullet}OH + CO \longrightarrow {^{\bullet}H} + CO_2 \tag{3-101}$$

$$^{\bullet}H + O_2 \longrightarrow HO_2^{\bullet} \tag{3-102}$$

$$HO_2^{\bullet} + O_3 \longrightarrow {^{\bullet}OH} + 2O_2 \tag{3-103}$$

$$^{\bullet}OH + O_3 \longrightarrow HO_2^{\bullet} + O_2 \tag{3-104}$$

在污染大气中，当 NO_x 含量高时，$^{\bullet}OH$ 生成的 $HO_2^{\bullet}$ 会与 NO 反应重新生成 $^{\bullet}OH$。NO 进一步反应生成的 NO_2 能够促进 O_3 的生成(Gligorovski et al., 2015)，见式(3-105)至式(3-107)。

$$NO + HO_2^{\bullet} \longrightarrow {^{\bullet}OH} + NO_2 \tag{3-105}$$

$$NO_2 \xrightarrow{\lambda<420\ \text{nm}} \text{O(基态)} + NO \tag{3-106}$$

$$\text{O(基态)} + O_2 \longrightarrow O_3 \tag{3-107}$$

O_3 氧化化学品的速率，主要受温度和 O_3 浓度的影响。温度对 O_3 直接氧化反应速率的影响，同样符合 Arrhenius 公式。O_3 浓度的提高，将直接导致化学品氧化速率的增加。对于以产生 $^{\bullet}OH$ 为主的间接反应，其反应速率还要受到 $^{\bullet}OH$ 生成量的控制。

2. k_{O_3} 的数据库与 QSAR 预测模型

相比 k_{OH}，k_{O_3} 的数据量和相关预测模型较少。表 3-12 为搜集整理的气相 k_{O_3} 数据示例，该数据库共包含 166 种化学品在不同温度条件下的 k_{O_3} 测试值，共 379 个，该数据库已整理至 CPTP。

表 3-12 部分化学品气相 k_{O_3} 实测值数据

英文名称	CAS	SMILES	温度/K	$\log k_{O_3}$ [k_{O_3}, cm³/(molecule·s)]
alpha-phellandrene	99-83-2	CC1=CCC(C(C)C)C=C1	295	−13.92
bicyclo[2.2.1]-2, 5-heptadiene	121-46-0	C1=CC2C=CC1C2	297	−14.33
bicyclo[2.2.1]-2-heptene	498-66-8	C1=CC2CCC1C2	297	−14.67

续表

英文名称	CAS	SMILES	温度/K	$\log k_{O_3}$ [k_{O_3}, $cm^3/(molecule \cdot s)$]
cis-3, 7-dimethyl-1, 3, 6-octatriene	3338-55-4	C=C/C(C)=C\CC=C(C)C	295	−14.7
3, 7-dimethyl-1, 3, 6-octatriene	13877-91-3	C=CC(C)=CCC=C(C)C	298	−14.7
1, 3-cyclohexadiene	592-57-4	C1CC=CC=C1	297	−14.71
2, 3-dimethyl-2-butene	563-79-1	CC(C)=C(C)C	299	−14.82
2, 3-dimethyl-2-butene	563-79-1	CC(C)=C(C)C	363	−14.85
3-methylene-7-methyl-1, 6-octadiene	123-35-3	C=CC(=C)CCC=C(C)C	295	−14.9
2, 3-dimethyl-2-butene	563-79-1	CC(C)=C(C)C	298	−14.98
cyclopentene	142-29-0	C1=CCCC1	294	−15.01
2, 3-dimethyl-2-butene	563-79-1	CC(C)=C(C)C	227	−15.05
2, 3-dimethyl-2-butene	563-79-1	CC(C)=C(C)C	247	−15.08
2, 3-dimethyl-2-butene	563-79-1	CC(C)=C(C)C	284	−15.08
cyclopentene	142-29-0	C1=CCCC1	299	−15.09

Yu 等(2012)收集了 153 种化学品的气相 k_{O_3} 测试值[298 K, 101.3 kPa，单位 $cm^3/(molecule \cdot s)$]，采用 B3LYP/6-31G(d)方法对化学品的结构进行优化，并计算量子化学描述符。利用遗传算法筛选描述符，构建 SVM 模型。训练集($n_{tra}=68$)的 RMSE 为 0.680，验证集($n_{val}=36$)为 0.777，测试集($n_{ext}=36$)为 0.709。Williams 应用域表征结果表明，模型对脂肪族化合物具有很好的预测性。

Li 等(2013)收集了 161 种化学品的气相 k_{O_3} [$cm^3/(molecule \cdot s)$]值，采用量子化学描述符和 Dragon 描述符，基于 MLR 和 SVM 分析，构建具有温度依附性的 k_{O_3} 预测模型。其中 MLR 模型如下：

$$\log k_{O_3} = C \cdot D_i^{T} + 6.52 \times 10^{-1} (i = 1, 2, \cdots, p) \tag{3-108}$$

式中 $C=[C_1, \cdots, C_p]$代表回归系数的行向量，D_i为描述符编号，各结构描述符的含义及对应的回归系数见表 3-13。最终模型 $R^2_{adj}=0.840$；$RMSE_{ext}=0.739$，$Q^2_{ext}=0.800$。此模型对不同温度下烷烃、烯烃、卤代烯烃、芳香烃、酮、醛、酸、醚、醇、酚、酯、含氮化合物和含硫化合物有较好的预测效果。

表 3-13　模型(3-108)中分子描述符含义及回归系数

编号	分子描述符含义	回归系数
D_1	最高占据分子轨道能量	1.57
D_2	平均分子质量	-1.07×10^{-1}
D_3	分子中脂肪族化合物分子中仲碳原子个数	4.76×10^{-1}
D_4	aas 碳电性拓扑状态的总和	−1.37

续表

编号	分子描述符含义	回归系数
D_5	均价连接性指数	−4.81
D_6	分子中脂肪族伯胺官能团个数	−2.81
D_7	分子中非芳香共轭碳原子个数	-3.36×10^{-1}
D_8	分子中双键个数	5.36×10^{-1}

注：各描述符详细解释参见 Todeschini 和 Consonni (2000) 的专著。

3.6　小结与展望

环境持久性是化学品的重要属性。人类生活和生产活动向自然环境排放（释放）化学品的速率，以及描述化学品持久性的环境降解转化速率常数，是决定化学品环境暴露浓度的时空分布与演变的重要因素。因此，筛查具有环境持久性的化学品并进行管控，是对化学品进行健全管理、支持可持续发展的必要路径。

人类所生存的自然环境，由大气、水体、土壤、生物等多圈层构成，时间连续但空间异质。化学品在不同环境圈层中降解转化的途径多、相对重要性各异，影响因素多。相较于化学品的环境分配行为属性参数，表征化学品环境降解转化行为参数的实测数据少，准确模拟自然环境条件并进行测试的难度大，受限于模拟环境条件的完备性、检测技术的有效性、测试样品的可及性等多方面因素。环境计算化学暨计算毒理学技术，是应对该问题的一个有效手段。

一方面，可以采用高精度量子化学计算等分子模拟手段，依据已有且可靠的测试数据，筛选合适的分子模拟计算方法，发展基于分子结构计算化学品环境降解转化途径和动力学参数的方法。这方面，对于气相中化学品环境降解转化行为的模拟预测，已经有较多且成熟可靠的案例，在本章有所介绍。然而，对于水相中的反应，由于溶剂效应以及计算速度的限制，仍需更多探索。对于环境界面中的反应，已有一些前沿性的探索工作（Xia et al., 2021）。显然，对于环境界面反应进行模拟预测的难度更大。Xia 等（2022）提出基于机器学习的量子化学计算思路，应该是解决计算速度限制、进行化学品环境降解转化行为乃至气相成核行为模拟预测的可行之路。

另一方面，伴随化学品环境降解转化行为相关动力学参数的数据积累，可以应用各种机器学习算法，进行数据驱动的 QSAR 模型构建。本章介绍了化学品生物降解、光化学降解、水解和氧化降解的动力学、影响因素、测试方法、数据库和相关动力学参数预测模型。总体上，一些模型所依托的训练集化合物数目少。前人发展的一些模型，多缺乏模型的验证和应用域表征，许多模型的预测准确性偏低。仍有许多降解转化行为过程的相应动力学参数，没有相关的预测模型。因此，这方面还需要持续性的探索。图神经网络、迁移学习等深度学习的机器学习建模技术，将在此领域大有用武之地。

综合模拟化学品在多圈层、多途径、多影响因子下的降解转化过程，预测化学品的综合环境持久性，需要构建具有空间分辨特性的多介质环境模型。构建化学品的多介质环境模型，需要输入环境属性的相关参数、化学品的环境分配行为参数和降解转化行为参数，考虑化学品环境释放、平流输入输出、扩散分配等过程。耦合物质流分析模型和多介质环境模型，可以实现化学品环境释放数据与多介质环境模型输入数据的无缝对接；也可以应用多介质环境监测的结果，对物质流分析的结果进行一定程度的验证。另外，基于已有的 PBT 和非 PBT 化学品的数据集，采用于图神经网络等“端到端”的机器学习建模方法，构建持久性化学品、甚至 PBT 化学品的集成智能综合筛查（判别）模型（Wang et al., 2022），也是化学品筛查的一种重要的技术路径。

知识图谱

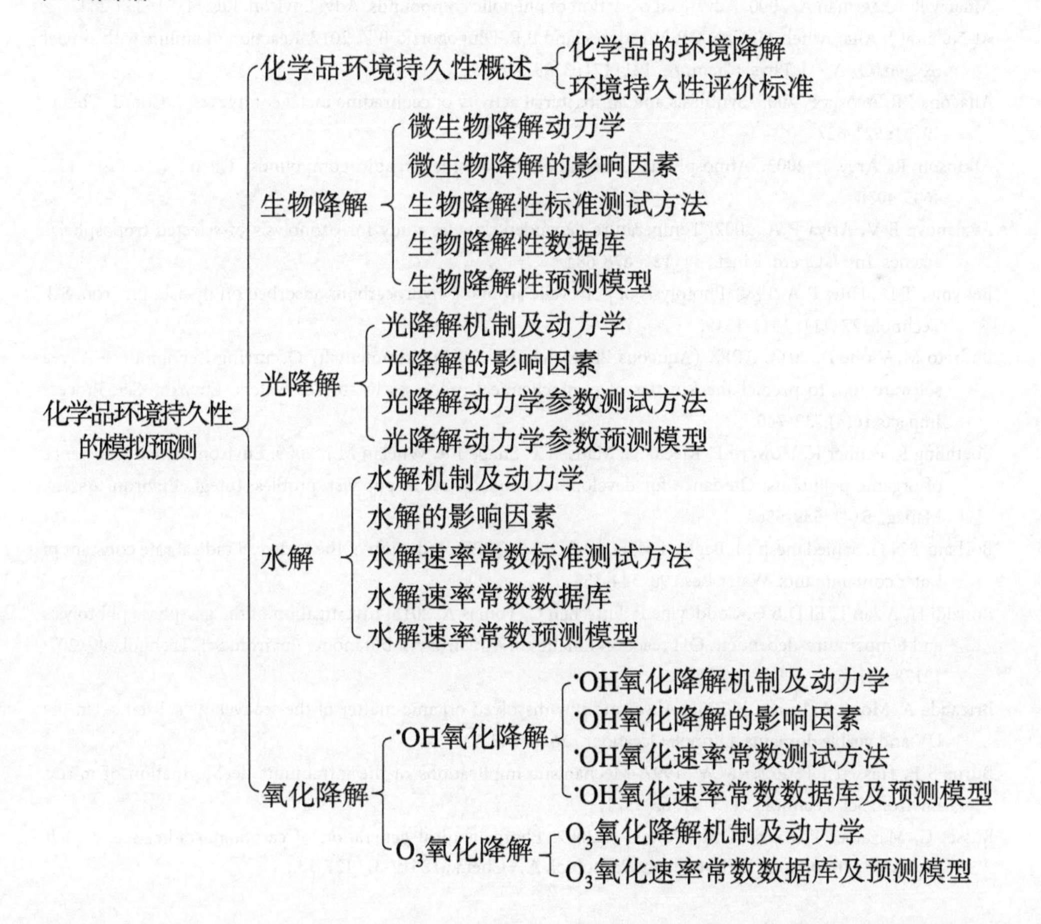

参 考 文 献

白东晓, 葛林科, 张蓬, 曹胜凯, 马宏瑞. 2022. 冰雪中有机污染物的环境光化学行为. 中国科学: 化学, 2022, 52(01): 1-14.

郭忠禹, 陈景文, 张思玉, 陈曦, 王杰琼, 崔飞飞. 2020. 天然水中溶解性有机质对有机微污染物光化学转化的影响. 科学通报, 65(26): 2786-2803.

王杰琼, 乔显亮, 张耀玲, 张云霞, 陈景文. 2016. 采用电渗析耦合反渗透法分离养殖海水中溶解性有机质. 环境化学, 35(9): 1785-1791.

徐童, 陈景文, 李超, 李雪花. 2014. 气相有机化学品与羟基自由基反应速率常数的 QSAR 模型. 环境化学, 36(4): 703-709.

Acharya K, Werner D, Dolfing J, Barycki M, Meynet P, Mrozik W, Komolafe O, Puzyn T, Davenport R J. 2019. A quantitative structure-biodegradation relationship (QSBR) approach to predict biodegradation rates of aromatic chemicals. Water Res., 157: 181-190.

Adarsh N, Shamugasundaram M, Ramaiah D. 2013. Efficient reaction based colorimetric probe for sensitive detection, quantification, and on-site analysis of nitrite ions in natural water resources. Anal. Chem., 85(21): 10008-10012.

Alnaizy R, Akgerman A. 2000. Advanced oxidation of phenolic compounds. Adv. Environ. Res., 4(3): 233-244.

Al-Nu'airat J, Altarawneh M, Gao X P, Westmoreland P R, Dlugogorski B Z. 2017. Reaction of aniline with singlet oxygen ($O_2{}^1\Delta_g$). J. Phys. Chem. A., 121(17): 3199-3206.

Anacona J R, Acosta F. 2005. Synthesis and antibacterial activity of cephradine metal complexes. J. Coord. Chem., 59(6): 621-627.

Atkinson R, Arey J. 2003. Atmospheric degradation of volatile organic compounds. Chem. Rev., 103(12): 4605-4038.

Avzianova E V, Ariya P A. 2002. Temperature-dependent kinetic study for ozonolysis of selected tropospheric alkenes. Int. J. Chem. Kinet., 34(12): 678-684.

Behymer T D., Hites R A. 1988. Photolysis of polycyclic aromatic-hydrocarbons adsorbed on fly-ash. Environ. Sci. Technol., 22(11): 1311-1319.

Bodrato M, Vione D. 2014. APEX (Aqueous Photochemistry of Environmentally Occurring Xenobiotics): A free software tool to predict the kinetics of photochemical processes in surface waters. Environ. Sci. Process Impacts,16(4):732-740.

Boethling R, Fenner K, Howard P, Klecka G, Madsen T, Snape J R, Whelan M J. 2009. Environmental persistence of organic pollutants: Guidance for development and review of pop risk profiles. Integr. Environ. Assess. Manag., 5(4): 539-556.

Borhani T N G, Saniedanesh M, Bagheri M, Lim J S. 2016. QSPR prediction of the hydroxyl radical rate constant of water contaminants. Water Res., 98: 344-353.

Bouzidi H, Aslan L, El Dib G, Coddeville P, Fittschen C, Tomas A. 2015. Investigation of the gas-phase photolysis and temperature-dependent OH reaction kinetics of 4-hydroxy-2-butanone. Environ. Sci. Technol., 49(20): 12178-12186.

Bricauda A, Morel A, Prieur L. 1981. Absorption by dissolved organic-matter of the sea (yellow substance) in the UV and visible domains. Limnol. Oceanogr., 26(1): 43-53.

Burns S E, Hassett J P, Rossi M V. 1997. Mechanistic implications of the intrahumic dechlorination of mirex. Environ. Sci. Technol., 31(5): 1365-1371.

Busset C, Mazellier P, Sarakha M, De laat J. 2007. Photochemical generation of carbonate radicals and their reactivity with phenol. J. Photochem. Photobiol. A—Chem., 185(2-3): 127-132.

Calza P, Vione D. 2015. Surface Water Photochemistry. London: Royal Society of Chemistry.

Canonica S, Hellrung B, Wirz J. 2000. Oxidation of phenols by triplet aromatic ketones in aqueous solution. J. Phys. Chem. A., 104(6): 1226-1232.

Chen G C, Li X H, Chen J W, Zhang Y N, Peijnenburg W J G M. 2014. Comparative study of biodegradability prediction of chemicals using decision trees, functional trees, and logistic regression. Environ. Toxicol. Chem., 33(12): 2688-2693.

Chen J W, Peijnenburg W J G M, Quan X, Chen S, Martens D, Schramm K W, Kettrup A. 2001a. Is it possible to develop a QSPR model for direct photolysis half-lives of PaHs under irradiation of sunlight? Environ. Pollut., 144(1): 137-143.

Chen J W, Peijnenburg W J G M, Quan X, Chen S, Zhao Y Z, Yang F L. 2000a. The use of PLS algorithms and quantum chemical parameters derived from PM3 Hamiltonian in QSPR studies on direct photolysis quantum yields of substituted aromatic halidesaromatic halides. Chemosphere, 40(12): 1319-1326.

Chen J W, Peijnenburg W J G M, Quan X, Yang F L. 2000b. Quantitative structure-property relationships for direct photolysis quantum yields of selected polycyclic aromatic hydrocarbons. Sci. Total Environ., 246(1): 11-20.

Chen J W, Quan X, Peijnenburg W J G M, Yang F L. 2001b. Quantitative structure-property relationships (QSPRs) on direct photolysis quantum yields of PCDDs. Chemosphere, 43(2): 235-241.

Chen J W, Peijnenburg W J G M, Wang L S. 1998a. Using PM3 Hamiltonian, factor analysis and regression analysis in developing quantitative structure-property relationships for photohydrolysis quantum yields of substituted aromatic halides. Chemosphere, 36(13): 2833-2853.

Chen J W, Peijnenburg W J G M, Quan X, Zhao Y Z, Xue D M, Yang F L. 1998b. The application of quantum chemical and statistical technique in developing quantitative structure-property relationships for the photohydrolysis quantum yields of substituted aromatic halides-substituted aromatic halides. Chemosphere, 37(6): 1169-1186.

Chen J, Wu N N, Qu R J, Xu X X, Shad A, Pan X X, Yao J Y, Bin-Jumah M, Allam A A, Wang Z Y, Zhu F. 2020. Photodegradation of polychlorinated diphenyl sulfides (PCDPSs) under simulated solar light irradiation: Kinetics, mechanism, and density functional theory calculations. J. Hazard. Mater., 398, 122876.

Chen Y, Li H, Wang Z P, Li H J, Tao T, Zuo Y G. 2012. Photodegradation of selected β-blockers in aqueous fulvic acid solutions: Kinetics, mechanism, and product analysis. Water Res., 46(9): 2965-2972.

Cheng F X, Ikenaga Y, Zhou Y D, Yu Y, Li W H, Shen J, Du Z, Chen L, Xu C Y, Liu G X, Lee P W, Tang Y. 2012. In silico assessment of chemical biodegradability. J. Chem. Inf. Model., 52(3): 655-669.

Cooper W J, Zika R G. 1983. Photochemical formation of hydrogen peroxide in surface and ground waters exposed to sunlight. Science, 220(4598): 711-712.

Czaplicka M. 2006. Photo-degradation of chlorophenols in the aqueous solution. J. Hazard. Mater., 134(1-3): 45-59.

Del Vecchio R, Blough N V. 2002. Photobleaching of chromophoric dissolved organic matter in natural waters: Kinetics and modeling. Mar. Chem., 78(4): 231-253.

Dulin D, Mill T. 1982. Development and evaluation of sunlight actinometers. Environ. Sci. Technol., 16(11): 815-820.

Fazakerley G V, Jackson G E. 1975. Metal ion coordination by some penicillin and cephalosporin antibiotics. J. Inorg. Nucl. Chem., 37(11): 2371-2375.

Frimmel F M. 1998. Characterization of natural organic matter as major constituents in aquatic systems. J. Contam. Hydrol., 35(1-3): 201-216.

Gamberger D, Sekusak S, Sabljić A. 1993. Modeling biodegradation by an example-based learning system. Informatica, 17(2): 157-166.

Gao H Z, Zepp R Z. 1998. Factors influencing photoreactions of dissolved organic matter in a coastal river of the

Southeastern United States. Environ. Sci. Technol., 32 (19): 2940-2946.

Ge J L, Huang D Y, Han. Z R, Wang X L, Wang X H, Wang Z Y. 2019. Photochemical behavior of benzophenone sunscreens induced by nitrate in aquatic environments. Water Res., 153: 178-186.

Ge L K, Na G S, Zhang S Y, Li K, Zhang P, Ren H L, Yao Z W. 2015. New insights into the aquatic photochemistry of fluoroquinolone antibiotics: Direct photodegradation, hydroxyl-radical oxidation, and antibacterial activity changes. Sci. Total Environ., 527-528: 12-17.

Ge L K, Zhang P, Halsall C, Li Y Y, Chen C E, Li J, Sun H L, Yao Z W. 2019. The importance of reactive oxygen species on the aqueous phototransformation of sulfonamide antibiotics: Kinetics, pathways, and comparisons with direct photolysis. Water Res., 149: 243-250.

Gerecke A C, Canonica S, Muller S R, Scharer M, Schwarzenbach R P. 2001. Quantification of dissolved natural organic matter (DOM) mediated phototransformation of phenylurea herbicides in lakes. Environ. Sci. Technol., 35 (19): 3915-3923.

Gligorovski S, Strekowski R, Barbati S, Vione D. 2015. Environmental implications of hydroxyl radicals (•OH). Chem. Rev., 115 (24): 13051-13092.

Grebel J E, Pignatello J J, Mitch W A. 2012. Impact of halide ions on natural organic matter-sensitized photolysis of 17 beta-estradiol in saline waters. Environ. Sci. Technol., 46 (13): 7128-7134.

Guerard J J, Miller P L, Trouts T D, Chin Y P. 2009. The role of fulvic acid composition in the photosensitized degradation of aquatic contaminants. Aquat. Sci., 71 (2): 160-169.

Guo Z Y, Wang J Q, Chen X, Cui F F, Wang T T, Zhou C Z, Song G B, Zhang S Y, Chen J W. 2021. Photochemistry of dissolved organic matter extracted from coastal seawater: Excited triplet-states and contents of phenolic moieties. Water Res., 188, 116568.

Gupta S, Basant N, Mohan D, Singh K P. 2016. Modeling the reactivities of hydroxyl radical and ozone towards atmospheric organic chemicals using quantitative structure-reactivity relationship approaches. Environ. Sci. Pollut. Res., 23 (14): 14034-14046.

Gupta S, Basant N. 2017a. Modeling the aqueous phase reactivity of hydroxyl radical towards diverse organic micropollutants: An aid to water decontamination processes. Chemosphere, 185: 1164-1172.

Gupta S, Basant N. 2017b. Modeling the pH and temperature dependence of aqueousphase hydroxyl radical reaction rate constants of organic micropollutants using QSPR approach. Environ. Sci. Pollut. Res., 24: 24936-24946.

Gurtler B K, Vetter T A, Perdue E M, Ingall E, Koprinjak J F, Pfromm P H. 2008. Combining reverse osmosis and pulsed electrical current electrodialysis for improved recovery of dissolved organic matter from seawater. J. Membr. Sci., 323 (2): 328-336.

Hadibarata T, Kristanti R A. 2012. Identification of metabolites from benzo[*a*]pyrene oxidation by ligninolytic enzymes of *Polyporus* sp S133. J. Environ. Manage., 111: 115-119.

Hajimohammadi M, Safari N, Mofakham H, Shaabani A. 2010. A new and efficient aerobic oxidation of aldehydes to carboxylic acids with singlet oxygen in the presence of porphyrin sensitizers and visible light. Tetrahedron Lett., 51 (31): 4061-4065.

Halladja S, Ter Halle A, Aguer J P, Boulkamh A, Richard C. 2007. Inhibition of humic substances mediated photooxygenation of furfuryl alcohol by 2, 4, 6-trimethylphenol. Evidence for reactivity of the phenol with humic triplet excited states. Environ. Sci. Technol., 41 (17): 6066-6073.

Hatchard C G. Parker C A. 1956. A new sensitive chemical actinometer-Ⅱ. Potassium ferrioxalate as a standard chemical actinometer. Proc. R. Soc. Lond., 235 (1203): 518-536.

Howard P H, Boethling R S, Stiteler W M, Meylan W M, Hueber A E, Beauman J A, Larosche M E. 1992. Predictive model for aerobic biodegradability developed from a file of evaluated biodegradation data. Environ. Toxicol. Chem., 11 (5): 593-603.

Howard P H, Hueber A E, Boethling R S. 1987. Biodegradation data evaluation for structure-biodegradability relations. Environ. Toxicol. Chem., 6 (1): 1-10.

Hsu M H, Tsai C J, Lin A Y C. 2019. Mechanism and pathways underlying the self-sensitized photodegradation of methotrexate under simulated solar irradiation. J. Hazard. Mater., 343: 468-475.

Huuskonen J. 2001. Prediction of biodegradation from the atom-type electrotopolgical state indices. Environ. Toxicol. Chem., 20 (10): 2152-2157.

Janssen E M L, McNeill K. 2015. Environmental photoinactivation of extracellular phosphatases and the effects of dissolved organic matter. Environ. Sci. Technol., 49 (2): 889-896.

Jiang G X, Chen J, Huang J S, Che C M. 2009. Highly efficient oxidation of amines to imines by singlet oxygen and its application in ugi-type reactions. Org. Lett., 11 (20): 4568-4571.

Kellerman A M, Guillemette F, Podgorski D C, Aiken G R, Butler K D, Spencer R G M. 2018. Unifying concepts linking dissolved organic matter composition to persistence in aquatic ecosystem. Environ. Sci. Technol., 52 (5): 2538-2548.

Khan M N, Bakar B B, Yin F W N. 1999. Kinetic study on acid-base catalyzed hydrolysis of azimsulfuron, a sulfonylurea herbicide. Int. J. Chem. Kinet., 31 (4): 253-260.

Klawatsch-Carrasco N, Doussin J F, Carlier P. 2004. Absolute rate constants for the gas-phase ozonolysis of isoprene and methylbutenol. Int. J. Chem. Kinet., 36 (3): 152-156.

Kotzabasaki V, Vassilikogiannakis G, Stratakis M. 2016. Regiocontrolled synthesis of gamma-hydroxybutenolides *via* singlet oxygen-mediated oxidation of 2-thiophenyl furans. J. Org. Chem., 81 (10): 4406-4411.

Lamola A A, Hammond G S. 1965. Mechanisms of photochemical reactions in solution. XXVXIII. Intersystem crossing efficiencies. J. Chem. Phys., 43 (6): 2129-2135.

Latch D E, McNeill K. 2006. Microheterogeneity of singlet oxygen distributions in irradiated humic acid solutions. Science, 311 (5768): 1743-1747.

Latch D E. 2016. In Surface Water Photochemistry. London: Royal Society of Chemistry.

Leal J F, Esteves V I, Santos E B H. 2019. Solar photodegradation of oxytetracycline in Brackish aquaculture water: New insights about effects of Ca^{2+} and Mg^{2+}. J. Photochem. Photobiol. A—Chem., 372: 218-225.

Legrini O, Oliveros E, Braun A M. 1993. Photochemical processes for water treatment. Chem. Rev., 93(2): 671-698.

Lei Y, Cheng S S, Luo N, Yang X, An T C. 2019. Rate constants and mechanisms of the reactions of Cl· and $Cl_2·^-$ with trace organic contaminants. Environ. Sci. Technol., 53 (19): 11170-11182.

Lei Y, Lei X, Westerhoff P, Zhang X R, Yang X. 2021a. Reactivity of chlorine radicals (Cl· and $Cl_2·^-$) with dissolved organic matter and the formation of chlorinated Byproducts. Environ. Sci. Technol., 55 (1): 689-699.

Lei Y, Lei X, Yu Y F, Li K Z, Li Z, Cheng S S, Ouyang G F, Yang X. 2021b. Rate constants and mechanisms for reactions of bromine radicals with trace organic contaminants. Environ. Sci. Technol., 55 (15): 10502-10513.

Lelieveld J, Gromov S, Pozzer A, Taraborrelli D. 2016. Global tropospheric hydroxyl distribution, budget and reactivity. Atmos. Chem. Phys., 16 (19): 12477-12493.

Leresche F, Von Gunten U, Canonica S. 2016. Probing the photosensitizing and inhibitory effects of dissolved organic matter by using *N*, *N*-dimethyl-4-cyanoaniline (DMABN). Environ. Sci. Technol., 50 (20): 10997-11007.

Li C, Chen J W, Xie H B, Zhao Y H, Xia D M, Xu T, Li X H, Qiao X L. 2017. Effects of atmospheric water on center ·OH-initiated oxidation of organophosphate flame retardants: A DFT investigation on TCPP. Environ. Sci. Technol., 51 (9): 5043-5051.

Li C, Wei G L, Chen J W, Zhao Y H, Zhang Y N, Su L M, Qin W C. 2018. Aqueous OH radical reaction rate constants for organophosphorus flame retardants and plasticizers: Experimental and modeling studies. Environ. Sci. Technol., 52 (5): 2790-2799.

Li C, Xie H B, Chen J W, Yang X H, Zhang Y F, Qiao X L. 2014b. Predicting gaseous reaction rates of short chain chlorinated paraffins with ·OH: Overcoming the difficulty in experimental determination. Environ. Sci. Technol., 48 (23): 13808-13816.

Li C, Yang X H, Li X H, Chen J W, Qiao X L. 2014a. Development of a model for predicting hydroxyl radical reaction rate constants of organic chemicals at different temperatures. Chemosphere, 95: 613-618.

Li X H, Zhao W X, Li J, Jiang J Q, Chen J J, Chen J W. 2013. Development of a model for predicting reaction rate constants of organic chemicals with ozone at different temperatures. Chemosphere, 92 (8): 1029-1034.

Li Y J, Chen J W, Qiao X L, Zhang H M, Zhang Y N, Zhou C Z. 2016a. Insights into photolytic mechanism of sulfapyridine induced by triplet-excited dissolved organic matter. Chemosphere, 147: 305-310.

Li Y J, Qiao X L, Zhang Y N, Zhou C Z, Xie H J, Chen J W. 2016b. Effects of halide ions on photodegradation of sulfonamide antibiotics: Formation of halogenated intermediates. Water Res., 102: 405-412.

Li Y J, Wei X X, Chen J W, Xie H B, Zhang Y N. 2015. Photodegradation mechanism of sulfonamides with excited triplet state dissolved organic matter: A case of sulfadiazine with 4-carboxybenzophenone as a proxy. J. Hazard. Mater., 290: 9-15.

Lima M C, Souza M F L, Eca G F, Silva M A M. 2010. Export and retention of dissolved inorganic nutrients in the Cachoeira River, Ilheus, Bahia, Brazil. J. Limnol., 69 (1): 138-145.

Liu H, Zhao H M, Quan X, Zhang Y B, Chen S. 2009. Formation of chlorinated intermediate from bisphenol a in surface saline water under simulated solar light irradiation. Environ. Sci. Technol., 43 (20): 7712-7717.

Liu T C, Yin K, Liu C B, Luo J M, Crittenden J, Zhang W Q, Luo S L, He Q Y, Deng Y X, Liu H, Zhang D Y. 2018. The role of reactive oxygen species and carbonate radical in oxcarbazepine degradation *via* UV, UV/H_2O_2: Kinetics, mechanisms and toxicity evaluation. Water Res., 147: 204-213.

Lu T, Chen F W. 2012. Multiwfn: A multifunctional wavefunction analyzer. J. Comput. Chem., 33 (5): 580-592.

Luo L J, Lai X Y, Chen B W, Lin L, Fang L, Tam N F Y, Luan T G. 2015. Chlorophyll catalyse the photo-transformation of carcinogenic benzo[*a*]pyrene in water. Sci. Rep., 5, 12776.

Luo X, Wei X X, Chen J W, Xie Q, Yang X H, Peijnenburgde W J G M. 2019. Rate constants of hydroxyl radicals reaction with different dissociation species of fluoroquinolones and sulfonamides: Combined experimental and QSAR studies. Water Res., 166, 115083.

Luo X, Yang X H, Qiao X L, Wang Y, Chen J W, Wei X X, Peijnenburgde W J G M. 2017. Development of a QSAR model for predicting aqueous reaction rate constants of organic chemicals with hydroxyl radicals. Environ. Sci. —Process Impacts, 19 (3): 350-356.

Ma J Y, Minakata D, O'Shea K, Bai L, Wei Z. 2021. Determination and environmental implications of aqueous-phase rate constants in radical reactions. Water Res., 190, 116746.

Mackay D. 2001. Multimedia Environmental Models. Boca Raton: CRC Press.

Mamy L, Patureau D, Barriuso E, Bedos C, Bessac F, Louchart X, Martin-Laurent F, Miege C, Benoit P. 2015. Prediction of the fate of organic compounds in the environment from their molecular properties: A review. Crit. Rev. Environ. Sci. Technol., 45 (12): 1277-1377.

Mazellier P, Busset C, Delmont A, De Laat J. 2007. A comparison of fenuron degradation by hydroxyl and carbonate radicals in aqueous solution. Water Res., 41 (20): 4585-4594.

Mckay G. 2020. Emerging investigator series: Critical review of photophysical models for the optical and photochemical properties of dissolved organic matter. Environ. Sci. —Process Impacts, 22 (5): 1139-1165.

McNeill K, Canonica S. 2016. Triplet state dissolved organic matter in aquatic photochemistry: Reaction mechanisms, substrate scope, and photophysical properties. Environ. Sci. —Process Impacts, 18 (11): 1381-1399.

Meylan W M, Howard P H. 2003. A review of quantitative structure-activity relationship methods for the prediction of atmospheric oxidation of organic chemicals. Environ. Toxicol. Chem., 22 (8): 1724-1732.

Miklos D B, Remy C, Jekel M, Linden K G, Drewes J E, Hübner U. 2018. Evaluation of advanced oxidation processes for water and wastewater treatment—A critical review. Water Res., 139: 118-131.

Miller W L, Zepp R G. 1995. Photochemical production of dissolved inorganic carbon from terrestrial organic matter: Significance to the oceanic organic carbon cycle. Geophys. Res. Lett., 22 (4): 417-420.

Mopper K, Zhou X L. 1990. Hydroxyl radical photoproduction in the sea and its potential impact on marine processes. Science, 250 (4981): 661-664.

Munoz A, Borras E, Rodenas M, Vera T, Pedersen H A. 2018. Atmospheric oxidation of a thiocarbamate herbicide used in winter cereals. Environ. Sci. Technol., 52(16): 9136-9144.

Nieke B, Reuter R, Heuermann R, Wang H, Babin M, Therriault J C. 1997. Light absorption and fluorescence properties of chromophoric dissolved organic matter (CDOM), in the St Lawrence Estuary (Case 2 waters). Cont. Shelf Res., 17(3): 235-252.

Nissenson P, Dabdub D, Das R, Maurino V, Minero C, Vione D. 2010. Evidence of the water-cage effect on the photolysis of NO^{3-} and $FeOH^{2+}$ implications of this effect and of H_2O_2 surface accumulation on photochemistry at the air-water interface of atmospheric droplets. Atmos. Environ., 44(38): 4859-4866.

Niu J F, Chen J W, Henkelmann B, Quan X, Yang F L, Kettrup A, Schramm K W. 2003. Photodegradation of PCDD/Fs adsorbed on spruce (*Picea abies* (L.) Karst.) needles under sunlight irradiation. Chemosphere, 50(9): 1217-1225.

Niu J F, Chen J W, Martens D, Henkelmann B, Quan X, Yang F L, Seidlitz H K, Schramm K W. 2004. The role of UV-B on the degradation of PCDD/Fs and PAHs sorbed on surfaces of spruce (*Picea abies* (L.) Karst.) needles. Sci. Total Environ., 322(1-3): 231-241.

Niu J F, Huang L P, Chen J W, Yu G, Schramm K W. 2005. Quantitative structure-property relationships on photolysis of PCDD/Fs adsorbed to spruce (*Picea abies* (L.) Karst.) needle surfaces under sunlight irradiation. Chemosphere, 58(7): 917-924.

Niu J F, Shen Z Y, Yang Z F, Long X X, Yu G. 2006. Quantitative structure-property relationships on photodegradation of polybrominated diphenyl ethers. Chemosphere, 64(4): 658-665.

Nolte T M, Peijnenburg W J G M. 2017. Aqueous-phase photooxygenation of enes, amines, sulfides, and polycyclic aromatics by singlet ($a^1\Delta_g$) oxygen: Prediction of rate constants using orbital energies, substituent factors, and quantitative structure-property relationships. Environ. Chem., 14(7): 442-450.

Nosaka Y, Nosaka A Y. 2017. Generation and detection of reactive oxygen species in photocatalysis. Chem. Rev., 117(17): 11302-11336.

OECD. 1981. Test No. 302A: Inherent Biodegradability: Modified SCAS Test, OECD Guidelines for the Testing of the Chemicals, Section 3. OECD Publishing, Paris. https://doi.org/10.1787/9789264070363-en.

OECD. 1992. Test No. 301: Ready Biodegradability, OECD Guidelines for the Testing of Chemicals, Section 3. OECD Publishing, Paris. https://doi.org/10.1787/9789264070349-en.

OECD. 2001. Test No. 303: Simulation Test Aerobic Sewage Treatment A: Activated Sludge Units; B: Biofilms, OECD Guidelines for the Testing of Chemicals, Section 3, OECD Publishing, Paris. https://doi.org/10.1787/9789264070424-en.

OECD. 2004. Hydrolysis as a Function of pH, OECD Guidelines for the Testing of Chemicals, Section 1. Organization for Economic Co-operation and Development, Paris. https://www.oecd-ilibrary.org/environment/test-no-111-hydrolysis-as-a-function-of-ph_9789264069701-en.

OECD. 2008. Phototransformation of Chemicals in Water Direct Photolysis, OECD Guidelines for the Testing of Chemicals, Section 3. Organization for Economic Co-operation and Development, Paris. https://www.oecd-ilibrary.org/environment/test-no-316-phototransformation-of-chemicals-in-water-direct-photolysis_9789264067585-en.

Ossola R, Jonsson O M, Moor K, McNeill K. 2021. Singlet oxygen quantum yields in environmental waters. Chem. Rev., 121(7): 4100-4146.

Ossola R, Schmitt M, Erickson P R, McNeill K. 2019. Furan carboxamides as model compounds to study the competition between two modes of indirect photochemistry. Environ. Sci. Technol., 53(16): 9594-9603.

Page S E, Arnold W A, McNeil K. 2011. Assessing the contribution of free hydroxyl radical in organic matter-sensitized photohydroxylation reactions. Environ. Sci. Technol., 45(7): 2818-2825.

Parker K M, Mitch W S. 2016. Halogen radicals contribute to photooxidation in coastal and estuarine waters. Proc. Natl. Acad. Sci. U. S. A., 113(21): 5868-5873.

Parker K M, Pignatello J J, Mitch W A. 2013. Influence of ionic strength on triplet-state natural organic matter loss by energy transfer and electron transfer pathways. Environ. Sci. Technol., 47(19): 10987-10994.

Pavanello A, Fabbri D, Calza P, Battiston D, Miranda M, Marin M L. 2022. Biomimetic photooxidation of noscapine sensitized by a riboflavin derivative in water: The combined role of natural dyes and solar light in environmental remediation. J. Photochem. Photobiol. B-Biol., 229, 112415.

Peterson B M, McNally A M, Cory R M, Thoemke J D, Cotner J B, McNeill K. 2012. Spatial and temporal distribution of singlet oxygen in lake superior. Environ. Sci. Technol., 46(13): 7222-7229.

Pochon A, Vaughan P P, Gan D, Vath P A, Blough N V, Falvey D E. 2002. Photochemical oxidation of water by 2-methyl-1,4-benzoquinone: Evidence against the formation of free hydroxyl radical. J. Phys. Chem. A, 106: 2889-2894.

Qu F S, Liang H, He J G, Ma J, Wang Z Z, Yu H R, Li G B. 2012. Characterization of dissolved extracellular organic matter (dEOM) and bound extracellular organic matter (bEOM) of *Microcystis Aeruginosa* and their impacts on UF membrane fouling. Water Res., 46(9): 2881-2890.

Ramesh A, Balasubramanian M. 1999. Kinetics and hydrolysis of fenamiphos, fipronil, and trifluralin in aqueous buffer solutions. J. Agric. Food Chem., 47(8): 3367-3371.

Reichardt C, Welton T. 2011. Solvent and Solvent Effects in Organic Chemistry. New Jersey: Wiley-VCH.

Schwarzenbach R P, Gschwend P M, Imboden D M. 2003. Environmental Organic Chemistry. New York: Wiley.

Sharpless C M, Blough N V. 2014. The importance of charge-transfer interactions in determining chromophoric dissolved organic matter (CDOM) optical and photochemical properties. Environ. Sci.-Process Impacts, 16(4): 654-671.

Sheng F, Ling J Y, Wang C, Jin X, Gu C. 2019. Rapid hydrolysis of penicillin antibiotics mediated by adsorbed zinc on goethite surfaces. Environ. Sci. Technol., 53(18): 10705-10713.

Smith J D, Sio V, Yu L, Zhang Q, Anastasio C. 2014. Secondary organic aerosol production from aqueous reactions of atmospheric phenols with an organic triplet excited state. Environ. Sci. Technol., 48(2): 1049-1057.

Sun Y H, Xie H B, Zhou C Z, Wu Y D, Pu M J, Niu J F. 2020. The role of carbonate in sulfamethoxazole degradation by peroxymonosulfate without catalyst and the generation of carbonate racial. J. Hazard. Mater., 398, 12287.

Tang W H, Li Y Y, Yu Y, Wang Z Y, Xu T, Chen J W, Lin J, Li X H. 2020. Development of models predicting biodegradation rate rating with multiple linear regression and support vector machine algorithms. Chemosphere, 253, 126666.

Tebes-Stevens C, Patel J M, Jones W J, Weber E J. 2017. Prediction of hydrolysis products of organic chemicals under environmental pH conditions. Environ. Sci. Technol., 51(9): 5008-5016.

Tenorio R, Fedders A C, Strathmann T J, Guest J S. 2017. Impact of growth phases on photochemically produced reactive species in the extracellular matrix of algal cultivation systems. Environ. Sci. —Wat. Res. Technol., 3(6): 1095-1108.

Tian Y J, Zou J R, Feng L, Zhang L Q, Liu Y Z. 2019. *Chlorella Vulgaris* enhance the photodegradation of chlortetracycline in aqueous solution *via* extracellular organic matters (EOMs): Role of triplet state EOMs. Water Res., 149: 35-41.

Timko S A, Romera-Castillo C, Rudolf Jaffé, Cooper W J. 2014. Photo-reactivity of natural dissolved organic matter from fresh to marine waters in the Florida Everglades, USA. Environ. Sci. —Process Impacts, 16(4): 866-878.

Todeschini R, Consonni V. 2000. Handbook of Molecular Descriptors. Wiley-VCH.

Torrents A, Stone A T. 1991. Hydrolysis of phenyl picolinate at the mineral water interface. Environ. Sci. Technol., 25(1): 143-149.

Turel L. 2002. The Interactions of metal ions with quinolone antibacterial agents. Coord. Chem. Rev., 232(1-2): 27-47.

U. S. EPA. 2008. Fate, Transport and Transformation Test Guidelines: OPPTS 835.2120 Hydrolysis [EPA 712-C-08-012]. Office of Emergency and Remedial Response U.S. Environmental Protection Agency, Washington, DC.

https://www.regulations.gov/document/EPA-HQ-OPPT-2009-0152-0009.

U.S. EPA. 2012. Estimation Programs Interface Suite™ for Microsoft® Windows, Version 4.11. United States Environmental Protection Agency, Washington, DC.

Uzelac M M, Conic B S, Kladar N, Armakovic S, Armakovic S J. 2022. Removal of hydrochlorothiazide from drinking and environmental water: Hydrolysis, direct and indirect photolysis. Energy Environ., DOI: 10.1177/0958305X221084035.

Wang D G, Chen J W, Xu Z, Qiao X L, Huang L P. 2005. Disappearance of polycyclic aromatic hydrocarbons sorbed on surfaces of pine [*Pinua thunbergii*] needles under irradiation of sunlight: Volatilization and photolysis. Atmos. Environ., 39(25): 4583-4591.

Wang H B, Wang Z Y, Chen J W, Liu W J. 2022. Graph attention network model with defined applicability domains for screening PBT chemicals. Environ. Sci. Technol., 56(10): 6774-6785.

Wang J L, Wang S Z. 2020. Reactive species in advanced oxidation processes: Formation, identification and reaction mechanism. Chem. Eng. J., 401, 126158.

Wang J Q, Chen J W, Qiao X L, Wang Y, Cai X Y, Zhou C Z, Zhang Y L, Ding G H. 2018. DOM from mariculture ponds exhibits higher reactivity on photodegradation of sulfonamide antibiotics than from offshore seawaters. Water Res., 144: 365-372.

Wang J Q, Chen J W, Qiao X L, Zhang Y N, Uddin M, Guo Z Y. 2019. Disparate effects of DOM extracted from coastal seawaters and freshwaters on photodegradation of 2, 4-dihydroxybenzophenone. Water Res., 151: 280-287.

Wang S, Song X D, Hao C, Gao Z X, Chen J W, Qiu J S. 2015. Elucidating triplet-sensitized photolysis mechanisms of sulfadiazine and metal ions effects by quantum chemical calculations. Chemosphere, 122: 62-69.

Wang Y N, Chen J W, Li X H, Wang B, Cai X Y, Huang L P. 2009. Predicting rate constants of hydroxyl radical reactions with organic pollutants: Algorithm, validation, applicability domain, and mechanistic interpretation. Atmos. Environ., 43(5): 1131-1135.

Warbeck P, Wurzinger C. 1988. Product quantum yields for the 305 nm photodecomposition of nitrate in aqueous solution. J. Phys. Chem., 92(22): 6278-6283.

Wasswa J, Driscoll C T, Zeng T. 2020. Photochemical characterization of surface waters from lakes in the Adirondack Region of New York. Environ. Sci. Technol., 54(17): 10654-10667.

Wei X X, Chen J W, Xie Q, Zhang S Y, Ge L K, Qiao X L. 2013. Distinct photolytic mechanisms and products for different dissociation species of ciprofloxacin. Environ. Sci. Technol., 47(9): 4284-4290.

Wei X X, Chen J W, Xie Q, Zhang S Y, Li Y J, Zhang Y F, Xie H B. 2015. Photochemical behavior of antibiotics impacted by complexation effects of concomitant metals: A case for ciprofloxacin and Cu(II). Environ. Sci.-Process Impacts, 17(7):1220-1227.

Wenk J, Canonica S. 2012. Phenolic antioxidants inhibit the triplet-induced transformation of anilines and sulfonamide antibiotics in aqueous solution. Environ. Sci. Technol., 46(10): 5455-5462.

Wenk J, Graf C, Aeschbacher M, Sander M, Canonica S. 2021. Effect of solution pH on the dual role of dissolved organic matter in sensitized pollutant photooxidation. Environ. Sci. Technol., 55(22): 15110-15122.

Werner J J, Arnold W A, McNeill K. 2006. Water hardness as a photochemical parameter: Tetracycline photolysis as a function of calcium concentration, magnesium concentration, and pH. Environ. Sci. Technol., 40(23): 7236-7241.

Xia D M, Chen J W, Fu Z Q, Xu T, Wang Z Y, Liu W J, Xie H B, Peijnenburg W J G M. 2022. Potential application of machine-learning-based quantum chemical methods in environmental chemistry. Environ. Sci. Technol., 56(4): 2115-2123.

Xia D M, Zhang X R, Chen J W, Tong S R, Xie H B, Wang Z Y, Xu T, Ge M F, Allen D T. 2021. Heterogeneous formation of HONO catalyzed by CO. Environ. Sci. Technol., 55(18): 12215-12222.

Xu H M, Cooper W J, Jun J Y, Song W H. 2010. Photosensitized degradation of amoxicillin in natural organic matter isolate solutions. Water Res., 45(2): 632-638.

Xu T, Chen J W, Chen X, Xie H J, Xie H B. 2021. Prediction models on pK_a and base-catalyzed hydrolysis kinetics of parabens: Experimental and quantum chemical studies. Environ. Sci. Technol., 55 (9): 6022-6031.

Xu T, Chen J W, Wang Z Y, Tang W H, Xia D M, Fu Z Q, Xie H B. 2019. Development of prediction models on base-catalyzed hydrolysis kinetics of phthalate esters with density functional theory calculation. Environ. Sci. Technol., 53 (10): 5828-5837.

Yang Y, Pignatello J J. 2017. Participation of the halogens in photochemical reactions in natural and treated waters. Molecules, 22 (10), 1684.

Yap C W. 2011. PaDEL-descriptor: An open source software to calculate molecular descriptors and fingerprints. J. Comput. Chem., 32 (7): 1466-1474.

Yu X, Yi B, Wang X, Chen J. 2012. Predicting reaction rate constants of ozone with organic compounds from radical structures. Atmos. Environ., 51: 124-130.

Zeng T, Arnold W A. 2013. Pesticide photolysis in prairie potholes: Probing photosensitized processes. Environ. Sci. Technol., 47 (13): 6735-6745.

Zepp R G, Braun A M, Hoigne J, Leenheer J A. 1987. Photoproduction of hydrated electrons from natural organic solutes in aquatic environments. Environ. Sci. Technol., 21 (5): 485-490.

Zepp R G, Faust B C, Hoigne J. 1992. Hydroxyl radical formation in aqueous reactions (pH 3-8) of iron (Ⅱ) with hydrogen peroxide: The photo-fenton reaction. Environ. Sci. Technol., 26 (2): 313-319.

Zepp R G, Schlotzhauer P F, Sink R M. 1985. Photosensitized transformations involving electronic energy transfer in natural waters: Role of humic substances. Environ. Sci. Technol., 19 (1): 74-81.

Zepp R G, Schlotzhauer P F. 1983. Influence of algae on photolysis rates of chemicals in water. Environ. Sci. Technol., 17 (8): 462-468.

Zhang H M, Song X D, Liu J H, Hao C. 2019. Photophysical and photochemical insights of the photodegradation of norfloxacin: The rate-limiting step and the influence of Ca^{2+} ion. Chemosphere, 219: 236-242.

Zhang J W, Fu D F, Wu J L. 2012. Photodegradation of norfloxacin in aqueous solution containing algae. J. Environ. Sci., 24 (4): 743-749.

Zhang L H, Li P J, Gong Z Q, Adeola O. 2006. Photochemical behavior of benzo[*a*]pyrene on soil surfaces under UV light irradiation. J. Environ. Sci., 18 (6): 1226-1232.

Zhang S Y, Chen J W, Zhao Q, Xie Q, Wei X X. 2016. Unveiling self-sensitized photodegradation pathways by DPT calculations: A case of sunscreen P-aminobenzoic acid. Chemosphere, 163: 227-233.

Zhang Y N, Wang J Q, Chen J W, Zhou C Z, Xie Q. 2018a. Phototransformation of 2, 3-dibromopropyl-2, 4, 6-tribromophenyl ether (DPTE) in natural waters: Important roles of dissolved organic matter and chloride ion. Environ. Sci. Technol., 52 (18): 10490-10499.

Zhang Y N, Zhou Y J, Qu J, Chen J W, Zhao J C, Lu Y, Li C, Xie Q, Peijnenburg W. J. G. M. 2018b. Unveiling the important roles of coexisting contaminants on photochemical transformations of pharmaceuticals: Fibrate drugs as a case study. J. Hazard. Mater., 358: 216-221.

Zhang Y Q, Xiao Y J, Zhang Y C, Lim T T. 2019. UV direct photolysis of halogenated disinfection byproducts: Experimental study and QSAR modeling. Chemosphere, 235: 719-725.

Zhao J C, Zhou Y J, Li C, Xie Q, Chen J W, Chen G C, Peijnenburg W J G M, Zhang Y N, Qu J. 2020. Development of a quantitative structure-activity relationship model for mechanistic interpretation and quantum yield prediction of singlet oxygen generation from dissolved organic matter. Sci. Total Environ., 712, 136450.

Zhong S F, Hu J J, Fan X D, Yu X, Zhang H C. 2020a. A deep neural network combined with molecular fingerprints (DNN-MF) to develop predictive models for hydroxyl radical rate constants of water contaminants. J. Hazard. Mater., 383, 121141.

Zhong S F, Hu J J, Yu X, Zhang H C. 2021. Molecular image-convolutional neural network (CNN) assisted QSAR models for predicting contaminant reactivity toward OH radicals: Transfer learning, data augmentation and model interpretation. Chem. Eng. J., 408, 127998.

Zhong S F, Zhang K, Wang D, Zhang H C. 2020b. Shedding light on "black box" machine learning models for predicting the reactivity of HO· radicals toward organic compounds. Chem. Eng. J., 405, 126627.

Zhou C Z, Chen J W, Xie H J, Zhang Y N, Li Y J, Wang Y, Xie Q, Zhang S Y. 2018. Modeling photodegradation kinetics of organic micropollutants in water bodies: A case of the Yellow River estuary. J. Hazard. Mater., 349: 60-67.

Zhou H X, Yan S W, Lian L S, Song W H. 2019. Triplet-state photochemistry of dissolved organic matter: Triplet-state energy distribution and surface electric charge conditions. Environ. Sci. Technol., 53(5): 2482-2490.

Zhou H X, Yan S W, Ma J Z, Lian L S, Song W H. 2017. Development of novel chemical probes for examining triplet natural organic matter under solar illumination. Environ. Sci. Technol., 51(19): 11066-11074.

Zhou Y J, Chen C Y, Guo K H, Wu Z H, Wang L P, Hua Z C, Fang J Y. 2020. Kinetics and pathways of the degradation of PPCPs by carbonate radicals in advanced oxidation processes. Water Res., 185, 116231.

Zhou Z C, Chen B N, Qu X L, Fu H Y, Zhu D Q. 2018. Dissolved black carbon as an efficient sensitizer in the photochemical transformation of 17β-estradiol in aqueous solution. Environ. Sci. Technol., 52(18): 10391-10399.

第 4 章　化学品生物积累性的模拟预测

生物积累泛指化学元素和难降解性物质(本章主要指化学品)在生物体中的浓度超过其在周围环境介质中浓度的现象。生物积累性是表征化学品在生物体内积累潜力的固有性质，一般用生物富集因子、生物积累因子、生物放大因子和营养级放大因子等衡量。生物积累性取决于化学品在生物体内的吸收、分布、代谢和排泄过程，受生物体的生理状态、化学品理化性质、环境因素等多重影响，是决定化学品生物内暴露量的关键。掌握化学品的生物积累规律，发展预测模型，对评价化学品的环境归趋、有害效应及环境风险均具有重要意义。本章主要介绍生物积累性的含义、表征参数、积累过程、影响因素、测试方法、数据库及模型库。

4.1　生物积累性的含义及表征参数

4.1.1　生物积累性的含义

生物积累(也称生物蓄积或生物累积，bioaccumulation)指生物从周围环境或食物链积累某种元素或难降解性化学物质，使其体内浓度超过环境中浓度的现象。依据摄入途径，可将生物积累分为生物富集(bioconcentration)和生物放大(biomagnification)。生物富集也称生物浓缩，主要指生物通过非吞食方式(呼吸系统和表皮接触)积累化学品的过程。例如，哺乳动物经肺呼吸、表皮接触摄入空气中的化学品，鱼类通过鳃及表皮摄入水中的化学品，植物通过根吸收土壤中的化学品、通过叶片富集空气中的化学品。

生物放大指生物摄食过程及吞食低营养级生物，造成体内化学物质浓度高于其食物中浓度的现象。营养级放大(trophic magnification)指化学品在同一食物网的高营养级生物体内浓度高于低营养级的现象。若化学品容易被生物代谢，则其在生物体内浓度随营养级升高而降低，这种现象称为营养级稀释(trophic dilution)。

一般认为，脂质-水分配过程是化学品在生物体内积累的主要驱动力。疏水性越强的化学品，生物积累能力越强。但当化学品疏水性过强时，由于分子体积过大，难以穿过细胞膜，生物积累能力可能降低。此外，化学品与蛋白质、磷脂等生物大分子的相互作用亦能导致其在生物体内积累，如金属离子与蛋白质(如金属硫蛋白)结合、全氟化合物与蛋白质结合、全氟化合物与磷脂结合等。

进入环境中的化学品，通常仅部分可被生物体吸收，涉及生物有效性(bioavailability)的概念。土壤(或沉积物)中化学物质的生物有效性，涉及化学物质与土壤中固相物质的结合与释放、游离态与结合态的动态平衡、通过生物膜、生物体吸收、靶点结合等过程(图 4-1)。国际标准化组织认为土壤中化学物质的生物有效性，指土壤中化学物质能被人类或其他生物吸收或代谢的部分，或可与生物系统相互作用的部分(ISO, 2015)。

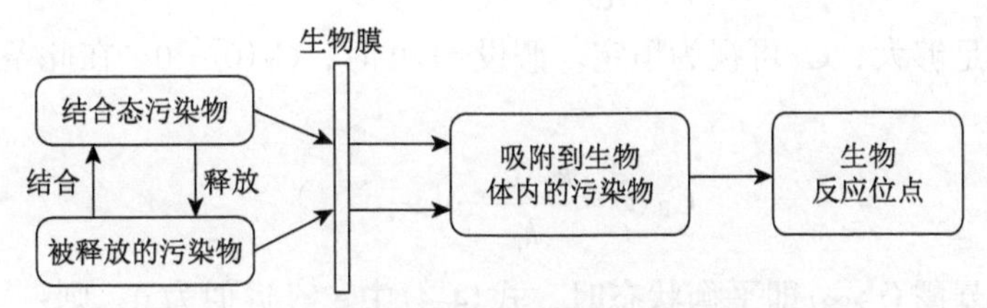

图 4-1　土壤或沉积物中化学品的生物有效性过程

Alexander(2000)认为，生物有效性是化学品在吸收过程中的可及性和潜在毒性。Semple 等(2004)将生物有效性定义为化学品在给定时间内，从环境中自由穿过细胞膜进入生物体的量。Reichenberg 和 Mayer(2006)提出将化学活性(chemical activity)和生物可及性(bioaccessibility)的概念用于描述生物有效性。其中，化学活性量化了化学物质的能态，与自发物理化学过程(如扩散和分配)的势能相关。生物可及性描述在给定时间跨度和条件下，可获得的化学物质的质量。

4.1.2　生物积累性表征参数

1. 生物富集因子

生物富集因子(bioconcentration factor, BCF, L/kg)定义为生物体通过呼吸和皮肤接触方式吸收化学品，达到平衡时，化学品在生物体内浓度与环境浓度的比值。计算公式如下：

$$\mathrm{BCF} = C_{\mathrm{B}}/C_{\mathrm{E}} \tag{4-1}$$

式中，C_{B} 为平衡时生物体内化学品浓度，μg/kg；C_{E} 为平衡时环境中化学品浓度，μg/L。

真实情况下，C_{B} 和 C_{E} 往往在非平衡状态下测得，导致 C_{B} 值被低估，使得化学品的 BCF 值被低估。可以借助动力学方法测量 BCF 值。假定化学品在生物体内的生物富集符合一级动力学，以水生生物为例，化学品在水生生物体内的富集速率，是生物对其吸收速率(R_{a})、清除速率(R_{e})、代谢速率(R_{m})、由生物体质量增长引起的稀释速率(R_{g})以及由排泄物引起的排泄速率(R_{f})的加和：

$$\frac{\mathrm{d}C_{\mathrm{B}}(t)}{\mathrm{d}t} = R_{\mathrm{a}} + R_{\mathrm{e}} + R_{\mathrm{m}} + R_{\mathrm{g}} + R_{\mathrm{f}} = k_{\mathrm{a}} \cdot C_{\mathrm{W}} - (k_{\mathrm{e}} + k_{\mathrm{m}} + k_{\mathrm{g}} + k_{\mathrm{f}}) \cdot C_{\mathrm{B}} \tag{4-2}$$

式中，$C_B(t)$为水生生物体内化学品的瞬时浓度，μg/kg；k_a, k_e, k_m, k_g, k_f分别为水生生物吸收[L/(kg·d)]、清除(d^{-1})、代谢(d^{-1})、生长(d^{-1})和排泄速率常数(d^{-1})；C_w为水中化学品的浓度，μg/L；t 表示时间，d。

如果富集过程中生物体重增长及代谢不明显，且经由排泄物排出的化学品可忽略不计，即 k_g, k_m 及 k_f 的值约等于零，则上式简化成：

$$\frac{dC_B(t)}{dt} = k_a \cdot C_W - k_e \cdot C_B \tag{4-3}$$

通常，水体足够大，C_w 可视为恒定。假设 $t = 0$ 时，$C_B(0) = 0$。在此条件下，求解上式得：

$$C_B(t) = \frac{k_a \cdot C_w}{k_e} \cdot (1 - e^{-k_e \cdot t}) \tag{4-4}$$

当长期暴露($t \to \infty$)即平衡状态时，式(4-4)中 $e^{-k_e \cdot t}$ 近似为 0，则：

$$BCF = C_B/C_W = k_a/k_e \tag{4-5}$$

短期暴露停止时，水中化学品浓度下降或者为零，化学品从生物体内清除，称为清除阶段。假设 $C_w = 0$，由式(4-3)可得出：

$$C_B(t) = C_B(t_c) \cdot e^{-k_e \cdot t} \tag{4-6}$$

式中，t_c 表示清除期开始的时间，d；$C_B(t_c)$表示清除期开始时，生物体内化学品的浓度，μg/kg。由式(4-6)可得化学品的生物半减期 $t_{1/2}$(d)，即生物体内浓度降到初始浓度一半时所需时间：

$$t_{1/2} = (\ln 2)/k_e \tag{4-7}$$

考虑到平衡状态通常难以达到，实验室模拟暴露条件下，一般采用动力学方法获得化学品的 BCF 值。具体可参考经济合作与发展组织(OECD)化学品测试导则 No. 305(简称 OECD No. 305 导则)。

2. 生物放大因子

生物放大因子(biomagnification factor, BMF)指生物体通过摄食方式吸收化学品，达到平衡时，化学品在生物体内浓度与食物中浓度的比值，即：

$$BMF = C_B/C_{food} \tag{4-8}$$

式中，C_{food} 为食物中化学品浓度，$\mu g/kg_{food}$。类似 BCF，BMF 也可采用动力学方法获得。生物从食物中吸收化学品的速率常数，即每单位质量生物每天摄入食物的量，可表示为喂食速率 f[kg_{food}/(kg·d)]与同化效率 α(即生物体将食物转变成自身组成物质或能量储存的比例，%)的乘积，则生物放大作用可表示为：

$$dC_B(t)/dt = f \cdot \alpha \cdot C_{food} - (k_e + k_m + k_g + k_f) \cdot C_B \tag{4-9}$$

式中，当 C_{food} 和 f 均为定值，生物体重增长及代谢不明显，且经由排泄物排出的可忽略不计时，则：

$$C_B(t) = (\alpha \cdot f \cdot C_{food})/k_e \cdot (1 - e^{-k_e \cdot t}) \tag{4-10}$$

当达到平衡时，则：

$$BMF = \alpha \cdot f / k_e = C_B / C_{food} \tag{4-11}$$

其中 α 的计算公式如下：

$$\alpha = \frac{C_B(t_c) \cdot k_e}{f \cdot C_{food}} \times \frac{1}{1 - e^{-k_e \cdot t}} \tag{4-12}$$

基于实验室模拟饮食暴露，获得化学品 BMF 值的标准方法可参考 OECD No. 305 导则。

3. 营养级放大因子

生态系统中物种间的捕食关系复杂，BMF 值往往不易获得。因此，引入营养级放大因子（trophic magnification factor, TMF），表征化学品的生物放大能力。TMF 指化学品在一个特定营养级水平的生物体内浓度（C_i, μg/kg）与低一营养级水平的生物体内浓度的比值（C_{i-1}, μg/kg），即：

$$TMF = C_i / C_{i-1} \tag{4-13}$$

TMF 通常采用稳定性碳氮同位素法测定，过程如下：基于氮同位素比值（$\delta^{15}N$）和碳同位素比值（$\delta^{13}C$），确定生态系统中食物网结构组成和营养级关系，获得各物种的营养级水平（trophic level, TL）。TMF 值可通过生物体内化学品的对数浓度与 TL 的回归曲线的斜率获得（Burkhard et al., 2013; Borgå et al., 2011），即：

$$\log C_B（或 \ln C_B）= a + b \cdot TL \tag{4-14}$$

$$TMF = 10^b（或 e^b） \tag{4-15}$$

式中，a 为回归方程的截距，b 为回归方程的斜率。式（4-15）中指数函数的底数取值，取决于式（4-14）中 C_B 的对数变换形式，若取 $\log C_B$，则 $TMF = 10^b$；若取 $\ln C_B$，则 $TMF = e^b$。

4. 生物积累因子

生物积累因子（bioaccumulation factor, BAF, L/kg）指生物体通过各种暴露途径摄入化学品，达到平衡时，化学品在生物体内浓度与环境中浓度的比值，定义式与 BCF 的相同，即式（4-1）。野外条件下，生物体通过多途径暴露化学品，常用 BAF 值表征生物积累性。与 BCF 类似，BAF 亦可采用动力学方法获得。不同的是，测量 BAF 值需同时考虑经环境和食物摄入化学品的过程，表示为总吸收速率常数（k_1）与总清除速率常数（k_2）的比值，即：

$$BAF = k_1 / k_2 = C_B / C_E \tag{4-16}$$

式中，k_1 和 k_2 可通过拟合化学品在生物体浓度随时间变化的曲线获得。获得化学品 BAF 值的标准方法可参考 OECD No. 315 导则。

BCF 或 BAF 是判定化学品生物积累性的重要指标。联合国环境规划署(UNEP)、欧洲化学品管理局(ECHA)、美国环境保护局(U. S. EPA)等，均规定了生物积累性的判定标准。UNEP《关于持久性有机污染物的斯德哥尔摩公约》规定 BCF＞5000 L/kg 或 $\log K_{OW}$＞5 的化学品具有生物积累性。欧盟 REACH 法规规定，BCF＞2000 L/kg 的化学品，具有生物积累性(bioaccumulative, B)；BCF＞5000 L/kg 的化学品，具有高生物积累性(very bioaccumulative, vB)。U. S. EPA 规定 BCF 值介于 1000~5000 L/kg 的化学品具有生物积累性。

5. 生物-沉积物积累因子

对于底栖水生生物，沉积物也是生物体内化学品的来源之一。对于疏水性有机污染物(如多环芳烃)，沉积物可能是重要暴露介质(Fan et al., 2017)。生物对沉积物中化学品的积累可用生物-沉积物积累因子(biota-sediment accumulation factor, BSAF)表征。计算公式如下：

$$\mathrm{BSAF} = (C_B/f_{lip}) / (C_S/f_{oc}) \tag{4-17}$$

式中，f_{lip} 表示生物体中脂肪分数；f_{oc} 表示沉积物(或土壤)中有机碳分数；C_S 为平衡时化学品在沉积物中的浓度，μg/kg。获得化学品的 BSAF 值的标准方法可参考 OECD No. 315 导则。

水生态系统中各种生物积累性表征参数见图 4-2。对于陆生植物和生活在土壤中的动物(如蚯蚓)，可从土壤间隙水或通过摄食土壤吸收化学品，其体内化学品

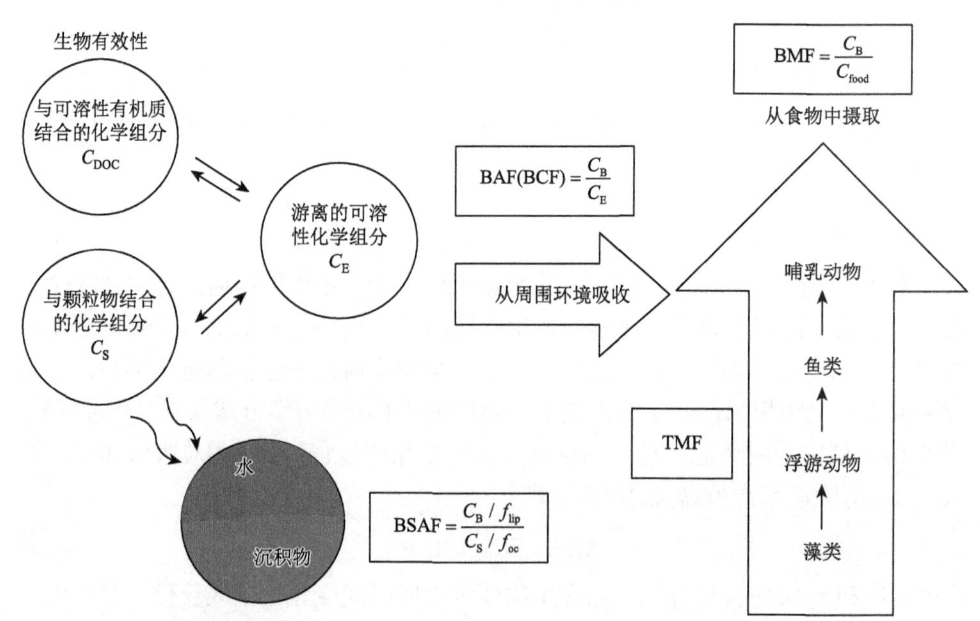

图 4-2　水生态系统中常用化学品生物积累性表征参数(改自 Schwarzenbach et al., 2016)

的积累性评价，与生活在沉积物-水界面的水生生物的情形相似。因此，*BSAF* 的公式也同样适用，此时称为生物-土壤积累因子(biota-soil bioaccumulation factor)。

这些生物积累性表征参数均针对整体生物。当需考虑特定组织器官时，例如只关注生物体的可食用部分(肌肉)，这些参数也可用于评价特定组织器官中化学品的生物积累。生物积累性参数的获取除了依赖实验测试，也可基于模型预测，具体内容在本章后半部分详细阐述。

4.2 ADME 过程

化学品在生物体内的吸收(absorption)、分布(distribution)、代谢(metabolism)和排泄(excretion)过程，简称 ADME 过程，与化学品的内暴露密切相关。研究 ADME 过程，可为化学品的生物积累性评价提供科学依据。

4.2.1 跨膜机制

化学品的 ADME 过程，均需通过各种具有复杂分子结构和功能的生物膜。物质通过生物膜的机制主要包括简单扩散(simple diffusion)、滤过(filtration)、主动转运(active transport)、易化扩散(facilitated diffusion)和膜动转运(cytosis)。其中，简单扩散和滤过称为被动转运(passive transport)，主动转运、易化扩散和膜动转运称为特殊转运(specialized transport)。

化学品从生物膜高浓度侧向低浓度侧扩散，称为简单扩散。滤过是化学品透过生物膜上亲水性孔道的过程。在消耗一定代谢能量的条件下，物质借助载体透过生物膜，由低浓度处向高浓度处转运的过程，称为主动转运。不易溶于脂质的物质，利用特异性蛋白载体由高浓度向低浓度处转运的过程，称为易化扩散，又称载体扩散。膜动转运是少数物质与膜上某种蛋白质具有特殊的亲和力，当其与膜接触后，可改变这部分膜的表面张力，引起膜的外包或内陷而被包围进入膜内。固体物质的这一转运称为胞吞(phagocytosis)，液体物质的这一转运称为胞饮(pinocytosis)。

化学品的跨膜过程受其存在形态的影响。Zhou 等(2017)采用分子动力学模拟，研究了不同形态汞穿过细菌细胞质膜的过程，结果表明小的、非电离态的汞可通过被动扩散穿过细胞质膜。汞的氨基酸螯合物则需要借助金属转运蛋白，即主要依靠主动转运穿过细胞质膜。

4.2.2 ADME 的基本概念

吸收是化学品从机体外穿过生物屏障进入生物体内的过程。例如，经消化道、呼吸道和皮肤进入生物体，对应的生物屏障分别为胃肠系统中的膜、肺泡/鳃和皮肤角质层。

化学品通过吸收进入血液或体液后，随血流和淋巴液分散到全身各组织。各个器官对体循环中化学品的摄取被称为分布。

代谢也称生物转化，指生物体中化学品在组织细胞内各种酶系的催化作用下，发生化学结构和性质的改变，或与内源化学物质结合，形成代谢物的过程。

排泄是化学品及其代谢产物向生物体外转运的过程。排泄的主要途径是经肾随尿液排出和经肝随同胆汁通过肠道排出。此外还可经呼吸器官排泄、经胃肠排泄、随同汗液和唾液排泄、随乳汁或产卵的生殖转移排泄等。

4.2.3　典型生物中化学品的 ADME 过程

1. *动物*

化学品在动物体内的 ADME 过程有共通性，也因物种及其生活环境和习性不同而存在差异性。一般而言，化学品进入动物体内的途径包括皮肤暴露、呼吸暴露和食物暴露。在有血液循环系统的动物体内，化学品随血液循环分布到各组织器官；在无血液循环的生物体内，可随体液分布到各组织器官。进入动物体内的化学品，在动物的肝脏、肠道中通过酶的作用被代谢，部分也可能在肠道微生物的作用下被代谢。化学品及其代谢产物随肾排泄、胆汁排泄、生殖等过程被排出体外。

陆地无脊椎动物如蚯蚓，生活在土壤中，通过皮肤呼吸，以有机质为食。土壤有机质和土壤孔隙水中的化学品可被蚯蚓等陆生无脊椎动物摄入，通过皮肤、排泄物等途径从蚯蚓体内清除。哺乳动物和鸟类的营养级较高，体内积累的化学品浓度通常较高。食物是哺乳动物和鸟类摄入化学品的主要途径。

2. *植物*

化学品在植物中的积累，可直接和间接作用于人类，威胁人体健康。一方面，植物中的化学品可随食物链/网（如牧草-牛羊-人）迁移，在人体中积累。另一方面，部分植物本身亦是人类的食物来源，可使有毒有害物质通过食物暴露进入人体。因此，关注植物中化学品的 ADME 过程尤为重要。

植物主要通过根吸收和叶吸收摄入化学品。陆生植物可吸收土壤水及土壤空气中的化学品，或与土壤颗粒直接接触摄入化学品。水生植物可通过根部吸收沉积物和水中的化学品。植物的根吸收过程主要包括：吸附到根系外表皮，部分与根部脂质结合被固定，另一部分穿过内表皮层上的“凯氏带”到达导管和筛管，再通过质外体或者共质体途径，依次经过表皮、皮层、内皮层和维管组织进入根系内部。在植物木质部蒸腾流的作用下被输送至地上部。国际上通常用蒸腾流浓度因子(transpiration stream concentration factor, TSCF)表征化学品通过蒸腾作用从植物根部往地上部分迁移的能力。

此外，植物叶片也可吸收大气中的化学品。叶片表面有很多气孔，气态化学品可通过气孔被叶片吸收。经气孔进入的化学品，穿越表皮屏障，进入细胞。附着在颗粒物表面的化学品，主要通过干湿沉降到达叶片表面，与叶片表面的蜡质结合后，通过扩散进入表皮细胞、叶肉细胞，最终到达韧皮部。进入植物体内的化学品，分布在植株的叶、茎、根和果实等组织器官中。化学品在植物中的清除主要包括经挥发、转化、落叶和通过韧皮部传输四种途径。

定量描述化学品在生物体内的 ADME 过程，可采用毒代动力学(toxicokinetics, TK)模型，相关内容将在本章后续小节介绍。

4.3 化学品生物积累性的影响因素

影响化学品生物积累性的因素一般可分为三类，即化学品的理化性质、生物因素及环境因素。

4.3.1 化学品的理化性质

化学品在生物体内的积累与其理化性质紧密相关。中性、非极性及难以代谢的化学品在生物体内的积累，可被近似认为是在脂肪和水之间的分配过程。因此，疏水性是影响此类化合物生物积累最重要的因素，采用正辛醇-水分配系数(octanol-water partition coefficient, K_{OW})表征。一般而言，化学品的 K_{OW} 值越大，BCF 值越大。但当化学品疏水性过强($K_{OW}>10^6$)时，由于分子体积过大，难以通过细胞膜，导致生物有效性降低，其 BCF 值随 K_{OW} 值的升高而下降(Kelly et al., 2007)。

可电离化学品在环境 pH 条件下，可能存在分子态和离子态，仅采用 K_{OW} 值难以全面表征其生物积累能力。前人提出采用表观正辛醇-水分配系数(apparent octanol-water partition coefficient, D_{OW})替代。D_{OW} 的计算式如下(Fu et al., 2009)：

$$D_{OW}=f_n\cdot K_{OW}(\text{neutral})+(1-f_n)\cdot K_{OW}(\text{ion}) \tag{4-18}$$

$$f_n=\frac{1}{1+10^{i\cdot(pK_a-pH)}} \tag{4-19}$$

式中，f_n 表示一元弱酸弱碱的中性形态所占的比例；K_{OW}(neutral)表示中性形态的正辛醇-水分配系数；K_{OW}(ion)表示离子形态的正辛醇-水分配系数；K_{OW}(ion)通常是 K_{OW}(neutral)的函数；pK_a 表示一元弱酸弱碱的酸解离常数，对于弱酸，$i=-1$，对于弱碱，$i=1$。可电离有机化合物的 BCF 值通常与 D_{OW} 值正相关。

对陆生生物，经空气摄入化学品是重要的暴露途径。此时，化学品的正辛醇-

空气分配系数(K_{OA})是表征其生物积累性的重要参数。当化学品的 $K_{OA}>10^6$ 时，很难通过呼吸作用清除，可能在陆生生物体内积累，随陆生食物网发生生物放大(Kelly et al., 2007)。

分子量和分子大小也可影响化学品的生物积累。具有相同分子量的化学品，其分子大小和形状各不相同，相应的生物积累性也存在差异。当分子量高于某临界值时，化学品在生物体内的吸收可忽略。对于不同的生物，该临界值可能不同，一般认为分子量大小在 700~1100 g/mol 之间的化学品，不太可能被吸收，不具有生物积累性(Leeuwen and Vermeire, 2007)。

化学品需穿过生物膜进入生物体内，在生物体中积累。分子大小是决定化学品是否能穿过生物膜的重要因素。若分子体积过大，无法穿过生物膜，则不能在生物体内积累。除上述理化性质外，水溶解度也被认为是影响化学品生物积累的因素。

4.3.2　生物因素

化学品在生物体内的积累受生物物种的影响，与生物的生活习性、生理特性及所处的发育阶段息息相关。化学品进入呼吸器官的速率、膜渗透性及血液流速均可能影响呼吸器官的吸收速率，进而影响其生物富集。生物个体大小与皮肤吸收密切相关，通常个体越小，经皮肤吸收占所有吸收量的比例越高。生物体的血液流速可影响化学品的组织分布，进而影响组织特异性生物积累。

代谢过程、生长过程、粪便清除、胆汁及肾排泄过程，均可降低化学品的生物积累。代谢过程的影响，主要通过比较代谢速率与清除速率的大小来衡量。若代谢速率远小于清除速率，则代谢的影响可忽略不计；若二者相差较小，则需要考虑代谢。Rösch 等(2016)基于单室 TK 模型，研究了蚤状钩虾(*Gammarus pulex*)中 9 种唑类杀菌剂的毒代动力学。结果表明，代谢过程可显著降低咪鲜胺(prochloraz)在蚤状钩虾中的生物积累，但对其他 8 种唑类杀菌剂的生物积累无显著影响。

生长过程是影响生物积累的重要因素。随时间增长，生物个体的生长会导致体内化学品的浓度降低，这种现象称为“生长稀释”。“生长稀释”是一种“假消除”过程，实际上化学品并未从生物体内清除，而是其总量随生长被稀释，从而导致测定的 BCF 值偏低。

肾排泄是肾小球滤过、肾小管分泌和重吸收的综合结果。胆汁排泄需考虑肠肝循环，化学品随胆汁进入小肠后，一部分随胆汁混入粪便直接排出体外，另一部分脂溶性的、易被吸收的化学品及其代谢产物可在小肠中被重吸收，经门静脉返回肝脏，随同胆汁排泄。Dong 等(2020)基于生理毒代动力学(physiologically based toxicokinetics, PBTK)模型，研究了小鼠中氯化石蜡(CPs)的生物积累，结果表明超过 90%的 CPs 积累在肝脏和脂肪组织中，且该类化合物很难被代谢，主要通过胆汁排泄过程排出体外。

4.3.3 环境因素

环境条件如水相 pH、水中溶解性有机质(DOM)、金属含量等，均可能影响化学品的生物积累。pH 可通过影响化学品的形态而影响其生物积累性。一些化学品含羟基、羧基、磺基、氨基等可电离基团，在不同 pH 条件下呈现不同电离形态。由于有机离子态的吸收速率常数通常远低于分子态，使得处于分子态时生物积累能力高。因此，一般而言，弱酸的生物积累能力随 pH 的升高而降低；而弱碱则与之相反。对不可电离的化合物，pH 在正常生理范围内的变化对其生物积累性的影响较小，可不予考虑。

水环境中 DOM 可与化学品形成复合物或吸附目标化学品，改变化学品的生物有效性，进而影响其生物积累。例如，DOM 可与红霉素结合形成复合物，降低红霉素的生物有效性，进而抑制水生生物体内红霉素的生物积累(Liu et al., 2019)。

分子结构中含有 O, S, N 等杂原子的化学品，在与金属复合污染的水体中可以作为提供孤对电子的配体，与共存的金属离子形成配位键，发生配合作用，进而影响化学品在生物体内的吸收。

4.4 化学品生物积累性的测试方法

OECD 发布的化学品测试系列导则(*Guidelines for the Testing of Chemicals*)，比如 OECD No. 305, OECD No. 315 和 OECD No. 317 是使用较为广泛的生物积累性实验测试标准方法。我国发布的《化学品生物富集半静态式鱼类试验》(GB/T 21858—2008)、《化学品沉积物中底栖寡毛纲环节动物生物蓄积试验》(GB/T 35527—2017)以及《化学品陆生寡毛类的生物蓄积试验》(SN/T 4151—2015)，其技术内容与 OECD 导则一致。

4.4.1 鱼类的生物积累测试方法

鱼类中化学品生物积累性测试方法，通常采用 OECD No. 305 导则(2012 年版)，即 *Bioaccumulation in Fish: Aqueous and Dietary Exposure*。OECD No. 305 导则(2012 年版)是该导则的第三版，在前两版的基础上，增加了摄食暴露及生物体数量最小化原则等内容。

OECD No. 305 导则(2012 年版)中，分别基于水相暴露和摄食暴露场景，规定了完整水暴露、简化水暴露及摄食暴露三种测试方法，详细阐述了测试原理、测试溶液、物种选择、暴露条件、水质监测、样品采集和结果处理等。推荐受试鱼种包括斑马鱼(*Danio rerio*)、鲤鱼(*Cyprinus carpio*)、青鳉(*Oryzias latipes*)、蓝鳃太阳鱼(*Lepomis macrochirus*)等。

完整水暴露测试中，将鱼体暴露在不同浓度(两种或两种以上)的目标物溶液中。实验设吸收阶段(溶液含目标化学品)和清除阶段(溶液不含目标化学品)，定期采集水和鱼体样品，测定样品中化学品的浓度。依据生物富集动力学相关公式，拟合获得吸收速率常数 k_u 和清除速率常数 k_e 值，由 $BCF = k_u/k_e$ 计算获得 BCF 值。

考虑到完整水暴露测试中需采集大量生物样本，违背动物伦理 3R(Reduction, Replacement, Refinement)原则。导则中进一步规定了简化水暴露测试，通过减少取样点的方式，对完整水暴露方法进行简化，其他过程相同。

部分化学品易水解或光解，或具有较低的水溶解度，难以在水中维持稳定的、可测量的浓度时，可采用摄食暴露法。与水暴露实验类似，摄食暴露也包含吸收和清除两个阶段。吸收阶段投喂含有目标物的饲料，并假设所投饲料全部被鱼体吸收。清除阶段则投喂不含目标物的饲料。基于摄食暴露法，获得的生物积累参数为 BMF 值。

4.4.2　底栖生物的生物积累测试方法

底栖生物中化学品生物积累性，可通过 OECD 2008 年发布的 OECD No. 315 导则 *Bioaccumulation in Sediment-dwelling Benthic Oligochaetes* 测定。该导则规定了底栖寡毛纲环节动物中化学品生物积累性评价测试技术，适用于稳定的中性有机化合物($\log K_{OW}$ 值在 3.0~6.0 之间)、超亲脂性物质($\log K_{OW}>6$)或具有较高生物积累潜力的有机物。建议的测试生物包括正颤蚓(*Tubifex tubifex*)、夹杂带丝蚓(*Lumbriculus variegatus*)和苏氏尾鳃蚓(*Branchiura sowerbyi*)等。

底栖寡毛纲环节动物中化学品生物积累测试也分为吸收和清除两个阶段。吸收阶段，将动物暴露于含目标化学品的沉积物中。清除阶段，沉积物中不含目标化合物。通过拟合吸收阶段和清除阶段生物体内化学品浓度随时间变化的曲线，可获得总吸收速率常数 k_1 和总清除速率常数 k_2 值，进而由 $BAF = k_1/k_2$ 求得 BAF 值。同时，由于考虑了沉积物暴露，亦可获得 BSAF 值。

化学品在陆生寡毛纲环节动物中的生物积累性评价，可采用 OECD No. 317 导则 *Bioaccumulation in Terrestrial Oligochaetes* 进行测试。该导则适用于稳定、中性并易于土壤吸附的有机化学品的生物积累评价。建议测试生物包括赤子爱胜蚓(*Eisenia fetida*)和线蚓(*Enchytraeus albidus*)等。基于 OECD No. 317 导则，可获得陆生生物体内化学品的 BAF 及 BSAF 值。

4.5　化学品生物积累性的数据

化学品的生物积累参数是表征化学品生物积累性的重要指标，生理参数及组织-血液分配系数是构建生物积累预测模型的基础。建立这三类参数的数据库是筛查生物积累性化学品的基础。本书搜集了 ECOTOX, METI-NITE, HSDB, PubChem, QSAR Toolbox 等数据库，以及文献中报道的这三类参数的数据，构建了相对全面的数据库，已集成至化学品预测毒理学平台(cptp.dlut.edu.cn)。

4.5.1　生物积累参数的数据

一些国际化学品管理组织和机构，建有生物积累性参数的数据库(表 4-1)。此外，已发表的文献也是生物积累参数数据的重要来源。现有生物积累参数数据主要针对水生脊椎动物，水生无脊椎动物及陆生动物中化学品生物积累性参数的数据比较缺乏。例如，U. S. EPA 开发的 ECOTOX 数据库中，90%以上的生物积累参数数据是针对水生物种的。相比 BCF, BMF 和 BAF 的测试数据较少。

表 4-1　获取生物积累参数的数据库

数据库名称	网址	机构
ECOTOX	https://cfpub.epa.gov/ecotox	美国环境保护局(U. S. EPA)
METI-NITE	https://www.nite.go.jp/en/index.html	日本经济、贸易和工业部以及国立技术与评估研究所
HSDB	https://www.toxnet.nlm.nih.gov	美国医学图书馆(NLM)
PubChem	https://pubchem.ncbi.nlm.nih.gov	美国国立卫生研究院(NIH)
QSAR Toolbox	http://oasislmc.org/products/software/toolbox.aspx	欧洲化学品管理局(ECHA)，经济合作与发展组织(OECD)

表 4-2、表 4-3 及表 4-4 分别列举了不同种类鱼体中部分化学品的 BCF 值、BMF 值及 BAF 值。完整的数据集，可参见丁蕊等(2021)的研究工作，该数据集涵盖了 1300 多种有机化学品的鱼类 BCF 数据。现有数据多针对鲤鱼(*C. carpio*)、虹鳟鱼(*Oncorhynchus mykiss*)、黑头呆鱼(*Pimephales promelas*)、青鳉(*O. latipes*)、斑马鱼(*D. rerio*)、蓝鳃太阳鱼(*L. macrochirus*)、孔雀鱼(*Poecilia reticulata*)、三刺鱼(*Gasterosteus aculeatus*)等水生模式物种。涉及的化学物质种类包括多环芳烃及其取代物、杂环化合物及其衍生物、卤代烷烃、卤代烯烃、酯、醚、酮、醇、苯酚、苯胺和硝基化合物等。

有机氯农药、多氯联苯和硝基化合物等普遍具有高生物积累性，可能与其疏水性强，容易在脂肪中蓄积，且结构稳定、不易被代谢有关；相较而言，有机醇、酯和酸类化合物不易在生物体内积累。

表 4-2　鱼体中部分化学品生物富集因子(BCF)的测定值

CAS 号	名称	测试鱼种	logBCF(L/kg)
50-29-3	2, 2-双(4-氯苯基)-1, 1, 1-三氯乙烷(*p*, *p*′-DDT)	鲤鱼	4.57
72-55-9	2, 2-双(4-氯苯基)-1, 1-二氯乙烯(*p*, *p*′-DDE)	鲤鱼	4.51
84-51-5	2-乙基蒽醌(2-Ethyl Anthraquinone)	鲤鱼	2.83
122-20-3	三异丙醇胺(Tris(2-hydroxypropyl) amine)	鲤鱼	−1.22
144-19-4	三甲基戊二醇(2, 2, 4-Trimethylpentane-1, 3-diol)	鲤鱼	−1.00
56-93-9	三甲基苄基氯化铵(Benzyl(trimethyl) azanium Chloride)	鲤鱼	−0.70
680-31-9	六甲基磷酰三胺(Hexamethylphosphoramide)	鲤鱼	−0.30
126-58-9	双季戊四醇(Dipentaerythritol)	鲤鱼	−0.19
91-15-6	邻苯二甲腈(1, 2-Dicyanobenzene)	鲤鱼	0.00
94-52-0	5-硝基苯并咪唑(5-Nitrobenzimidazole)	鲤鱼	0.11
616-44-4	3-甲基噻吩(3-Methylthiophene)	鲤鱼	0.58
96-96-8	4-甲氧基-2-硝基苯胺(4-Methoxy-2-nitroaniline)	鲤鱼	0.82
4286-23-1	4-异丙烯基苯酚(4-(1-Methylethenyl) phenol)	鲤鱼	1.26
60-09-3	4-氨基偶氮苯(*p*-Aminoazobenzene)	鲤鱼	1.63
131-57-7	苯氧酮(Oxybenzone)	斑马鱼	1.97
584-79-2	丙烯菊酯(Allethrin)	鲤鱼	2.23
128-39-2	2, 6-二叔丁基苯酚(2, 6-Di-tert-butylphenol)	鲤鱼	2.82
493-01-6	十氢化萘(Decahydronaphthalene)	鲤鱼	3.21
107-51-7	八甲基三硅氧烷(Octamethyltrisiloxane)	鲦鱼	3.66
115-32-2	2, 2, 2-三氯-1, 1-双(4-氯苯基)乙醇(Dicofol)	鲤鱼	3.91
2104-96-3	溴硫磷(Bromophos)	鲤鱼	4.18
97038-96-5	2, 2′, 6, 6′-四溴联苯(2, 2′, 6, 6′-Tetrabromobiphenyl)	孔雀鱼	4.97
33284-52-5	3, 3′, 5, 5′-四氯联苯(3, 3′, 5, 5′-Tetrachlorobiphenyl)	鲤鱼	5.11
11096-82-5	2, 2′,3, 3′, 4, 4′-六氯联苯-1260(2, 2′, 3, 3′, 4, 4′-Hexachlorobiphenyl)	鲦鱼	5.29

表 4-3　鱼体中部分化学品生物放大因子(BMF)的测定值

CAS 号	名称	测试鱼种	BMF 值
91-20-3	萘(Naphthalene)	虹鳟鱼	0.01
56-49-5	3-甲基胆蒽(3-Methylcholanthene)	虹鳟鱼	0.03
821-95-4	1-十一烯(1-Undecene)	虹鳟鱼	0.04
2652-13-3	二十甲基壬硅氧烷(Eicosamethylnonasiloxane)	孔雀鱼	0.06
702-79-4	1, 3-二甲基金刚烷(1, 3-Dimethyladamantane)	虹鳟鱼	0.07
98-51-1	4-叔丁基甲苯(1-Tert butyl-4-methyl Benzene)	虹鳟鱼	0.10
2437-56-1	1-十三烯(1-Tridecene)	虹鳟鱼	0.11
18094-01-4	2-甲基-1-十三烯(2-Methyl-1-tridecene)	虹鳟鱼	0.12
68194-04-7	2, 2′, 4, 6′-四氯联苯(2, 2′, 4, 6′-Tetrachlorobiphenyl)	三刺鱼	0.14
81-03-8	1, 1′, 3, 3, 5-五甲基林丹(1, 1, 3, 3, 5-Pentamethylindan)	虹鳟鱼	0.15
3074-71-3	2, 3-二甲基庚烷(2, 3-Dimethylheptane)	虹鳟鱼	0.16
375-95-1	全氟壬酸(Perfluorononanoic Acid)	虹鳟鱼	0.23
629-50-5	正十三烷(*n*-Tridecane)	虹鳟鱼	0.27
1839-63-0	1, 3, 5-三甲基环己烷(1, 3, 5-Trimethyl Cyclohexane)	虹鳟鱼	0.35
91-17-8	十氢萘(Decahydronaphthalene)	虹鳟鱼	0.86
118-74-1	六氯苯(Hexachlorobenzene)	鲤鱼	1.79
2974-92-7	3, 4-二氯联苯(3, 4-Dichlorobiphenyl)	虹鳟鱼	2.90
34883-43-7	2, 4′-二氯联苯(2, 4′-Dichlorobiphenyl)	虹鳟鱼	3.75
13029-08-8	2, 2′-二氯苯(2, 2′-Dichlorophenyl)	虹鳟鱼	4.60
52663-61-3	2, 2′, 3, 5, 5′-五氯联苯(2, 2′, 3, 5, 5′-Pentachlorobiphenyl)	虹鳟鱼	5.55
2437-79-8	2, 2′, 4, 4′-四氯联苯(2, 2′, 4, 4′-Tetrachlorobiphenyl)	虹鳟鱼	6.80
74472-38-1	2, 3, 4, 4, 6-五氯联苯(2, 3, 4, 4, 6-Pentachlorobiphenyl)	三刺鱼	7.19
69782-91-8	2, 3, 3′, 4′, 5, 5′, 6-七氯联苯(2, 3, 3′, 4′, 5, 5′, 6-Heptachlorobiphenyl)	三刺鱼	9.11

表 4-4　鱼体中部分化学品生物积累因子(BAF)的测定值

CAS 号	名称	logBAF(L/kg)
634-90-2	1, 2, 3, 5-四氯苯(1, 2, 3, 5-Tetrachlorobenzene)	3.29
97-30-3	甲基 α-D-吡喃葡萄糖苷(Methyl Alpha-D-glucopyranoside)	−0.05
5680-80-8	L-丝氨酸甲酯盐酸盐(Methyl Serinate Hydrochloride)	−0.05
354-34-7	三氟乙酰氟(Trifluoroacetyl Fluoride)	−0.03

续表

CAS 号	名称	logBAF (L/kg)
75-10-5	二氟甲烷(Difluoromethane)	0.01
110-87-2	3, 4-二氢-2H-吡喃(3, 4-Dihydro-2H-pyran)	0.11
75-37-6	1, 1-二氟乙烷(1, 1-Difluoroethane)	0.15
76-02-8	三氯乙酰氯(Trichloroacetyl Chloride)	0.19
359-35-3	1, 1, 2, 2-四氟乙烷(1, 1, 2, 2-Tetrafluoroethane)	0.23
80-62-6	甲基丙烯酸甲酯(Methyl Methacrylate)	0.36
123-86-4	乙酸丁酯(Butyl Acetate)	0.59
811-97-2	1, 1, 1, 2-四氟乙烷(1, 1, 1, 2-Tetrafluoroethane)	0.75
78-87-5	1, 2-二氯丙烷(1, 2-Dichloropropane)	0.87
120-83-2	2, 4-二氯苯酚(2, 4-Dichlorophenol)	1.53
88-06-2	2, 4, 6-三氯苯酚(2, 4, 6-Trichlorophenol)	1.97
933-78-8	2, 3, 5-三氯苯酚(2, 3, 5-Trichlorophenol)	2.36
87-61-6	1, 2, 3-三氯苯(1, 2, 3-Trichlorobenzene)	2.95
87-82-1	六溴苯(Hexabromobenzene)	3.10
2921-88-2	毒死蜱(Chlorpyrifos)	3.33
95-94-3	1, 2, 4, 5-四氯苯(1, 2, 4, 5-Tetrachlorobenzene)	3.98
608-93-5	五氯苯(Pentachlorobenzene)	4.79
335-57-9	全氟庚烷(Hexadecafluoroheptane)	5.01
307-34-6	全氟辛烷(Octadecafluorooctane)	6.06
35065-27-1	六氯联苯(2, 2′, 4, 4′, 5, 5′-Hexachlorobiphenyl)	6.89

4.5.2 生理参数的数据

生理毒代动力学(PBTK)模型可关联化学品的环境暴露浓度和生物体重要靶器官的内暴露浓度，是化学品风险评价和预测的必要工具。化学品的生物积累性也可借助 PBTK 模型来预测。生物体的生理参数是构建 PBTK 模型的基础，但尚无相应的数据库，主要依赖文献检索获取。本书搜集了文献中报道的几种常见实验模式鱼种，即虹鳟鱼(*O. mykiss*)、斑马鱼(*D. rerio*)、黑头呆鱼(*P. promelas*)和三刺鱼(*G. aculeatus*)的生理参数参考值，包括组织血流量、脂质含量和水含量等参数，涉及脂肪、大脑和肠道等组织，见表 4-5。

表 4-5　鱼类的部分生理参数值

生理参数	虹鳟鱼	斑马鱼	黑头呆鱼	三刺鱼
脂肪的相对重量[a]	0.08	0.02	0.02	0.02
血液的相对重量[a]	0.05	0.02	0.02	0.01
大脑的相对重量[a]	0.01	0.01	0.01	0.01
胃肠道的相对重量[a]	0.10	0.10	0.10	0.05
性腺的相对重量[a]	0.02	0.01	0.01	0.01
肾脏的相对重量[a]	0.01	0.002	0.002	0.26
肝脏的相对重量[a]	0.01	0.01	0.02	0.03
非充分灌注室的相对重量[a]	0.6	0.68	0.67	0.77
充分灌注室的相对重量[a]	0.03	0.03	0.03	0.03
皮肤的相对重量[a]	0.10	0.10	0.10	0.04
脂肪的相对血流量[b]	0.01	0.01	0.01	0.01
大脑的相对血流量[b]	0.02	0.05	0.04	0.03
胃肠道的相对血流量[b]	0.18	0.17	0.17	0.07
性腺的相对血流量[b]	0.01	0.01	0.01	0.01
肾脏的相对血流量[b]	0.08	0.02	0.02	0.19
肝脏的相对血流量[b]	0.02	0.01	0.02	0.03
非充分灌注室的相对血流量[b]	0.54	0.55	0.54	0.5
充分灌注室的相对血流量[b]	0.09	0.13	0.13	0.1
皮肤的相对血流量[b]	0.06	0.06	0.06	0.01
脂肪的相对含水量[c]	0.05	0.03	0.03	0.05
大脑的相对含水量[c]	0.75	0.75	0.75	0.75
胃肠道的相对含水量[c]	0.58	0.62	0.77	0.58
性腺的相对含水量[c]	0.66	0.52	0.52	0.73
肾脏的相对含水量[c]	0.79	0.49	0.49	0.79
肝脏的相对含水量[c]	0.75	0.65	0.65	0.77
非充分灌注室的相对含水量[c]	0.77	0.69	0.81	0.77
充分灌注室的相对含水量[c]	0.53	0.53	0.53	0.53
皮肤的相对含水量[c]	0.67	0.76	0.76	0.67
脂肪的相对含脂量[d]	0.94	1.00	1.00	0.94
大脑的相对脂质含量[d]	0.07	0.07	0.07	0.07
胃肠道的相对脂质含量[d]	0.29	0.04	0.07	0.29

注：[a]组织重量与生物体总重之比，[b]组织血流量与总血流量之比，[c]组织中水的重量与组织重量之比，[d]组织中脂质的重量与组织重量之比。

4.5.3 组织-血液分配系数的数据

化学品的组织-血液分配系数也是构建 PBTK 模型所需的重要参数。表 4-6 至表 4-12 搜集了文献中报道的化学品在生物体内的组织-血液分配系数值，涉及组织/器官包括脂肪、肝脏、肾脏和大脑等。这些数据主要来源于哺乳动物[如大鼠(*Rattus norvegicus*)和人(*Homo sapiens*)等]，且大多采用体外测试方法测得。化学品在水生生物(如鱼类)中的组织-血液分配系数值还很缺乏，仅有的少量分配系数的数据来源于虹鳟鱼(*O. mykiss*)、斑马鱼(*D. rerio*)和黑头呆鱼(*P. promelas*)等模式鱼种。

表 4-6 化学品在脂肪与血液(或血浆、血清)之间分配系数的测定值

化合物	分配相	物种	测定值	参考文献
1, 1, 1, 2-四氯乙烷(1, 1, 1, 2-Tetrachloroethane)	脂肪/血液	大鼠、人	60.26*	Abraham et al., 2006
1, 1, 1, 2-四氯乙烷(1, 1, 1, 2-Tetrachloroethane)	脂肪/血液	虹鳟鱼	44.87	Bertelsen et al., 1998
1, 1, 1, 2-四氯乙烷(1, 1, 1, 2-Tetrachloroethane)	脂肪/血液	鲶鱼	54.99	Bertelsen et al., 1998
1, 1, 1, 2-四氯乙烷(1, 1, 1, 2-Tetrachloroethane)	脂肪/血液	黑头呆鱼	34.85	Bertelsen et al., 1998
氯丙咪嗪(Clomipramine)	脂肪/血浆	兔子	86.00	Jansson et al., 2008
氯噻西泮(Clotiazepam)	脂肪/血浆	兔子	5.90	Jansson et al., 2008
可卡因(Cocaine)	脂肪/血浆	大鼠	6.01	Abraham et al., 2006
可替宁(Cotinine)	脂肪/血浆	大鼠	0.08	Jansson et al., 2008
环己烷(Cyclohexane)	脂肪/血液	大鼠、人	186.21*	Abraham et al., 2006
环丙烷(Cyclopropane)	脂肪/血液	大鼠、人	15.85*	Abraham et al., 2006
环孢霉素(Cyclosporine)	脂肪/血浆	大鼠	12.71	Rodgers et al., 2005
黄素(Daidzein)	脂肪/血液	大鼠	0.29	Abraham et al., 2006
癸烷(Decane)	脂肪/血液	大鼠、人	1.00*	Abraham et al., 2006
安定(Diazepam)	脂肪/血液	大鼠、人	19.34*	Rodgers et al., 2005
二溴甲烷(Dibromomethane)	脂肪/血液	大鼠、人	10.72*	Abraham et al., 2006
二氯甲烷(Dichloromethane)	脂肪/血液	大鼠、人	7.76*	Abraham et al., 2006
乙醚(Diethyl ether)	脂肪/血液	大鼠、人	4.27*	Abraham et al., 2006
二氟甲烷(Difluromethane)	脂肪/血液	大鼠、人	0.91*	Abraham et al., 2006
二乙烯基醚(Divinyl ether)	脂肪/血液	大鼠、人	15.49*	Abraham et al., 2006
安氟醚(Enflurane)	脂肪/血液	大鼠、人	41.69*	Abraham et al., 2006
呋喃(Furan)	脂肪/血液	大鼠、人	9.77*	Abraham et al., 2006

续表

化合物	分配相	物种	测定值	参考文献
氟哌啶醇(Haloperidol)	脂肪/血浆	兔子	28.00	Jansson et al., 2008
卤丙烷(Halopropane)	脂肪/血液	大鼠、人	39.81*	Abraham et al., 2006
氟烷(Halothane)	脂肪/血液	大鼠、人	50.12*	Abraham et al., 2006
庚烷(Heptane)	脂肪/血液	大鼠、人	102.33*	Abraham et al., 2006
六氯乙烷(Hexachloroethane)	脂肪/血液	虹鳟鱼	161.50	Bertelsen et al., 1998
六氯乙烷(Hexachloroethane)	脂肪/血液	鲶鱼	89.74	Bertelsen et al., 1998
六氯乙烷(Hexachloroethane)	脂肪/血液	黑头呆鱼	47.98	Bertelsen et al., 1998
六氯乙烷(Hexachloroethane)	脂肪/血液	大鼠、人	57.54*	Abraham et al., 2006
己烷(Hexane)	脂肪/血液	大鼠、人	81.28*	Abraham et al., 2006
环己烯巴比妥(Hexobarbital)	脂肪/血液	大鼠	1.58	Abraham et al., 2006
丙咪嗪(Imipramine)	脂肪/血浆	大鼠	10.49	Abraham et al., 2006

注：*为大鼠和人的均值。

表 4-7　化学品在肝脏与血液(或血浆、血清)之间分配系数的测定值

化合物	分配相	物种	测定值	参考文献
阿芬太尼(Alfentanil)	肝脏/血浆	大鼠	1.00	Rodgers et al., 2006
阿普唑仑(Alprazolam)	肝脏/血浆	大鼠	10.68	Rodgers et al., 2006
阿奇霉素(Azithromycin)	肝脏/血清	大鼠	158.49	Abraham et al., 2007
阿佐塞米(Azosemide)	肝脏/血浆	大鼠	1.26	Abraham et al., 2007
苯(Benzene)	肝脏/血液	大鼠、人	1.62*	Abraham et al., 2007
苯(Benzene)	肝脏/血液	虹鳟鱼	0.34	Bertelsen et al., 1998
倍他洛尔(Betaxolol)	肝脏/血浆	大鼠	120.23	Abraham et al., 2007
比索洛尔(Bisoprolol)	肝脏/血浆	大鼠	22.91	Abraham et al., 2007
双酚 A(Bisphenol A)	肝脏/血液	人	1.45	Abraham et al., 2007
溴氯甲烷(Bromochloromethane)	肝脏/血液	大鼠、人	1.82*	Abraham et al., 2007
溴二氯甲烷(Bromodichloromethane)	肝脏/血液	大鼠、人	1.00*	Abraham et al., 2007
溴乙烯(Bromoethene)	肝脏/血液	大鼠、人	1.07*	Abraham et al., 2007
布地奈德(Budesonide)	肝脏/血浆	大鼠	8.71	Abraham et al., 2007
丁酮(Butanone)	肝脏/血液	大鼠、人	1.32*	Abraham et al., 2007
乙酸丁酯(Butyl acetate)	肝脏/血液	大鼠、人	3.24*	Abraham et al., 2007
二硫化碳(Carbon disulfide)	肝脏/血液	大鼠、人	3.02*	Abraham et al., 2007

续表

化合物	分配相	物种	测定值	参考文献
四氯化碳(Carbon tetrachloride)	肝脏/血液	大鼠、人	3.39*	Abraham et al., 2007
卡维地洛(Carvedilol)	肝脏/血浆	大鼠	8.17	Jansson et al., 2008
黄素(Daidzein)	肝脏/血液	大鼠	1.15	Abraham et al., 2007
黄素(Daidzein)	肝脏/血液	人	1.20	Abraham et al., 2007
癸烷(Decane)	肝脏/血液	大鼠、人	7.08*	Abraham et al., 2007
安定(Diazepam)	肝脏/血浆	大鼠	4.64	Abraham et al., 2007
二溴甲烷(Dibromomethane)	肝脏/血液	大鼠、人	0.91*	Abraham et al., 2007
二氯甲烷(Dichloromethane)	肝脏/血液	大鼠、人	0.78*	Abraham et al., 2007
双氯青霉素(Dicloxacillin)	肝脏/血浆	大鼠	0.43	Abraham et al., 2007
二脱氧肌苷(Dideoxyinosine)	肝脏/血浆	大鼠	0.76	Abraham et al., 2007
乙醚(Diethyl ether)	肝脏/血液	大鼠、人	0.68*	Abraham et al., 2007
二氟甲烷(Difluoromethane)	肝脏/血液	大鼠、人	1.74*	Abraham et al., 2007
地高辛(Digoxin)	肝脏/血浆	大鼠	18.40	Abraham et al., 2007
二乙烯基醚(Divinyl ether)	肝脏/血液	大鼠、人	1.17*	Abraham et al., 2007
阿霉素(Doxorubicin)	肝脏/血浆	大鼠	4.37	Abraham et al., 2007
安氟醚(Enflurane)	肝脏/血液	大鼠、人	1.86*	Abraham et al., 2007
依诺沙星(Enoxacin)	肝脏/血浆	大鼠	3.21	Rodgers et al., 2006
乙烯(Ethene)	肝脏/血液	大鼠、人	1.74*	Abraham et al., 2007

注：*为大鼠和人的均值。

表 4-8　化学品在肌肉与血液(或血浆、血清)之间分配系数的测定值

化合物	分配相	物种	测定值	参考文献
氯巴占(Clobazam)	肌肉/血浆	大鼠	2.60	Jansson et al., 2008
氯丙咪嗪(Clomipramine)	肌肉/血浆	兔子	6.20	Jansson et al., 2008
氯噻西泮(Clotiazepam)	肌肉/血浆	兔子	1.60	Jansson et al., 2008
可卡因(Cocaine)	肌肉/血浆	大鼠	3.98	Abraham et al., 2006
可替宁(Cotinine)	肌肉/血浆	大鼠	0.76	Abraham et al., 2006
环孢霉素(Cyclosporine)	肌肉/血浆	大鼠	1.38	Rodgers et al., 2006
黄素(Daidzein)	肌肉/血液	大鼠	1.20	Abraham et al., 2006
安定(Diazepam)	肌肉/血浆	大鼠	1.66	Abraham et al., 2006
双氯青霉素(Dicloxacillin)	肌肉/血浆	大鼠	0.05	Jansson et al., 2008

续表

化合物	分配相	物种	测定值	参考文献
二脱氧肌苷(Dideoxyinosine)	肌肉/血浆	大鼠	0.69	Abraham et al., 2006
乙醚(Diethyl ether)	肌肉/血液	大鼠、人	0.58*	Abraham et al., 2006
地高辛(Digoxin)	肌肉/血浆	大鼠	1.60	Abraham et al., 2006
丙吡胺(Disopyramide)	肌肉/血浆	大鼠	2.22	Jansson et al., 2008
二乙烯基醚(Divinyl ether)	肌肉/血液	大鼠、人	0.85*	Abraham et al., 2006
依诺沙星(Enoxacin)	肌肉/血浆	大鼠	1.45	Rodgers et al., 2006
乙醇(Ethanol)	肌肉/血液	大鼠、人	0.65*	Abraham et al., 2006
止痛灵(Ethoxybenzamide)	肌肉/血浆	大鼠	0.81	Zhang et al., 2006
乙酸乙酯(Ethyl acetate)	肌肉/血液	大鼠、人	0.87*	Abraham et al., 2006
乙基叔丁基醚(Ethyl tert-butyl ether)	肌肉/血液	大鼠、人	1.91*	Abraham et al., 2006
环氧乙烷(Ethylene oxide)	肌肉/血液	大鼠、人	0.89*	Abraham et al., 2006
芬太尼(Fentanyl)	肌肉/血浆	大鼠	3.10	Abraham et al., 2006
氟卡尼(Flecainide)	肌肉/血浆	大鼠	7.05	Jansson et al., 2008
氟罗沙星(Fleroxacin)	肌肉/血浆	大鼠	2.00	Jansson et al., 2008
氟硝安定(Flunitrazepam)	肌肉/血浆	大鼠	2.92	Rodgers et al., 2006
氟氯甲烷(Fluorochloromethane)	肌肉/血浆	大鼠、人	0.48*	Abraham et al., 2006
氟西汀(Fluoxetine)	肌肉/血液	大鼠	2.75	Abraham et al., 2006
氟西泮(Flurazepam)	肌肉/血液	大鼠	4.90	Abraham et al., 2006

注：*为大鼠和人的均值。

表 4-9　化学品在肺与血液(或血浆、血清)之间分配系数的测定值

化合物	分配相	物种	测定值	参考文献
头孢唑啉(Cefazolin)	肺/血浆	大鼠	0.19	Jansson et al., 2008
头孢他啶(Ceftazidime)	肺/血浆	大鼠	0.44	Jansson et al., 2008
氯丙嗪(Chlorpromazine)	肺/血液	大鼠	64.57	Abraham et al., 2008
氯丙咪嗪(Clomipramine)	肺/血液	大鼠	144.54	Abraham et al., 2008
氯丙咪嗪(Clomipramine)	肺/血浆	兔子	144.00	Jansson et al., 2008
氯噻西泮(Clotiazepam)	肺/血液	大鼠	10.96	Abraham et al., 2008
氯噻西泮(Clotiazepam)	肺/血浆	兔子	11.00	Jansson et al., 2008
可卡因(Cocaine)	肺/血浆	大鼠	11.48	Abraham et al., 2008
可替宁(Cotinine)	肺/血浆	大鼠	0.58	Abraham et al., 2008

续表

化合物	分配相	物种	测定值	参考文献
环孢霉素(Cyclosporine)	肺/血浆	大鼠	5.73	Jansson et al., 2008
安定(Diazepam)	肺/血浆	大鼠	3.36	Jansson et al., 2008
二氯甲烷(Dichloromethane)	肺/血液	大鼠、人	0.44*	Abraham et al., 2008
双氯青霉素(Dicloxacillin)	肺/血浆	大鼠	0.12	Jansson et al., 2008
乙醚(Diethyl ether)	肺/血液	大鼠、人	1.07*	Abraham et al., 2008
地高辛(Digoxin)	肺/血浆	大鼠	2.54	Abraham et al., 2008
丙吡胺(Disopyramide)	肺/血浆	大鼠	7.45	Jansson et al., 2008
阿霉素(Doxorubicin)	肺/血浆	大鼠	3.39	Abraham et al., 2008
安氟醚(Enflurane)	肺/血液	大鼠、人	1.62*	Abraham et al., 2008
依诺沙星(Enoxacin)	肺/血浆	大鼠	1.14	Rodgers et al., 2006
红霉素(Erythromycin)	肺/血清	大鼠	41.69	Abraham et al., 2008
止痛灵(Ethoxybenzamide)	肺/血浆	大鼠	0.92	Jansson et al., 2008
环氧乙烷(Ethylene oxide)	肺/血液	大鼠、人	0.98*	Abraham et al., 2008
乙炔(Ethyne)	肺/血液	大鼠、人	1.00*	Abraham et al., 2008
芬太尼(Fentanyl)	肺/血浆	大鼠	14.00	Jansson et al., 2008
氟卡尼(Flecainide)	肺/血浆	大鼠	93.75	Jansson et al., 2008
氟罗沙星(Fleroxacin)	肺/血浆	大鼠	2.15	Jansson et al., 2008
甘草甜素(Glycyrrhizin)	肺/血浆	大鼠	0.05	Zhang et al., 2006

注：*为大鼠和人的均值。

表 4-10　化学品在肾脏与血液(或血浆、血清)之间分配系数的测定值

化合物	分配相	物种	测定值	参考文献
阿芬太尼(Alfentanil)	肾脏/血浆	大鼠	0.82	Rodgers et al., 2006
阿普唑仑(Alprazolam)	肾脏/血浆	大鼠	4.13	Rodgers et al., 2006
苯(Benzene)	肾脏/血液	虹鳟鱼	0.79	Bertelsen et al., 1998
倍他洛尔(Betaxolol)	肾脏/血浆	大鼠	56.42	Rodgers et al., 2006
比哌立登(Biperiden)	肾脏/血浆	大鼠	12.19	Rodgers et al., 2006
比索洛尔(Bisoprolol)	肾脏/血浆	大鼠	24.87	Rodgers et al., 2006
咖啡因(Caffeine)	肾脏/血浆	大鼠	0.93	Jansson et al., 2008
头孢唑啉(Cefazolin)	肾脏/血浆	大鼠	2.79	Jansson et al., 2008
头孢他啶(Ceftazidime)	肾脏/血浆	大鼠	4.80	Jansson et al., 2008

续表

化合物	分配相	物种	测定值	参考文献
头孢他啶（Ceftazidime）	肾脏/血浆	大鼠	2.70	Rodgers et al., 2006
可替宁（Cotinine）	肾脏/血浆	大鼠	0.99	Jansson et al., 2008
环孢霉素（Cyclosporine）	肾脏/血浆	大鼠	8.12	Jansson et al., 2008
安定（Diazepam）	肾脏/血浆	大鼠	3.44	Rodgers et al., 2006
依诺沙星（Enoxacin）	肾脏/血浆	大鼠	4.61	Rodgers et al., 2006
止痛灵（Ethoxybenzamide）	肾脏/血浆	大鼠	1.29	Rodgers et al., 2006
芬太尼（Fentanyl）	肾脏/血浆	大鼠	12.00	Jansson et al., 2008
氟卡尼（Flecainide）	肾脏/血浆	大鼠	14.65	Jansson et al., 2008
氟硝安定（Flunitrazepam）	肾脏/血浆	大鼠	0.42	Rodgers et al., 2006
格雷沙星（Grepafloxacin）	肾脏/血浆	大鼠	15.01	Jansson et al., 2008
丙咪嗪（Imipramine）	肾脏/血浆	大鼠	55.01	Rodgers et al., 2006
依那立松（Inaperisone）	肾脏/血浆	大鼠	58.08	Rodgers et al., 2006
利多卡因（Lidocaine）	肾脏/血浆	猴子	2.80	Jansson et al., 2008
利多卡因（Lidocaine）	肾脏/血浆	大鼠	17.21	Rodgers et al., 2006
洛美沙星（Lomefloxacin）	肾脏/血浆	大鼠	4.84	Rodgers et al., 2006
美托洛尔（Metoprolol）	肾脏/血浆	大鼠	26.89	Rodgers et al., 2006
咪达唑仑（Midazolam）	肾脏/血浆	大鼠	4.22	Rodgers et al., 2006

表 4-11　化学品在心脏与血浆之间分配系数的测定值

化合物	物种	测定值	参考文献
醋丁洛尔（Acebutolol）	大鼠	5.00	Rodgers et al., 2005
阿芬太尼（Alfentanil）	大鼠	0.55	Rodgers et al., 2005
倍他洛尔（Betaxolol）	大鼠	22.52	Rodgers et al., 2005
咖啡因（Caffeine）	大鼠	0.56	Jansson et al., 2008
卡维地洛（Carvedilol）	大鼠	5.52	Jansson et al., 2008
头孢唑啉（Cefazolin）	大鼠	0.11	Jansson et al., 2008
头孢他啶（Ceftazidime）	大鼠	0.22	Jansson et al., 2008
氯氮䓬（Chlordiazepoxide）	大鼠	2.61	Rodgers et al., 2005
氯氮䓬（Chlordiazepoxide）	兔子	14.00	Jansson et al., 2008
氯米帕明（Clomipramine）	兔子	41.00	Jansson et al., 2008

续表

化合物	物种	测定值	参考文献
氯噻西泮(Clotiazepam)	兔子	2.60	Jansson et al., 2008
可替宁(Cotinine)	大鼠	0.51	Jansson et al., 2008
环孢霉素(Cyclosporine)	大鼠	4.05	Jansson et al., 2008
安定(Diazepam)	大鼠	3.71	Jansson et al., 2008
丙吡胺(Disopyramide)	大鼠	2.05	Jansson et al., 2008
依诺沙星(Enoxacin)	大鼠	1.07	Rodgers et al., 2006
止痛灵(Ethoxybenzamide)	大鼠	0.97	Jansson et al., 2008
依托度酸(Etodolac)	大鼠	0.32	Rodgers et al., 2006
芬太尼(Fentanyl)	大鼠	4.53	Jansson et al., 2008
氟卡尼(Flecainide)	大鼠	6.50	Jansson et al., 2008
氟罗沙星(Fleroxacin)	大鼠	2.55	Jansson et al., 2008
氟硝安定(Flunitrazepam)	大鼠	1.18	Rodgers et al., 2006
呋氟啶(Ftorafur)	大鼠	0.38	Rodgers et al., 2006
氟哌啶醇(Haloperidol)	兔子	14.00	Jansson et al., 2008
环己烯巴比妥(Hexobarbitone)	大鼠	1.10	Zhang et al., 2006
丙咪嗪(Imipramine)	大鼠	21.91	Rodgers et al., 2005
依那立松(Inaperisone)	大鼠	7.39	Rodgers et al., 2005

表 4-12 化学品在大脑与血液(或血浆、血清)之间分配系数的测定值

化合物	分配相	物种	测定值	参考文献
氯氮草(Chlordiazepoxide)	大脑/血浆	大鼠	0.75	Rodgers et al., 2006
氯仿(Chloroform)	大脑/血液	大鼠、人	1.42*	Abraham et al., 2006
氯丙嗪(Chlorpromazine)	大脑/血液	大鼠	11.48	Abraham et al., 2006
氯丙嗪(Chlorpromazine)	大脑/血清	大鼠	11.50	Abraham et al., 2006
氯丙嗪(Chlorpromazine)	大脑/血浆	大鼠	11.49	Abraham et al., 2006
氯丙嗪(Chlorpromazine)	大脑/血浆	兔子	9.30	Jansson et al., 2008
氯巴占(Clobazam)	大脑/血清	大鼠	2.24	Abraham et al., 2006
氯丙咪嗪(Clomipramine)	大脑/血浆	兔子	11.00	Jansson et al., 2008
氯丙咪嗪(Clomipramine)	大脑/血浆	大鼠	10.59	Zhang et al., 2006
可乐定(Clonidine)	大脑/血液	大鼠	1.29	Abraham et al., 2006

续表

化合物	分配相	物种	测定值	参考文献
氯噻西泮(Clotiazepam)	大脑/血浆	兔子	3.20	Jansson et al., 2008
氯噻西泮(Clotiazepam)	大脑/血浆	兔子	3.20	Jansson et al., 2008
氯氮平(Clozapine)	大脑/血浆	大鼠	20.00	Zhang et al., 2006
可卡因(Cocaine)	大脑/血浆	大鼠	5.50	Abraham et al., 2006
可替宁(Cotinine)	大脑/血液	大鼠	0.48	Abraham et al., 2006
可替宁(Cotinine)	大脑/血浆	大鼠	0.42	Abraham et al., 2006
环己烷(Cyclohexane)	大脑/血液	大鼠、人	12.88*	Abraham et al., 2006
环丙烷(Cyclopropane)	大脑/血液	大鼠、人	1.29*	Abraham et al., 2006
环孢霉素(Cyclosporine)	大脑/血浆	大鼠	0.79	Rodgers et al., 2006
癸烷(Decane)	大脑/血液	大鼠、人	4.62*	Abraham et al., 2006
地昔帕明(Desipramine)	大脑/血液	大鼠	10.00	Abraham et al., 2006
去甲地昔帕明(Desmethydesipramine)	大脑/血液	大鼠	11.48	Abraham et al., 2006
去甲氯巴占(Desmethylclobazam)	大脑/血清	大鼠	2.29	Abraham et al., 2006
去甲安定(Desmethyldiazepam)	大脑/血清	大鼠	3.16	Abraham et al., 2006
安定(Diazepam)	大脑/血清	大鼠	3.31	Abraham et al., 2006
安定(Diazepam)	大脑/血浆	大鼠	1.37	Jansson et al., 2008

注：*为大鼠和人的均值。

4.6　化学品生物积累性的预测模型

化学品的生物积累性参数可通过实验方法测定，也可通过相应的模型来预测。预测模型主要分为两类，一类是定量构效关系(QSAR)模型，另一类是毒代动力学(TK)模型。

4.6.1　定量构效关系模型

依据不同参数及算法，可将生物积累性参数的 QSAR 预测模型分为：基于化学品分子理化参数的 QSAR 模型、基于分子碎片的 QSAR 模型、基于拓扑参数的 QSAR 模型、基于多参数线性自由能关系的 QSAR 模型，以及基于机器学习的 QSAR 模型。

1. 基于理化参数的 QSAR 模型

一般认为，生物积累过程是化学品在水相和有机相的分配过程，疏水相互作用是生物积累过程中的主要驱动力。因此，根据疏水性参数($\log K_{OW}$)可以预测生物积累参数。基于 $\log K_{OW}$ 建立的 BCF 预测模型较多，表 4-13 列举了部分代表性的模型。

表 4-13　基于 $\log K_{OW}$ 的生物积累参数的 QSAR 模型

模型		参考文献
$\log BCF = 0.542\log K_{OW} + 0.124$ ($n = 8$, $R^2 = 0.948$, SD = 0.342)		Branson et al., 1974
$\log BCF = 0.85\log K_{OW} - 0.70$ ($n = 55$, $R^2 = 0.897$)		Veith et al., 1979
$\log BCF = \log K_{OW} - 1.32$ ($n = 55$, $R^2 = 0.950$)		Mackay, 1982
$\log BCF = 0.910\log K_{OW} - 1.975\log(6.8\times10^{-7}K_{OW} + 1) - 0.786$ ($n = 154$, $R^2 = 0.950$, SD = 0.347)		Bintein et al., 1993
非离子型化合物($n = 610$, $R^2 = 0.730$, SD = 0.670)： $\log BCF = 0.5$ $\log BCF = 0.77\log K_{OW} - 0.7 + \Sigma F_i$ $\log BCF = -1.37\log K_{OW} + 14.4 + \Sigma F_i$ $\log BCF = 0.5$	 $\log K_{OW} < 1$ $\log K_{OW} = 1\sim7$ $\log K_{OW} > 7$ $\log K_{OW} > 10.5$	Meylan et al., 1999
离子型化合物($n = 84$, $R^2 = 0.620$, SD = 0.410)： $\log BCF = 0.5$ $\log BCF = 0.75$ $\log BCF = 1.75$ $\log BCF = 1$ $\log BCF = 0.5$	 $\log K_{OW} < 5$ $\log K_{OW} = 5\sim6$ $\log K_{OW} = 6\sim7$ $\log K_{OW} = 7\sim9$ $\log K_{OW} > 9$	Meylan et al., 1999
$\log BCF = 0.15$ $\log BCF = 0.85\log K_{OW} - 0.70$ $\log BCF = -0.20(\log K_{OW})^2 + 2.74\log K_{OW} - 4.72$ $\log BCF = 2.68$	$\log K_{OW} < 1$ $1 \leqslant \log K_{OW} \leqslant 6$ $6 < \log K_{OW} < 10$ $\log K_{OW} \geqslant 10$	European Commission, 2003

注：n 表示建模数据量；R^2 为决定系数；SD 为标准差；$\sum F_i$ 表示化合物 BCF 值的校正因子。

2. 基于分子碎片的 QSAR 模型

根据 Hansch 和 Leo(1979)提出的分子碎片定义，即与碳原子相连的一个原子或原子团，碳原子上连接四个单键，或连接两个单键和一个双键，但至少有两个键没有和杂原子相连，可将分子结构进行拆分，得到一些特定结构的碎片和结构特征个数。通过多元线性回归，得到各个碎片的结构特征对化学品生物富集能力的贡献值，计算公式如下：

$$\log BCF = \Sigma n_i f_i + \Sigma m_j F_j \tag{4-20}$$

式中，n_i 和 m_j 分别为第 i 个结构碎片和第 j 个结构特征的个数；f_i 为第 i 个结构碎片的回归系数；F_j 为第 j 个结构特征的结构校正因子。Tao 等(2000)使用了 9 种分子碎片和 16 个结构校正因子，建立了基于 80 个非极性化合物的 BCF 预测模型，效果良好(决定系数 $R^2 = 0.995$，标准差 SD = 0.184)。

3. 基于拓扑参数的 QSAR 模型

分子图及其衍生出的矩阵，提供了定义和计算分子拓扑参数的基础(Todeschini and Consonni, 2009)。迄今表征分子结构的拓扑参数已有上千种，比较常用的有分子连接性指数(MCI)。MCI 可综合反映有机物的分子形状、体积及电性信息，被用于预测生物积累性参数。前人基于 MCI 构建的一些 BCF 的 QSAR 模型，见表 4-14。

表 4-14 基于 MCI 的生物积累参数的 QSAR 模型

模型	参考文献
$\log BCF = -0.171\,({}^2\chi^v)^2 + 2.253\,{}^2\chi^v - 2.392$ ($n = 17, R^2 = 0.970, SD = 0.297$)	Sabljić and Proti, 1982
$\log BCF = 0.757\,{}^0\chi^v - 2.650\,{}^1\chi + 3.372\,{}^2\chi - 1.186\,{}^2\chi^v - 1.807\,{}^3\chi_c + 0.770$ ($n = 80, R^2 = 0.907, SD = 0.663$)	Lu et al., 1999
$\log BCF = -0.035\,({}^0\chi^v)^2 - 4.4776\,({}^1\chi^v)^{1/2} + 0.789\,{}^2\chi - 0.985\,{}^3\chi_c + 1.109\,{}^0\chi^v + \Sigma n_iF_i$ ($n = 239, R^2 = 0.819, SD = 0.603$)	卢晓霞等, 2000

注：${}^0\chi^v$, ${}^1\chi$, ${}^1\chi^v$, ${}^2\chi$, ${}^2\chi^v$, ${}^3\chi_c$ 均为不同类型的分子连接性指数，n_i 为化合物 i 中某个基团出现次数，F_i 为基团校正因子，n 表示建模数据量，R^2 为决定系数，SD 为标准差。

4. 基于多参数线性自由能关系的 QSAR 模型

多参数线性自由能关系(pp-LFER)也可用于预测化学品的生物积累参数，主要以 Abraham 等(2004)提出的 pp-LFER 模型为基础，即：

$$SP_i = SP_0 + eE_i + sS_i + aA_i + bB_i + vV_i \tag{4-21}$$

式中，SP_0, e, s, a, b, v 是常数；E_i 是过量分子折射；S_i 是分子偶极性/极化性；A_i 是分子整体氢键酸度；B_i 是分子整体氢键碱度；V_i 是分子 McGowan 体积。基于 pp-LFER 构建生物积累参数的 QSAR 预测模型，见表 4-15。

表 4-15 基于 pp-LFER 的生物积累参数的 QSAR 模型

模型	参考文献
$\log BCF = -0.95 + 4.74\,(V_I/100) - 4.39B + 0.88A$ ($n = 51, r = 0.947, SD = 0.42$)	Park and Lee, 1993
$\log BCF = -0.358 + 2.237E - 1.407A + 0.728B + 0.324V$ ($n = 122, R^2 = 0.818, SE = 0.663$)	秦红, 2008
$\log BMF = -2.239 - 0.807E - 1.148S + 3.529V$ ($n = 27, R^2 = 0.794, SE = 0.180$)	Fatemi et al., 2009

注：n 表示建模数据量，r 为相关性系数，R^2 为决定系数，SD 为标准差，SE 为标准误差。

值得指出的是，以往关于生物积累性参数预测的 QSAR 模型大多没有应用域表征。根据 2007 年 OECD 发布的关于 QSAR 模型验证的导则，面向应用的 QSAR 模型需要有应用域表征。因此，有必要研究生物积累性参数 QSAR 模型的应用域表征方法。

5. 基于机器学习的 QSAR 模型

随着大数据时代的来临和机器学习算法的日益成熟，基于机器学习算法的生物积累参数预测模型逐渐兴起，见表 4-16。

表 4-16　基于机器学习的生物积累参数的 QSAR 模型

预测的参数	分子结构参数	数据量	算法名称	模型效果	参考文献
logBCF	分子结构描述符、分子拓扑描述符	473	MLR, SVM, RBFNN	R^2 = 0.80, SD = 0.59	Zhao et al., 2008
logBMF	量子化学描述符	27	ANN	R^2 = 0.827	Fatemi et al., 2009
logBCF	物理化学描述符	713	CIT, RF	R^2 = 0.836, RMSE = 0.554	Strempel et al., 2013
logBCF	分子结构描述符，分子拓扑描述符，几何分子描述符和物理化学分子描述符	110	24 种算法	R^2 = 0.23~0.73, RMSE = 0.34~1.20	Miller et al., 2019
logBCF	ISIDA 描述符	1129	SVM, RF	R^2 = 0.76, RMSE = 0.77	Lunghini et al., 2019

注：R^2 为决定系数；SD 为标准差；RMSE 为均方根误差；MLR 为多元线性回归；RBFNN 为径向基函数神经网络；SVM 为支持向量机；ANN 为人工神经网络；CIT 为条件推理树；RF 为随机森林。

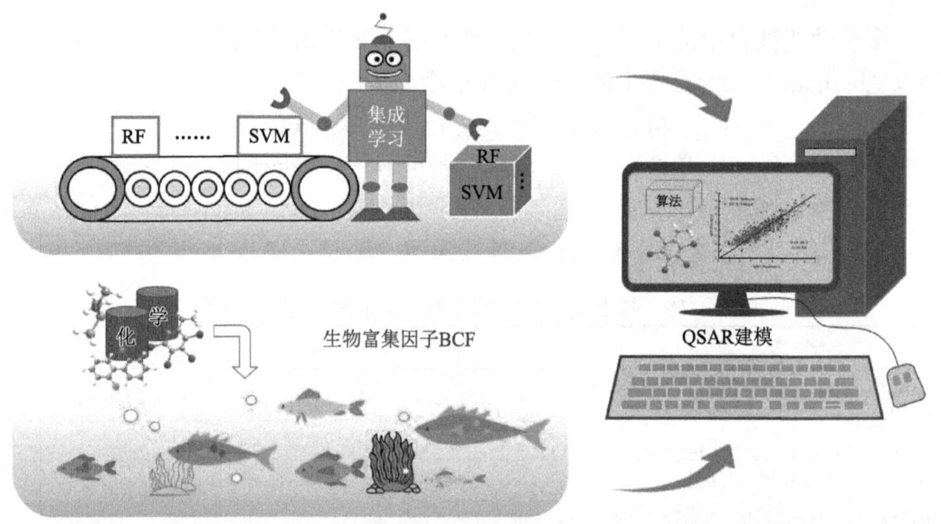

图 4-3　基于集成学习算法构建有机化学品鱼体生物富集因子的 QSAR 预测模型（丁蕊等, 2021）

目前大多数预测 BCF 的 QSAR 模型为单一模型，而集成模型通过投票法、平均法或学习法，整合多个单独模型的信息，有望产生更准确、更稳健的预测结果。丁蕊等（2021）基于普通最小二乘、支持向量机、随机森林、梯度提升决策树和极端梯度提升 5 种机器学习算法，建立了预测鱼类 BCF 的 5 种单一模型和 11 种集成模型（图 4-3），采用 Williams 图表征了模型应用域。发现与单一模型相比，集成模型具有更好的拟合能力、稳健性、预测准确性以及更广泛的应用域。进一步使用最优集成模型预测了《中国现有化学物质名录》中化学物质的 BCF 值，发现该清单中有 1066 种化学物质具有生物积累性（BCF＞2000），86 种化学物质具有强生物积累性（BCF＞5000）。

4.6.2　毒代动力学模型

毒代动力学（TK）模型是对化学品在生物体内 ADME 过程的定量描述，可预测化学品的生物积累能力，计算生物积累参数。TK 模型主要分为两类，传统 TK 模型和生理毒代动力学（PBTK）模型。

1. 传统 TK 模型

传统 TK 模型将生物体看作一个系统，按照化学品在生物体内的毒代动力学特点，将系统内部划分为若干个室。模型中的室不具解剖学或生理学的意义，通常将化学品的转运和转化速率相近的组织/器官或体液划分为一个室。根据实验数据，计算吸收速率常数、清除速率常数和半减期等毒代动力学参数，建立数学模型，从而实现对化学品在生物体内毒代动力学过程的预测。传统 TK 模型分为单室（Single Compartment）TK 模型和多室（Multicompartment）TK 模型。其中，单室 TK 模型[图 4-4（a）]将生物体看作均匀整体，假设进入到生物体中的化学品，能够迅速分布于全身。基于动力学方法获得 BCF, BMF 和 BAF 值，即采用单室 TK 模型。

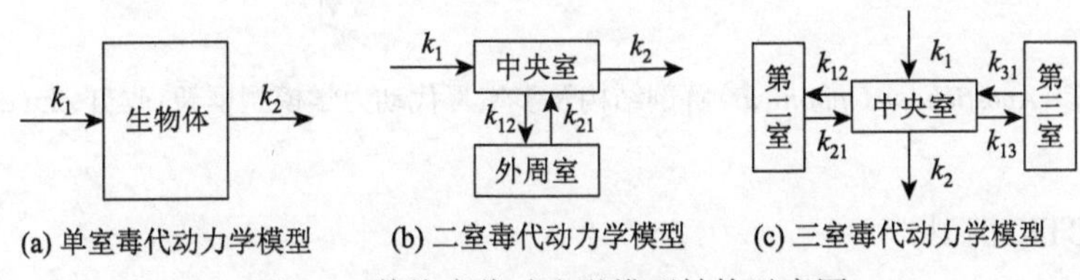

(a) 单室毒代动力学模型　(b) 二室毒代动力学模型　(c) 三室毒代动力学模型

图 4-4　传统毒代动力学模型结构示意图

然而大多数化学品进入生物体后，在各组织器官中并非均匀分布。因此，可根据研究目的，将生物体划分成多个室，构建多室 TK 模型，能更准确模拟化学品在生物体各组织之间的转运。

多室 TK 模型大多包含两至三个室[图 4-4（b）（c）]，为提高模型的性能，在建模过程中也可考虑增加模型中室的个数。以二室 TK 模型为例[图 4-4（b）]，模型中的两个室分别为中央室和外周室，化学品在中央室（C_c, μg/kg）和外周室（C_p, μg/kg）中的浓度可通过如下方程求得：

$$\frac{dC_c}{dt} = k_1 \cdot C_e + k_{21} \cdot C_p - k_{12} \cdot C_c - k_2 \cdot C_c \tag{4-22}$$

$$\frac{dC_p}{dt} = k_{12} \cdot C_c - k_{21} \cdot C_p \quad (4\text{-}23)$$

式中，k_1 为中央室的吸收速率常数，L/(kg·d)；k_2 为中央室的清除速率常数，d^{-1}；k_{12} 为中央室向外周室的转运速率常数，d^{-1}；k_{21} 为外周室向中央室的转运速率常数，d^{-1}。

Zhu 等(2020)构建了海参(*Apostichopus japonicus*)中抗生素的多室 TK 模型。海参(棘皮动物门，海参纲)是亚洲国家，尤其是中国重要的海水养殖经济物种。构建海参中化学品的 TK 模型，对于评价化学品的膳食暴露健康风险，以及指导海水健康养殖均具有重要意义。基于海参特殊的生理结构，将其划分为体壁、口、消化道、呼吸树和体腔液共 5 个室(图 4-5)。假设污染物经直接接触和液体交换分布至各室，且各室间转运遵循被动扩散及质量守恒原理。经实测数据验证，所建模型可被用于预测海参各组织中抗生素的时间变化浓度，可为构建海参中其他化学品(如杀虫剂、杀菌剂、紫外线稳定剂等)的 TK 模型提供参考。

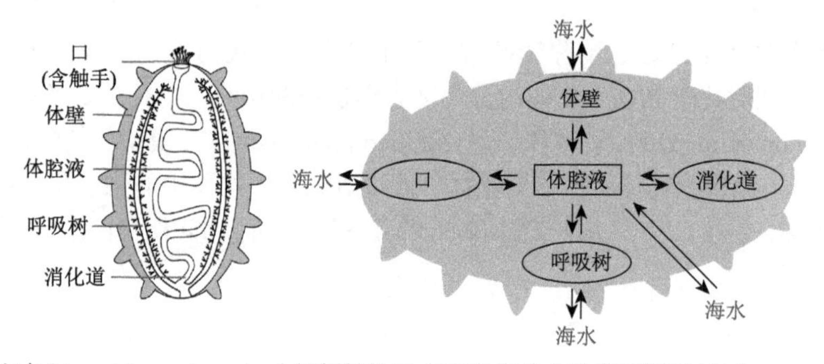

图 4-5 海参(*Apostichopus japonicus*)解剖结构及多室毒代动力学模型框架(改自 Zhu et al., 2020)

2. PBTK 模型

传统 TK 模型由于缺乏生理学相关性，难以准确预测靶点的内暴露浓度，也难以将预测结果外推至不同的暴露场景、暴露途径及物种。为实现更精准的化学品风险评价，需进行准确到组织、器官层次暴露浓度的定量，并尽可能多涵盖关键生态物种。同时，如何关联化学品的环境暴露浓度和体内靶点浓度，也是对种类数量众多的化学品进行生态风险评价的一个瓶颈问题。PBTK 模型有望在解决这些问题的过程中发挥重要作用。

PBTK 模型遵循质量守恒定律，将生物体中具有生理、解剖学意义的组织/器官，如血液、肝脏、肾脏和脂肪组织等抽象为独立的室，各室之间通过血液循环系统连接，进一步考虑化学品的物理化学及生物化学性质，定量描述化学品在生物体内的 ADME 过程。PBTK 模型能够关联化学品外暴露水平(环境浓度)和体内相关靶器官浓度，预测化学品在生物基质中浓度随时间的变化，并能够反映生理参数变化(如物种差异)对化学品 ADME 过程的影响。下面以水生生物鱼类为例，介绍 PBTK 模型的构建方法。

PBTK 模型的构建通常包括如下五个步骤：

1) 确定模型整体结构

根据模型所要表征的问题，确定足以描述化学品在生物体内 TK 过程的基本要素，只在必要条件下增加模型复杂程度。对给定某化学品建立 PBTK 模型，需考虑靶器官、摄入途径、代谢过程以及化学品特性。

通常可将靶器官作为单独的室考虑，当化学品在靶器官中的积累或代谢与其他器官无明显差别时，则不需单独考虑。当生物体通过呼吸、消化道或皮肤摄入化学品时，需分别将鳃/肺、胃肠道或皮肤列为单独的室。当代谢器官(如肝、肾)显著影响化学品的整体动力学行为，或该器官中化学品浓度随时间变化的规律与其他器官有明显差异时，需单独考虑。

对于疏水性($\log K_{OW}>3$)或强疏水性($\log K_{OW}>6$)化学品，需将脂肪作为单独的室处理；而对于一些亲水性化学品(如甲醇、金属离子)，脂肪对其动力学行为影响很小，不需单独考虑。对于未单独列为室的组织或器官，可将其作为一个整体考虑；或根据血流供应程度，将血流供应量大的组织作为“充分灌注室”(richly perfused tissues)，血流量小的组织划为“非充分灌注室”(poorly perfused tissues)。图 4-6 为鱼体 PBTK 模型基本结构示意图。

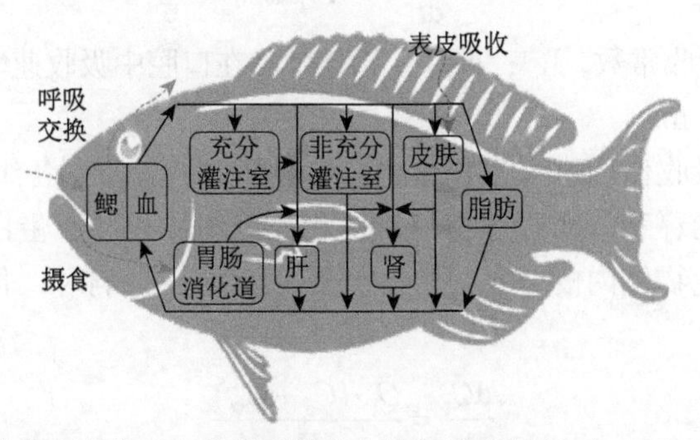

图 4-6　鱼体生理毒代动力学模型的基本结构示意图(改自 Nichols et al., 1990)

2) 转化为数学模型

对所选定的各个室，列出化学品 ADME 过程的质量守恒方程。首先，需确定化学品在生物体与外界环境，以及生物体内各组织/器官之间的分配，是受流速(包括血液流速和外部介质流速)限制还是细胞膜的扩散限制。一般对于分子量较小和/或具有亲脂性的化学品，以及体积较小或血流/质量比例较大的组织/器官，可假设这类物质在两相之间的分配瞬间达到平衡，此时化学品的吸收分配受流速限制；反之，扩散作用是限制分配的主要因素。

当鱼类通过呼吸作用摄取水中化学品时，假设吸收过程受流速(血液或水的流速)限制，鱼类动脉血中化学品浓度为：

$$C_{\mathrm{a}}=\frac{\min(Q_{\mathrm{w}},Q_{\mathrm{c}}\cdot P_{\mathrm{bw}})\cdot\left(C_{\mathrm{w}}-\dfrac{C_{\mathrm{v}}}{P_{\mathrm{bw}}}\right)}{Q_{\mathrm{c}}}+C_{\mathrm{v}} \tag{4-24}$$

式中，C_{a} 指动脉血中化学品浓度，mg/L；Q_{w} 指有效呼吸容积，L/h；Q_{c} 指心输出量，L/h；C_{v} 指混合静脉血中化学品浓度，mg/L；C_{w} 指水中化学品浓度，mg/L；P_{bw} 指血液-水分配系数。

对于皮肤暴露，当化学品的吸收受扩散限制时，经皮肤吸收进入生物体中的化学品浓度，可通过求解质量守恒微分方程获得：

$$\frac{\mathrm{d}C_{\mathrm{sk}}}{\mathrm{d}t}=\frac{Q_{\mathrm{sk}}\cdot(C_{\mathrm{a}}-C_{\mathrm{vsk}})+K_{\mathrm{p}}\cdot A\cdot[C_{\mathrm{e}}-(C_{\mathrm{sk}}/P_{\mathrm{se}})]}{V_{\mathrm{sk}}} \tag{4-25}$$

式中，C_{e} 指环境中化学品浓度，mg/L；C_{sk} 指皮肤中化学品浓度，mg/L；C_{vsk} 指流出皮肤的静脉血中化学品浓度，mg/L；P_{se} 指皮肤-环境(如水、空气等)分配系数；Q_{sk} 指皮肤血流量，L/h；A 指皮肤暴露面积，dm^2；K_{p} 指渗透系数，dm/h；V_{sk} 指皮肤体积，L。

化学品的口腔摄入通常遵循一级动力学过程：

$$\frac{\mathrm{d}A_{\mathrm{o}}}{\mathrm{d}t}=K_{\mathrm{o}}\cdot A_{\mathrm{stom}} \tag{4-26}$$

式中，K_{o} 指口腔吸收常数，h^{-1}；$\mathrm{d}A_{\mathrm{o}}/\mathrm{d}t$ 指化学品在口腔中吸收速率，mg/h；A_{stom} 指胃中化学品的量，mg。

化学品通过吸收作用进入生物体之后，会随血液分布到各组织/器官中。被吸收的化学品，其稀释和分布程度由血液体积、组织体积以及蛋白结合程度等因素决定。化学品在生物体内的分布过程主要受血流灌注影响时，化学品的量与浓度梯度成正比：

$$\frac{\mathrm{d}C_{\mathrm{t}}}{\mathrm{d}t}=\frac{Q_{\mathrm{t}}\cdot(C_{\mathrm{a}}-C_{\mathrm{vt}})}{V_{\mathrm{t}}} \tag{4-27}$$

式中，C_{t} 指组织中化学品的浓度，mg/L；C_{vt} 指流出组织的静脉血中化学品浓度，mg/L；Q_{t} 指组织血流量，L/h；V_{t} 指组织体积，L。

分布过程主要受扩散速率限制时，可用如下质量守恒方程式描述化学品在血液和组织/器官之间的分配行为：

$$\frac{\mathrm{d}C_{\mathrm{t}}}{\mathrm{d}t}=\frac{PA_{\mathrm{t}}}{V_{\mathrm{t}}}\cdot\left(C_{\mathrm{vt}}-\frac{C_{\mathrm{t}}}{P_{\mathrm{tb}}}\right) \tag{4-28}$$

式中，PA_t 指扩散系数，L/h；P_{tb} 指组织-血液分配系数。

化学品随血液分布到代谢器官后，会在代谢器官中被代谢转化。化学品在生物体内的代谢过程可能遵循一级动力学、二级动力学或饱和动力学规律。在一级动力学过程中，代谢速率[dC_{met}/dt, mg/(L·h)]受化学品浓度限制；当化学品浓度和辅因子浓度共同限制代谢速率，代谢过程遵循二级动力学规律；当代谢器官中的酶被底物饱和后，代谢速率可用米氏方程表示。PBTK 模型中描述代谢过程的方程如下：

$$一级反应：\frac{dC_{met}}{dt} = K_f \cdot C_{vt} \tag{4-29}$$

$$二级反应：\frac{dC_{met}}{dt} = K_s \cdot C_{vt} \cdot C_{cf} \tag{4-30}$$

$$米氏反应：\frac{dC_{met}}{dt} = \frac{V_{max} \cdot C_{vt}}{(K_M + C_{vt}) \cdot V_t} \tag{4-31}$$

式中，K_f 指一级代谢常数，h^{-1}；K_s 指二级代谢常数，L/(mg·h)；C_{cf} 指组织中辅因子的浓度，mg/L；V_{max} 指酶促反应最大速度，mg/h；K_M 指米氏常数，mg/L。上述方程中代谢过程都是用化学品在静脉血中的浓度来描述，并遵循“静脉平衡模型”。假设代谢过程受血液流速限制，这些方程可代入式(4-27)一同求解。

化学品在生物体内经过吸收、分布、代谢过程之后，未被吸收的部分或代谢过程产生的代谢产物，可能会通过排泄作用从循环系统中消除。主要通过胆汁、排泄物、呼出气/水和尿等排出体外。胆汁和排泄物的排泄速率取决于胆汁流速、转移和重吸收速率、化学品与/或其代谢产物的分子量。PBTK 模型通常用呼吸速率、心输出量和血液-空气(水)分配系数，描述随呼吸作用排出体外的化学物质，通过鱼鳃排泄的化学品浓度可由如下方程式求得：

$$C_{exp} = \frac{C_v}{P_{bw}} \tag{4-32}$$

式中，C_{exp} 指排出水(空气)中化学品浓度(mg/L)。

化学品的尿排泄过程通常根据过滤、重吸收和分泌速率进行模拟，计算公式如下：

$$\frac{dF}{dt} = \mathrm{GFR} \cdot C_u \tag{4-33}$$

式中，F 指化学品滤过量，mg；GFR 指肾小球滤过率，L/h；C_u 指未结合化学品浓度，mg/L。

化学品或其代谢产物在尿液中浓度变化率可表示为：

$$\frac{dU}{dt} = U_o \cdot C_u \tag{4-34}$$

式中，U_o 指尿排出量，L/h。

3)定义模型参数值

模型的输入参数主要包括：生理学参数、分配系数和生物化学反应速率常数。生理学参数(如生物体质量、各组织体积、各组织血流量、心输出量等)可从数据库、文献中查得，或通过实验测定。

Brown 等(1997)根据前人研究，汇编了小鼠(*Mus musculus*)、大鼠(*R. norvegicus*)、猴(*Macaca fascicularis*)、兔(*Oryctolagus cuniculus*)、狗(*Canis lupus familiari*)和人(*H. sapiens*)等常见哺乳动物的生理参数参考值，供 PBTK 建模使用。水生生物(如鱼)、飞禽等生理参数的获取主要依赖文献搜集。Grech 等(2019)汇编了鱼类，包括虹鳟鱼(*O. mykiss*)、斑马鱼(*D. rerio*)、黑头呆鱼(*P. promelas*)和三刺鱼(*G. aculeatus*)的生理参数参考值。

血液-水分配系数、血液-空气分配系数以及组织-血液分配系数的获取途径主要有三种：从重复给药的稳态毒代动力学数据中获取；利用超滤、平衡透析、顶空法等技术从体外系统中获取；根据分子和生物学关键信息，计算模拟得到。

代谢参数(如 V_{max}, K_M)可通过分析体内毒代动力学数据获得，也可对肝细胞、组织切片等进行体外实验测得。体外方法获得的 K_M 值可直接在 PBTK 模型中使用。而对于 V_{max}，体外实验测定的是小部分组织或细胞中的 V_{max}，即 $V_{max\_in\ vitro}$。在描述真实肝脏代谢时，需根据体内和体外系统中酶含量之间的差异，将体外测定值扩展到整个肝脏(或合适的代谢组织)水平($V_{max\_in\ vivo}$)：

$$V_{max\_in\ vivo} = V_{max\_in\ vitro} \cdot C_{protein} \cdot V_{tissue} \tag{4-35}$$

式中，$C_{protein}$ 为肝脏中蛋白质的浓度；V_{tissue} 为肝脏体积。其他与吸收、大分子结合以及排泄过程相关的模型参数可通过体内、体外测试方法或计算模拟得到。本章搜集了上述参数，已集成至化学品预测毒理学平台(cptp.dlut.edu.cn)。

4)求解方程组

PBTK 模型模拟过程需要求解上述常微分方程组，通常借助软件实现。已有相应的商业软件用于 PBTK 模型求解，包括专门为 PBTK 模拟而设计的软件包(专业型)以及一般的模拟软件包(通用型)。专业型 PBTK 模拟软件包(如 Simcyp, PK-Sim 和 GastroPlus)在模型构建时灵活性较小，软件已为用户提供了已建好的整体或部分模型，在使用时只需根据实际需要将各部分模型进行组合或直接利用软件内部已建好的模型。这类软件包对用户的计算模拟经验要求较低。

通用型模拟软件包(如 Python, R, MATLAB, ModelMaker, Berkeley Madonna 和 acslX)在建模过程中的灵活度较高，模型的基本框架由建模者确定，软件为模型编码、常微分方程式的求解提供了程序语言，同时也要求一定的建模和编程技能。

通过软件将模型方程组求解后，即可获得化学品在各室中的时间变化浓度，初步完成模型的构建。

5）模型评价

当确定了模型结构、方程式、参数，并用模拟软件对模型进行求解之后，需评价模型性能。模型评价包括模型确认和模型验证两方面。模型确认包括检查模型结构和参数的合理性，以及数学方程和模型编码的正确性。对于 PBTK 模型的验证，存在多种方法，尚未形成统一标准。总的来说，验证环节包括对模型预测结果准确性的验证和对模型不确定性、变异性和敏感性的分析。

预测结果准确性的验证主要分为两类：一类是对浓度随时间变化趋势的验证，通过 PBTK 模型预测得到某个组织/器官中化学品的浓度随时间变化的曲线，与实验测定的各个时间点化学品的浓度值比较，观察变化趋势是否一致；另一类是对平衡浓度的验证，通过比较计算得到的某组织/器官中一组化学品平衡态浓度的预测值与实验值的决定系数（R^2）和均方根误差（RMSE）来判断模型的预测能力。模型参数不准确或结构不合理均可能导致预测结果不准确，在低剂量暴露的条件下表现尤为明显。

模型不确定性分析可定量参数误差对模型的影响，模型变异性分析可表征给定群体中个体差异导致的模型生理学、解剖学及酶促反应动力学等参数的变异性。模型不确定性和变异性均可采用蒙特卡罗法、模糊模拟法和贝叶斯马尔可夫链蒙特卡罗模拟法等方法评价。

敏感性分析可确定化学品在生物体内毒代动力学过程的主要影响参数。通常采用中央差分法，对模型中每个参数进行分析。例如在每次分析中，将一个输入参数改变 1%，其他参数保持不变，观察模型输出的变化幅度，计算敏感性系数。模型不确定性、变异性以及敏感性分析，有助于提高 PBTK 模型在化学品风险评价中的可信度。在进行这些分析时，需确保模型结果及参数在合理的范围内，或能反映真实的情况。

PBTK 模型在化学品生态风险评价中的应用，主要集中在以下 5 方面：

1）预测化学品在生物体内不同组织/器官的内暴露浓度以及生物蓄积行为参数

Zhang 等（2019）建立了鲤鱼（*C. carpio*）中药品及个人护理品（PPCPs）类化学品的 PBTK 模型，预测了鲤鱼中 10 种 PPCPs 类化学品在六个组织/器官（脑、肝脏、肾脏、鳃、充分灌注室和非充分灌注室）中的内暴露浓度，92%的模型预测值与实测值的偏差在 5 倍范围内。基于所建 PBTK 模型，获得了 PPCPs 类化学品在鲤鱼中的 BCF 值，预测值与实测值偏差在 10 倍范围内。

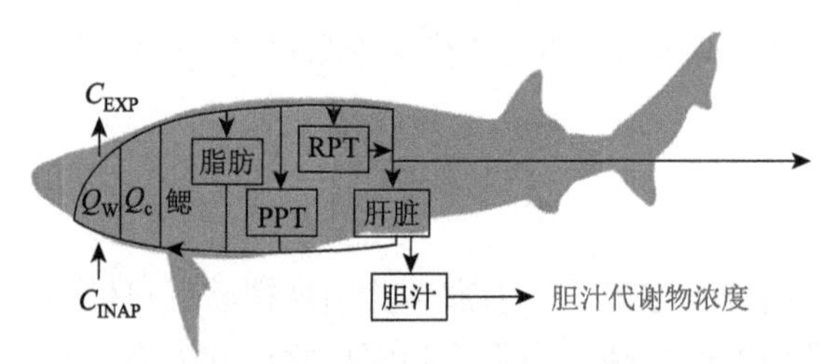

图 4-7　白鲟(*Acipenser transmontanus*)生理毒代动力学模型的基本结构示意图(改自 Grimard et al., 2020)

C_{INAP}(mg/L)和 C_{EXP}(mg/L)分别代表吸入和排出水中化学品浓度；Q_W(L/h)指有效呼吸容积；Q_c(L/h)指心输出量；PPT 代表非充分灌注室；RPT 代表充分灌注室

一些物种(如濒危物种)的样品比较难获取，通过生物监测或体内(*in vivo*)实验，研究化学品在其体内的生物积累难以实现。可借助 PBTK 模型预测濒危物种中化学品的生物积累。白鲟(*Acipenser transmontanus*)是一种濒临灭绝的古代鱼种，水环境中污染物的长期暴露可能对白鲟造成慢性危害。考虑到白鲟体内脂质含量高，且具有底栖生活习性，水中及沉积物中的疏水性有机污染物，容易在白鲟体内积累，进而产生危害。Grimard 等(2021)以阿维菌素-B1、禾草敌、磺胺甲嘧啶和对硝基酚为目标物，针对亚成年阶段的白鲟构建了 PBTK 模型(图 4-7)。所建 PBTK 模型能够准确预测目标化合物在白鲟中的生物积累，可为研究污染物对白鲟种群存活率的影响提供科学支持。

2)自化学品的体外毒性测试(*in vitro*)值向体内毒性(*in vivo*)值如 EC_{50}, LC_{50} 等的外推，即体外-体内外推(*in vitro-in vivo* extrapolation, IVIVE)方法

化学品风险评价主要基于整体动物 *in vivo* 毒性测试的数据，然而 *in vivo* 毒性数据非常缺乏。近年来，基于组织和细胞(尤其人源组织和细胞)的高通量 *in vitro* 毒性测试技术快速发展，为化学品的危害性评价提供了大量的测试数据。然而，*in vitro* 测试数据，由于未涉及化学品在生物体内的 ADME 过程，与 *in vivo* 毒性测试结果相差甚远。为了解决该问题，需要发展和应用 IVIVE 模型。PBTK 模型能定量描述化学品在生物体内的 ADME 过程，关联化学品的环境暴露浓度和体内靶器官的内暴露浓度，可为 IVIVE 模型的发展提供基础理论支持。

Brinkmann 等(2014a)实证了 PBTK 模型可用于 IVIVE(图 4-8)。7-乙氧基-3-异吩噁唑酮-脱乙基酶(EROD)和卵黄蛋白原(Vtg)分别是二噁英类污染物和内分泌干扰物暴露的生物标志物。研究搜集了鱼体 EROD 和 Vtg 诱导效应的半数效应浓度(EC_{50})值，包括体内 EC_{50}($EC_{50\_in\ vivo}$)和体外 EC_{50}($EC_{50\_in\ vitro}$)值。发现经水暴露获得的 $EC_{50\_in\ vitro}$ 和 $EC_{50\_in\ vivo}$ 值无显著相关性。设定外暴露浓度为 $EC_{50\_in\ vivo}$ 值，通过 PBTK 模型获得对应生物体内浓度值，将该数据与 $EC_{50\_in\ vitro}$ 值比较，发现二者具有强相关性。

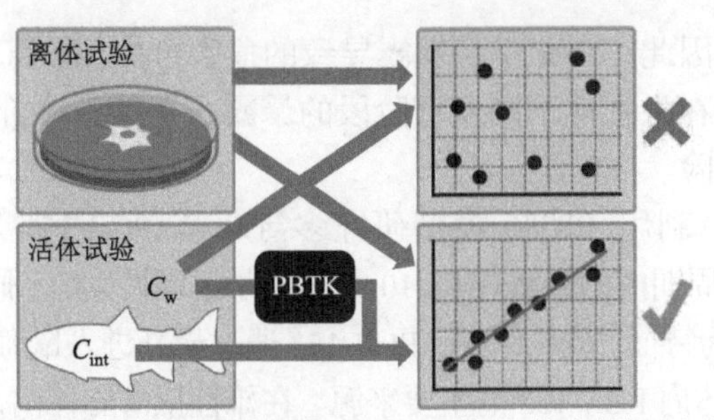

图4-8 利用生理毒代动力学模型进行鱼体受体介导效应的体外-体内外推(改自 Brinkmann et al., 2014)

3) 化学品生物积累性的跨物种外推

同一化学品在不同物种中的生物积累可能存在差异，如何表征不同物种的差异，实现化学品生物积累性的跨物种外推，是有待解决的问题。PBTK 模型是基于生物的生理结构建立的一种数学模型，对于生理结构相近的物种，可通过调整 PBTK 模型框架(如考虑不同暴露途径)，改变模型输入参数(如生物生理参数)，实现跨物种外推。

Brinkmann 等(2016)根据鱼类生理结构相似的特性，在前人建立的虹鳟鱼(*O. mykiss*)、湖红点鲑(*Salvelinus namaycush*)和黑头呆鱼(*P. promelas*)的 PBTK 模型基础上，通过调整物种特异性生理参数(如各组织的重量、脂质含量和含水量等)，将模型外推至斑马鱼(*D. rerio*)和斜齿鳊(*Rutilus rutilus*)，建立跨物种的 PBTK 模型，实现了化学品生物积累性参数在不同鱼种间的跨物种外推(图 4-9)。

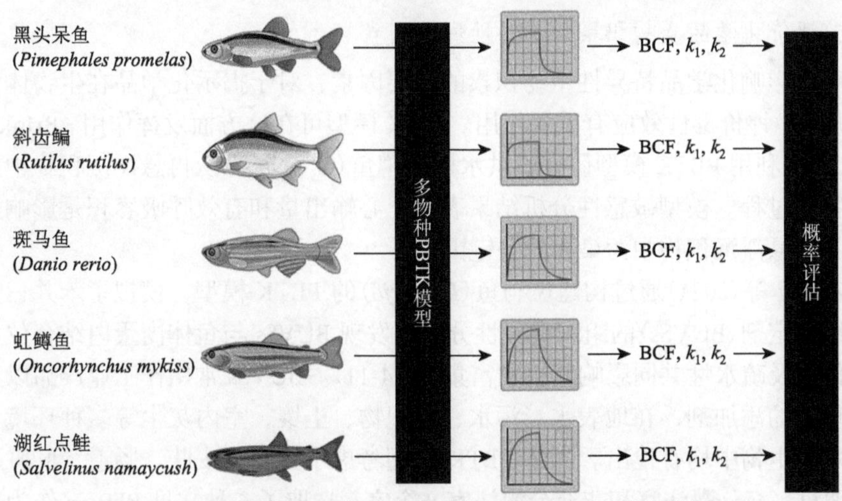

图 4-9 多物种鱼体生理毒代动力学模型框架用于生物富集因子的跨物种外推(改自 Brinkmann et al., 2016)

4) 预测生物体不同发育阶段的暴露行为

同一生物的不同发育阶段，化学品的暴露途径、ADME 过程以及生物体的耐受能力可能不同。因此，由化学品暴露导致的危害可能相差甚远。借助 PBTK 模型定量描述化学品在生物体不同发育阶段的暴露，有助于评价化学品在生物体整个生命周期内的风险。

Weijs 等（2010）利用 PBTK 模型研究多氯联苯（PCB-153）在鼠海豚（*Phocoena phocoena*）整个生命周期内的暴露（图 4-10），明确了不同性别、不同发育阶段鼠海豚中 PCB-153 的暴露行为特征。幼年时期，PCB-153 通过母乳进入鼠海豚体内；断奶之后，摄食鱼类为鼠海豚体内 PCB-153 的主要来源。在雄性鼠海豚体内，PCB-153 的浓度随年龄的增长而不断增加；在雌性体内，妊娠和哺乳明显降低了 PCB-153 的体内浓度。

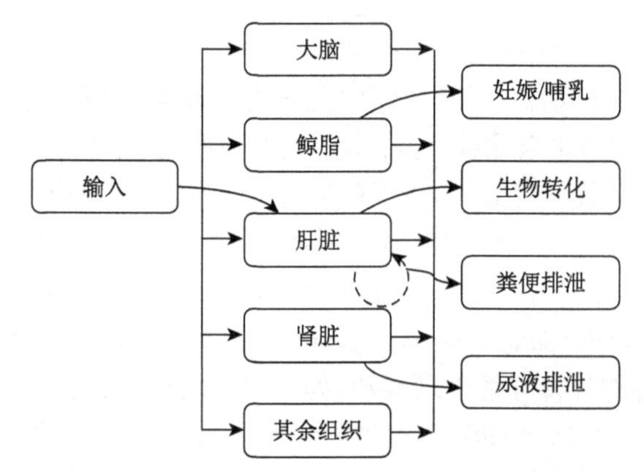

图 4-10　鼠海豚（*Phocoena phocoena*）生理毒代动力学模型的基本结构示意图（改自 Weijs et al., 2010）

5）评价化学品生物积累的特异性影响因素

明确影响化学品特异性生物积累的主要因素，对于揭示化学品在生物体内的积累规律，评价毒性效应有重要作用。PBTK 模型可在这方面发挥作用。Brinkman 等（2014b）利用 PBTK 模型研究了洪水期虹鳟鱼（*O. mykiss*）从再悬浮沉积物中摄取污染物的过程。模型敏感性分析结果表明，心输出量和有效呼吸容积是影响虹鳟鱼吸收再悬浮沉积物中污染物的关键因素。

Zhang 等（2021）通过构建斑马鱼（*D. rerio*）的 PBTK 模型，模拟了苯并三唑类紫外线稳定剂（BUVSs）的组织特异性分布，发现 BUVSs 与鱼体内蛋白结合位点的相互作用及疏水性共同影响其生物富集（图 4-11）。BUVSs 常用作工业产品以及个人护理品的添加剂，在地表水、污水、沉积物、土壤、室内灰尘等多种环境介质以及水生生物中均有检出。所建 PBTK 模型考虑了鱼鳃、皮肤、肠道、肝脏、肾脏、卵巢、充分灌注室和非充分灌注室 8 个室，选取了 6 种常见 BUVSs 作为目标化合物。模型引入了一个表征外源分子与蛋白质等生物大分子相互作用的结合参数，即考虑了非线性吸附机理后，预测准确性提升。非线性吸附机理，即生物体内蛋白结合位点是限制化学品体内富集的重要因素，随着暴露浓度的增加，结合位点逐渐饱和，导致化学品在生物体内的浓度不再随环境暴露浓度的增加而增加。

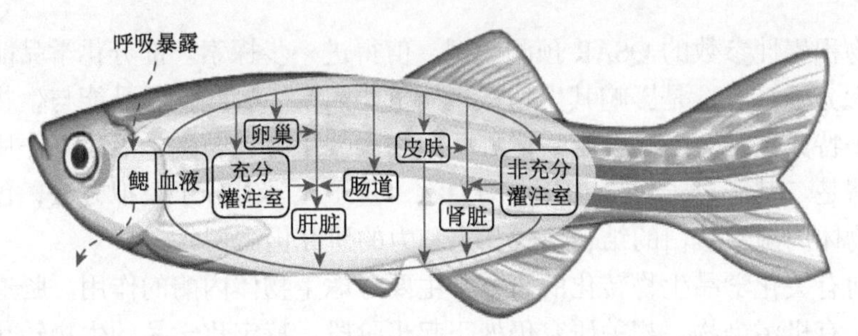

图 4-11 斑马鱼(*Danio rerio*)生理毒代动力学模型的基本结构示意图(改自 Zhang et al., 2021)

针对生态系统重要物种 PBTK 模型的研究，仍处于起步阶段，主要集中在不同化学品和物种模型构建方面，距离实现 PBTK 模型服务于化学品生态风险评价的目标仍有较大差距。模型构建方面，需要进一步拓展模型所覆盖的重要物种和化学品的范围。对于一些生理结构特殊、具有重要经济价值的物种构建 PBTK 模型仍需要研究。部分化学品(如全氟化合物)与生物体内蛋白质等大分子的相互作用，是决定其生物积累的重要因素。以往仅考虑疏水分配机制的 PBTK 模型不适用这种情形，需要进一步的方法学探索，表征化学品与生物体内蛋白质等大分子的作用。

PBTK 模型在构建时，大多基于理想化假设，例如假设生物体的生理参数不发生变化。然而，环境化学品的暴露，通常呈现长期低剂量暴露的特征。化学品的暴露可能通过影响生物体的形态、行为等，进而改变 PBTK 模型中的输入参数如生理参数。此时继续使用正常(健康)状态下的生理参数进行模拟，可能导致模型预测结果与实际不符。因此，构建 PBTK 模型时，需考虑实际环境和生物体的变化。

在模型参数方面，生理学参数、生物体内分配和代谢转化行为参数缺失，是限制 PBTK 模型构建及应用的重要原因。采用计算毒理学方法构建相关参数预测模型，填补数据空白，是今后研究的重要方向。在模型应用方面，PBTK 模型仅能描述各组织中化学品浓度随时间的变化。然而，不同的生物体内暴露浓度，可能导致何种效应不清楚。毒效动力学(toxicodynamics, TD)可研究化学品暴露与其引发的毒性效应之间的定量关系。采用 PBTK/TD 模型，能够全面反映污染物进入生物体的 ADME 过程以及污染物对生物体造成的影响。因此，建立 PBTK/TD 耦合模型是发展趋势。

4.7 小结与展望

评价化学品的生物积累性，对于环境风险评价和新污染物治理有重要意义。基于计算毒理学方法，有望实现生物积累性化学品的高通量筛查。现有基于计算毒理学的生物积累性评价，主要集中在生物积累性参数 QSAR 模型的构建、模式生物体内化学品 PBTK 模型的构建等方面。

已有生物积累性参数的 QSAR 预测模型，多为线性模型。基于机器学习算法构建生物积累性参数的 QSAR 预测模型，值得进一步探索。部分化学品能与生物内源性大分子结合，是影响其生物积累的重要因素。哪些化学品能与生物体内源性大分子特异性结合，以及生物体哪些生物大分子容易与化学品相互作用，总体上尚不清楚。基于分子对接、分子动力学、量子化学等分子模拟方法，预测化学品与生物体内源性蛋白的结合模式和亲和力的研究仍需探索。

目前有关化学品生物转化的研究，主要考虑生物体内酶的作用。肠道微生物也可降解有机污染物，相关研究仍处于起步阶段。特定化学品的生物转化是由于生物体内酶的作用还是肠道微生物的作用导致的，仍是亟待探索的问题。

知识图谱

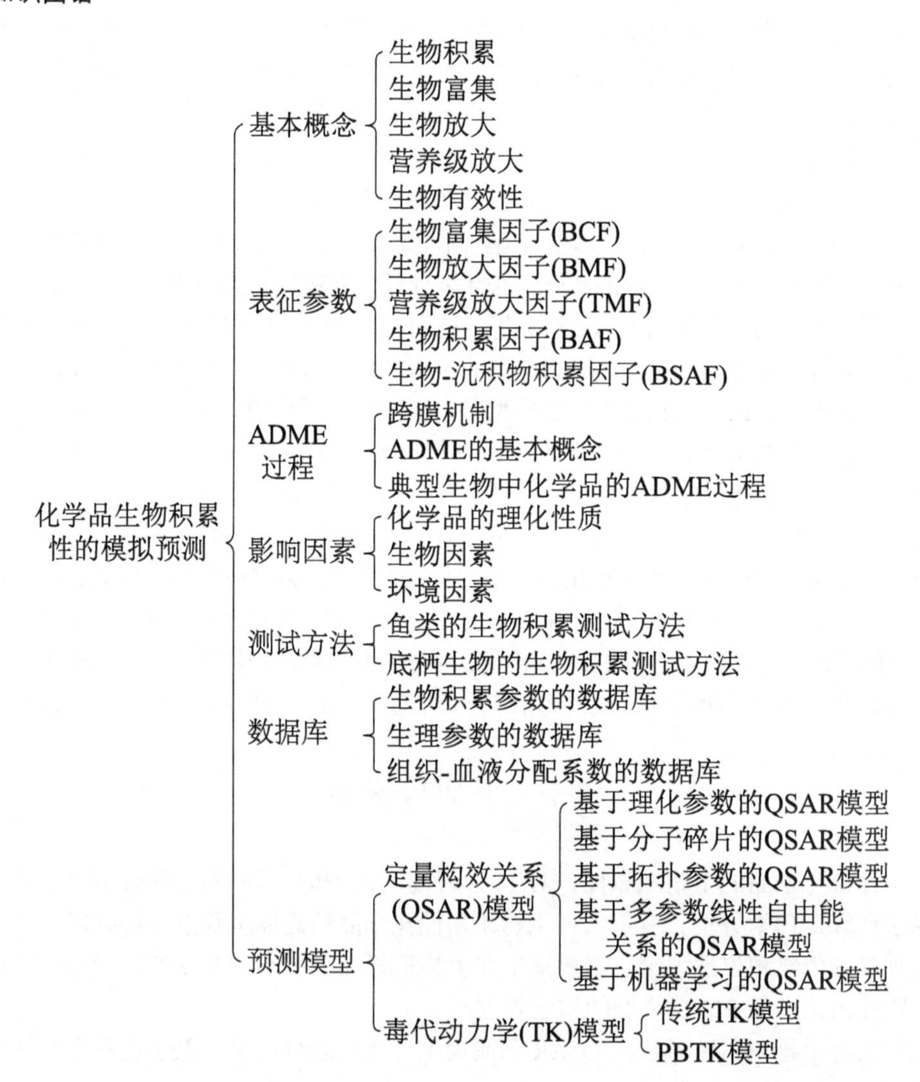

参考文献

丁蕊, 陈景文, 于洋, 林军, 王中钰, 唐伟豪, 李雪花. 2021. 基于集成学习算法构建有机化学品鱼体生物富集因子的 QSAR 预测模型. 环境化学, 40(5): 1-10.

卢晓霞, 陶澍, 胡海瑛. 2000. 根据分子连接性指数和基团校正因子预测有机化合物在鱼体中的生物富集因子. 应用生态学报, 11(2): 277-282.

秦红. 2008. 有机污染物生物富集因子定量结构-活性关系的研究. 大连: 大连理工大学.

张书莹, 王中钰, 陈景文. 2017. 生理毒代动力学模型在化学品生态风险评价中的应用. 科学通报, 62(35): 4139-4150.

Abraham M H, Ibrahim A, Acree Jr W E. 2006. Air to muscle and blood/plasma to muscle distribution of volatile organic compounds and drugs: Linear free energy analyses. Chem. Res. Toxicol., 19(6): 801-808.

Abraham M H, Ibrahim A, Acree Jr W E. 2007. Air to liver partition coefficients for volatile organic compounds and blood to liver partition coefficients for volatile organic compounds and drugs. Eur. J. Med. Chem., 42(6): 743-751.

Abraham M H, Ibrahim A, Acree Jr W E. 2008. Air to lung partition coefficients for volatile organic compounds and blood to lung partition coefficients for volatile organic compounds and drugs. Eur. J. Med. Chem., 43(3): 478-485.

Abraham M H, Ibrahim A, Zhao Y, Acree Jr W E. 2006. A database for partition of volatile organic compounds and drugs from blood/plasma/serum to brain, and an LFER analysis of the data. J. Pharm. Sci., 95(10): 2091-2100.

Abraham M H, Ibrahim A, Zissimos A M. 2004. Determination of sets of solute descriptors from chromatographic measurements. J. Chromatogr. A, 1037(1-2): 29-47.

Abraham M H, Ibrahim A. 2006. Air to fat and blood to fat distribution of volatile organic compounds and drugs: Linear free energy analyses. Eur. J. Med. Chem., 41(12): 1430-1438.

Alexander M. 2000. Aging, bioavailability, and overestimation of risk from environmental pollutants. Environ. Sci. Technol., 34(20): 4259-4265.

Armitage J M, Erickson R J, Luckenbach T, Ng C A, Prosser R S, Arnot J A, Schirmer K, Nichols J W. 2017. Assessing the bioaccumulation potential of ionizable organic compounds: Current knowledge and research priorities. Environ. Toxicol. Chem., 36(4): 882-897.

Bertelsen S L, Hoffman A D, Gallinat C A, Elonen C M, Nichols J W. 1998. Evaluation of logK_{OW} and tissue lipid content as predictors of chemical partitioning to fish tissues. Environ. Toxicol. Chem., 17(8): 1447-1455.

Bintein S, Devillers J, Karcher W. 1993. Nonlinear dependence of fish bioconcentration on *n*-octanol/water partition coefficient. SAR QSAR Environ. Res., 1(1): 29-39.

Borgå K, Kidd K A, Muir D C G, Berglund O, Conder J M, Gobas F A P C, Kucklick J, Malm O, Powell D E. 2011. Trophic magnification factors: Considerations of ecology, ecosystems, and study design. Integr. Environ. Assess. Manag., 8(1): 64-84.

Branson D R, Blau G E, Neely W B. 1974. Partition coefficient to measure bioconcentration potential of organic chemicals in fish. Environ. Sci. Technol., 8(13): 1113-1115.

Brinkmann M, Eichbaum K, Buchinger S, Reifferscheid G, Bui T, Schaffer A, Hollert H, Preuss T G. 2014a. Understanding receptor-mediated effects in rainbow trout: *In vitro-in vivo* extrapolation using physiologically based toxicokinetic models. Environ. Sci. Technol., 48(6): 3303-3309.

Brinkmann M, Eichbaum K, Kammann U, Hudjetz S, Cofalla C, Buchinger S, Reifferscheid G, Schüttrumpf H, Preuss T, Hollert H. 2014b. Physiologically-based toxicokinetic models help identifying the key factors affecting contaminant uptake during flood events. Aquat. Toxicol., 152: 38-46.

Brinkmann M, Schlechtriem C, Reininghaus M, Eichbaum K, Buchinger S, Reifferscheid G, Hollert H, Preuss T G. 2016. Cross-species extrapolation of uptake and disposition of neutral organic chemicals in fish using a multispecies physiologically-based toxicokinetic model framework. Environ. Sci. Technol., 50 (4) : 1914-1923.

Brown R P, Delp M D, Lindstedt S L, Rhomberg L R, Beliles R P. 1997. Physiological parameter values for physiologically based pharmacokinetic models. Toxicol. Ind. Health, 13 (4) : 407-484.

Burkhard L P, Borgå K, Powell D E, Leonards P, Muir D C G, Parkerton T F, Woodburn K B. 2013. Improving the quality and scientific understanding of trophic magnification factors (TMFs) . Environ. Sci. Technol., 47 (3) : 1186-1187.

Dong Z, Li T, Wan Y, Sun Y, Hu J. 2020. Physiologically based pharmacokinetic modeling for chlorinated paraffins in rats and humans: Importance of biliary excretion. Environ. Sci. Technol., 54 (2) : 938-946.

European Commission, 2003. Technical Guidance Document (TGD) on Risk Assessment in Support of Commission Directive 93/67/EEC on Risk Assessment for New Notified Substances and Commission Regulation (EC) No 1488/94 on Risk Assessment for Existing Substances and Directive 98/8/EC of the European Parliament and of the Council Concerning the Placing of Biocidal Products on the Market. The European Community, Brussels, Belgium.

Fan S, Wang B, Liu H, Gao S, Li T, Wang S, Liu Y, Liu X, Wan Y. 2017. Trophodynamics of organic pollutants in pelagic and benthic food webs of lake dianchi: Importance of ingested sediment as uptake route. Environ. Sci. Technol., 51 (24) : 14135-14143.

Fatemi M H, Abraham M H, Haghdadi M. 2009. Prediction of biomagnification factors for some organochlorine compounds using linear free energy relationship parameters and artificial neural networks. SAR QSAR Environ. Res., 20 (5-6) : 453-465.

Floris M, Manganaro A, Nicolotti O, Medda R, Mangiatordi G F, Benfenati E. 2014. A generalizable definition of chemical similarity for read-across. J. Cheminformatics, 6 (1) : 39-46.

Fu W J, Franco A, Trapp S. 2009. Methods for estimating the bioconcentration factor of ionizable organic chemicals. Environ. Chem., 28 (7) : 1372-1379.

Grech A, Tebby C, Brochot C, Bois F Y, Bado-Nilles A, Dorne J L, Quignot N, Beaudouin R. 2019. Generic physiologically-based toxicokinetic modelling for fish: Integration of environmental factors and species variability. Sci. Total Environ., 651: 516-531.

Grimard C, Mangold-Döring A, Alharbi H, Weber L, Hogan N, Jones P D, Giesy J P, Hecker M, Brinkmann M. 2021. Toxicokinetic models for bioconcentration of organic contaminants in two life stages of white sturgeon (*Acipenser transmontanus*) . Environ. Sci. Technol., 55 (17) : 11590-11600.

Hansch C, Leo A. 1979. Substituent constants for correlation analysis in chemistry and biology. New York: Wiley.

ISO. 2015. Soil Quality-Vocabulary, ISO 17402: 2015, International Organization for Standardization: Geneva, Swizerland. https://www.iso.org/standard/59259.html.

Jansson R, Bredberg U, Ashton M. 2008. Prediction of drug tissue to plasma concentration ratios using a measured volume of distribution in combination with lipophilicity. J. Pharm. Sci., 97 (6) : 2324-2339.

Kelly B C, Ikonomou M G, Blair J D, Morin A E, Gobas F A P. 2007. Food web-specific biomagnification of persistent organic pollutants. Science, 317 (5835) : 236-239.

Leeuwen C J, Vermeire T G. 2007. Risk Assessment of Chemicals: An Introduction (2nd edition) . Netherlands: Springer.

Liu D, Pan L, Yang H, Wang J. 2014. A Physiologically based toxicokinetic and toxicodynamic model links the tissue distribution of benzo[*a*]pyrene and toxic effects in the scallop *Chlamys farreri*. Environ. Toxicol. Chem., 37 (2) : 493-504.

Liu S S, Zhao H X, Lehmler H J, Cai X Y, Chen J W. 2017. Antibiotic pollution in marine food webs in Laizhou Bay, North China: Trophodynamics and human exposure implication. Environ. Sci. Technol., 51 (4) : 2392-2400.

Liu Z P, Delgado-Moreno L, Lu Z J, Zhang S, He Y, Gu X, Chen Z, Ye Q, Gan J, Wang W. 2019. Inhibitory effects of dissolved organic matter on erythromycin bioavailability and possible mechanisms. J. Hazard. Mater., 375: 255-263.

Lu X X, Tao S, Cao J, Dawson R W. 1999. Prediction of fish bioconcentration factors of nonpolar organic pollutants based on molecular connectivity indices. Chemosphere, 39 (6) : 987-999.

Lunghini F, Marcou G, Azam P, Patoux R, Varnek A. 2019. QSPR models for bioconcentration factor (BCF) : Are they able to predict data of industrial interest? SAR QSAR Environ. Res., 30 (7) : 507-524.

Mackay D. 1982. Correlation of bioconcentration factors. Environ. Sci. Technol., 16 (5) : 274-278.

Meylan W M, Howard P H, Boethling R S, Aronson D, Printup H, Gouchie S. 1999. Improved method for estimating bioconcentration/bioaccumulation factor from octanol/water partition coefficient. Environ. Toxicol. Chem., 18 (4) : 664-672.

Miller T H, Gallidabino M D, Macrae J I, Owend S F, Buryef N R, Barrona L P. 2019. Prediction of bioconcentration factors in fish and invertebrates using machine learning. Sci. Total Environ., 648: 80-89.

National Research Council. 2002. Bioavailability of Contaminants in Soils and Sediments: Processes, Tools and Applications. National Academies Press: Washington, DC.

Nichols J W, Fitzsimmons P N, Whiteman F W. 2004. A physiologically based toxicokinetic model for dietary uptake of hydrophobic organic compounds by fish: II. Simulation of chronic exposure scenarios. Toxicol. Sci., 77 (2) : 219-229.

Nichols J W, McKim J M, Andersen M E, Gargas M L, Clewell III H J, Erickson R J. 1990. A physiologically based toxicokinetic model for the uptake and disposition of waterborne organic chemicals in fish. Toxicol. Appl. Pharm., 106 (2) : 433-447.

OECD. 2008. Bioaccumulation in Sediment-Dwelling Benthic Oligochaetes, OECD Guidelines for the Testing of Chemicals, Section 3. Organization for Economic Co-operation and Development, Paris. https://www.oecd-ilibrary.org/environment/test-no-315-bioaccumulation-in-sediment-dwelling-benthic-oligochaetes_9789264067516-en.

OECD. 2010. Bioaccumulation in Terrestrial Oligochaetes, OECD Guidelines for the Testing of Chemicals, Section 3. Organization for Economic Co-operation and Development, Paris. https://www.oecd-ilibrary.org/environment/test-no-317-bioaccumulation-in-terrestrial-oligochaetes_9789264090934-en.

OECD. 2012. Bioaccumulation in Fish: Aqueous and Dietary Exposure, OECD Guidelines for the Testing of Chemicals, Section 3. Organization for Economic Co-operation and Development, Paris. https://www.oecd-ilibrary.org/environment/test-no-305-bioaccumulation-in-fish-aqueous-and-dietary-exposure_9789264185296-en.

Ortega-Calvo J, Harmsen J, Parsons J R, Semple K T, Aitken M D, Ajao C, Eadsforth C, Galay-Burgos M, Naidu R, Oliver R, Peijnenburg W J G M, Römbke J, Streck G, Versonnen B. 2015. From bioavailability science to regulation of organic chemicals. Environ. Sci. Technol., 49 (17) : 10255-10264.

Park J H, Lee H J. 1993. Estimation of bioconcentration factor in fish, adsorption coefficient for soils and sediments and interfacial tension with water for organic nonelectrolytes based on the linear solvation energy relationships. Chemosphere, 26 (10) : 1905-1916.

Reichenberg F, Mayer P. 2006. Two complementary sides of bioavailability: Accessibility and chemical activity of organic contaminants in sediments and soils. Environ. Toxicol. Chem., 25 (5) : 1239-1245.

Rodgers T, Leahy D, Rowland M. 2005. Physiologically based pharmacokinetic modeling 1: Predicting the tissue distribution of moderate-to-strong bases. J. Pharm. Sci., 94 (6) : 1259-1276.

Rodgers T, Rowland M. 2006. Physiologically based pharmacokinetic modelling 2: Predicting the tissue distribution of acids, very weak bases, neutrals and zwitterions. J. Pharm. Sci., 95 (6) : 1238-1257.

Rösch A, Anliker S, Hollender J. 2016. How biotransformation influences toxicokinetics of azole fungicides in the aquatic invertebrate *Gammarus pulex*. Environ. Sci. Technol., 50 (13) : 7175-7188.

Sabljić A, Proti M. 1982. Molecular connectivity: A novel method for prediction of bioconcentration factor of hazardous chemicals. Chem. —Biol. Interact., 42 (3) : 301-310.

Schwarzenbach R P, Gschwend P M, Imboden D M. 2016. Environmental Organic Chemistry (3nd Edition) . New

York: Wiley.

Semple K T, Doick K J, Jones K C, Burauel P, Craven A, Harms H. 2004. Defining bioavailability and bioaccessibility of contaminated soil and sediment is complicated. Environ. Sci. Technol., 38(12): 228-231.

Strempel S, Nendza M, Scheringer M, Hungerbuhler K. 2013. Using conditional inference trees and random forests to predict the bioaccumulation potential of organic chemicals. Environ. Toxicol. Chem., 32(5): 1187-1195.

Tao S, Hu H, Lu X X, Dawson R W, Xu F. 2000. Fragment constant method for prediction of fish bioconcentration factors of non-polar chemicals. Chemosphere, 41(10): 1563-1568.

Todeschini R, Consonni V. 2009. Molecular Descriptors for Chemoinformatics(2nd Edition). Weinheim: Wiley-VCH Verlag GmbH & Co. KGaA.

Veith G D, Defoe D L, Bergstedt B V. 1979. Measuring and estimating the bioconcentration factor of chemicals in fish. Journal of the Fisheries Research Board of Canada, 36(9): 1040-1048.

Weijs L, Yang R S H, Covaci A, Das K, Blust R. 2010. Physiologically based pharmacokinetic(PBPK) models for lifetime exposure to PCB-153 in male and female harbor porpoises(*Phocoena phocoena*): Model development and Evaluation. Environ. Sci. Technol., 44(18): 7023-7030.

Zhang H B, Zhang Y L. 2006. Convenient nonlinear model for predicting the tissue/blood partition coefficients of seven human tissues of neutral, acidic, and basic structurally diverse compounds. J. Med. Chem., 49(19): 5815-5829.

Zhang S Y, Wang Z Y, Chen J W, Xie Q, Zhu M H, Han W J. 2021. Tissue-specific accumulation, biotransformation, and physiologically based toxicokinetic modeling of benzotriazole ultraviolet stabilizers in zebrafish(*Danio rerio*). Environ. Sci. Technol., 55(17): 11874-11884.

Zhang S Y, Wang Z Y, Chen J W. 2019. Physiologically based toxicokinetics(PBTK) models for pharmaceuticals and personal care products in wild common carp(*Cyprinus carpio*). Chemosphere, 220: 793-801.

Zhao C, Boriani E, Chana A, Roncaglioni A, Benfenati E. 2008. A new hybrid system of QSAR models for predicting bioconcentration factors(BCF). Chemosphere, 73(11): 1701-1707.

Zhou J, Smith M D, Cooper C J, Cheng X, Smith J C, Parks J M. 2017. Modeling of the passive permeation of mercury and methylmercury complexes through a bacterial cytoplasmic membrane. Environ. Sci. Technol., 51(18): 10595-10604.

Zhu M H, Wang Z Y, Chen J W, Xie H J, Zhao H X, Yuan X T. 2020. Bioaccumulation, biotransformation, and multicompartmental toxicokinetic model of antibiotics in sea cucumber(*Apostichopus japonicus*). Environ. Sci. Technol., 54(20): 13175-13185.

第 5 章　化学品毒性及预测模型

化学品的环境风险不仅由暴露决定，还与其危害性有关。本章重点关注化学品的健康危害(尤指其毒性)。评价化学品对人体的毒性，有助于防控化学品对人体健康造成的危害。人类社会可持续发展依赖于生态系统的健康，关注和评价化学品对生态系统重要物种的危害效应同等重要。随着化学品数量的剧增和动物伦理的约束，传统毒性测试很难满足化学品风险管理的需求，发展高效的计算毒理学预测模型，有助于快速填补毒性数据的空缺，对健全化学品管理和新污染物治理具有重要意义。

5.1　化学品毒性概述

化学品对生物体毒性作用的性质和强度，是化学品自身特性、生物体及环境条件三者共同作用的结果。不同生物对同一种化学品的毒性响应，不同化学品对同一生物的毒性作用都有所差别，研究化学品对生物体的毒性作用及影响因素，对化学品的毒性预测具有指导意义。

5.1.1　毒性与毒性作用

毒性指一种化学物质对机体造成损害的能力。“毒理学之父”Paracelsus(瑞士)在 16 世纪提出：“所有的物质都是毒物，没有一种物质不是毒物，唯一的区别是它们的剂量。”几个世纪后，这则名言被现代毒理学凝练为“剂量决定毒物”，即化学物质的有毒与无毒是相对的，任何一种化学物质进入机体，当达到一定剂量时，均可产生有害作用(Fagin, 2012)。

毒性作用是化学物质本身或其代谢产物在作用部位达到一定浓度，并与生物大分子相互作用的有害结果，故又称不良效应、损伤作用、损害作用。影响毒性作用的因素包括：化学物质的暴露剂量、暴露方式和途径、暴露时间和频率、化学物质本身的理化性质等。一些有毒化学品进入生物体后，能对组织或器官等产生毒性作用，破坏正常生理功能，引起机体暂时或永久的病理反应。

5.1.2　毒性作用分类

化学品的毒性作用可按照受试物种、暴露途径、作用时间和位点等划分为不同种类，如图 5-1 所示。

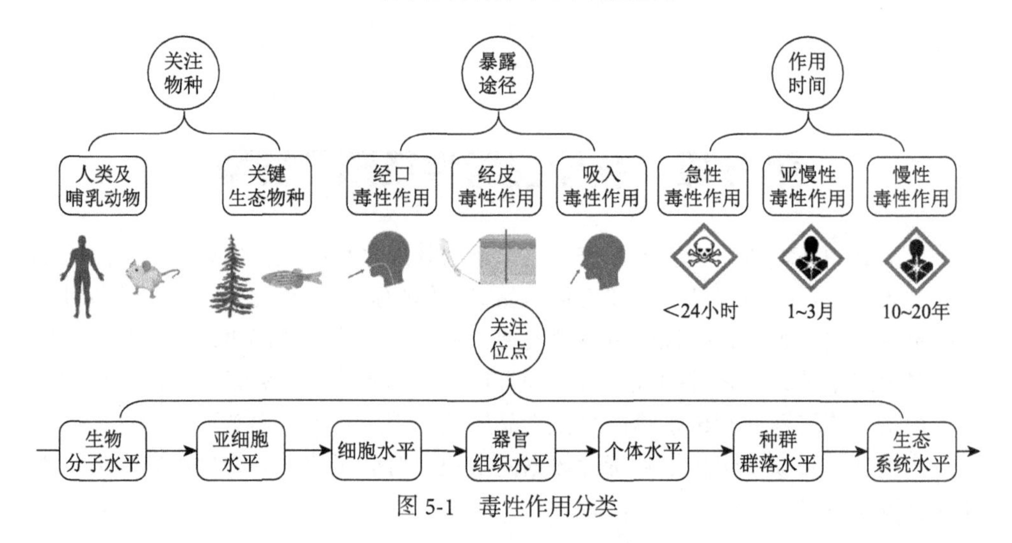

图 5-1　毒性作用分类

根据重点关注物种的不同，毒性作用可以分为主要影响人体健康的毒性作用，以及主要影响生态系统关键物种生存与繁衍行为的毒性作用。这对应于毒理学的两门分支学科：环境毒理学及生态毒理学。有观点认为，环境毒理学重点研究环境污染物对人体健康及与人高度同源的哺乳动物的毒性作用及其机理。生态毒理学则侧重关注环境污染物对关键生态物种及生态系统的损害作用及机理(孟紫强, 2019)。

物种生活环境和习性的差异，造就了化学物质暴露途径的不同。鳃是鱼类等水生生物主要的呼吸器官，化学品可通过鳃进入水生生物体内。对于植物，化学品可由叶或根的吸收进入体内或附着在叶表面的蜡质上。对于人体，化学品可以经过消化道摄取、皮肤吸收或肺部吸入。在全球化学品统一标签制度(Globally Harmonized System of Classification and Labeling of Chemicals, GHS)健康危害分类标准和经济合作与发展组织(Organization for Economic Co-operation and Development, OECD)化学品毒性测试导则中，化学品的人体暴露途径是毒性作用分类的重要标准之一。

根据毒性作用的发生时间，可以将毒性作用分为急性、亚慢性和慢性毒性(霍奇森等, 2011)。在不同物种中，有毒化学品暴露引发有害效应的响应时间往往存在差异，急慢性毒性分类依据的时间尺度是相对于物种平均寿命而言的。以人体健康危害为例，急性毒性是指人体与有毒化学品一次接触后 24 小时，或仅在几分钟甚至几秒钟内引发的毒性，例如一氧化碳、硫化氢和氰化物等引起的急性中毒。亚慢性毒性是指机体多日接触(一般 1~3 个月)化学品所引起的毒性效应。慢性毒性是指一次或多次接触某些化学品后，需经一段时间后才呈现的毒性作用。例如致癌作用可能在人初次接触化学品后 10~20 年才检出肿瘤。

化学品进入生物体后，首先与生物大分子相互作用，引起后续发生在不同空间尺度的毒性效应，且不同的位点或靶点所引发毒性效应的空间尺度也不尽相同。按照毒性作用位点的空间尺度，可将其分为化学品的生物大分子活性(如受体激动/拮抗效应)、亚细胞毒性(如线粒体毒性)、细胞毒性、器官组织毒性(如肝、肾毒性等)，以及化学品对个体(神经、发育毒性)、种群群落和生态系统的毒性作用。

5.1.3　量效关系

化学品的毒害效应强度，与暴露剂量或暴露浓度有关，二者表现出剂量(浓度)-效应关系，简称量效关系。数学形式上，毒性效应可分为连续计量强度(graded)效应和可计数(quantal)效应两种类型，分别简称为连续效应和计数效应。连续效应为针对一个生物单元(如细胞、组织器官、个体)所测得的连续数值。计数效应则是针对生物个体某种状态的有或无，例如个体的存活或死亡，是否观察到异常行为等。为获得可计数效应的量效关系，需要针对由生物个体组成的群体开展毒性测试，并统计不同暴露剂量或浓度下，所考察状态出现的频次或频率，例如实验动物的死亡率。上述两种毒性效应之间具有内在关联性。例如，将一个受试群体视为一个生物单元，实验动物死亡率也可以看成群体的连续型效应。

针对不同的毒性测试终点，连续计量强度的量效关系曲线可呈现出不同的形状，如直线型、抛物线型、S 型、U 型或倒 U 型(孟紫强, 2019)。其中，描述化学品-受体相互作用引发上述量效关系曲线的效应模型为：

$$E = \frac{E_{\max} \times c^{\mathrm{H}}}{\mathrm{EC}_{50} + c^{\mathrm{H}}} \tag{5-1}$$

式中，E 为化学品浓度 c 下产生的效应；$E_{\max}$ 为该化学品能产生的最大效应水平，表征化学品内在活性(intrinsic activity)或最大效能(maximal efficacy, $E_{\max}$)；EC_{50} 为化学品的半数效应浓度，表征引起 50%效应水平所需的化学品浓度，亦称效价强度(potency)；H 代表 Hill 系数，表征曲线的陡峭程度。式(5-1)对应的曲线如图 5-2(b)所示的抛物线型，将浓度取对数后得到图 5-2(c)的 S 型曲线。

根据计算系统生物学理论，由细胞中不同信号通路构成的逻辑单元，可以产生有别于 S 型的量效关系曲线，如图 5-2(d)所示的“毒性兴奋(hormesis)”效应以及图 5-2(e)所示的 U 型量效关系。对于营养物质与必需营养物质，往往呈现 U 型量效关系。例如，高等生物体缺铁时[图 5-2(e)中 d_{c1} 值以下]，容易引发的缺铁性贫血，呈现不利效应；当暴露剂量在某个范围区间[图 5-2(e)中 d_{c1} 值和 d_{c2} 值之间]，生物的健康不受影响；但是当暴露浓度或摄取量过高时[图 5-2(e)中 d_{c2} 值之上]，则呈现毒害效应。

可计数效应考察的是生物个体的特定状态，此时影响毒性效应的因素十分复杂。当无主导影响因素时，毒性状态的出现频次与剂量之间往往呈现(对数)正态分布的趋势。因此，可计数的量效关系曲线通常表现为累积(对数)正态分布函数的S型曲线。

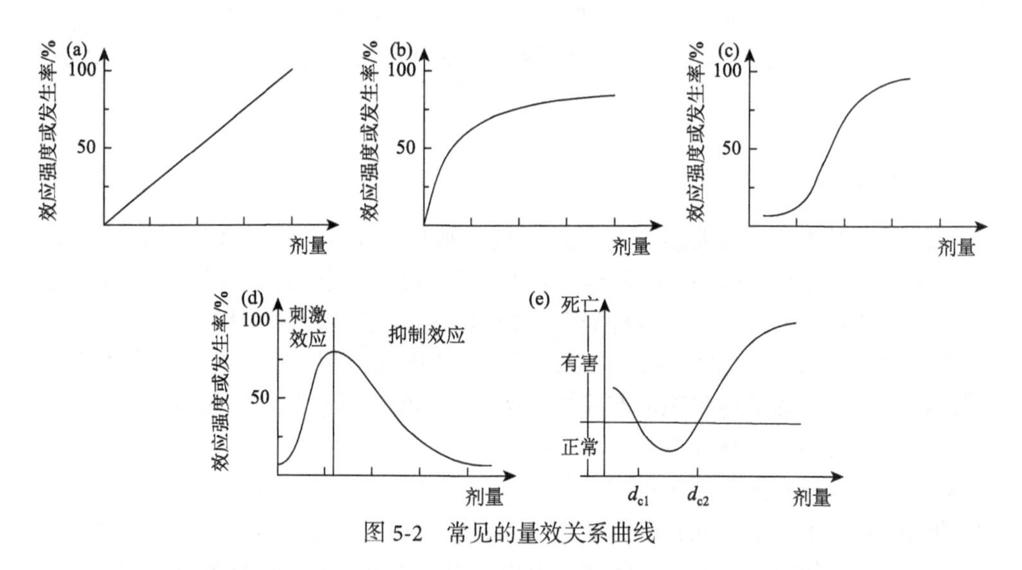

图 5-2　常见的量效关系曲线

从量效关系曲线中，可以获得丰富的毒性指标，包括绝对致死剂量/浓度(absolutae lethal dose/concentration)、半数致死剂量/浓度(median lethal dose/concentration, LD_{50}/LC_{50})、半数效应剂量/浓度(median effect dose/concentration, ED_{50}/EC_{50})、最小有效量(minimum effective dose, MED)、最低有效浓度(minimum effective concentration, MEC)、未观察到作用水平(no observed effect level, NOEL)、观察到作用的最低水平(lowest observed effect level, LOEL)、最大效能(maximal efficacy, E_{max})等，从而为化学品的毒性评价提供定量依据(周宗灿, 2006)。

5.1.4　毒性作用机制

化学品进入机体后，可分布至全身各个组织(器官)，但直接发挥毒性作用的部位往往只限于一种或几种组织(器官)，这样的组织(器官)称为靶器官(组织)，也称毒性作用靶标(靶点)。进入靶器官(组织)的化学品可以与生物大分子(如核酸、脂质、蛋白质等)发生交互作用，引起细胞和(或)生物大分子结构和功能的异常，触发分子、细胞、组织水平的修复机制。如果引起的异常不能得到及时修复，则造成毒性作用，如细胞功能紊乱、细胞死亡、癌变等。细胞功能异常或死亡又可引起组织器官功能异常甚至坏死，甚者可导致个体死亡。

化学品对个体产生毒性作用的生物学过程，不仅是毒理学研究的关注点，也是管理部门制定相关导则所需的重要信息。美国环保局(U. S. EPA)在1996年发布的《致癌物风险评估指南》中，提出了化学品作用机制(mechanism of action, MeA)

和作用模式(mode of action, MoA)的概念(U. S. EPA, 1996)。一种化学品的 MeA 可认为是详细完整地理解导致某有害结局的一系列事件中发生的每一步过程(Schlosser et al., 1999)。MoA 则指一种或一类化学品的毒性机制，研究者需要对其生化过程的主要步骤有所了解，从而推断其量效关系。

为一种化学品或特定的不良效应终点收集 MeA 信息的工作相当艰巨。据估计，用于确定二噁英 MeA 的研究每年至少需要 400 万美元。尽管已有大量研究，人们对于二噁英的 MeA 仍未完全理解。相较而言，确定一种化学品的 MoA 对于科学数据的需求量较低，其可行性远大于阐明一种有毒化学品发挥作用的全套生物机制，更贴合化学品管理的实际需求，因此得到了更好的推广。2001 年以来，世界卫生组织(World Health Organization, WHO)的国际化学品安全规划署(International Programme on Chemical Safety, IPCS)以及 OECD 均开始采用 MoA 指导化学品慢性毒性与致癌性的评价(Sonich-Mullin et al., 2001; Boobis et al., 2006; Boobis et al., 2008)。但是，目前在科学研究中对 MoA 的解读仍然缺乏一致性(Kienzler et al., 2017; McCarty and Borgert, 2017)。

随着毒性 MoA 研究的深入以及化学品风险管控的需要，逐渐发展出有害结局通路(adverse outcome pathways, AOPs)概念(Ankley et al., 2010)。AOP 假设化学品的毒性源于其与生物大分子的相互作用，即分子起始事件(molecular initiating events, MIEs)，并触发后续的细胞信号传导等一系列关键事件(key events, KEs)，最终在宏观尺度表现出有害结局(adverse outcomes, AOs)。

AOPs 并不依赖于特定的化学品，一种化学品未必会激活特定的 AOP。AOPs 是由模块化单元构成的，每条 AOP 包括两个基本单元：KEs(其中包括 MIEs 和 AO)和关键事件关系(key event relationships, KERs)，构成一个顺序、线性的通路(Villeneuve et al., 2014)，AOP 的逻辑框架图详见第 1 章(图 1-11)。通常多条 AOPs 可以共享 KEs 和 KERs。这些 AOPs 交织在一起，构成了 AOPs 网络。AOPs 的模块化组织架构比 MoA 具有明显的优势。例如，可以借助 AOP 更好地理解宏观健康效应在微观上具有的共同机制，这些机制能够作为化学品的毒性分类依据。此外，化学品在分子或细胞水平的测试结果，可为宏观效应提供早期预警，甚至省却相应的动物实验，提升测试效率，节省资源并保障动物福利。

2012 年，OECD 启动了 AOP 发展计划，开展 AOP 的开发、案例研究、导则撰写以及知识库管理工具研发等。2014 年 9 月，OECD 发布了 AOP 知识库(AOP Knowledge Database, AOP-KB, https: //aopkb.oecd.org/)，公众可以免费浏览相关的数据和框架内容。AOP-KB 提供了一个技术平台，供用户根据文献知识和证据权重串接 MIEs, KEs 和 AO，组装成完整的 AOP。分子筛选与毒理基因组学专家咨询组(Expert Advisory Group on Molecular Screening and Toxicogenomics)对用户提交的 AOP 进行审核。随着人工智能时代的到来，Ciallella 等(2021)成功将深度学习方法应用于构建化学品雌激素干扰效应的 AOP 框架，有效地筛选出了潜在内分泌干扰物。可以预见，未来 AOP 体系将越来越成熟，对化学品毒性作用机制的分析也会发生更为深远的变革。

5.1.5 毒性测试与评价方法的发展

毒性测试为化学品毒性评价提供数据基础。随着技术发展及人类对毒性作用认识的深入，毒性测试方法体系也在逐渐演变和完善。以化学品的人体健康效应评价为例，早期的毒性测试通常采用与人类基因高度同源、生理解剖学高度可比的哺乳动物作为受试物种，以观测化学品引发的动物行为和状态的异常。

但传统的毒性测试方法面临着一些不足：①尽管动物实验能反映机体的吸收、分布、代谢及排泄过程，但本质仍为“黑箱模型”，无法追溯具体毒性作用机制；②受试物种多为模式哺乳动物，与人类的种属差异为测试结果的解读带来了不确定性；③实验条件下毒性测试多采用高剂量暴露，与真实环境暴露场景存在差异，由此外推低剂量效应的结果未必可靠。此外，在管理实践方面，动物实验的测试周期长、通量低、实验费用高昂、动物伦理的问题也日渐凸显。

MoA 和 AOP 概念框架的发展，以及分子生物学、化学信息学、计算机科学等学科的发展和交叉融合，为毒性测试方法及管理策略的革新提供了有力的理论和技术支撑。面对传统毒性测试所面临的挑战与机遇，2007 年美国国家研究委员会(Nation Research Council, NRC)发布了《21 世纪毒性测试：愿景与策略》报告，指出毒性测试应从以顶端终点(apical endpoint)为主要评价指标的整体动物实验(*in vivo*)方法，转向以人源细胞、细胞系和/或细胞组分等为基础的、涵盖宽剂量范围、高通量、低成本的体外(*in vitro*)测试技术，以及计算毒理学技术、离体-活体外推模型等非动物实验的测试方法(彭双清等, 2016)。

关注化学品对关键细胞反应和毒性通路的扰动作用，是 21 世纪毒性测试策略框架的核心内容之一。识别关键的毒性通路，针对特定分子、组织和器官开展化学品毒性的靶向测试，能够获得更加准确、全面的毒性测试数据。NRC 报告中列举了 17 个参与机体发育的关键胞内和胞间信号通路，但距离建立完整成熟的毒性通路体系还存在较大差距。在概念上，AOPs 则进一步囊括了毒性通路，同时也提供了便利且标准化的毒性机制组织框架。这些探索为解决传统毒性测试存在的机制不透明等科学问题提供了新的契机和发展思路。

为响应 21 世纪毒性测试策略，美国联邦机构合作项目 Tox21(Toxicology in The 21st Century)结合荧光报告基因、微孔板测试及自动化技术，成功实现了单次超过 1500 种化学品的 *in vitro* 测试规模，形成了“高通量”筛查(high-throughput screening, HTS)技术。Tox21 项目自启动以来，已完成 10000 多种化学品的 70 多种测试终点的毒性筛查，产生了大量的化学品毒性 *in vitro* 数据。

为汇总和整理诸如 Tox21 毒性数据，以及面向需求提供全面的化学品毒性信息，许多国家和国际机构开发了化学品毒性数据库。例如，美国国家生物技术信息中心(National Center of Biotechnology Information, NCBI)管理的化学信息资源库(PubChem)，其中包含了 1.1 亿个化学品信息及来自 137 万个生物测试的 2.98 亿条数据(至 2021 年 8 月)。表 5-1 总结了代表性的化学品毒理学数据共享平台。

表 5-1　代表性的化学品毒理学数据共享平台

数据库	数据库信息	数据类型描述	网址
PubChem	1.1 亿个化学品信息，137 万个生物实验	化合物信息、生物活性数据	https://pubchem.ncbi.nlm.nih.gov
ChEMBL	210 万个化学品，1.45 万个靶点，110 万个生物实验	药物和类药小分子的生物活性数据	https://www.ebi.ac.uk/chembl/
ACToR	70 万种化学品信息，9000 多种化学品的高通量筛选数据	高通量筛选、化学暴露、化学结构、物理化学性质和虚拟组织(virtual tissues)数据	https://actor.epa.gov/
LactMed	哺乳期母亲可能接触到的 1600 多种药物和其他化学品	母乳和婴儿血液中物质含量以及不良反应信息	https://www.ncbi.nlm.nih.gov/
CTD	4500 万种与毒理相关基因的表达关系，共涉及超过 600 个物种、16300 种化学品、51300 个基因、5500 个表型、7200 种疾病和 163000 个暴露事件	化学品、基因、表型、疾病和暴露的毒理学信息	http://ctdbase.org/
CEBS	不同数据源的 10000 个毒性实验	基因、基因组、代谢和毒理学通路	https://cebs.niehs.nih.gov/cebs/
DrugMatrix	600 个药物分子和 10000 个基因	毒理基因组学数据	https://ntp.niehs.nih.gov/data/drugmatrix/index.html
Cmap	约 5000 种小分子化合物的超过 150 万个基因表达谱	毒理基因组学数据	https://portals.broadinstitute.org/cmap/

注：ACToR：计算毒理学资源整合数据库(Aggregated Computational Toxicology Resource)；LactMed：药物和哺乳数据库(Drugs and Lactation Database)；CTD：比较毒理基因组数据库(Comparative Toxicogenomics Database)；CEBS：生物系统中的化学效应数据库(Chemical Effects in Biological Systems)；Cmap：连接性地图(Connectivity Map)。

In vitro 测试技术的快速发展，带来了大量的化学品毒性数据，但如何解析这些数据与机体不利效应(即 *in vivo* 终点)之间的联系，成为摆在化学品毒性评价面前的一道难题。结合人工智能领域高效处理大数据的机器学习算法，以 QSAR 模型为代表的数据驱动模型得到了快速发展。此外，分子对接、分子动力学模拟技术提供了对化学品毒性的 MIE 机制分析和活性预测方法；而对于化学品在更高生物学水平上(如器官、个体)产生的毒性预测，计算系统生物学模型则有望提供技术支撑；描述化学品在生物体内吸收分配等过程的生理毒代动力学(physiologically based toxicokinetics, PBTK)模型，连接了化学品的环境(外暴露)浓度和生物体内

(内暴露)浓度。上述计算毒理学技术和模型体系构成了毒性测试的 *in silico* 方法(陈景文等, 2018)。

现代毒理学整合了多种毒性测试新技术，包括人源干细胞培养和器官芯片、基于细胞的特定毒性通路试验、HTS、高通量组学、高内涵成像技术以及计算毒理学建模，为化学品毒性评价提供了更加系统和完善的框架。新技术和工具的集成，有望逐步解决传统毒性测试所面临的技术瓶颈问题，也将改变决策机构对化学品风险管理的策略与方案。

5.2　水生生物急性毒性及预测模型

地球表面约 71%的面积被水覆盖，水是重要的环境介质，水生态系统具有重要的生态功能，影响着人类生存与可持续发展。防控化学品对水生态系统的不利效应，需要评价化学品对水生生物的毒性。通常采用藻类、水蚤类和鱼类等水生模式生物的急慢性毒性试验，评价化学品的水生毒性。本节着重介绍化学品的水生生物急性毒性、相关测试方法和预测模型。

5.2.1　基本概念

水生急性毒性指化学品在短时期(一般不超过几天)内对水生生物所产生的明显毒害作用，通常采用水环境中不同营养级生物，如鱼类、水蚤类、纤毛虫类、藻类的 LC_{50} 或 EC_{50} 值表征。水生慢性毒性则是由于水生生物长期暴露于化学品或其他应激物而产生的不良反应。慢性毒性通常表现为亚致死终点，如生长减缓、繁殖减少，或行为改变，如影响游泳表现等。

5.2.2　实验方法及导则

针对化学品水生急性毒性，我国国家标准化管理委员会及 OECD 均制定了一系列实验标准及技术导则，受试对象包括鱼类、斑马鱼胚胎和大型溞等。

1. 鱼类急性毒性试验

根据全年可得、易于饲养、方便测试等原则确定鱼种。在特定条件下进行鱼的驯养。驯养后，将鱼暴露于不同浓度的受试物溶液，通常以 96 h 为测试周期，在 24, 48, 72 和 96 h 时记录鱼的死亡率，确定 50%测试鱼死亡时的受试物浓度(LC_{50})。

试验的暴露条件为：静态和半静态测试系统，测试鱼的最大承载量为 1.0 g/L，流水式测试系统的承载量可高一些；保持每天 12~16 h 的光照；温度与测试鱼种相适宜且变化范围不超过±2℃；溶解氧不小于 60%；测试过程不喂食；避免各种可能改变鱼行为的干扰。

2. 斑马鱼胚胎急性毒性实验

将新受精的斑马鱼(*Danio Rerio*)卵在受试目标物中暴露 96 h。每隔 24 h，根据以下 4 个指标观察记录致死情况：①受精卵凝固；②未形成体节；③尾芽未脱离卵黄囊；④心跳停止。在暴露期结束时，若四种指标中的任何一种结果呈阳性，表明存在急性毒性，计算 LC_{50} 值。

3. 大型溞急性毒性实验

采用大型溞(*Daphnia Magna*)为受试生物，实验用溞一般选取同龄同母体后代，培养 1~3 代、出生 6~24 h 的幼溞。将大型溞置于不同浓度的目标物水溶液中，统计 24 h 和 48 h 活动能力受到抑制(包括死亡)的大型溞数量，计算 24 h 和 48 h 半数效应浓度 EC_{50}。相关测试标准导则参见表 5-2。

表 5-2　化学品急性毒性测试标准导则

导则名称	发布时间	网址
OECD 203 Fish Acute Toxicity Test(鱼类急性毒性试验)	2019	https://doi.org/10.1787/9789264069961-en
OECD 236 Fish Embryo Acute Toxicity (FET) Test(鱼类胚胎急性毒性试验)	2013	https://doi.org/10.1787/20745761
OECD 202 *Daphnia* sp. Acute Immobilisation Test(溞类急性毒性抑制试验)	2004	https://doi.org/10.1787/9789264069947-en
OECD 201 Freshwater *Alga* and *Cyanobacteria*, Growth Inhibition Test(淡水藻类和蓝藻细菌的生长抑制试验)	2006	https://doi.org/10.1787/9789264069923-en
GB/T 16125-2012(大型溞急性毒性实验方法)	2012	http://www.cssn.net.cn/cssn/front/81737413.html
GB/T 27861-2011(化学品鱼类急性毒性试验)	2011	http://www.cssn.net.cn/cssn/front/77477763.html
GB/T 21805-2008(化学品藻类生长抑制试验)	2008	https://www.cssn.net.cn/cssn/index

5.2.3　水生毒性作用模式

Verhaar 等(1992)根据化学品对孔雀鱼(*Poecilia Reticulata*)的毒性数据，将化学品的 MoA 分为 4 类，分别为非极性麻醉型(惰性)、极性麻醉型(弱惰性)、反应型和特殊作用型。

麻醉型化学品可通过非共价相互作用，改变细胞膜结构和功能，进而对鱼类产生可逆的毒性作用或麻醉效应(Schultz et al., 2003)。非极性麻醉型毒性是化学品的最小毒性，也称基线毒性。非极性麻醉型化学品一般具有疏水性，脂肪族烷烃、烯烃以及苯和卤代苯类均属此类化学品。极性麻醉型化学品，一般分子中都具有氢键供体或受体结构(如苯酚和苯胺类)，与生物大分子产生氢键作用或电子供体-受体相互作用、极性相互作用。

反应型化学品是指自身或其代谢产物能与生物大分子的某些官能团发生化学反应。这类化学品结合的生物靶点主要是多肽、蛋白质和核酸中的亲核基团，如氨基、羟基和巯基等(Zhao et al., 2010)。外源化学物质与亲核靶点之间的反应是非特异性的，可能产生多种不利效应。特殊作用型化学品能与某些生物大分子发生特异性相互作用。例如，有机磷酸酯类化学品能够抑制乙酰胆碱酯酶(Lee et al., 2016)；异噁唑啉类化学品通过作用于 γ-氨基丁酸受体的氯离子(Cl^-)通道，非竞争性地阻滞神经细胞 Cl^-的内流，干扰生物体中枢神经系统的正常功能(艾大朋等, 2020)；拟除虫菊酯类杀虫剂与滴滴涕可抑延迟离子通道的关闭，以及稳定钠离子通道的开放状态，来干扰钠离子通道的正常功能(Rinkevich et al., 2015)。

5.2.4　水生生物急性毒性数据库

现有的水生生物急性毒性数据库，主要有：U. S. EPA 建立的生态毒理数据库 ECOTOX；欧洲化学品管理局(European Chemicals Agency, ECHA)建立的数据库，其中包含经《化学品注册、评估、授权与限制》(REACH)审批的化学品名录及其水生生物毒性数据；Mayer 和 Ellersieck(1986)整理的急性毒性数据库(Acute Toxicity Database)；Connors 等(2019)建立的 EnviroTox 数据库等，见表 5-3。

表 5-3　常见的水生生物毒性数据库

数据库名称	数据库描述	网址
ECOTOX	含 13666 种水生和陆生生物以及 12425 种化学品的 1091597 条记录	https://cfpub.epa.gov/ecotox/
EnviroTox	含 156 物种和 4016 种化学品的 91217 条水生毒性数据	https://envirotoxdatabase.org/
Acute Toxicity Database	含 410 种化学品的水生急性毒性测试数据	https://www.cerc.usgs.gov/data/acute/acute.html
ECETOC Aquatic Toxicity(EAT) database	含 600 种化学品、262 物种的 5460 条急性毒性数据	https://www.ecetoc.org/publication/tr-091-ecetoc-aquatic-toxicity-eat-database-eat-database/
AiiDA	含 533 种化学品、146 种水生物种的毒性数据	https://aiida.tools4env.com/
ECHA	含 215 种化学品、131 物种、符合 REACH 法规的水生毒性数据	https://echemportal.org/echemportal/property-search

5.2.5　水生生物急性毒性预测模型

已有的水生生物急性毒性 QSAR 模型，多基于结构相似的同类化学品构建，相关模型如表 5-4。

表 5-4　基于同类化学品构建的水生急性毒性 QSAR 模型

测试生物	化学品种类	方法	n	R^2	参考文献
大型溞（*Daphnia Magna*）	三唑类	MLR GA-VSS	97	0.77	Cassani et al., 2013
虹鳟鱼（*Oncorhynchus Mykiss*）	三唑类	MLR GA-VSS	75	0.79	Cassani et al., 2013
羊角月牙藻（*Pseudokirchneriella Subcapitata*）	芳香胺 酚类	MLR	104	0.73	Furuhama et al., 2012
梨形四膜虫（*Tetrahymena Pyriformis*）	芳香醛	PLS MLR	58	0.89	Roy et al., 2010
藻类	卤代芳香族化学品	SPSS	40	0.95	Zeng et al., 2011

注：n：训练集化学品个数；m：分子描述符个数；R^2：决定系数；MLR：多元线性回归；GA：遗传算法；VSS：变量子集选择；PLS：偏最小二乘法；SPSS：SPSS 16.0 软件包。

当训练集中化学品数量较大、结构差异较大，结构与活性之间的关系更为复杂时，采用机器学习算法来构建模型，可以得到更好的预测效果。相较于表 5-4 所列模型，基于机器学习算法的 QSAR 模型训练集化学品结构特征丰富，具有更大的应用域，可用于预测结构多样性更强的未知化学品毒性，表 5-5 列出了这方面的一些代表性模型。

表 5-5　基于多类化学品构建的水生急性毒性 QSAR 模型

测试生物	毒性指标	方法	n	R^2	参考文献
黑头呆鱼（*Pimephales Promelas*）	96 h LC_{50}（mol/L）	MLR GA-VSS	408	0.80	Pavan et al., 2006
黑头呆鱼（*Pimephales Promelas*）	96 h LC_{50}（mg/L）	ANN	445	0.78	In et al., 2012
虹鳟鱼（*Oncorhynchus Mykiss*）	96 h LC_{50}（mmol/L）	GA ANN	222	0.81	Mazzatorta et al., 2005
大型溞（*Daphnia Magna*）	96 h LC_{50}（mol/L）	PLS MLR	222	0.74	Kar and Roy, 2010
黑头呆鱼（*Pimephales Promelas*）	96 h LC_{50}（mol/L）	MLR	505	0.89	Lyakurwa et al., 2014
大型溞（*Daphnia Magna*）	48 h LC_{50}（mmol/L）	PNN	1000	0.85	Niculescu et al., 2008
梨形四膜虫（*Tetrahymena Pyriformis*）	96 h IC_{50}（mmol/L）	GBDT	1160	0.91	Singh and Gupta, 2014

注：LC_{50}：半数致死浓度；IC_{50}：半数抑制浓度；MLR：多元线性回归；GA：遗传算法；VSS：变量子集选择；ANN：人工神经网络；PLS：偏最小二乘法；PNN：概率神经网络；GBDT：梯度提升决策树。

5.3　化学品“三致”效应的模拟预测

化学品所引发的“三致”效应，即致癌、致突变、致畸效应，对人体健康构成严重威胁。简要介绍化学品“三致”效应的基本概念、测试方法、相关计算毒理学筛查和预测方法。这里，“筛查”特指采用计算毒理学的分类模型，预测化学品是否具有毒性；“预测”则指采用计算毒理学模型预测表征化学品毒性效应的参数(如效价强度)的大小。

5.3.1　致癌性

1. 基本概念

致癌性是化学品诱发生物个体癌症发生，或增加群体癌症发病率的性质。能够使机体产生癌效应，即引起正常细胞发生恶性转化并发展成肿瘤的化学物质则称为致癌物(周宗灿, 2006)。

2. 致癌因素

按致癌因素的不同，致癌物分为物理致癌物、生物致癌物和化学致癌物。其中物理因素有紫外线照射(皮肤癌)等；生物因素即某些病毒或细菌病原体感染，如幽门螺杆菌(*Helicobacter Pylori*)(胃癌)、人乳头瘤病毒(可能导致子宫颈癌)(Minamoto et al., 1999)。化学致癌物，如来自于化石和生物质燃料不完全燃烧所生成的多环芳烃，可导致肺癌(Moorthy et al., 2015)。

3. 致癌物分类

化学致癌物的关键性质，包括具有遗传毒性，能改变 DNA 配对或造成基因组不稳定，能够诱导表观遗传的改变(如 DNA 甲基化、组蛋白修饰)，诱发氧化应激、慢性炎症，具有免疫抑制作用，增强细胞增殖潜能、抑制细胞的死亡和增加细胞的营养的供应等(Smith et al., 2016)。上述性质为评估致癌证据的充分性提供了基础，每种化学致癌物至少体现上述某种特征。

按致癌证据充分性即致癌权重的不同，国际癌症研究机构(International Agency for Research on Cancer, IARC)将致癌物分为三类(Samet et al., 2020)。第 1 类致癌物是指有充足证据表明其可对人类致癌的物质。当有足够证据表明该物质能够在暴露人群中表现出致癌物的关键性质，并且有足够证据表明其对实验动物具有致癌性时，该物质归为此类别。第 2 类是指可能对人类致癌的物质，按致癌的可能性大小可细分为 2A 和 2B 类。2A 类是指对人致癌性的流行病学证据有限，但对动物的致癌性证据充分，并且表现出致癌物关键性质的物质。2B类是指对人致癌性的流行病学证据有限，对动物的致癌性证据不足；或对人致癌性的流行病学证据不足，对动物的致癌性证据充分，并且表现出致癌物关键性质的物质。第3类致癌物，指现有证据不足以对其致癌性进行划分的物质。截至2021年11月30日，IARC发布的致癌物清单中，已有121种1类致癌物、90种2A类致癌物、322种2B类致癌物和498种3类致癌物。(IARC相关资料 https://monographs.iarc.who.int/list-of-classifications)

4. 致癌作用机制

致癌物按其是否具有遗传毒性，可分为遗传毒性致癌物和非遗传毒性致癌物或表观遗传致癌物。遗传毒性包括致突变性、染色体结构畸变(染色体断裂)、染色体数目畸变(非整倍体诱导、染色体丢失或获得)和DNA损伤(Luijten et al., 2016; Benigni et al., 2011)。遗传毒性致癌物可通过直接和间接两种作用机制致癌，直接机制包括诱导基因突变和染色体结构畸变，间接机制包括非整倍体诱导、DNA合成抑制和拓扑异构酶抑制(Luijten et al., 2016)。

根据遗传毒性致癌物在体内代谢途径的不同，又可进一步分为直接致癌物和间接致癌物，其中，直接致癌物指亲电性有机化合物，不依赖代谢活化，直接与DNA发生反应。而间接致癌物需经代谢活化为亲电性化合物后才能与DNA反应(周宗灿, 2006)。

非遗传毒性致癌物不直接与DNA相互作用，而是通过多种生理过程促进肿瘤生长，例如过氧化物酶体增殖、诱导氧化应激、改变细胞间信号传递、抑制细胞凋亡、免疫抑制、诱发激素失衡等(Benigni et al., 2011)。

5. 测试方法及导则

国际人用药品注册技术协调会(International Council for Harmonisation of Technical Requirements for Pharmaceuticals for Human Use, ICH)发布的导则(ICH1995, S1A)指出，对以下几类化学品，即：具有人体长期暴露风险、该化学品或代谢物的分子结构与已知致癌物相似，或经反复染毒测试验证该化学物质有产生癌前病变的风险，有必要进行致癌性评价。

判断化学品是否致癌主要采用啮齿动物致癌试验。该试验可选用大鼠(Rat)和小鼠(Mouse)为模型动物。染毒途径应与人类暴露途径类似，如经口、经皮和吸入等。经口染毒通常将化学品掺入受试物种的饲料或者饮水中连续喂食，每周5~7天。经皮染毒中，涂敷化学品的表皮面积一般不少于动物体表总面积的10%，每天一次，每周3~7天。吸入染毒一般每天染毒4小时，每周5~7天。

测试化学品的剂量通常参考美国国家癌症研究所(National Cancer Institute,

NCI)推荐的 90 天毒性试验确定的最大耐受剂量。此剂量应不使试验动物死亡或者导致缩短寿命的中毒症状或病理损伤。每天观察受试动物，观察时应注意肿瘤出现与否，肿瘤出现时间及死亡时间。动物自然死亡或处死后，须及时进行病理检查，包括肉眼和组织切片检查。组织切片检查应包括已出现肿瘤或可疑肿瘤的器官以及肉眼观察到明显有病变的器官，应注意观察癌前病变，并通过病理检查确定肿瘤的性质和靶器官。OECD 也发布了致癌试验相关的导则，参见 OECD 451(化学品致癌性测试导则, 2018)和 OECD 453(化学品慢性毒性与致癌性结合的测试导则, 2018)。

6. 化学品致癌性数据

化学品致癌性的数据库，主要包括：美国 NCI 开发的化学致癌研究信息数据库(CCRIS)，Gold 等(2005)建立的致癌潜力数据库(CPDB)和化合物毒性数据库(ISSTOX)的子数据库 ISSCAN，具体见表 5-6。

表 5-6　化学品致癌性与遗传毒性数据库

数据库名称	化合物数量	数据库介绍
致癌潜力数据库(Carcinogenic Potency Database, CPDB)	1547 种	包括来自公开发表的文献数据以及美国国家毒理学计划测定的长期慢性动物癌症试验数据
化学致癌研究信息数据库(Chemical Carcinogenesis Research Information System, CCRIS)	9562 种	包含具有化学品致癌性、致突变性、肿瘤促进和肿瘤抑制测试结果的记录，测试结果均已通过专家审查
化学致癌物结构和实验数据数据库(Istituto Superiore di Sanita, Chemical Carcinogens: “Structures and Experimental Data”, ISSCAN)	1150 种	主要用于专家系统决策，包含化学品对啮齿动物(大鼠和小鼠)长期致癌性测定的信息
欧洲替代方法验证中心的遗传毒性与致癌性数据库(EURL ECVAM Genotoxicity and Carcinogenicity Database)[a]	911 种	整合了致癌性和遗传毒性库 GGX[b]中涉及测定化合物致突变性的 Ames 试验以及啮齿动物致癌试验的数据
有害物质数据库(Hazardous Substances Data Bank, HSDB)[c]	5600 种	涵盖人类流行病学以及动物致癌试验、遗传毒理学试验等数据
综合风险信息系统(Integrated Risk Information System, IRIS)[d]	500 种	包含与人类健康风险评估相关的数据，涉及 U.S. EPA 致癌物分类和与暴露化学品造成致癌风险相关的致癌斜率因子等
遗传毒理学数据库(GENE-TOX[d])	3000 种	包括专家审查的遗传毒理学试验数据

注：[a]Madia et al., 2020; Kirkland et al., 2014. [b]GGX, Carcinogenicity and Genotoxicity eXperience(CGX) database. [c]Fonger et al., 2014. [d]Wexler et al., 2001.

7. 化学品致癌性的预测模型

传统 QSAR 模型通过在描述符与活性之间构建线性相关关系，实现对结构相似化合物活性的预测。随着化学品种类的增多，且描述化合物的特征参数更加丰富，传统 QSAR 模型很难满足这样的预测需求。机器学习算法的快速发展，使得 QSAR 模型能够更加高效筛查具有潜在致癌性的化学品。

针对致癌物筛查的模型多是二分类模型。在二分类模型中，将样本的真实类别与模型预测的类别进行比较，可得到分类结果的混淆矩阵(如表 5-7 所示)。基于混淆矩阵，可以计算得到衡量分类模型性能的指标参数，主要包括准确性(R_A)、真阳性率(R_{TP})或被称为召回率(R_R)或敏感性(R_{SE})、假阳性率(R_{FP})、精度(R_P)、特异性(R_{SP})、受试者工作特征曲线下面积[area under ROC (receiver operating characteristic) curve, A_{ROC}]和精度-召回率曲线下面积即[area under P-R (precision-recall) curve, A_{PR}](图 5-3)，相关的计算公式如下：

$$R_A = \frac{N_{TP} + N_{TN}}{N_{TP} + N_{TN} + N_{FP} + N_{FN}} \tag{5-2}$$

$$R_{TP} = R_R = R_{SE} = \frac{N_{TP}}{N_{TP} + N_{FN}} \tag{5-3}$$

$$R_{FP} = \frac{N_{FP}}{N_{TN} + N_{FP}} \tag{5-4}$$

$$R_P = \frac{N_{TP}}{N_{TP} + N_{FP}} \tag{5-5}$$

$$R_{SP} = \frac{N_{TN}}{N_{FP} + N_{TN}} \tag{5-6}$$

其中，R_A 是所有分类正确的样本占样本总数的比例。R_{TP} 和 R_{SP} 分别衡量被正确分类的阳性和阴性样本比例。ROC 曲线是在不同的分类阈值下，将模型预测的 R_{FP} 和 R_{TP} 分别作为横、纵坐标绘制而成。P-R 曲线的横纵坐标则分别是在不同的分类阈值下的 R_{TP} 和 R_P。A_{ROC} 与 A_{PR} 分别定义为 ROC 曲线与 P-R 曲线下的面积，用来定量地衡量模型性能。以上度量分类模型性能的指标，其值越接近于 1，模型的分类性能越好。

表 5-7　分类结果的混淆矩阵

预测值	真实值	
	阳性(positive)	阴性(negative)
阳性(positive)	真阳性(N_{TP})	假阳性(N_{FP})
阴性(negative)	假阴性(N_{FN})	真阴性(N_{TN})

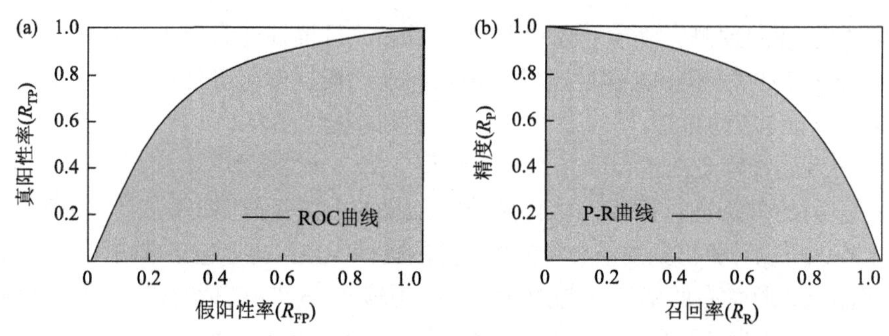

图 5-3　ROC 曲线(a)与 P-R 曲线(b)及曲线下面积(A_{ROC}和 A_{PR})

一些基于机器学习算法筛查致癌物的分类模型如表 5-8 所列。与传统的算法相比，深度学习的算法[如 Wang 等(2020a)所构建的 CapsCarcino 模型]在一定程度上提升了模型的准确性。

表 5-8　化学品致癌性预测模型

参考文献	数据集	输入特征	算法	R_{SE}(%)[a]	R_{SP}(%)[b]	R_A(%)[c]
Fjodorova et al., 2010	CPDB(805)	描述符	CP ANN[d]	75.0	69.0	73.0
				75.0	61.0	69.0
Zhong et al., 2013	CPDB(852)	描述符	SVM(A1)[e]	77.1	82.2	80.1
			SVM(A2)[f]	88.0	74.7	76.5
			SVM(A3)[g]	68.6	90.9	75.2
Zhang et al., 2016	CPDB(1042)	描述符(5 种)+指纹	Novel naïve Bayes[h]	87.0	92.0	90.0
		描述符(5 种)		67.0	55.0	60.0
		描述符(17 种)+指纹		86.0	93.0	90.0
Guan et al., 2018a	Ames(6512)+ SHE(410)[i]+ ISSCAN(834)+ GreenScreen Database(1415)	描述符	kNN[j]	20.1	93.3	67.1
			C4.5[k] RF	35.1	88.3	69.3
			MLP[l] Adaboost[m]	49.6	70.4	63.9
Wang et al., 2020a	CPDB(1003)+ ISSCAN(40)	描述符+指纹	SVM	61.4	62.1	62.6
			RF	61.2	70.1	66.7
			kNN	63.6	56.1	60.3
			XGBoost	63.4	64.7	65.2
			CNN[n]	66.4	66.1	66.2
			CapsCarcino	75.0	74.2	74.5

注：[a]敏感性；[b]特异性；[c]准确性；[d]CP ANN(Counter Propagation Artificial Neural Network)：反向传播人工神经网络；[e]A1: 数据集[致癌物(331)和非致癌物(320)]；[f]A2: 数据集[致癌物(291)和非致癌物(378)]；[g]A3: 数据集[致癌物(405)和非致癌物(298)]；[h]Novel naïve Bayes: 朴素贝叶斯；[i]SHE: Syrian Hamster Embryonic 数据库；[j]kNN: k 近邻；[k]C4.5: C4.5 决策树；[l]MLP(Multilayer Perceptron)：多层感知机；[m]Adaboost: 自适应梯度提升；[n]CNN: 卷积神经网络。

集成学习建模策略的引入，使得筛查模型从单一模型扩充到集成模型。这些集成学习的策略包括平均法(回归任务)、投票法等。通过这些策略可将多种分子特征作为输入，对所构建的单一模型进行集成；也可采用相同的分子特征输入，融合多种算法构建集成模型。投票法分为硬投票和软投票，前者是对多个分类器的结果采取“少数服从多数”的原则，投票得到最终的结果，而软投票则是指将每个分类器的结果进行加权平均得到模型的结果。

Zhang 等(2017a)基于 1003 种化合物的致癌潜力数据(源于 CPDB 数据库)，使用 PaDel-Descriptor 软件计算了多种分子指纹，采用软投票法构建了单一算法(多种指纹)的集成模型，即支持向量机(SVM)、随机森林(RF)、极端梯度提升树(XGBoost)的集成模型。其中，XGBoost 的集成模型效果最好，对外部验证集预测的 R_A、R_{SE} 和 R_{SP} 分别为 70.0%, 65.2%, 76.5%，其效果优于其中任何一种指纹构建的单一模型。

5.3.2　致突变性

1. 基本概念

突变指生物体遗传物质发生变化，导致机体发生表型变异现象。突变可分为两类：一类是在 DNA 分子上发生的改变，即基因突变；另一类则是在染色体水平上发生的改变，即染色体变异。化学品的致突变性指其可诱导机体发生突变，从而造成遗传性损伤的能力。

基因突变可以分为碱基替换和移码突变。碱基替换是指 DNA 的碱基被另一种碱基取代而引起的碱基序列异常。若替换在同类碱基之间发生，即嘌呤(嘧啶)与嘌呤(嘧啶)的替换，这称为转换。若替换在不同种类的碱基之间发生，即嘌呤和嘧啶相互取代，这种替换叫做颠换(Deschpande, 2002)。移码突变是指 DNA 某一位点增加或减少若干个(非 3 的倍数)碱基对，使该位点以后的编码顺序发生错位的突变方式(孔志明, 2017)。

染色体变异也可以分为染色体结构和染色体数目改变两类。染色体或染色单体断裂，会造成其重接或互换，从而出现染色体结构的改变，称作染色体畸变。在细胞分裂的过程中，若染色体的分离出现障碍，就会导致染色体数目异常，当某一条染色体数目增加或减少时，会出现非整倍体改变，而当染色体组发生成倍增减时，会出现整倍体改变，也称基因组突变。

2. 突变的成因、机制及危害

根据引发因素的不同，突变可以分为自发突变和诱发突变。自发突变指由于复制、转录、修复时偶然出现的碱基配对错误导致的突变。由诱变剂，即具有致突变性的物质引发的突变叫做诱发突变。相比于诱发突变，自发突变的发生率很低(周宗灿, 2006)。

环境中的诱变剂有三类：物理诱变剂、生物诱变剂以及化学诱变剂。物理诱变剂包括 γ 射线、紫外线等，主要通过高能辐射诱发突变。生物诱变剂包括一些能够引发突变的病毒和细菌。一般情况下，生物诱变剂通过干扰细胞的转录过程诱导突变。某些杀虫剂、抗生素等能够引起突变的化学品均为化学诱变剂，其主要通过和 DNA 分子发生化学反应诱发突变(Benigni et al., 2011; Kasai, 2016)。

化学品可通过诱导 DNA 损伤引发基因突变，或引起染色体数目改变和结构变异(孟紫强, 2010)。化学品导致 DNA 损伤的途径包括烷基化反应、酰基化反应、大分子嵌入 DNA 链、氧化反应等(孟紫强, 2019)。烷基硫酸酯类化合物带有烷基化功能基团，其本身或经代谢活化后会成为亲电试剂，与 DNA 中的碱基发生反应，使其烷基化，降低其与脱氧核糖的结合能力，最终造成碱基的丢失，引起基因突变。部分带有酰基的化合物，可以与 DNA 发生酰基化反应，将酰基转移到碱基上，引发基因突变(Beyerbach et al., 2006)。多环芳烃等平面环状结构化合物，能以非共价结合方式嵌入 DNA 的核苷酸链或碱基之间，导致碱基对数量的改变，引发移码突变。某些化合物经代谢活化后会产生自由基，经电子转移将分子氧转化为超氧阴离子自由基等活性氧物种，通过氧化反应造成碱基替换或染色体结构变异(孟紫强, 2019)。

除诱导 DNA 损伤外，化学品的致突变性还体现在诱导染色体数目改变，例如作用于有丝分裂中的纺锤体或减数分裂的中心体(孟紫强, 2010)。研究表明，邻苯二甲酸盐暴露与人类染色体的非整倍体发生率增加有关，可导致多种遗传疾病(Henderson et al., 2021)。

突变的后续效应取决于靶细胞为生殖细胞还是体细胞。在体细胞上产生的效应只在接触诱变剂的亲代上表现，不会遗传给子代，在生殖细胞中产生的突变效应则有可能遗传给下一代。

在生殖细胞中发生的突变，按后果可分为致死和非致死性突变，又可进一步按显性和隐性进行划分。显性致死性突变使精子不能受精，或使受精卵在着床后发生胚胎死亡。显性非致死性突变则会使子代患遗传病的概率大大增加，例如，突变常会诱发孟德尔遗传病(Shendure et al., 2015; Rahit et al., 2020)。隐性非致死性突变会使子代基因库产生遗传负荷，即产生有害等位基因使群体适应度下降(Muller, 1950)。

体细胞发生的突变与癌症形成密切相关(Magnander et al., 2012; Basu et al., 2018)。体细胞在诱变剂的作用下可发生原癌基因和抑癌基因的突变。原癌基因突变会刺激细胞，使其异常增殖。抑癌基因突变会使机体失去抑制癌细胞增殖的能力。

除遗传病和癌症外，突变与心血管、神经系统疾病、内分泌相关疾病、早衰、干细胞功能障碍等系列疾病都有一定的相关性(Jackson et al., 2009; Nakad et al., 2016)。

3. 致突变性测试方法及导则

化学品致突变性的测试方法根据突变类型大体分为两类：针对基因突变和染色体变异的测试方法。

针对基因突变的测试方法主要有细菌回复突变试验以及哺乳动物细胞基因突变试验。其中，应用最广泛的是鼠伤寒沙门氏菌回复突变试验(Mortelmans et al., 2000)。鼠伤寒沙门氏菌回复突变试验由美国加州大学的 Ames 教授建立，又称 Ames 试验。该试验以营养缺陷型的突变体菌株为试验系统，观察受试物引起回复突变的作用。常用的菌株为组氨酸营养缺陷型(his^-)鼠伤寒沙门氏菌。该菌株的某个调控组氨酸合成的基因发生了点突变，不能自行合成组氨酸，因此在缺乏组氨酸的培养基上不能生长。致突变物可使试验菌株回复突变成野生型(his^+)，恢复其合成组氨酸的能力，在缺乏组氨酸的培养基可长出菌落(曹佳, 2000)。

Ames 试验中菌株的组氨酸突变部位除了发生组氨酸合成基因的突变外，还可能存在一些附加突变，包括脂多糖基因(*rfa*)的突变，切除修复基因(Δ*uvrB*)突变，有些菌株突变后带有 R 因子(pKM101, 一种耐药性的质粒)，TA102 菌株突变后还带有 pAQ1 质粒(周宗灿, 2006)。*rfa* 突变使细菌表面的脂多糖丧失，增加了膜通透性，使分子体积较大的化学品(如苯并[*a*]芘)能够进入到细胞内。Δ*uvrB* 使细菌对许多化合物的敏感性提高。pKM101 质粒增强了细菌的修复能力，使原本仅能检测碱基置换的菌株可同时检出移码突变。

Ames 试验中各种菌株的组氨酸突变部位存在差别，引起的基因型改变也不同。例如，TA1537 菌株容易在 *hisC3076* 位置发生移码突变；TA1535 菌株容易在 *hisG46* 位置发生碱基置换；TA102(pAQ1)菌株则容易在 *hisG428* 位置发生碱基置换或部分移码突变，突变部位的基因型改变如表 5-9 所示。使用 Ames 试验检测化学品致突变性时，通常选取多种菌株进行组合。除鼠伤寒沙门氏菌外，大肠杆菌色氨酸营养缺陷型菌株 *E. coli* WP2 uvrA 和 *E. coli* WP2 uvrA(pKM101)也可用于化学品基因突变的检测。OECD 的细菌回复突变试验指南中规定，一组试验菌株中应同时包含以下四种菌株：TA1535, TA1537 或 TA97 或 TA97a, TA98, TA100。但是，这几种鼠伤寒沙门氏菌的菌株，可能无法检测到某些交联剂。交联剂可使 DNA 发生链间交联或促使 DNA 与蛋白质发生交联反应，如带有多个烷基化位点的 DNA 烷化剂(Rajski et al., 1998)。为了检测交联诱变剂，最好包括 TA102 或 *E. coli* WP2 uvrA 或 *E. coli* WP2 uvrA(pKM101)。具体可参见 OECD 471 导则(细菌回复突变试验, 1997)。

表 5-9 Ames 试验标准菌株的基因型

菌株	组氨酸突变部位	DNA 序列的改变	
		野生型	突变型
TA1537	*hisC3076*	-GGGG- -CCCC-	在 G: C 重复区移码突变
TA1535	*hisG46*	-GAG- -CTC-	-GGG- -CCC-
TA102（pAQ1）	*hisG428*	-CAA- -GTT-	-TAA- -ATT-

在化学诱变剂中，一些化合物本身活性强，可以直接引起突变，称为直接致突变物。还有一些化合物需经代谢活化过程才能引发突变，称为间接致突变物。在不加哺乳动物代谢酶的情况下，细菌突变实验只能对直接致突变物进行检测。为达到检测间接致突变物的目的，在进行细菌回复试验时，应加入代谢活化试验，通常采用由啮齿动物肝脏制备的 S9 活化系统。

针对染色体变异的测试方法有染色体畸变试验、微核试验、显性致死试验等。其中，微核试验是染色体变异测试的常用方法，不仅可以检测染色体结构突变，还可以检测由染色体数目改变引起的非整倍体改变。

微核是某些诱变剂作用于细胞后，导致细胞染色体丢失或断裂，在胞浆中形成的 1 个或数个小核（曹佳, 2000）。现已建立了植物（如紫露草花粉母细胞、蚕豆根尖等）、哺乳动物（如骨髓细胞、肝细胞、淋巴细胞、红细胞、皮肤细胞等）、非哺乳类动物的细胞（如鱼红细胞、蟾蜍红细胞等）的微核试验方法（周宗灿, 2006）。

目前常用的是啮齿类动物骨髓多染红细胞（PCE）微核试验（周宗灿, 2006）。该试验通过饮水或喂食等途径，使动物暴露于测试化学品。实验温度为 22℃（± 3℃），并设置阳性对照和阴性对照。在暴露一定时间（一般为 6~10 周）后，提取骨髓、制片、固定并染色。使用显微镜、流式细胞仪或激光扫描分析细胞中是否存在微核。试验结果报告中，应列出测试动物体内未成熟红细胞数、微核未成熟红细胞数以及未成熟红细胞在总红细胞中的比例，并注明相关临床症状。该实验细则参考 OECD 474 导则（哺乳动物红细胞微核试验, 2016）。

4. 化学品致突变性数据库

现有的化学品致突变性数据主要包括基因突变和染色体变异数据。基因突变数据主要采用 OECD 导则中规定菌株进行 Ames 试验获得，Benigni 等（2013）以 Hansen 等（2009）建立的数据库为基础更新建立了鼠伤寒沙门氏菌体外诱变数据库 ISSSTY；欧洲食品安全局（European Food Safety Authority, EFSA）建立了农药基因毒性数据库；Madia 等（2020）建立了 EURL ECVAM 数据库；Honma 等（2020）

发表的文献中也公开了部分 Ames 试验数据。染色体变异数据主要源自哺乳动物微核试验测试，包括 Fan 等(2018)以及 Yoo 等(2020)建立的数据集、ECVAM 的遗传毒性和致癌性综合数据库、ISSTOX 毒性数据库的子库 ISSMIC、农药及其代谢物遗传毒性数据库 EFSA、微核数据库 OASIS 以及 MHLW 数据库中的哺乳动物体内微核实验数据。数据库中阳性和阴性化合物数量如表 5-10 所示。

表 5-10　化学品致突变性数据库

	数据来源	阳性	阴性		数据来源	阳性	阴性
Ames 试验	Hansen et al., 2009	3190	2762	微核试验	Fan et al., 2018	209	346
	Honma et al., 2020	6	1		Yoo et al., 2020	173	681
	ISSSTY	594	377		ECVAM	22	60
	EFSA	28	570		ISSMIC	13	10
	EURL-ECVAM	89	30		EFSA	1	202
					MHLW	1	5
总计		3907	3740			419	1304
		7647				1723	

注：ISSSTY: Istituto Superiore di Sanitá *in vitro* mutagenesis in Salmonella typhimurium (Ames test). EFSA: European Food Safety Authority. ISSMIC: Istituto Superiore di Sanitáin vivo mutagenesis (micronucleus test). EURL-ECVAM: The European Union Reference Laboratory for alternatives to animal testing. ECVAM: European Center for the validation of alternative methods. MHLW: Ministry of Health, Labour and Welfare.

5. 化学品致突变性的筛查模型

对化学品致突变性进行筛查通常可采用两种方法：一种是基于 ToxTree (Patlewicz et al., 2008), MC4PC (MultiCASE) (Saiakhov et al., 2008) 以及 DEREK (Marchant et al., 2008) 等现有的专家系统筛选出可能致突变的子结构；专家系统根据系统中现有的知识库和数据库进行决策，因而决策结果的准确性依赖于知识库中现有的机制体系，而对于致突变机制不明确的化合物，则容易误判为阴性(无致突变性)，从而导致敏感性较低。另一种则是基于机器学习算法构建的 QSAR 模型，从大量化合物的表观构效关系中学习规律并进行预测。表 5-11 总结了采用机器学习算法构建的化学品致突变性的 QSAR 模型。

表 5-11　化学品致突变性预测模型

数据来源	分子特征	算法	A_{ROC}[a]	R_A[b]	参考文献
文献[c]	PubChem 指纹	SVM[d]	0.949	0.952	Xu et al., 2012
		*k*NN[e]	0.970	0.980	
Ames 试验	MD[f] ECFP_14[g]	NB[h]	0.840	0.891	Zhang et al., 2017b

续表

数据来源	分子特征	算法	A_{ROC}[a]	R_A[b]	参考文献
Ames 试验 + Tox21[i]	MD	LightGBM[k]	0.800	0.800	Zhang et al., 2019
	FP[j]		0.786	0.786	
文献[l]	MD	DNN[m]	0.894	0.838	Kumar et al., 2021

注：[a]A_{ROC}是 ROC 曲线下方的面积大小；[b]模型的准确性；[c]Cheng et al., 2011；Ewing et al., 2006；Wang et al., 2012；Chen et al., 2011；[d]SVM: 支持向量机；[e]kNN: k 近邻. [f]MD: 分子描述符；[g]ECFP_14: ECFP_14 指纹；[h]NB (Naive Bayes)：朴素贝叶斯；[i]Tox21 (Toxicology in the 21st Century)：Tox21 项目；[j]FP: 分子指纹；[k]LightGBM: 梯度提升算法；[l]Kazius et al., 2005; Hsu et al., 2016; Bhagat et al., 2018; Guan et al., 2018b; Xu et al., 2012；[m]DNN (deep neural network)：深度神经网络。

5.3.3 致畸性

1. 基本概念

化学品的致畸性是指其可影响胚胎发育行为，导致永久性形态结构异常的性质，具有致畸性的化学品被称为致畸物(周宗灿, 2006)。

2. 致畸作用机制及影响因素

与致突变性类似，引起致畸作用的因素有很多，包括物理因素、化学因素、生物因素等。物理因素主要有放射线，如 X 射线(Ratnapalan et al., 2008)。生物致畸因素中主要有病毒感染，如风疹病毒(Brown et al., 2001)。

化学致畸作用主要有以下情况：致畸物(如甲醛)通过引起染色体畸变引发胚胎发育异常；致畸物通过抑制细胞生长分化的重要酶类(如核糖核苷酸还原酶、DNA 聚合酶)，影响胚胎的正常发育，从而导致胚胎畸形；致畸物破坏母体正常代谢过程，使子代细胞在生长过程中缺乏必需的物质，影响胚胎正常发育，出现生长迟缓及畸形；致畸物干扰细胞的分裂过程，从而导致这些细胞构成的器官在发育过程出现畸形(孔志明，2017)。化学致畸物如己烯雌酚、环巴胺等(Giavini et al., 2004)。

3. 化学品致畸性测试方法及导则

为评价化学品的致畸性，各国政府和机构均发布了相关测试导则。此处主要介绍 ICH 指南推荐的测试方法——三段生殖毒性试验及子一代和多代生殖毒性试验[ICH2020, S5(R3)]。OECD 导则推荐的方法见表 5-12。

三段生殖毒性试验由生育力和早期胚胎发育毒性试验(生殖毒性)、胚体-胎体毒性试验(致畸试验)和出生后发育毒性试验(围生期毒性试验)三阶段组成。第一阶段试验——生育力与早期胚胎发育毒性试验：目的是评价化学品对配子的发育与成熟、交配行为、生育力、胚胎着床的影响。第二阶段试验——胚体-胎体毒性试验(致畸试验)：目的是评价母体自胚胎着床到器官形成期暴露于化学品，对妊娠雌性和胚体-胎体发育的有害影响。第三阶段试验——围生期毒性试验：评价母体自着床至断乳期间暴露于化学品，对母体、孕体及子代发育直至成熟的有害影响。

三段生殖毒性试验中，啮齿类受试动物首选大鼠，非啮齿类首选兔。测试需设置阴性和阳性对照组，分别为自发畸形的发生和动物在试验条件下的敏感性提供资料。对母体的评价指标包括：体重变化、食物消耗量、母体毒性体征及母体畸胎率等。对胎体影响的评价应包括：受影响的窝数比、每窝受影响胎体数的组间均数、受影响的胎体总数比、畸胎率和某单项畸胎率等。

一代生殖毒性试验中，亲代动物直接暴露于化学品，而子一代在母体子宫内及经哺乳暴露于化学品。两代生殖毒性试验是指对两代动物成体进行染毒，亲代直接暴露，子一代既直接暴露也通过母体间接暴露，子二代在子宫内和经哺乳暴露于化学品。多代的研究以此类推。在上述试验中观察下列 4 个指标：受孕率，反映雌性动物生育能力及受孕情况；正常分娩率，反映雌性动物妊娠过程是否受到影响；幼仔出生存活率，反映雌性动物分娩过程是否正常；幼仔哺乳成活率，反映雌性动物授乳哺育幼仔的能力。此外，还应观察出生幼仔的畸形。全部试验动物处死后，应系统进行肉眼病理学检查，注意卵巢、子宫、阴道、睾丸、附睾、精囊、前列腺等器官病变。必要时进行组织病理学检查。评价的指标应包括受试物的剂量与生育力、体征、体重改变、死亡数和其他毒效应在内的异常指标之间的关系(周宗灿, 2006)。

表 5-12　化学品致畸性相关测试的 OECD 导则

指南名称	发布时间
OECD 414 Prenatal Developmental Toxicity Study 产前发育毒性研究	2018
OECD 416 Two-Generation Reproduction Toxicity 两代生殖毒性研究	2001
OECD 421 Reproduction/Developmental Toxicity Screening Test 生殖/发育毒性筛选试验	2016
OECD 422 Combined Repeated Dose Toxicity Study with the Reproduction/Developmental Toxicity Screening Test 结合重复剂量毒性研究与生殖/发育毒性筛选试验	2016

4. 化学品致畸性数据库

现有的化学品致畸性数据，主要集中于药物的人体致畸性，相关数据库如表 5-13

所列。我国也启动了“建立出生人口队列，开展重大出生缺陷风险研究”的大型项目(张玥等, 2020)，预期覆盖 50 万例孕妇，收集亲代和子代的环境暴露相关数据，可用于筛查中国人群的致畸风险。

表 5-13 化学品致畸性数据库

数据库名称	数据收集范围	数据库信息
Saskatchewan Health Services Databases[a]	加拿大	主要研究药物的致畸性
Medical Databases[b]	美国	用于收集药物致畸性的信息
Teratology Information Services (TIS)[c]	全球范围	记录由孕妇自行报告的医学和药物暴露史，收录大量致畸性相关数据

注：[a]萨斯喀彻温省卫生服务数据库；[b]美国医学数据库；[c]畸形学信息服务数据库。

5. 化学品致畸性的筛查模型

自 19 世纪 60 年代“反应停”(一种抗妊娠药)使用造成灾难性后果以来，化学品使用不当而造成新生儿的畸形这一问题受到重点关注。采用人体孕期暴露于化学品测试其致畸性的方法有违伦理，需要可靠的工具对化学品的致畸性进行预测。例如，人体孕烷 X 受体(Pregnane X Receptor, PXR)在调控内源和外源化学物质的代谢和转运中起关键作用。一些化学品可结合并激活 PXR，从而扰乱正常的生理功能。Dybdahl 等(2012)测定了化学品与 PXR 的结合能力，计算了氢键供体/受体、极性表面积等描述符，构建了化学品与 PXR 结合能力的 QSAR 预测模型。采用该研究构建的模型，能够进一步预测化学品与 PXR 结合而引起的不利效应，如其可能引起的遗传毒性、内分泌干扰效应和致畸效应等。Challa 等(2020)通过计算化学品的分子指纹,采用 RF 和 GBDT 等多种算法,构建化学品致畸性的预测模型,模型 $A_{ROC}=0.8$。模型能够较好地区分致畸物与非致畸物，有助于对具有潜在致畸性的化合物进行筛查。总体上，化学品致畸性的筛查模型仍不多见，需要进一步的研究。

5.4 化学品内分泌干扰效应的模拟预测

内分泌系统对人和动物繁殖和发育功能起到关键的调节作用。人和野生动物暴露于具有内分泌干扰特性的化学品，可增加生殖、代谢和发育障碍的风险。发展筛查化学品分泌干扰效应的计算毒理学模型具有重要意义。

5.4.1 基本概念

1. 内分泌系统

内分泌系统由遍布全身的内分泌腺、腺体分泌到血液或淋巴液中的激素，以及在各种器官和组织中的激素受体三部分组成。

内分泌腺包括颅底的下丘脑和脑垂体、颈部的甲状腺、腹部靠近肾脏的肾上腺、性腺和胰腺的某些部位。除了上述内分泌腺，其他器官如心脏、肝脏、肠道和肾脏，也具有内分泌功能，可分泌激素。激素是由内分泌腺产生的分子，跟随血液循环、淋巴循环到体内不同位置的细胞和组织，进而产生特定的效应。受体是识别激素而产生效应的特殊蛋白质。受体特异性地结合激素，并产生特定的信号。根据在细胞中的位置，激素受体可分为核受体和膜受体。

不同受体与激素发生相互作用的途径不同，核受体通常与类固醇和甲状腺激素结合，并直接发挥作用，调节基因表达；或通过“协同调节”蛋白与转录装置进行连接，从而在细胞中发挥不同功能。膜受体主要与肽类和蛋白质激素(下丘脑调节肽、神经垂体激素、腺垂体激素、胰岛素等)以及胺类激素(肾上腺素、甲状腺激素等)结合，通过第二信使系统在细胞内产生不同效应。

根据描述化学品-受体相互作用的最大效应模型[式(5-1)]，可以绘出不同类型化学品的剂量-效应关系曲线模式图(详见本书第 1 章)。除对比效价和效能外，量效关系曲线还提供了关于化学品作用机制的信息。若两化学品的剂量-效应关系曲线平行，即二者有着相似的效能，且效价比例在不同浓度下基本稳定，说明这两种化学品可能通过相似的受体发挥作用。根据化学品与受体结合后引起的效应不同，可将化学品分为激动剂、部分激动剂、拮抗剂和反向激动剂，相应剂量-效应关系曲线见图 5-4。

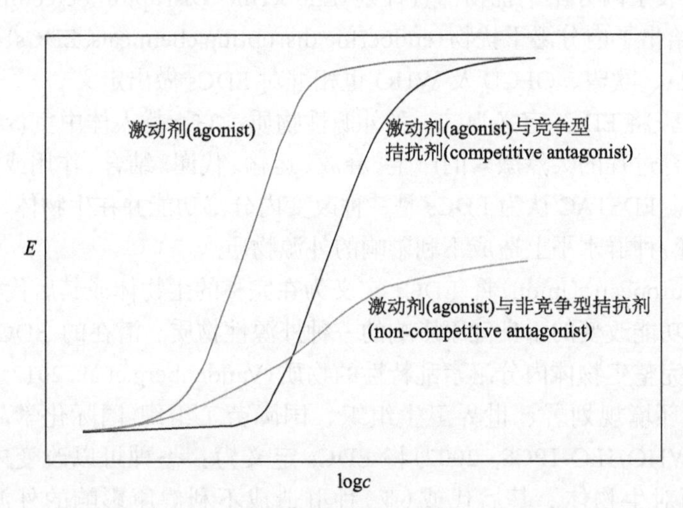

图 5-4　不同类型化学品的剂量-效应关系曲线模式图

根据与受体结合后，对激动剂与受体结合过程影响的不同，抑制剂可分为竞争型拮抗剂和非竞争型抑制剂。这些抑制剂对激动剂的剂量-效应关系曲线影响模式图如图 5-5。

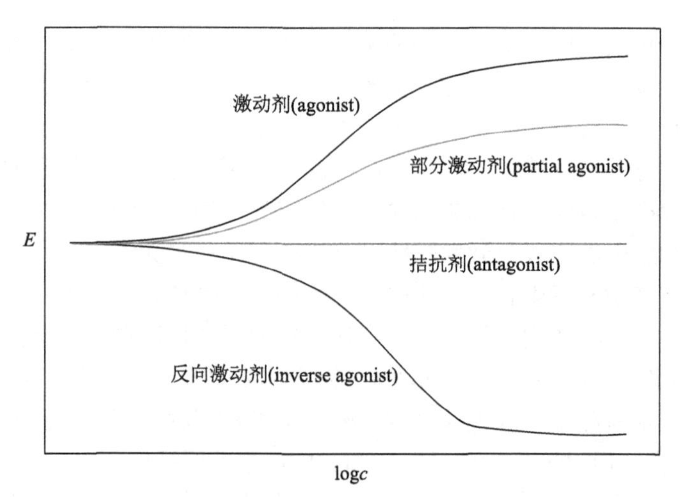

图 5-5　不同类型抑制剂对激动剂的剂量-效应关系曲线影响模式图

2. 环境内分泌干扰物

1996 年，应美国《食品质量保护法案》中“筛选和测试可能干扰内分泌的化学品和农药”的条文要求，美国环境保护局成立了内分泌干扰物筛选与测试委员会(Endocrine Disruptor Screening and Testing Advisory Committee, EDSTAC)。EDSTAC 发表了内分泌干扰物筛查计划(Endocrine Disruptor Screening Program, EDSP)，并给出了内分泌干扰物(endocrine disrupting chemicals, EDCs)的定义。随后，U. S. EPA、欧盟、OECD 及 WHO 也相继对 EDCs 做出定义。

U. S. EPA 将 EDCs 定义为：一种外源性物质，它干扰人体中负责维持体内平衡和调节发育过程的天然激素的产生、释放、运输、代谢、结合、作用或消除(Zoller et al., 2012)。EDSTAC 认为 EDCs 是一种改变内分泌功能并在生物体、其后代和/或生物体(亚)种群水平上造成不利影响的外源物质。

欧盟(European Union)将 EDCs 定义为在完整的生物体或其后代体内引起继发于内分泌功能改变的不良健康影响的一种外源性物质。潜在的 EDCs 是一种具有可能导致完整生物体内分泌紊乱特性的物质(Vandenberg et al., 2012)。

联合国环境规划署、世界卫生组织、国际劳工组织-国际化学品安全规划署(UNEP/WHO/ILO-IPCS, 2002)将 EDCs 定义为：一种可以改变内分泌系统功能，进而对生物体、其后代或(亚)种群造成不利健康影响的外源物质或混合物。

综合上述定义，可认为 EDCs 是可干扰生物体内分泌系统功能的外源物质，通过干扰天然激素的产生、释放、运输、代谢、结合、作用或消除等过程，扰乱生物体及其后代的生理稳态平衡和生殖发育，产生有害效应。

3. 化学品内分泌干扰效应的作用机制

EDCs 可作用于激素受体蛋白，通过与核受体结合，引发一系列分子事件，直接改变下游基因表达；或与膜受体结合，激活非基因组信号通路，改变靶标蛋白活性，间接影响基因表达。EDCs 还可作用于控制激素传递到靶细胞或组织的特定环节，例如影响自然激素的代谢，从而使得可结合的激素数量出现改变；影响内源激素的转运，从而改变激素与受体结合的数量(Vandenberg et al., 2012)。

2020 年化学品内分泌干扰效应领域的专家，基于对激素作用和 EDCs 的认知，总结了 EDCs 的 10 个关键特征(La Merrill, 2020)：激活或与受体发生相互作用、受体的拮抗剂、调节受体的表达、改变激素响应细胞中的信号转导、诱导激素产生细胞或激素响应细胞的表观遗传修饰、改变激素合成、改变激素的跨膜转运、改变激素分布或循环激素水平、改变激素代谢和清除、改变激素产生细胞或激素响应细胞的数量。上述 EDCs 关键特征的识别，有助于降低不同管理机构在化学品内分泌干扰效应危害评估中结论的不一致性。

4. EDCs 的作用靶标

EDCs 的作用靶标，通常与其所干扰的特定通路有关。在改变下游响应细胞的信号转导机制中，细胞表面膜受体和核受体易被 EDCs 干扰。这两类受体的作用机制，也得到较为广泛的研究。本章以过氧化酶体增殖物激活受体(peroxisome proliferator activator receptor gamma, PPARγ)和促甲状腺激素受体(thyroid stimulating hormone receptor, TSHR)作为膜受体和核受体的案例，介绍化学品对 PPARγ 和 TSHR 的内分泌干扰效应机制以及相关的毒性数据和预测模型。

过氧化物酶体增殖物是一类能引起啮齿动物肝过氧化物酶体激增，提升长链脂肪酸 β 氧化水平的化合物。PPARγ 基因表达是脂肪生成及维持脂肪细胞功能稳态的必要条件。脂肪生成早期，前体脂肪细胞中 PPARγ 表达水平上调，为分化成脂肪细胞做准备(de Sa et al., 2017; Cristancho et al., 2011)。PPARγ 的强制表达，甚至可促使成纤维细胞和成肌细胞等非前体脂肪细胞向脂肪细胞分化。分化成熟的脂肪细胞仍然需要 PPARγ 的持续表达，来维持终末分化的状态(Tamori et al., 2002)。敲除 PPARγ 可导致成熟脂肪细胞死亡(Imai et al., 2004)。脂肪细胞中，脂肪转运、脂质和糖类代谢以及脂肪因子合成等均受 PPARγ 的调控。PPARγ 介导的反式激活可促进脂肪细胞摄取并存储血液中的游离脂肪酸，产生增重/肥胖的宏观表象。

PPARγ 在其他生理过程中也发挥着重要作用(图 5-6)。例如，PPARγ 的上调能提升脂联蛋白表达，降低抗胰岛素蛋白表达，增强细胞对胰岛素的敏感性。因此，PPARγ 是治疗Ⅱ型糖尿病的关键药物靶点(Chadha et al., 2015)。PPARγ 的上调可以提升中枢神经系统的瘦素抗性，不利于高脂肪膳食条件下的饮食节制（Ryan et al., 2011）。PPARγ 可通过与甲状腺激素受体竞争结合类视黄醛 X 受体（RXR），间接抑制下丘脑-垂体-甲状腺轴调控的能量异化代谢（Festuccia et al., 2008）。肾脏中 PPARγ 的激活可以抑制肾导管内皮细胞排泄钠盐，导致局部水肿和液体潴留，间接增重并增加心脏负担（Zhang et al., 2005）。骨骼组织中 PPARγ 的表达则可以抑制成骨细胞分化（Akune et al., 2004），促进破骨细胞分化（Wan et al., 2007），导致骨质疏松，增加骨折的风险。此外，PPARγ 在巨噬细胞以及其他组织（如结肠）中还扮演重要的抗炎角色（Cipolletta et al., 2012; Wahli et al., 2012）。

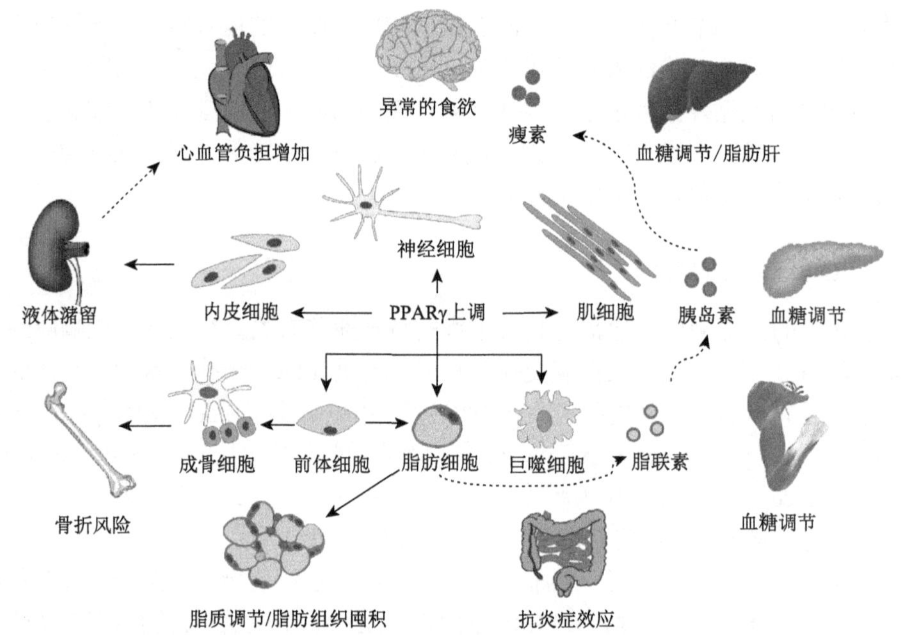

图 5-6　PPARγ 参与的生理过程及其异常上调可能引起的有害效应

在人体中，PPARγ 需要与 RXR 形成异源二聚体，结合到特定 DNA 序列上。异源二聚体募集辅激活物及与转录激活相关蛋白时，转录机器运转，下游基因被表达；募集辅阻遏物及与转录抑制相关蛋白时，下游基因不表达（Wright et al., 2014）。PPARγ 对辅激活物或辅阻遏物的募集，与其配体结合域[图 5-7（a）]的构象特征有关。配体结合域（LBD）结合小分子（即配体）后，构象发生变化[图 5-7（b~e）]（Shang et al., 2019; Chrisman et al., 2018; Shang et al., 2020）。促进辅激活物的募集进而激活 PPARγ，增强下游基因表达的配体，称之为“激动剂”。结合 LBD 却不改变对辅激活物或辅阻遏物募集选择性的配体，往往不影响下游基因的表达水平，此类配体称作“（中性）拮抗剂”。能结合 LBD 并促进辅阻遏物的募集，进而抑制下游基因表达的配体是“反向激动剂”。

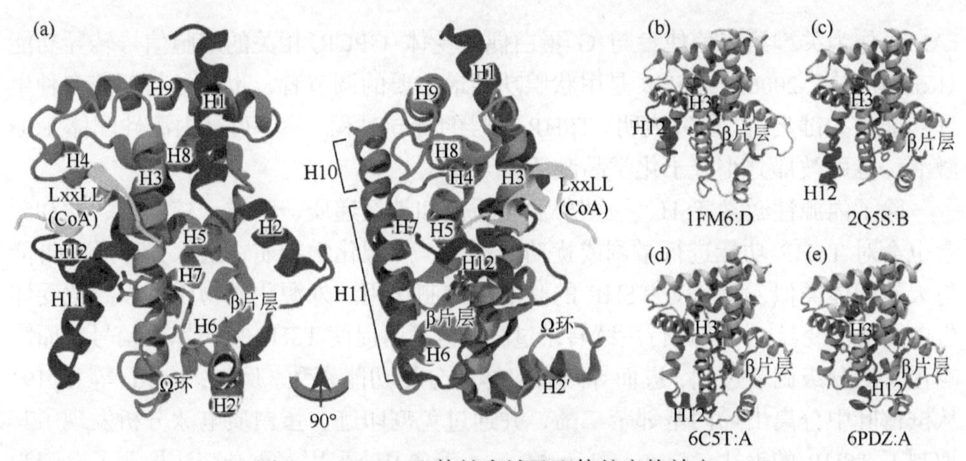

图 5-7 PPARγ 配体结合域及配体的变构效应

(a)二级结构符号；(b~e)LBD 分别结合完全激动剂、部分激动剂、拮抗剂和反向激动剂的构象；CoA：辅激活物

促甲状腺激素受体(TSHR)是一种横贯细胞膜 7 次的糖蛋白激素受体(GPHRs)，由膜外区、跨膜区和膜内区三部分组成(Kleinau et al., 2013)，其信号通路见图 5-8。具体而言，TSHR 接受促甲状腺激素(TSH)信号，刺激细胞生成甲状腺激素(T_4)和三碘甲状腺激素(T_3)。在 TSH 结合到 TSHR 膜外区后，TSHR 发生变构并促使与之相连接的 G 蛋白(鸟苷酸结合调节蛋白，在细胞内信号传导途径中有重要作用)释放信号，激活腺苷酸环化酶，使得细胞内 3′, 5′-环腺苷酸(cAMP)浓度增加，

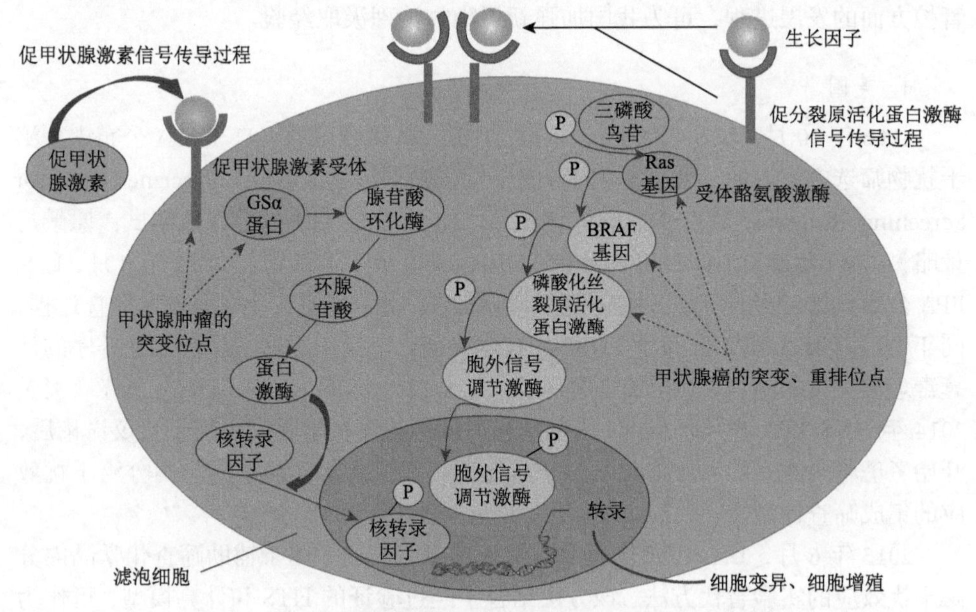

图 5-8 促甲状腺激素受体信号通路(改自 Kondo et al., 2006)

cAMP 作为关键第二信使参与 G 蛋白偶联受体(GPCR)相关的细胞信号转导功能(Kondo et al., 2006)。TSHR 是甲状腺功能最重要的调节者，也是参与调控多种生理功能的关键蛋白。研究表明，TSHR 信号的传导过程，除了可被内源性配体 TSH 激活，也可被部分小分子化学品激活。

除了内源性激素 TSH，一些外源物质例如神经递质、脂质、核苷酸、肽和激素也会对 TSHR 功能进行微调或扰动。然而，外源化学物质在进入人体后，可能与天然配体类似，参与对 TSHR 的激活或抑制作用。外源化学物质可以导致受体蛋白结构性变异，无法进行后续转录过程；也可以促使 TSHR 发出错误信号从而影响正常的分级调节过程，进而导致有机体内分泌功能紊乱。例如，Panda 等(2019)从槟榔叶中分离出烯丙基邻苯二酚，并通过免疫印迹、蛋白质电泳分析发现了其抑制了 TSHR 的表达；Serrano-Nascimento 等(2018)采用多重杂交法检测了血清激素/细胞因子水平，观察经高氯酸暴露后的雄性 Wistar 大鼠甲状腺形态，发现高氯酸盐使 TSHR 的表达增加，甲状腺形态/基因表达也有明显变化，从而引起甲状腺和全身炎症；上述研究均证明了外源化学物质对 TSHR 的异常激活或抑制，将产生宏观的有害效应。

5.4.2 各国和国际组织内分泌干扰物管控的发展进程

我国“十四五”规划和 2035 年远景目标纲要提出，“重视新污染物治理”，并将 EDCs 列入新污染物中，将促进我国对 EDCs 的风险管控。了解发达国家在 EDCs 管控方面的发展进程，可为我国加强新污染物治理汲取经验。

1. 美国

1996 年 10 月，U. S. EPA 成立了 EDSTAC。1998 年 8 月，U. S. EPA 公布内分泌干扰物筛选方案说明，概述了《内分泌干扰物筛选计划》(The Endocrine Disruptor Screening Program, EDSP)。2007 年 6 月，NRC 发布《21 世纪毒性测试：愿景与策略》。2011 年 9 月，U. S. EPA 发布《ESDP 21 世纪工作计划》。2012 年 6 月，U. S. EPA 公布《EDSP 综合管理计划》，该计划描述了用于实施该计划的技术审查过程，同年 11 月，U. S. EPA 发布了 EDSP 的技术指南，以及用于化学品优先性排序的计算毒理学工具的验证原则。2013 年 6 月，U. S. EPA 公布《EDSP SDWA 最终政策》。2014 年，U. S. EPA 联邦杀虫剂、杀菌剂和灭鼠剂法案科学顾问小组经会议讨论后，开始考虑将 HTS 纳入评估化学品暴露的工具和综合化学品暴露与内分泌干扰效应的集成筛查计划。

2015 年 6 月，U. S. EPA 发表的联邦公报中，描述了用于辅助筛查化学品内分泌干扰效应的实验替代方法。该方法结合了经过验证的 HTS 和计算模型，可作为 EDSP 第一阶段(Tier 1)分析的替代方法。此后 U. S. EPA 公布了超过 1800 种化学品的雌激素受体(ER)活性筛查结果，并使用 HTS 和计算毒理学模型进行评估；还公布了其对 EDSP 中 52 种农药的 Tier 1 筛查结果。

2. 欧盟

1999 年，欧洲委员会(European Commission, EC)制订了内分泌干扰物战略计划[COM(1999)706]；2012 年，根据 EC 要求，在联合研究中心的支持下，ECHA 与欧洲食品安全管理部(EFSA)共同发布了基于危害性鉴别内分泌干扰物的《生物产品法规(EU)第 502/2012 号》[Biocidal Products Regulation(EU) No 528/2012]；2017 年，根据欧洲议会和理事会法规 No 528/2012，EC 制定了确定 EDCs 特性的科学标准[Commission Delegated Regulation(EU) 2017/2100]；2018 年，在 No 1107/2009 法规的基础上，EC 在新法规中[Commission Regulation(EU) No 2018/605]列出了 EDCs 测定的科学标准。

3. 日本

1998 年，日本环境省(http://www.env.go.jp/)制定 1998~2004 年的内分泌干扰物战略计划(Strategic Programs on Environmental Endocrine Disruptors '98)；2005 年，制定了 2005~2009 年的延展计划(MOE's Perspectives on Endocrine Disrupting Effects of Substances-EXTEND 2005-)；2010 年，制定了 2010~2015 年的延展计划(Further Actions to Endocrine Disrupting Effects of Chemical Substances-EXTEND 2010-)；2016 年，在日本环境省的“化学品内分泌干扰作用研究小组”的规划下，制定了化学物质内分泌干扰效应的延展计划(-EXTEND 2016-)。该计划继续遵循-EXTEND 2010-，制定并实施化学物质内分泌干扰作用评价方法，用于评估与化学品内分泌干扰作用相关的环境风险，并根据需要对其进行管理。

4. 联合国及国际组织

2002 年，WHO 和 ILO 的国际化学品安全方案(IPCS)出版《内分泌干扰物科学现状的全球评估》(Global Assessment of the State of the Science of Endocrine Disruptors)；2012 年，UNEP 与 WHO 联合发布《内分泌干扰物科学声明-2012》(State of the Science of Endocrine Disrupting Chemicals-2012)；2020 年，UNEP 所发布的为 2021 年联合国环境大会第五届会议(UNEA 5)所准备的报告《关注问题的评估报告：化学品和废物对人体健康和环境的风险》(An Assessment Report on Issues of Concern: Chemicals and Waste Issues Posing Risks to Human Health and the Environment)中，将 EDCs 列为关注问题之一。

2014 年，OECD 发布了《关于评估内分泌干扰化学品的标准化测试导则的指导文件》(Guidance Document on Standardised Test Guidelines for Evaluating Chemicals for

Endocrine Disruption)；2018 年，OECD 出台《关于评估内分泌干扰化学品的标准化测试导则的修订指导文件 150》(Revised Guidance Document 150 on Standardised Test Guidelines for Evaluating Chemicals for Endocrine Disruption)。

2009 年，国际内分泌学会(Endocrine Society)发布《内分泌干扰物：内分泌学会的科学声明》(Endocrine-Disrupting Chemicals: An Endocrine Society Scientific Statement)；2015 年，又发布了《内分泌干扰物-2：内分泌学会关于内分泌干扰物的第二份科学声明》(EDC-2: The Endocrine Society's Second Scientific Statement on Endocrine Disrupting Chemicals)。

5.4.3　内分泌干扰效应测试方法及标准导则

内分泌干扰效应的测试方法，主要包括 *in vivo* 和 *in vitro* 测试。*In vivo* 测试是在保证生物活体状态下，采用生物效应指示，分析一定剂量的化学品对生物体产生的内分泌干扰作用，受试动物大多是啮齿类哺乳动物。以性腺的内分泌效应为例，*in vivo* 测试包括子宫增重实验、阴道细胞角质化实验、睾丸摘除实验、雌性或雄性动物青春期实验等。*In vitro* 测试包括细胞、细胞提取物和细胞重组体系的研究，结合最新发展的 HTS 技术，使其具有方便快捷、成本低等优点。该测试方法主要是在细胞或分子水平上对反应机理进行分析，包括受体结合测试、细胞增殖检验和重组细胞受体报告基因测试等(李斐, 2010)。

OECD《修订版导则 150：内分泌干扰物标准化测试指南》将评估化学品内分泌干扰效应的过程，按照作用机制分为了五层概念框架：

第 1 层：基于现存的毒性测试数据、化学品物理/化学性质等信息，采用交叉参照、QSAR 模型和 PBTK 模型等 *in silico* 测试方法进行化学品内分泌干扰活性的初筛。

第 2 层：*in vitro* 测试提供关于内分泌机制/途径的数据，例如测定化学品与雌激素受体(OECD TG 493)、雄激素受体(OECD TG 493)的结合亲和力。

第 3 层：*in vivo* 测试提供关于内分泌机制/途径的数据，哺乳动物采用子宫增重试验(OECD TG 440)；非哺乳动物采用两栖动物变态试验(OECD TG 231)等。

第 4 层：*in vivo* 测试提供内分泌相关终点导致生物体产生不利效应的数据，哺乳动物进行产前发育毒性研究(OECD TG 414)等；非哺乳动物采用两栖类幼虫生长发育试验(OECD TG 241)等。

第 5 层：*in vivo* 测试为机体生命周期中内分泌终点相关的不良效应，提供了更全面的数据，例如哺乳动物的两代生殖毒性研究(OECD TG 416)。

以化学品雌激素受体(estrogen receptor, ER)活性分级测试为例，在第 1 层测试中，首先从公开数据库或文献中收集数据，其中包含化学品的结构信息及毒性测试结果(如 EC_{50})，通过建立 QSAR 或 PBTK 模型，初步判定哪些化学品具有潜在

ER 干扰效应；对判定具有 ER 活性的化学品开展第 2 层测试，采用 *in vitro* 测试化学品与 ER 的结合亲和力，判定分子层面的结合机制；第 3 层对化学品与 ER 结合导致的子宫增重等表型变化进行 *in vivo* 测定；第 4 层采用长期低剂量暴露 *in vivo* 测试，分析化学品 ER 活性所导致的更高生物学水平的有害结局通路；第 5 层 *in vivo* 测试则用于进行两代繁殖毒性试验，从而关注于内分泌干扰效应所引发跨代系不良影响。

5.4.4　内分泌干扰效应数据

PubChem 数据库是由 NIH 运营和维护的公开数据库。其中的 Bioassay 数据库，记录了大量高通量筛选和文献报告的内分泌干扰效应相关的测试数据。其化学品内分泌干扰效应数据库可分为四部分，以小分子化学品对 TSHR 的激动剂效应数据库为例，第一部分由化学品结构信息构成，包括 PubChem 数据库的化合物 ID、SMILES 码以及理化性质等。第二部分是化学品 TSHR 激动剂活性结果，来自 PubChem 数据库的生物测试(AID: 1224895)，主要参数见表 5-14。第三部分是化学品 TSHR 干扰效应的生物测试汇总，包含 TSHR 激动剂、拮抗剂以及结合剂在内的 58 个生物活性测定结果。第四部分介绍化学品 TSHR 干扰效应的生物测试数据来源，包含测试序号、方法简述、数据上传时间及相应的文献或数据库来源。

表 5-14　PubChem 数据活性测定结果指标

评价指标	单位	指标描述
活性总结 (Activity Summary)		AP-1 激动剂模式下，基于细胞活力测定和自动荧光计数器筛选的化合物活性类型
活性比(Ratio Activity)		AP-1 激动剂模式下，测试活性化合物的比例
效价比(Ratio Potency)	μM	AP-1 激动剂模式下，最大半数效应对应的化合物浓度
效能百分比(Ratio Efficacy)	%	AP-1 激动剂模式下，以百分比形式表示的化合物活性

注：AP-1 是细胞内的一种核转录因子。

5.4.5　内分泌干扰效应的预测模型

ER 与雄激素受体(androgen receptor, AR)一直是内分泌干扰效应研究关注的重点。联合雌激素受体活性预测项目(CERAPP)针对 ER 激动剂效应、拮抗剂效应以及结合作用,共建立了 40 个分类模型和 8 个回归模型。该项目以 ToxCast 的 *in vitro* 测试数据作为训练集，采用机器学习算法建模，使用 ToxCast 数据及文献报告的 *in vitro* 数据作为外部验证集。为克服单个模型局限性，在分类和回归模型的基础上建立了一致性模型。其中，预测化学品与 ER 结合能力的一致性分类模型平衡准确率(R_{BA})达到 0.95，R_{SP} 为 0.97，R_{SE} 为 0.93，显示出模型具有较强的预测能力。在 32464 种化学物质中，一致性模型将 4001 种化学物质筛选为高优先级 EDCs，此外还有 6742 种潜在 EDCs 有待进一步测试，克服了单个模型在化学品内分泌干扰性筛查中结果的不一致性(Mansouri et al., 2016)。

深度学习模型也开始逐渐用于化学品内分泌干扰效应的筛查。Heo 等(2019)搜集了化学品与 ER、性激素结合球蛋白(Sex Hormone-Binding Globulin, SHBG)相互作用的测试数据，包含描述配体-受体结合能力的定性(有/无活性)和定量[结合能的对数值($\log_{RBA}$)]数据。基于 Dragon 软件计算、偏最小二乘(PLS)投影法和最小绝对收缩和选择算符(LASSO)回归，筛选得到 52 种描述符(ER)和 58 种描述符(SHBG)，采用栈式自编码神经网络、深度信念网络和深度神经网络(DNN)三种算法，构建了化学品对 ER 和 SHBG 活性的 QSAR 判别和预测模型。其中 DNN 算法构建的模型性能最优，判别模型的准确度(R_A)分别为 96.97%(ER)和 94.74%(SHBG)，预测模型的决定系数(R^2)分别为 0.91(ER)和 0.80(SHBG)。

脂肪细胞中的 PPARγ 调控着生物体内脂质和糖类的代谢稳态，化学品与 PPARγ 的相互作用因可引起肥胖症、脂肪肝等人体内分泌疾病而受到广泛关注。Wang 等人(2020b)从开放数据库和文献中，整合了人体 PPARγ 相关的测试数据，考察了细胞的激动剂效应与细胞系之间的关系，并根据基于细胞的反式激活测试和结合性测试，提出了 PPARγ 激动剂活性标签(“活性”/“非活性”)的判别标准，整理了 PPARγ 激动剂活性标签数据集。基于这些数据集，使用随机森林(RF)算法构建并验证了 QSAR 分类模型。基于化合物分子指纹相似性发展了新的应用域表征方法 $AD_{FP}\{S_{cutoff}, N_{min}\}$，在应用域的约束下，模型的预测效果显著提升。其中，最优判别模型的交叉验证 A_{ROC} 为 0.969 ± 0.001，考虑应用域时，模型对外部验证集的 A_{ROC} 可达 0.971。

此后 Wang 等(2021)继续从 ChEMBL 数据库收集整理了 PPARγ 结合强度参数(K_d, IC_{50})的连续值数据集。采取 Mordred 描述符、ECFP 和 MACCS 指纹，基于岭回归、LASSO、PLS、RF 和 SVM 五种算法，分别构建了预测化学品 PPARγ 结合能力的多组 QSAR 模型。其中，基于 ECFP 和 SVM 组合的回归模型的交叉验证决定系数(R^2_{Te})达到 0.57~0.69，外部验证集决定系数(R^2_{ext})为 0.23~0.66。引入了表征训练集结构-活性地貌(SAL)的类网络相似性图(NSG)以及局域不连续性(LD)，如图 5-9 所示，解释了特定描述符和机器学习算法在不同训练集上交叉验证效果的差异，揭示出交叉验证中回归模型对单个化合物的预测绝对误差与其 LD 之间显著的线性关系。

继 CERAPP 后，U. S. EPA 发起了 AR 协同建模项目(CoMPARA)(Mansouri et al., 2020)。该项目使用与 CERAPP 相同的框架流程，由 25 个研究团队，采用 ToxCast/Tox21 的 1667 个 *in vitro* 测试数据进行建模，共建立了 91 个 QSAR 模型，

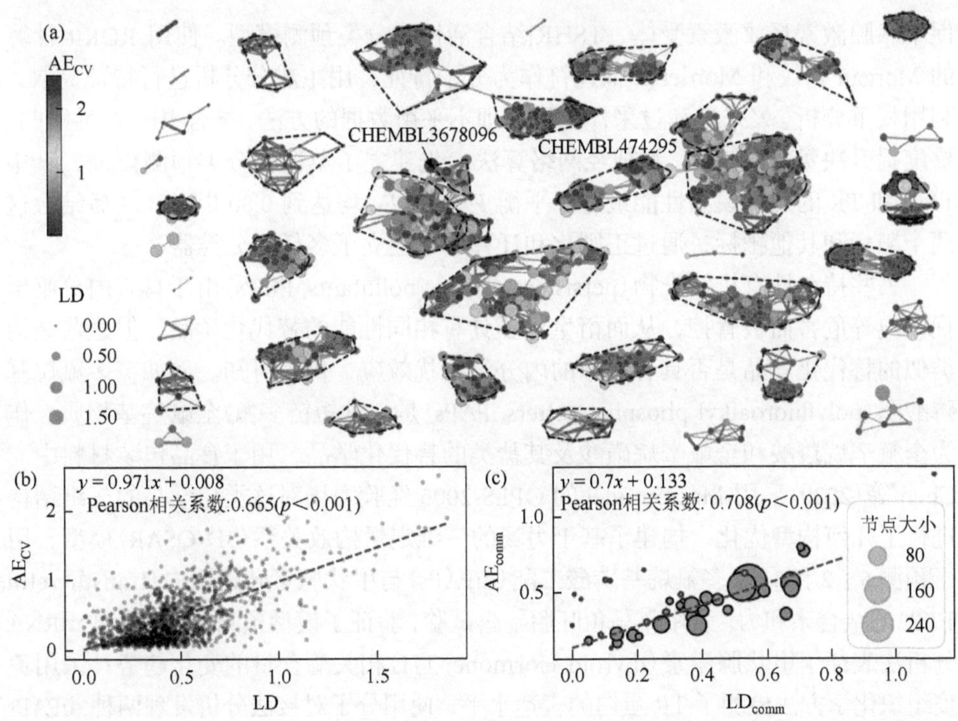

图 5-9 化学品 PPARγ 结合强度参数(K_d, IC_{50})的连续值 QSAR 模型交叉验证中 LD 与绝对预测误差(AE_{CV})的关系

(a)模型训练集结构-活性地貌(SAL)的类网络相似性图(NSG);(b)模型交叉验证预测绝对误差(AE_{CV})与局域不连续性(LD)的线性关系;(c)模型交叉验证预测绝对误差(AE_{comm})与部分社群平均局域不连续性(LD_{comm})的线性关系

其中包括 78 个分类模型和 13 个回归模型，预测了 55450 个化合物(包括一些化合物的代谢产物)对 AR 的激动、拮抗和结合效应。之后按照拟合优度、预测准确度和稳健性对单个模型进行打分，为建立一致性模型提供参考。采用遗传算法结合 *k* 近邻法(*k*NN)挑选出复杂性最小、准确性最高的描述符，使用基于投票法的加权 *k* 近邻法(weighted *k*NN)针对 AR 的结合能力、激动剂和拮抗剂效应建立了三个一致性模型，得到了高于单个模型的预测效果。CERAPP 和 CoMPARA 项目表明，计算毒理学模型可以准确、快速地筛查毒性物质，为化学品危害性和风险管理提供工具。

针对化学品内分泌干扰效应筛查工作，不同受体的研究进展并不一致。在蛋白质晶体结构数据库(RCSB PDB: https://www.rcsb.org/)中，已收集到 274 种 ER 晶体结构，这些结构被证实可与 200 多种化合物结合，但能够与 10 种化合物结合的 TR 晶体结构却只识别出 23 个。Garcia de Lomana 等(2021)建立了小分子化学品对甲状腺激素调节中枢上 6 种靶点[脱碘酶 1, 2 和 3、甲状腺过氧化物酶(Thyroid Peroxidase, TPO)、甲状腺激素受体(Thyroid Hormone Receptor, TR)、钠/碘转运体、促甲状腺激素释放激素受体、TSHR]结合活性的分类预测模型。使用 RDKit 计算的 Morgan 指纹和 Mordered 描述符作为分子特征，用主成分分析进行特征提取，利用权重分析、欠采样和过采样三种处理不平衡数据的方法，结合 RF、线性回归、梯度提升决策树、SVM 和神经网络算法，先建立了单靶标分类预测模型，其中 TPO 和 TR 的判别模型性能最好，平衡 F 分数(F_1)均达到 0.80 以上；之后结合这两个靶标和其他靶标，通过正则化和迁移学习建立了多任务分类器。

一些持久性有机污染物(persistent organic pollutants, POPs)由于具有内分泌干扰效应等危害而被管控，从而衍生出了具有相同性能的替代化学品。但这些结构类似的替代化学品是否具有相似的内分泌干扰效应，仍未可知。例如，多氟烷基磷酸酯(polyfluoroalkyl phosphate esters, PAPs)是一种短链多氟/全氟烷基物质，作为全氟辛烷羧酸和全氟辛烷磺酸及其盐类的替代化学品，用于食品包装材料中。Chen 等(2020)采用 Macromodel 的 OPLS-2005 经验力场对这类化学品的三维结构进行了几何构型优化，构建了基于力场的三维定量构效关系(3D-QSAR)模型，用于预测 6∶2 和 8∶2 多氟烷基磷酸二酯(diPAPs)与甲状腺素转运蛋白(transthyretin, TTR)的结合亲和力。采用斑马鱼胚胎暴露试验，验证了模型预测结果；通过 mRNA 分析法表征了甲状腺激素(thyroid Hormone, TH)相关酶含量的变化趋势；采用免疫组织化学方法检测了 TR 蛋白的表达水平；使用分子对接法分析发现两种 diPAPs 会与 TTR 和 TRβ 结合，从而与 TH 发生竞争性抑制作用。上述预测与测试结果均表明 PFAS 的替代化学品 6∶2 和 8∶2 diPAPs 是潜在的 EDCs。

相关的化学品内分泌干扰效应预测模型汇总于表 5-15。

表 5-15　化学品内分泌干扰效应的预测模型

文献	作用靶标	建模方法	模型效果(最优模型)
Mansouri et al., 2016	ER	17 种描述符 15 种机器学习算法	$R_{BA\text{-}consensus} = 0.95$
Heo et al., 2019	SHBG, ER	栈型自动编码 深度信念网络 深度神经网络	$R_A = 96.97\%$(ER) $R_A = 94.74\%$(SHBG) $R^2 = 0.91$(ER) $R^2 = 0.80$(SHBG)
Wang et al., 2020	PPARγ	随机森林	$A_{ROC\text{-}cv} = 0.97 \pm 0.00$ $A_{ROC\text{-}ext} = 0.98 \pm 0.00$
Mansouri et al., 2020	AR	17 种描述符 16 种机器学习算法	$R_{BA\text{-}consensus} = 0.98$
Zorn et al., 2020	ER	贝叶斯模型、k 近邻 随机森林、支持向量机 朴素贝叶斯、深度学习 AdaBoosted 决策树	$R_A = 0.93$

续表

文献	作用靶标	建模方法	模型效果(最优模型)
Garcia de Lomana et al., 2021	下丘脑-垂体-甲状腺调节中枢的相关受体	随机森林、线性回归 梯度提升决策树 支持向量机、神经网络 正则化和迁移学习	$A_{ROC} = 0.91 \pm 0.03$
Chen et al., 2020	TTR	三维定量构效关系模型(3D-QSAR)	$R_{cv}^2 = 0.86$
Wang et al., 2021	PPARγ	岭回归、最小绝对收缩和选择算符回归、偏最小二乘回归、随机森林、支持向量机	$R_{Te}^2 = 0.57 \sim 0.69$ $R_{ext}^2 = 0.23 \sim 0.66$

注：SHBG：人类性激素结合球蛋白；$R_{BA\text{-}consensus}$：一致性模型的平衡准确率；R_A：准确率；A_{ROC}：受试者工作特征曲线(ROC)下面积；$A_{ROC\text{-}cv}$：训练集进行交叉验证得到的受试者工作特征曲线(ROC)下面积；$A_{ROC\text{-}ext}$：预测外部验证集得到的受试者工作特征曲线(ROC)下面积；R：回归系数；R^2：决定系数；R_{Te}^2：交叉验证决定系数；R_{ext}^2：外部验证集决定系数。

5.5 化学品线粒体毒性的模拟预测

线粒体是真核细胞中重要的细胞器，是细胞的能量工厂，在生热、氨基酸代谢、脂质代谢、血红素和铁硫簇的生物合成、钙离子稳态和细胞凋亡等细胞过程中也有重要作用(Pacher and Hajnoczky, 2001; Lemasters et al., 2002; McBride et al., 2006)。已有研究表明，线粒体功能紊乱与多种疾病相关联，包括癌症、神经退行性疾病、糖尿病等(Nunnari and Suomalainen, 2012; Meyer et al., 2013; Gorman et al., 2016; Vyas et al., 2016)。一些化学品可以导致线粒体功能紊乱，继而引发疾病(Meyer and Chan, 2017)。化学品的线粒体毒性可通过试验筛查，然而仅依靠试验测试，无法满足筛查大量化学品线粒体毒性的需求。有必要发展计算毒理学方法，如定量构效关系(QSAR)模型筛查线粒体毒性化学品。

5.5.1 线粒体概述

线粒体具有双层膜结构，包括外膜和内膜。线粒体外膜区分线粒体内外部环境，允许分子量低于 5 kDa 的物质进出。外膜与内膜之间的空隙称为膜间隙，大部分进入膜间隙的物质不能自由通过线粒体内膜(如氢离子)。线粒体内膜向线粒体基质方向折叠的部分称为嵴，嵴增大了线粒体基质与膜间隙之间物质交换的面积。线粒体内膜两侧因质子浓度差形成的电化学势能被称为线粒体膜电位。

线粒体的能量代谢过程如图 5-10，首先通过氧化磷酸化过程，产生细胞内大部分三磷酸腺苷(adenosine triphosphate, ATP)。ATP 的产生依赖嵌入线粒体内膜的线粒体复合物Ⅰ-Ⅳ[也被称为线粒体电子传递链(ETC)]和 ATP 合成酶。线粒体复合物Ⅰ-Ⅳ指烟酰胺腺嘌呤二核苷酸(NADH)脱氢酶(复合物Ⅰ)、琥珀酸-Q 还原酶(复合物Ⅱ)、细胞色素 c 还原酶(复合物Ⅲ)和细胞色素 c 氧化酶(复合物Ⅳ)。

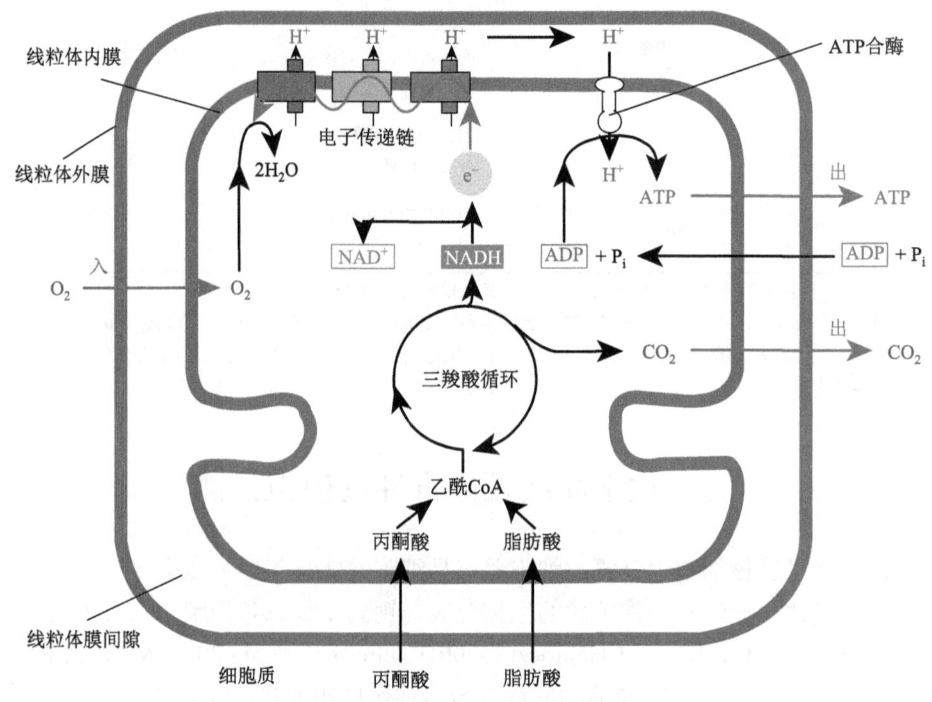

图 5-10　线粒体能量代谢过程(改自 Alberts et al., 2004)

5.5.2　线粒体毒性作用机制

线粒体内膜具有高含量的脂质，亲脂性化合物容易透过内膜进入线粒体，通过多种途径引起线粒体毒性。外源化学物质引起的线粒体毒性作用机制可以分为以下几类：

1. 产生过量的活性氧物种

活性氧物种(reactive oxygen species, ROS)具有强氧化性，可损伤细胞内组分，在化学品引起的毒性过程中扮演着重要角色(Kovacic and Cooksy, 2005)。ROS 的来源包括外源和内源，其中外源主要指由于化学品和辐射等因素导致的 ROS 产生(Pagano, 2002; Fu et al., 2014)。大部分内源 ROS 产生于线粒体电子传递链中的复合物Ⅰ和Ⅲ(Murphy, 2009)。复合物Ⅰ和Ⅲ中的电子可能发生泄露，与氧气生成超氧阴离子自由基($O_2^{\cdot-}$)，进一步歧化反应生成过氧化氢(H_2O_2)、羟基自由基(·OH)等 ROS(Liu et al., 2002)。

正常条件下，$O_2^{\cdot-}$ 可以被超氧化物歧化酶(SOD)转化为 H_2O_2。H_2O_2 接着与谷胱甘肽反应，在谷胱甘肽过氧物酶的催化下转化为水，最终线粒体中产生的多余 ROS 会被清除。然而，在一些化学品的作用下，细胞抗氧化防御机制与 ROS 产生失去平衡时，细胞将会受到 ROS 的攻击并导致损伤。

造成损伤的 ROS 通常是羟基自由基($^{\cdot}OH$)和过氧亚硝酸盐(Liochev and Fridovich, 1994; Radi et al., 2002)。$O_2^{\cdot-}$ 和 H_2O_2 与一氧化氮或金属离子(如铁和铜离子)反应时，可产生强氧化活性的$^{\cdot}OH$ 和 $ONOO^-$。这些 ROS 可以损伤线粒体 DNA(mDNA)、氧化线粒体中蛋白和脂质、破坏线粒体电子传递链中的复合物和线粒体膜的完整性(Turrens, 2003)。mDNA 受到攻击会引起转录错误，导致合成有缺陷的线粒体蛋白，这可能进一步增加 ROS 的产量。ROS 的积累将引起氧化压力，并激活线粒体介导的细胞凋亡通路，引起细胞死亡(Sinha et al., 2013)。

2. 损伤线粒体呼吸

葡萄糖等营养物质氧化释放的能量，主要通过氧化磷酸化和电子传递链(Electron Transport Chain, ETC)过程转化成 ATP。然而，一些化学物质(如 2, 4-二硝基苯酚、五氯苯酚、己烯雌酚和羟基多溴联苯醚)可通过降低线粒体膜间隙中的 H^+浓度，影响线粒体膜电位，引发氧化磷酸化解偶联，这些物质也被称为解偶联剂(Knobeloch et al., 1990; Legradi et al., 2014)。

解偶联剂的结构通常包括可解离的质子基团，如酚羟基、羧基等，这使得它们因环境 pH 不同而解离或结合质子。线粒体膜间隙中的 pH 值约为 6.9，当解偶联剂进入膜间隙时，呈中性形态。此时解偶联剂分子具有一定疏水性，可以通过内膜进入线粒体基质。线粒体基质的 pH 值约为 8.0(Bal et al., 2012; Santo-Domingo and Demaurex, 2012)，导致进入线粒体基质的解偶联剂释放质子。解偶联剂通过这种方式将线粒体膜间隙的 H^+带回到线粒体基质中，从而降低了跨膜质子梯度，影响 ATP 的产生。

抑制线粒体 ETC 活性可以减少电子传递链的电子流，降低膜间隙中氢离子的浓度，继而影响 ATP 的产生。ATP 的大量减少会破坏细胞内钙离子的稳态，引起细胞质钙离子的过载(Meyer et al., 2018)。钙离子的增多将激活钙离子有关的蛋白酶、磷脂酶或内切酶，进一步将导致蛋白质降解、脂质过氧化和 DNA 碎片化等不利影响，最终导致细胞功能紊乱或死亡。ETC 是细胞中 ROS 的主要产生场所(Bartosz, 2009; Blajszczak and Bonini, 2017; Venditti and Di Meo, 2020)。如果 ETC 被高度还原(电子被阻塞在某个部位)，其中的电子可能发生泄露，产生 ROS。例如，氰化物和鱼藤酮等物质可以抑制 ETC，导致阻塞在 ETC 中的电子与氧气反应产生 $\cdot O_2^-$ (Esposti, 1998; Fridovich, 2004)。

3. 损伤线粒体 DNA

线粒体具有自己的基因组：线粒体 DNA(mtDNA)(Anderson et al., 1981; Burger et al., 2003)。人类的 mtDNA 编码了 13 个线粒体蛋白、22 个转运核糖核酸(RNA)、2 个核糖体 RNA，这些物质是线粒体完成氧化磷酸化过程的重要组成部分(Friedman and Nunnari, 2014)。其中，复合物Ⅱ由细胞核 DNA(nDNA)编码，复合物Ⅰ，Ⅲ，Ⅳ和 ATP 合成酶同时由 nDNA 和 mtDNA 编码。

mtDNA 或者 nDNA 的突变将引发严重的线粒体疾病(Li et al., 2019)。每一个线粒体都通过特异性的 DNA 聚合酶 γ(Polymerase γ, POLG)维持 mtDNA 的完整性。POLG 的突变可能导致 mtDNA 无法合成正常的氧化磷酸化过程所需蛋白，从而降低了 ETC 的活性，增加 ROS 的产生，ROS 反过来又会导致 mtDNA 的损伤(Miro et al., 2003)。

mtDNA 的损伤类型包括：①烃化损伤，化学物质将烃基(甲基或已基)转接到 DNA 碱基对上；②氧化损伤，ROS(如•OH)与 mtDNA 反应可形成 DNA 加合物、造成无碱基位点和引起链断裂；③水解损伤，嘌呤和嘧啶碱基的水解氨基转移酶引起的水解损伤。如果 mtDNA 损伤没有被及时修复，将导致基因突变(Gates, 2009; Alexeyev et al., 2013)。

有报道显示，化学品暴露可以损伤 mtDNA。例如，农药鱼藤酮(Rotenone)可以引起老鼠血液和骨骼肌中 mtDNA 的损伤(Sanders et al., 2014)；Chen 等(2010)发现 2, 3, 7, 8-四氯二苯二噁英(TCDD)的暴露会降低 mtDNA 复制的数量。值得指出的是，化学品暴露既可以增加也能降低 mtDNA 复制的数量，取决于化学物质的种类、暴露浓度和时间；一般来说，若化学品暴露降低 ROS 浓度，会促进 mtDNA 的复制；反之，ROS 浓度升高则会阻碍 mtDNA 的复制。

4. 打开膜通透性转换孔

化学品及其代谢产物可通过改变线粒体的结构和功能，打开线粒体膜通透性转换孔(mitochondrial permeability transition pores, mPTP)(Felser et al., 2014; Mashayekhi et al., 2014; Shirakawa et al., 2015)。mPTP 的关键组分包括外膜上的蛋白：电压依赖性阴离子通道；内膜蛋白：腺嘌呤核苷酸移位酶以及线粒体基质蛋白：亲环素 D。mPTP 的打开，会导致细胞色素 C、凋亡引发因子、核酸内切酶 G 等物质释放进入细胞质，激活半胱天冬酶通路，启动细胞死亡程序(Garrido et al., 2006; Kroemer et al., 2007; Westphal et al., 2011)。线粒体外膜通透性增加的机理有两种，其一是促凋亡分子导致的线粒体外膜孔的形成(Garrido et al., 2006; Westphal et al., 2011)；其二是钙离子稳态的改变或线粒体 ROS 产量的增加，导致线粒体内膜和外膜的破裂(Garrido et al., 2006; Westphal et al., 2011)。

5. 抑制脂肪酸 β 氧化

β 氧化是长链脂肪酸降解成乙酰辅酶 A（CoA）的主要过程。长链脂肪酸酰基 CoA 通过线粒体外膜和内膜上的肉毒碱棕榈酰转移酶 1 和 2，进入线粒体基质中。酰基 CoA 进入线粒体基质后，进入 β 氧化通路，生成乙酰 CoA，乙酰 CoA 参与 Krebs 循环生成电子携带体 NADH 和 FADH2。这两个物质可以给 ETC 传递电子合成 ATP。

线粒体脂肪酸氧化的抑制机理，包括抑制 β 氧化过程中的酶或/和抑制线粒体 ETC（Fromenty et al., 1990; Begriche et al., 2011）。这两种抑制机理可以互相影响，抑制 ETC 又可以抑制 β 氧化过程：ETC 的抑制可以影响氧化磷酸化过程，导致辅酶水平的降低，从而影响线粒体 β 氧化（Larosche et al., 2007）。直接或间接影响 β 氧化过程，都将导致非酯化脂肪酸或酯化甘油三酯在肝脏中的积累，引起肝脂肪变性（Begriche et al., 2011）。过多的游离脂肪酸可以解偶联氧化磷酸化，造成 ATP 减少、膜电位下降、打开膜通透性转化孔等（Begriche et al., 2011）。

5.5.3　线粒体毒性测试方法

根据不同的毒性机制，线粒体毒性测试方法可以分为：线粒体膜电位测试、线粒体 ROS 含量测试、线粒体形态变化测试、线粒体呼吸速率测试以及线粒体 ATP 产量测试（Wills, 2017）。

1. 线粒体膜电位测试

线粒体膜电位变化可作为化学品线粒体毒性的重要指标。荧光探针常用于监测线粒体膜电位的变化，包括四甲基罗丹明甲酯（TMRM）、四甲基罗丹明乙酯、罗丹明 123、3, 3′-二己基氧杂碳菁碘化物和 5, 5′, 6, 6′-四氯-1, 1′, 3, 3′-四乙基苯并咪唑基碳菁碘化物（JC-1）（Scaduto and Grotyohann, 1999）。这些探针都是亲脂性的阳离子染料，因此可以定位线粒体。以 JC-1 为例，当细胞健康时，JC-1 聚集在线粒体中，发出红色荧光（荧光波长为 590 nm），当线粒体膜电位下降时，JC-1 以单体的形式分布在细胞质中，发出绿色荧光（荧光波长 535 nm）。JC-1 探针的形态变化是可逆的，红色/绿色荧光可以随着线粒体膜电位变化来回切换，因此可用来衡量线粒体的功能。探针的荧光可以通过共聚焦或多光子显微镜等测定。

2. 线粒体 ROS 含量测试

MitoSOX Red 是一种商业化的测试线粒体 ROS 的荧光染料，其结构为氢乙啶连接三苯基膦阳离子。氢乙啶用于与 ROS 反应，三苯基膦阳离子的作用是使探针定位于线粒体。这种方法也存在局限性：当线粒体膜电位降低时，MitoSOX Red

可能并不会进入线粒体内部，若没有荧光显微镜技术辅助判断（如仅使用流式细胞术测定总的 ROS 产量），其测试结果可能被细胞质中 ROS 干扰，不能准确反映线粒体产生的 ROS 量。

3. 线粒体形态变化检测

线粒体形态受到线粒体分裂、融合和自噬的影响。外源化学品的暴露可以影响线粒体的形态和数量。显微镜可用于观察线粒体形态的变化，包括透射电子显微镜和荧光显微镜等。其中，高内涵荧光显微镜方法，最适合用于线粒体形态的观测。

4. 线粒体呼吸速率测试

线粒体呼吸速率一般通过线粒体的氧气消耗速率（O_2 consumption rates, OCR）测试评价。这种方法可用于从活细胞中分离出的线粒体、组织样品甚至整个有机体。一些经典的方法例如 Clark 电极法，可以用于测量 OCR。

5. 线粒体 ATP 含量测定

目前，线粒体 ATP 含量的测定手段多样，包括电化学法、质谱法、色谱法和荧光方法。其中，基于荧光探针的方法是检测线粒体 ATP 的有效手段，具有操作简单和可视化等优势而被广泛使用。荧光素是常用的检测 ATP 的荧光染料。依赖于荧光酶的催化，荧光素可以与 ATP 反应，产生荧光信号，根据荧光信号的强弱可以确定 ATP 的含量。

5.5.4 线粒体毒性数据

根据线粒体毒性作用机制的不同，分别从 PubChem 数据库收集了线粒体膜电位扰动数据（AID: 720635）、线粒体融合和分裂抑制剂数据（AID: 1361，AID: 485298）；从文献中收集了线粒体 ETC 抑制剂活性数据（Hallinger et al., 2020），线粒体毒性的部分数据见表 5-16。

表 5-16 化学品线粒体毒性数据库（节选）

中文名	英文名	SMILES	毒性（损害线粒体膜电位）
4-硝基苯酚	4-Nitrophenol	OC1=CC=C(C=C1)[N+]([O-])=O	Active
盐酸伊立替康	Irinotecan hydrochloride	Cl.CCC1=C2CN3C(=CC4=C(COC(=O)[C@]4(O)CC)C3=O)C2=NC2=CC=C(OC(=O)N3CCC(CC3)N3CCCCC3)C=C12	Active
4, 4'-亚甲基双（2-氯苯胺）	4, 4'-Methylenebis (2-chloroaniline)	NC1=C(Cl)C=C(CC2=CC(Cl)=C(N)C=C2)C=C1	Active

续表

中文名	英文名	SMILES	毒性（损害线粒体膜电位）
3-羟基-*N*-苯基苯胺	3-Hydroxy-*N*-phenylaniline	OC1=CC=CC(NC2=CC=CC=C2)=C1	Active
三氯卡班	Triclocarban	ClC1=CC=C(NC(=O)NC2=CC=C(Cl)C(Cl)=C2)C=C1	Active
氯丙胺	Chlorpropham	CC(C)OC(=O)NC1=CC=CC(Cl)=C1	Active
4-苄基苯酚	4-Benzylphenol	OC1=CC=C(CC2=CC=CC=C2)C=C1	Active

5.5.5　线粒体毒性的 QSAR 预测模型

线粒体毒性 QSAR 预测模型可分为机理驱动和数据驱动的模型两类，相关预测模型汇总在表 5-17 中。

1. 机理驱动的线粒体毒性 QSAR 模型

Miyoshi 等（1987）研究了 19 种酚类物质的线粒体氧化磷酸化解偶联活性与其分子物理化学性质参数之间的关系，发现解偶联活性主要由这些物质在脂质体和缓冲溶液之间的分配系数以及酸解离常数决定：

$$\log(1/C_{200}) = 1.291\log P_{(L/W)} + 0.526\log K_A + 5.226 \tag{5-7}$$

$$n = 19, s = 0.262, r = 0.985$$

式中，$1/C_{200}$ 表示线粒体呼吸速率是对照组的 200%时酚类物质浓度；$P_{(L/W)}$定义为 pH 为 7.2 时，中性和离子化酚类物质在脂质体和缓冲溶液之间的分配系数；K_A 表示酸解离常数；n, s, r 分别表示化合物数量、标准偏差和相关系数。

Spycher 等（2008）基于弱酸类物质引发线粒体氧化磷酸化解偶联的机理，采用 35 种弱酸的解偶联活性数据，发展了化学品线粒体毒性的 QSAR 模型。35 种弱酸按照 2∶1 的比例，采用 Taylor-Butina 聚类方法分成训练集（23）和验证集（12）。构建的模型为：

$$\log(1/EC_w) = 1.15(\pm 0.24)\log D_{mw} - 0.29(\pm 0.08)\Delta G_{\text{well-barrier, A}} + 5.13(\pm 1.37) \tag{5-8}$$

$$n = 23, R^2 = 0.90, Q^2 = 0.87, SD = 0.50, SD_{cv} = 0.56, F = 97.32$$

式中，EC_w 表示溶剂效应浓度；D_{mw} 表示膜-水分配系数；$\Delta G_{\text{well-barrier, A}}$ 表示势阱和能垒之间自由能差的阴离子转移速率常数；$n, R^2, Q^2, SD, SD_{cv}, F$ 分别表示化合物数量、决定系数、交叉验证决定系数平均值、标准偏差、交叉验证标准偏差和显著性统计量。

Terada 等（1988）基于 25 种 *N*-水杨酸苯胺对老鼠肝脏线粒体的解偶联活性，

考虑了酸解离常数、正辛醇-水分配系数(K_{OW})等描述符，构建了 QSAR 模型：

$$\log(1/C_{unc}) = 2.886(\pm 0.372) + 1.044(\pm 0.249)\log K_{OW} + 0.272(\pm 0.114)\log K_{calc} \tag{5-9}$$

$$n = 25, r = 0.903, s = 0.370$$

式中，C_{unc} 表示解偶联时的浓度；K_{calc} 表示计算得到的酸解离常数。n, s, r 分别表示化合物数量、标准偏差和相关系数。

2. 数据驱动的线粒体毒性 QSAR 模型

Tox21 项目采用 HTS 测试技术，评价了 10000 多种化学品线粒体毒性(扰动线粒体膜电位的能力)。为了探究采用化学分子结构预测细胞水平生物活性(毒性)的潜力，Tox21 发起了包含 12 个测试终点：包括核受体和压力反应通路(Huang et al., 2011; Hsu et al., 2014; Huang et al., 2014; Chen et al., 2015)的计算毒理学建模挑战赛。12 个测试终点包括：抗氧化反应要素、热休克因子响应要素、基因毒性、线粒体膜电位、DNA 损伤 p53 通路、雄激素受体、雄激素受体-配体结合域、雌激素受体、雌激素受体-配体结合域、芳香化酶、芳香烃受体、过氧化物酶体增殖物活化受体，共构建了 378 个预测模型(Drwal et al., 2015; Stefaniak, 2015; Abdelaziz et al., 2016; Barta, 2016; Mayr et al., 2016; Huang and Xia, 2017)。得益于大量的线粒体毒性数据以及 Tox21 挑战赛，已有多种机器学习算法被用于构建线粒体毒性的 QSAR 模型(Huang and Xia, 2017)。

Abdelaziz 等(2016)基于 OCHEM(http://ochem.eu)(Sushko et al., 2011)分析平台，使用联想神经网络(associative neural network, ASNN)算法(Tetko, 2002a, b)和 10 种描述符，构建了 1023 个线粒体毒性预测模型，包括 10 个单一模型和 1013 个一致性模型。单一模型为基于 10 种不同描述符和 ASNN 算法构建的模型；一致性模型将任意 n 个单一模型($n>1$)的预测结果取平均值进行预测。其中，最好的线粒体毒性预测一致性模型的 R_{BA} 达到 88.1% ± 0.6。

Mayr 等(2016)将 DNN 算法引入化学品线粒体毒性预测，构建了多任务学习 QSAR 模型(Simoes et al., 2018; Zhang and Yang, 2018)。多任务学习可以在一个 DNN 结构中同时学习多个毒性作用特征。DNN 算法对线粒体毒性的预测性能($A_{ROC} = 0.94$)与 ASNN 一致性模型的预测性能相当($A_{ROC} = 0.95$)。

Barta(2016)基于 PaDel Descriptor 软件计算的二维描述符、PubChem 分子指纹以及 RDKit 计算的描述符和指纹(共 3418 种描述符/指纹)，比较了不同机器学习算法构建的线粒体毒性 QSAR 模型的预测性能。研究结果显示，RF 算法的预测效果最好。

Hemmerich 等(2020)整合了 ChEMBL 数据库、Tox21 测试以及文献中 824 个活性和 4937 个非活性物质的线粒体毒性数据。比较了 3 种机器学习算法(RF, XGBoost, DNN)构建预测模型的性能。3 种算法构建的模型的一致性分类模型平衡

准确率 R_{BA} 分别为 0.87，0.84 和 0.89。值得指出的是，这些模型的训练过程没有进行不平衡数据处理，因此模型的 R_{SE} 偏低。

类别不平衡的数据分布，往往会给机器学习的训练过程造成困扰，使模型的预测偏向化学物质数量更多的类别。为了避免模型做出“偏好”预测，需要对不平衡数据集进行处理。Tang 等(2020)采用 5 种机器学习算法[RF, SVM, NB, LR 和分类回归树(CART)]和 12 种分子结构指纹，构建了线粒体膜电位扰动的单个和一致性 QSAR 分类模型(表 5-17)。研究了不平衡数据处理对模型性能的影响。识别了线粒体膜电位扰动化学品的警示子结构。结果表明，对于单个模型，RF 算法构建的模型性能最佳。调节阈值的不平衡数据处理方式提高了模型的分类效果。子结构分析的结果表明，芳香环、苯酚、羧酸、硝基等是线粒体膜电位扰动剂的警示子结构。

表 5-17　线粒体毒性的部分 QSAR 模型

文献	建模算法	数据集	不平衡数据处理	模型结果
机理驱动的线粒体毒性 QSAR 模型				
Miyoshi et al., 1987	多元线性回归	19	无	$r = 0.985, s = 0.262$
Spycher et al., 2008	多元线性回归	35	无	$R^2 = 0.90, Q^2 = 0.87$, SD = 0.50, $SD_{cv} = 0.56, F = 97.32$
Terada et al., 1988	多元线性回归	25	无	$r = 0.903, s = 0.370$
数据驱动的线粒体毒性 QSAR 模型				
Abdelaziz et al., 2016	神经网络	5941	欠采样	$R_{BA} = 90.4\%, A_{ROC} = 95.0\%$
Mayr et al., 2016;	深度神经网络	5941	无	$R_{BA} = 71.4\%, A_{ROC} = 94.1\%$
Barta , 2016	随机森林	5941	无	$R_{BA} = 69.2\%, A_{ROC} = 94.6\%$
Hemmerich et al., 2020	深度学习	5761	无	$R_{BA} = 89.5\%$
Zhang et al., 2017c	朴素贝叶斯	288	无	$R_{A\text{-}cv} = 95.0\%, R_{A\text{-}ext} = 81.0\%$
Tang et al., 2020	随机森林 支持向量机 朴素贝叶斯 逻辑回归 分类回归树	4811	调节阈值	$R_{BA} = 81.8\%, A_{ROC} = 89.9\%$ $R_{SE} = 82.9\%, R_{SP} = 80.7\%$
Tang et al., 2021	随机森林、逻辑回归、朴素贝叶斯和深度神经网络	2619	调整阈值和欠采样	线粒体融合抑制剂 $A_{ROC\text{-}cv} = 82.2\%, R_{BA\text{-}cv} = 74.4\%$ $R_{SE\text{-}cv} = 78.4\%, R_{SP\text{-}cv} = 70.5\%$ 线粒体分裂抑制剂 $A_{ROC\text{-}cv} = 81.5\%, R_{SE\text{-}cv} = 72.6\%$ $R_{BA\text{-}cv} = 73.6\%, R_{SP\text{-}cv} = 74.7\%$
Tang et al., 2022	随机森林、极端梯度提升树和支持向量机	3997	欠采样	$A_{ROC\text{-}cv} = 85.2\%, R_{SE\text{-}cv} = 79.8\%$ $R_{BA\text{-}cv} = 77.8\%, R_{SP\text{-}cv} = 75.8\%$

注：R^2, R^2_{adj} , R^2_{cv} , s, F, r 分别表示决定系数、经自由度调节后的决定系数、交叉验证的决定系数、标准偏差、显著性统计量和相关系数。A_{ROC}, R_{BA}, $R_{A\text{-}cv}$, $R_{A\text{-}ext}$ 分别表示受试者工作特征曲线下面积、平衡准确率、交叉验证准确率、外部验证准确率。$A_{ROC\text{-}cv}$, $R_{BA\text{-}cv}$, $R_{SE\text{-}cv}$, $R_{SP\text{-}cv}$ 分布表示交叉验证得到的受试者工作特征曲线下面积、交叉验证平衡准确率、交叉验证灵敏度、交叉验证特异性。

采用机器学习算法构建线粒体毒性 QSAR 模型，虽然预测性能较好，但是模型存在不易进行机理解释的问题。识别警示子结构可以帮助解释线粒体毒性 QSAR 模型的机理。目前，线粒体毒性警示子结构相关研究主要围绕氧化磷酸化解偶联剂展开，表 5-18 总结了部分研究中识别的线粒体毒性警示子结构。

表 5-18　前人识别的线粒体毒性警示子结构

中文名	英文名	作用机理	警示子结构	参考文献
噻唑烷二酮	Thiazolidinediones	质子载体	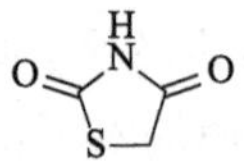	Naven et al., 2013; Nelms et al., 2015
蒽-9, 10-二酮	Anthracene-9, 10-diones	氧化还原循环	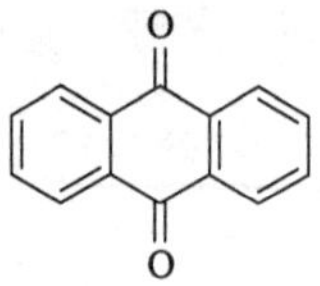	Nelms et al., 2015
全氟羧酸	Perfluorinated Carboxylic Acids	质子载体	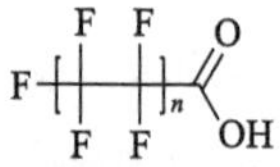 n = 5~11	Nelms et al., 2015
全氟磺酰胺	Perfluorinated Sulphonamides	质子载体	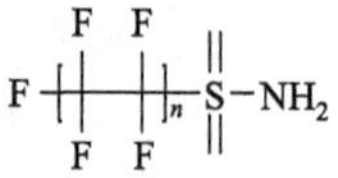 n = 5~11	Nelms et al., 2015
胆汁酸	Bile Acids	抑制复合物 III	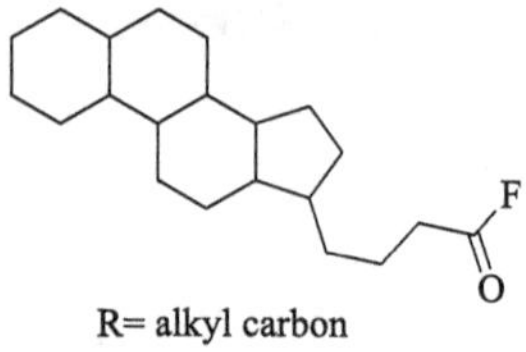 R= alkyl carbon	Nelms et al., 2015
吩噻嗪	Phenothiazines	抑制电子传递链	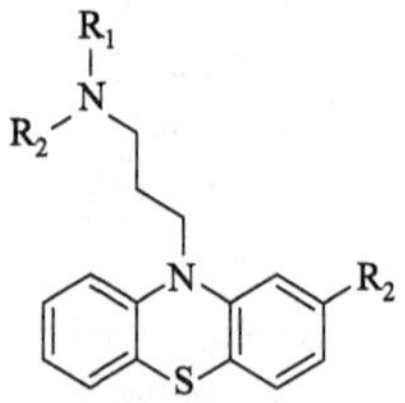 $R_1 = CH_2, CH_3$ $R_2 = Cl, CF_3$	Nelms et al., 2015
硝基酚	Nitrophenols	质子载体	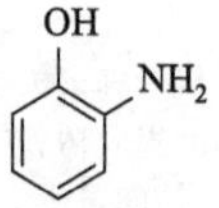	Naven et al., 2013
1H-四唑	1H-Tetrazoles	质子载体	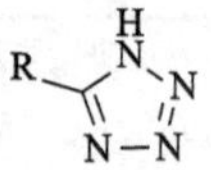 R= any atom	Enoch et al., 2018

续表

中文名	英文名	作用机理	警示子结构	参考文献
2, 5-二氢呋喃-2-酮	2, 5-dihydrofuran-2-one	–	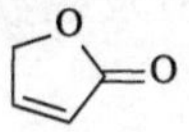	Hemmerich et al., 2020
N-苯基苯甲酰胺	*N*-phenylbenzamide	–	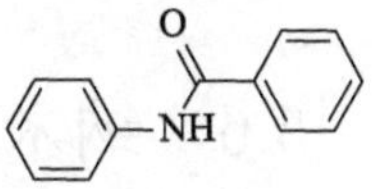	Hemmerich et al., 2020
4-羟基苯甲酸乙酯	Ethyl 4-hydroxybenzoate	–	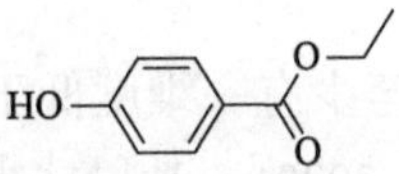	Hemmerich et al., 2020
(2, 2-二氯乙基)苯	(2, 2-dichloroethyl) benzene	–	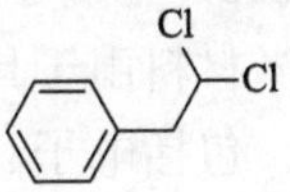	Hemmerich et al., 2020
(1-苯基乙烯基)苯	(1-phenylethenyl) benzene	–	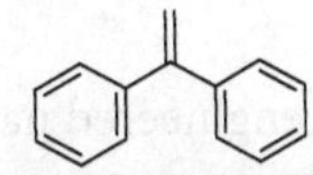	Hemmerich et al., 2020

注：“–”表示文献中未报道。

Nelms 等(2015)基于 171 个线粒体毒物分子结构，使用 Toxmatch 软件计算化合物的 Tanimoto 相似性指数，相似性指数大于 0.6 的化学物质归为同一类。根据确定的化学分子类别，识别了相应的警示子结构。

Enoch 等(2018)基于现有的线粒体毒性警示子结构，结合氧化磷酸化解偶联剂的酸解离常数(pK_a)和正辛醇-水分配系数(K_{OW})，发展了一个决策树框架，筛查化学品的线粒体毒性。该框架以 logK_{OW}≥1.5 作为判断解偶联剂的阈值(即 logK_{OW}<1.5 的化学物质不具有解偶联活性)(Enoch et al., 2018)。对于 logK_{OW}≥1.5 的物质，则需关注其 pK_a，若 pK_a 的范围在 5.0~7.0，且含有已被文献报道的警示子结构，则该物质为解偶联剂的概率极高；若其结构中不含有已知警示子结构，则该化学物质成为解偶联剂的概率较低。

基于上述标准，Enoch 等(2018)筛查了 OECD QSAR ToolBox 中 31778 个化学物质，发现了 4149 个可能的解偶联剂。其中，需要高度关注的化学物质有 738 个；在这 738 个物质中，306 个极有可能是解偶联剂。通过对需要高度关注且极有可能是解偶联剂的分子结构进行分析，发现了 12 个新的氧化磷酸化解偶联剂警示子结构。

Dreier 等(2019)收集了 ToxCast 和 Tox21 项目测试数据，构建了包含 5372 个化学物质 14 个线粒体毒性相关测试的数据集。计算了 Toxprint 指纹中定义的每个子结构与各个测试数据的相关系数和显著性水平。根据计算的相关系数及显著性水平，构建了有向网络模型，识别了与不同测试类型最有关联的 Toxprint 指纹定义的子结构。

Hemmerich 等(2020)分别采用了 SARpy 和 MOE(molecular operating environment)碎片节点获取了碎片化的分子结构。基于阳性预测准确率高于 0.6(阳性物质被预测正确的比例大于 0.6)及在数据集中出现频率大于 9 次这一标准，识别了 17 个线粒体毒性警示子结构。

5.6　纳米材料毒性的预测模型

纳米材料是至少有一维度低于 100 nm，或由纳米尺度基本单元所构成的材料的总称(Cai et al., 2020)。其尺寸小于细胞和细菌，大于小分子和原子，与生物大分子尺度相当。纳米材料由于具有特殊的尺寸和电学、磁学以及光学性质，而被广泛应用于各领域，包括电子、能源、生物、医药、化妆品、国防、汽车和农业等(Liu et al., 2020)。

工程纳米材料(engineered nanomaterials, ENMs)的广泛应用，使其不可避免地被排放到环境中，与人类接触并引发健康风险(Hadrup et al., 2019; Nel et al., 2009)。ENMs 独特的性质决定了其与生物相互作用的特殊性(Nel et al., 2009)。暴露于 ENMs 引发的健康影响受到了广泛关注，正确认识纳米材料的生态毒理学效应对于纳米材料安全性评价至关重要。

5.6.1　纳米材料的暴露

在实验室或工业环境中，ENMs 容易在混合、加工和超声处理过程中被雾化并释放到空气中。因此，呼吸是人体暴露 ENMs 的主要途径之一。肺是接触吸入的 ENMs 的第一道防线，所以肺部是 ENMs 毒性作用的最直接靶器官。由于 ENMs 特有的纳米尺度效应，肺部组织对其识别、防御能力较差，肺部巨噬细胞很难识别粒径如此细小的颗粒而发挥吞噬功能。因此纳米颗粒容易被肺泡上皮细胞摄取，或沉积在支气管上皮和肺泡壁诱发一系列毒性效应。

在 ENMs 的生命周期中，ENMs 通过不同的途径暴露给职业人群、纳米产品消费者和使用纳米医药的患者(Cai et al., 2020)。已有报道指出，吸入聚四氟乙烯(PTFE)受热产生的烟雾(主要由 PTFE 纳米颗粒组成)会导致死亡(Lee et al., 1997)。美国国家职业安全与健康研究院(NIOSH)的测试表明，在实验室规模的碳纳米管(CNTs)生产过程中，空气中单壁碳纳米管(SWCNTs)的峰值浓度约为 53 mg/m^3，而多壁碳纳米管(MWCNTs)约为 480 mg/m^3，工人每只手套上沉积的 SWCNTs 可达 0.2~6 mg(Zhao et al., 2008; Poland et al., 2008; Kostarelos, 2008)，这些碳纳米管成为职业人群暴露纳米颗粒的主要来源。

除了职业暴露，喷雾剂等产品的使用也会使消费者大量吸入 ENMs(Cai et al.,

2020)。随着纳米医药的发展，ENMs 越来越多地用于生物医学成像和治疗等目的。例如荧光核壳 SiO_2 纳米颗粒、Fe_2O_3 纳米颗粒和金纳米颗粒已经被美国食品药品管理局(U.S. Food and Drug Administration, U. S. FDA)批准用于临床试验。患者在治疗过程中的人体暴露也正成为重要的暴露途径(Cai et al., 2020)。

ENMs 的呼吸暴露和肺部疾病(肺部炎症及纤维化)之间具有较强关联(Tsai et al., 2009; Vosburgh et al., 2011; Phillips et al., 2010)。研究发现肺部炎症和纤维化在接触纳米材料气溶胶的焊工、采矿工人等职业人群中发病率很高。暴露在富含金属氧化物纳米颗粒(metal oxide nanoparticles, MeONPs)烟雾中的焊工，其患肺炎和发病的风险显著增加(Coggon et al., 1994; Palmer et al., 2003; Andujar et al., 2014)。接触纳米稀土金属氧化物，也会导致矿工患肺部纤维化等疾病(Vocaturo et al., 1983; Yoon et al., 2005; Waring et al., 1990)。此外，在患有肺部纤维化的焊工的肺泡巨噬细胞和肺泡纤维区，已明确检测到由焊接操作产生的铁、锰、铬氧化物组成的纳米颗粒沉积(颗粒直径 20~25 nm)。2009 年 6 月，《欧洲呼吸病杂志》上一篇关于中国工厂生产含纳米颗粒涂料导致工人死亡的研究案例(Song et al., 2009)，引发了 *Science*, *Nature* 等期刊及公众媒体对纳米材料安全性问题的高度关注。流行病学研究发现，大气中的纳米颗粒比微米颗粒对人体健康造成的危害更大(常雪灵等，2011)。空气中的细颗粒与心血管和呼吸道疾病引发的致死率密切相关，且颗粒物的尺寸越小，毒性越大(Sarnat et al., 2001)。

5.6.2　纳米材料毒性的预测模型

以往纳米材料毒性的评价方法，主要依赖活体动物(如啮齿动物)测试。哺乳动物模型可以重现生理综合反应，提供最全面的毒性信息。但是整体动物测试方法具有一定局限性：首先，纳米材料种类众多，使用动物测试方法逐一测试效率低下，且带来了动物伦理问题和经济负担。此外，ENMs 与生物系统相互作用的机制复杂，动物实验结果大多是描述性的，无法得到充分的毒性机理解释。这些局限性使得纳米材料毒性数据严重缺失(Kar et al., 2016; Meng et al., 2009; Zhao et al., 2014)。

预测纳米材料潜在毒性效应的 QSAR(Nano-QSAR)模型已经成为纳米毒理学领域的研究热点。Nano-QSAR 模型能够通过计算模拟工具来解码和预测纳米材料特性与毒性之间的关系(Pan et al., 2016)，解释纳米材料的毒性机理，评价其环境风险并为新材料的设计和改进提供依据，是传统毒性实验的有效补充。

研究表明，ENMs 的毒性与其物理化学性质，如化学组成、尺寸大小、Zeta 电位、形貌、表面积、表面氧化还原性、溶解度、有效作用剂量等密切相关。ENMs 的上述性质可能影响其与膜、细胞器、细胞、组织、生物液体(血液等)和生物大分子(核酸、蛋白质、脂类、碳水化合物等)的相互作用，从而影响其毒性作用(Nel et al., 2009)。

Puzyn 等(2011)开发的 Nano-QSAR 模型，采用两种量子化学描述符(气态阳离子的生成焓 ΔH 和最低未占据分子轨道能 E_{LUMO})，预测 16 种不同类型的纳米金属氧化物(MeONPs)对大肠杆菌的细胞毒性。Oh 等(2016)建立了预测 17 种量子点的细胞毒性的模型。模型表明，量子点的细胞毒性与其表面性质、量子点直径、毒性检测方法和暴露时间密切相关。大多数 Nano-QSAR 研究均针对纳米材料细胞毒性进行预测，毒性指标多为 EC_{50}、细胞存活率(CV%)等(表 5-19)。

Huang 等(2020)构建了预测纳米材料肺部炎症的Nano-QSAR模型并识别了潜在的毒性机理。该研究构建了 30 种 MeONPs 诱导炎症效应的毒性数据库，并表征了它们的尺寸、溶解性、Zeta 电位和流体动力学尺寸。用酶联免疫吸附剂测定(ELISA)法，检测 MeONPs 诱导 THP-1 细胞产生促炎细胞因子 IL-1β 的水平。利用 C57Bl/6 小鼠经口咽滴注测试，证实了体外 IL-1β 的水平能准确反映 MeONPs 在哺乳动物肺部引起的体内毒性。利用 C4.5 决策树算法，建立 MeONPs 炎症效应的分类模型。模型训练集和测试集的 R_A 分别达到 95%和 92%，马修斯相关系数(MCC)分别达 86%和 83%，受试者工作特征曲线下面积(A_{ROC})达到 95%。该模型的外部预测能力较好(R_A 为 86%，MCC 为 74%)。Yu 等(2021)提出了随机森林特征重要度和特征交互网络分析框架(TBRFA)，对 ENMs 的肺免疫反应和肺器官负荷进行了准确预测(所有模型训练集的 $R^2>0.9$，半数模型测试集的 $R^2>0.75$)。TBRFA 解释了模型的毒性机理，揭示了描述符(如各种 ENMs 性质和暴露条件)间隐藏的相互作用。

表 5-19　纳米金属氧化物毒性的 QSAR 预测模型

纳米材料	受试物种/细胞	描述符	毒性效应终点	模型效果	参考文献
16 种 MeONPs	大肠杆菌(*E. coli*)	ΔH, E_{LUMO}	$\log(1/EC_{50})$	$R^2 = 0.85$, $Q^2_{CV} = 0.77$, $Q^2_{ext} = 0.83$, RMSE = 0.19	Puzyn et al., 2011
17 种量子点	上皮细胞、成纤维细胞	表面性质、直径、毒性检测方法和暴露时间	LC_{50}	$R^2 = 0.71$	Oh et al., 2016
16 种 MeONPs	*E. coli*	ΔH, Z/r	EC_{50}	$R^2 = 0.882$, RMSE = 0.228	Mu et al., 2016
18 种 MeONPs	*E. coli*; 人永生化表皮细胞(HaCaT cells)	ΔH, 氧原子比例	EC_{50}	*E. Coli*: $R^2 = 0.958$, $Q^2_{CV} = 0.954$, RMSE = 0.40 HaCaT: $R^2 = 0.917$, $Q^2_{CV} = 0.738$, RMSE = 0.40	Basant et al., 2017
17 种 MeONPs	*E. coli*; HaCaT cells	SMILES	$\log(1/EC_{50})$	$R^2 = 0.7732$, $Q^2_{CV} = 0.6728$	Toropova et al., 2017

注：ΔH：气态阳离子的生成焓；E_{LUMO}：最低未占据分子轨道能；Z/r (polarization force)：极化力；SMILES：简化分子线性输入编码；EC_{50}：半数效应浓度；LC_{50}：半数致死浓度；R^2：决定系数；Q^2_{CV}：交叉验证决定系数；Q^2_{ext}：外部验证决定系数；RMSE：均方根误差。

5.7　化学品的器官毒性与预测模型

外源化学物质进入机体后，可随血液流动分配到体内各组织和器官。器官和组织结构复杂、功能多样，涉及多种生物过程和效应。这里以典型人体组织和器官为例，简要介绍其结构、功能、毒理学效应以及针对不同毒性终点的典型 QSAR 模型。

5.7.1　肝毒性

1. 肝脏组成与功能

肝脏的基本结构是肝小叶，整个肝脏分为四个叶，每个叶由成千上万个肝小叶构成。肝小叶由肝腺泡、肝细胞、血窦、中央静脉和毛细胆管构成。肝脏具有多种重要的生理、生化功能，包括营养物代谢、解毒排毒、排泄胆汁、免疫功能和凝血功能等。

2. 肝毒性

肝脏是体内主要的解毒器官，许多外源和内源物质的分解代谢、灭活和排泄都在肝内进行。因此，肝脏的功能会因化学品暴露而受到损害，常见的肝毒性类型有以下几种：脂肪肝、肝细胞坏死、胆小管胆汁淤积、胆管损伤、胆血窦异常、纤维变性和硬化、肝肿瘤(周宗灿, 2006)。

3. 肝毒性的测试方法

肝毒性的 *in vivo* 测试一般包括血清酶学检测、肝脏排泄功能检测、肝脏化学组成改变的检测以及肝脏病理学检查。对于肝细胞坏死等急性毒性，可采用血清酶学检测，判断肝细胞损伤程度；对于胆汁淤积，常进行排泄功能检测；而对于纤维变性和硬化、肝脏肿瘤等慢性毒性，常通过测定肝脏化学组成的改变判断肝受损程度。肝毒性的 *in vitro* 测试常采用离体灌流肝试验、肝细胞毒性试验、肝匀浆试验和肝切片孵育等(周宗灿, 2006)。

4. 化学品肝毒性 QSAR 预测模型

化学品肝毒性的预测模型常以判别化学品是否造成肝损伤、脂肪肝、肝硬化等和酶的活性变化水平作为研究终点，构建相关的预测模型。

肝损伤时，肝酶会释放到血液中，因此肝酶活性是肝毒性评价的重要指标。Rodgers 等(2010)利用血清肝酶活性药物数据，构建了肝毒性的二分类 QSAR 模型

(即是否具有肝酶活性)。数据集包含 500 种化学品的肝毒性血清酶[碱性磷酸酶、丙氨酸氨基转移酶、天冬氨酸氨基转移酶、乳酸脱氢酶和 γ-谷氨酰转肽酶]数据。选择其中 200 种具有临床数据且结构相似的化学品构建模型，利用 MolConnZ 和 Dragon 软件计算分子描述符，构建 k 近邻(k-NN)模型，实现了对肝脏血清肝酶活性的高精度预测($R_{SP}>94\%$)。

Liu 等(2015)从 ToxRefDB 和 ToxCast 数据库筛选 677 种化学品，构建了大鼠肝毒性分类模型，用于预测肝肥大、肝损伤及肝的增生性病变三种毒性效应。模型使用化学结构描述符、生物活性描述符和两种描述符的组合，构建 6 种算法的预测模型，包括线性判别分析(LDA)、朴素贝叶斯(NB)、SVM、分类和回归树(CART)、k-NN 以及集成上述方法的分类模型(ENSMB)。预测肥大(0.84 ± 0.08)、损伤(0.80 ± 0.09)和增生性病变(0.80 ± 0.10)这三个终点的集成模型在训练集上具有最优的 R_{BA}。

Ai 等(2018)以文献中 1241 个化学品作为训练集，以及 U. S. FDA 的 LTKB 肝毒性数据库的 286 个化学品作为外部验证集，建立药物引起肝损伤预测模型。基于 12 种分子指纹，开发了一个以 RF, SVM 和极端梯度提升树(XGBoost)为元学习器的集成分类模型。最终集成模型的 R_A 为 71.1%，R_{SE} 为 79.9%，R_{SP} 为 60.3%，A_{ROC} 为 0.764。外部验证结果 R_A 为 84.3%，R_{SE} 为 86.9%，R_{SP} 为 75.4%，A_{ROC} 为 0.904。

5.7.2　肾毒性

1. 肾的组成和功能

肾脏结构可分为肾实质和肾盂两部分，肾实质分为皮质、髓质。其中皮质主要由肾小球和肾小管构成，髓质主要含有髓袢降支及升支、集合管及乳头管。人的每个肾由 100 多万个肾单位构成，肾单位包括肾小球、肾小囊和肾小管三个部分。肾脏是重要的排泄器官，具有通过尿液排出体内的代谢废物、调节水盐代谢和离子平衡、维持体内环境的相对稳定等功能。肾脏还具有蓄积能力，是重金属等物质重要的蓄积器官。

2. 化学品的肾毒性

化学品对肾脏的毒性效应，主要包括引发肾小球、肾小管等部位的结构损伤和肾内分泌系统的功能障碍，具体包括肾小球结构性损伤、近端肾小管损伤和肾间质性肾炎等。同时，化学品还可以导致肾排泄功能障碍，从而引起血液中尿素氮、肌酸等各种指标异常升高，严重时可致机体死亡。

3. 肾毒性的测试方法

肾毒性的 *in vivo* 测试方法，主要包括检测尿常规、肾小球功能、肾小管功能、形态学和酶组织化学的检查。肾毒性的 *in vitro* 测试常采用肾小管功能阻断-流动技术、微穿刺技术以及肾皮质薄片或组织片段培养、肾小管微灌技术、三维模型和微流体模型。

4. 化学品肾毒性 QSAR 预测模型

由于化学品的肾毒性会体现在肾的不同部位上，在构建 QSAR 模型时，常将肾的不同结构单位的毒性效应分别作为毒性终点。以下主要介绍人体肾脏近端肾小管细胞(PTCs)毒性和尿道毒性作为毒性终点的预测模型。

Su 等(2016)收集了 44 种化学品 PTCs 的高通量成像、定量表型分析数据，从细胞成像中提取了 129 个特征，包括细胞形态、纹理等特征，采用随机森林(RF)算法构建分类模型，预测化学品的 PTCs 毒性。模型测试集的 R_{BA} 分别为 82%(原代 PTCs)和 89%(永生化 PTCs)。

Lei 等(2017a)构建了小鼠尿道毒性的 QSAR 分类和回归预测模型。从 ChemIDplus 公共数据库收集了 258 种化学品的毒性数据，以 $LD_{50} \leqslant 500$ mg/kg(活性)和 $LD_{50} >$ 500 mg/kg(非活性)划分化学品。利用 MOE 计算分子描述符，采用了八种机器学习算法[相关向量机(RVM)、SVM、规则化随机森林(RRF)、XGBoost、决策树(DT)、自适应提升(AdaBoost)、支持向量机提升(SVMBoost)]进行建模。其中，SVMBoost 方法构建的模型效果最好，回归模型 R^2_{ext} 为 0.845，分类模型在测试集上 A_{ROC} 为 0.893, R_{SP} 为 94.1%, R_{SE} 为 89.6%。

5.7.3 心脏与血管毒性

1. 心脏与血管系统的组成与功能

心脏以及由动脉、毛细血管、静脉组成的脉管系统，构成心脏与血管系统。心脏作为机体的血泵，能够驱动血液在血管内的流动，并且通过血液的流动进行物质交换，一方面将营养物质、激素以及氧气等供给组织，另一方面带走机体组织内的代谢废物。

2. 心脏与血管毒性

化学品通过不同的途径造成心脏与血管毒性，化学品可直接与皮肤黏膜接触作用于局部血管，从而对血管造成损伤。化学品在进入血液后，需要由心血管系统将其运输，会造成心脏和血管损伤(周宗灿, 2006)。化学品可以引起心血管系统复杂的效应，可能会导致心律失常、传导阻滞、心肌肥大、缺血性心脏病、心肌及血管细胞凋亡、坏死和心力衰竭等一系列功能和器质性改变。

化学品造成心脏和血管毒性的作用机制包括化学品与 KCNH2 基因（human ether-à-go-go-related gene, hERG）编码的钾离子通道的结合，该信号通路的改变会诱发长期 QT 综合征（心室复极障碍疾病），最终可能导致人室性心律失常或突然死亡（Brown et al., 2004）。

3. 心脏与血管毒性的测试方法

心脏与血管毒性的 *in vivo* 测试方法主要包括测试心电图、心电向量图、心阻抗血流图、超声心动图及核磁共振技术等。心脏与血管毒性的 *in vitro* 测试方法包括人胚胎肾 293 细胞试验、中国仓鼠卵巢细胞试验和全自动膜片钳方法等。此外，还有对人诱导多能干细胞衍生的心肌细胞的凋亡、线粒体功能、细胞膜完整性和核形态学的检测。

4. 化学品心脏与血管毒性 QSAR 预测模型

研究发现，化学品可通过影响人体 hERG 钾离子通道，诱发心律不齐等症状。Cai 等（2018）开发了一种 deephERG 的深度学习方法，数据集包括 7889 种有 hERG 实验数据的化学品，其中 355 种化学品为 hERG 阻断剂。利用 Mol2vec 和 MOE 分子描述符，构建了单任务深度神经网络（DNN）、多任务深度神经网络（multitask-DNN），NB, SVM, RF 和图卷积神经网络（GCNN）模型，multitask-DNN 模型的预测性能最优（A_{ROC} = 0.967）。

5.7.4 肺毒性

1. 肺的组成与功能

肺由呼吸性支气管、肺泡管和肺泡组成。构成肺泡的主要细胞类型为上皮细胞、毛细血管内皮细胞、间质细胞和巨噬细胞。肺泡是肺进行气体交换的功能单位，巨噬细胞和上皮细胞的功能是吞噬、清除异物（Phalen, 2009）。

2. 肺毒性

化学品进入肺有两条途径，一条是通过呼吸系统直接吸入，另一条途径是化学品经过血液循环抵达肺部。由于吸入的化学品不通过胃肠道，直接作用于肺部，因此相较于其他摄入方式可引起更为严重的毒性。常见急性肺毒性有肺水肿，慢性毒性包括肺纤维化、肺气肿、哮喘和肺癌（周宗灿, 2006）。

3. 肺毒性的测试方法

肺毒性的 *in vivo* 测试方法分为急性吸入毒性测试、亚急性吸入毒性测试和亚慢性吸入毒性测试，均有相应的 OECD 导则：OECD 436(急性吸入毒性-急性毒性分类法)、OECD 403(急性吸入毒性)、OECD 433(急性吸入毒性：固定浓度法)、OECD 412(亚急性吸入毒性：28 天)、OECD 413(亚慢性吸入毒性：90 天)。对于 *in vitro* 测试，常采用肺切片与显微解剖、离体细胞培养、支气管肺泡灌洗的方法进行测试。

4. 化学品肺毒性的 QSAR 预测模型

Lei 等(2017b)利用 ChemIDplus 数据库中肺、胸及呼吸毒性数据(1403 种化学品)构建模型。选用 MOE 软件计算了 20 种分子描述符，使用 RVM, SVM, RRF, XGBoost, NB 和 LDA 六种机器学习算法，建立分类和回归模型。利用标准偏差距离模型(STD-DM)方法、Williams 图来表征每个模型的应用域。在回归模型中，SVM 模型的性能优于其他模型(测试集的 $R_{ext}^2 = 0.730$)；分类模型中，XGBoost 的效果最好，训练集 $A_{ROC} = 89.3\%$, $R_{SP} = 82.2\%$, $R_{SE} = 83.2\%$，测试集 $R_A = 82.6\%$。

Xu 等(2020)结合 Tox21 *in vitro* 数据及 ChemIDplus 数据库，共收集了 843 种化学品，以肺毒性作为毒性终点，建立 QSAR 预测模型。模型输入特征包括体外测试数据及两种分子指纹 ToxPrints 和 ECFP4，使用 NB, RF, SVM, XGboost 和 ANN 五种机器学习算法建立分类模型。该研究将 *in vitro* 数据与分子指纹相结合作为输入特征，提高了模型预测准确性。

5.7.5　免疫毒性

1. 免疫系统的组成与功能

免疫系统包括免疫器官、免疫细胞和免疫分子，可分为天然免疫系统(非特异性)和获得性免疫系统(特异性、记忆性)。获得性又分为细胞免疫应答和体液免疫应答，T 和 B 淋巴细胞可准确识别外来抗原，介导细胞免疫应答和体液免疫应答。免疫系统具有免疫防御、免疫监视和免疫自稳功能，能够对潜在的病原生物产生快速且高度特异的应答，使个体区分外源物质，并中和、清除外源物质。

2. 免疫毒性

在某些情况下，化学品在进入体内后，其他器官还未反映出毒性效应，免疫系统就已经受到损害并表现出相应的症状。化学品引起免疫损伤主要分为三类：免疫功能的抑制、自身免疫和超敏反应。其中超敏反应分为速发型超敏反应（Ⅰ型）、抗体依赖细胞毒型超敏反应（Ⅱ型）、免疫复合物介导的超敏反应（Ⅲ型）、细胞介导的超敏反应（Ⅳ型）。

3. 免疫毒性的测试方法

免疫毒性的 *in vivo* 测试方法常包括免疫病理学检查、免疫功能检测、超敏反应和自身免疫反应检测。超敏反应检测以皮肤致敏测试为主，OECD 对皮肤致敏的实验导则中，*in vivo* 测试包括：OECD 442A（皮肤致敏：小鼠局部淋巴结试验 LLNA-DA 法）、OECD 442B（皮肤致敏：小鼠局部淋巴结试验 BrdU-ELISA 法）、OECD 406（皮肤致敏：豚鼠最大剂量法）、OECD 429（皮肤致敏：局部淋巴结试验）；*in vitro* 测试包括：OECD 442C（皮肤致敏：多肽反应性试验）、OECD 442D（体外皮肤致敏：ARE-Nrf2 荧光素酶测试）、OECD 442E（体外皮肤敏化：人细胞系活化试验）。

4. 化学品免疫毒性 QSAR 预测模型

免疫毒性 QSAR 预测模型，主要以化学品的皮肤致敏和呼吸致敏为毒性终点，其他毒性终点的模型相对较少。Yuan 等（2009）选用了 162 种化学品小鼠局部淋巴结试验和 92 种化学品的豚鼠最大剂量试验作为数据集，采用 Dragon 描述符作为输入特征，使用 SVM 算法构建了皮肤致敏的 QSAR 模型。豚鼠局部淋巴结试验数据集模型的训练集和测试集的 R_A 分别为 95.4%和 88.9%，豚鼠最大剂量试验模型 R_A 分别为 91.8%和 90.3%。

Schrey 等（2017）收集了来自美国国家癌症研究所（NCI）数据库以及现有文献中，抑制 B 淋巴细胞和 T 淋巴细胞生长的 41883 种和 37198 种化学品，组合了 ToxPrint 指纹与 RDKit 指纹，采用 NB 算法构建了针对单个终点的模型。B 淋巴细胞和 T 淋巴细胞模型最佳的 A_{ROC} 分别为 0.784 和 0.755，两个终点的模型训练集 R_{SE} 和 R_{SP} 都在 0.70 ± 0.03，外部验证集的 R_{SP} 在 0.76~1.00。

5.7.6　神经毒性

1. 神经系统的组成与功能

神经系统由神经细胞（神经元）、神经胶质细胞和其他细胞构成，分为中枢神经系统和周围神经系统两大部分。中枢神经系统包括脑和脊髓；周围神经系统包括：脑神经、脊神经和自主神经。

神经系统的功能，包括支持神经内分泌系统、感官感知、协调运动、记忆和认知等。中枢神经的功能可分为两类：主动作用以及对抗作用。主动作用在高等动物中体现明显，指由机体本身主动发动，而非外界刺激导致的作用。对抗作用则是因为外界环境给予了刺激，为了抵抗这种刺激并维持机体内的稳态而产生的作用。

2. 神经毒性

化学品对神经系统损伤可以分为器质性损害、功能性紊乱和行为改变，通常以功能性紊乱为主。中枢神经系统受损常见类型有：中毒性神经官能症、中毒性脑病、中毒性神经炎和血脑屏障受损。

3. 神经毒性的测试方法

神经毒性的 *in vivo* 测试方法包括功能试验组合、神经学检查、人体或动物的行为研究、电生理学检查以及生化检查，OECD 的测试方法包括：OECD 418(有机磷化合物急性暴露后的延迟神经毒性)和 OECD 424(啮齿动物的神经毒性)。*In vitro* 测试采用培养神经细胞的，用电生理学、形态学等方法进行化合物毒性评价。

4. 化学品神经毒性 QSAR 预测模型

神经毒性一般以血脑屏障受损作为预测终点，构建相应的 QSAR 模型(包括二分类的分类模型，以及以血脑屏障通透性作为终点的回归模型)。除此以外，以其他症状如惊厥作为毒性终点建模也值得关注。下面主要介绍三种神经毒性终点的 QSAR 模型。

Antanasijevic 等(2017)收集了 174 种结构不同的琥珀酰亚胺类化合物，预测琥珀酰亚胺的抗惊厥活性和神经毒性。以半数有效剂量(ED_{50})或半数毒性剂量(TD_{50})作为终点，采用 PaDEL-Descriptor 软件生成的描述符，构建了多任务 QSAR 回归模型。构建两层单元神经网络，第一层为多个输入单元的二元分类响应，第二层为单个输出单元的回归响应。输入单元是概率神经网络(PNN)，输出单元是通用回归神经网络(GRNN)。模型测试集准确性较好($R_{ext}^2 = 0.87$)。表征各模型应用域并筛查异常值，只有 PNN-IV 模型中有三种化学品在应用域的外部。对于这三种化学品，其 ED_{50} 预测值具有较低的误差，并且符合 95%的置信区间。

Liu 等(2021)利用血脑屏障为终点的数据，构建了集成分类模型。其中训练集 1575 个数据来自 WDI(World Drug Index)数据库，从文献中收集 213 个数据作为外部验证集。利用 PaDEL 软件计算分子指纹，构建以 RF, SVM, XGBoost 为元学习器的集成分类模型。集成算法预测效果优于单一机器学习算法构建的模型，模型的 R_A 为 0.930 ± 0.013，R_{SE} 为 0.964 ± 0.013，R_{SP} 为 0.839 ± 0.037，A_{ROC} 为 0.966 ± 0.011。

5.7.7 化学品器官毒性的相关数据库、预测模型

表 5-20 总结了一些常见的器官毒性数据库，其中 LTBK 仅为肝毒性数据库，OpenTG-GATE 仅包括肾毒性和肝毒性数据。表 5-21 中汇总列出了一些器官毒性终点的计算毒理学模型。

表 5-20　化学物质器官毒性的部分数据库

数据库	内容	网址
AcTor	80000 种化学品和 500000 个测试(*in vivo* 和 *in vitro*)的毒性数据库	https://actor.epa.gov
ADReCS	2399 种不良药物反应的公共医疗储存库	http://bioinf.xmu.edu.cn/ADReCS
BindDB	725741 个小分子的蛋白质和靶标的数据库	https://www.bindingdb.org/bind/index.jsp
ChEMBL	1900000 种化学品和 11000 万种药物，从文献和 PubChem 中提取的大型生物活性数据库	https://www.ebi.ac.uk/chembl
DrugMatrix	超过 600 种化学品在大鼠多个组织中的基因表达和体内毒性数据	https://ntp.niehs.nih.gov/drugmatrix/index.html
EcoTox	11695 种化学品，水生和陆生物种的毒性信息，包括实验室动物模型	https://cfpub.epa.gov/ecotox
EudraCT	欧洲药物不良反应临床试验数据库	https://eudract.ema.europa.eu
LTBK	药物诱发肝损伤毒性数据	https://www.fda.gov/ScienceResearch/BioinformaticsTools/LiverToxicityKnowledgeBase
Open G-GATE	超过 170 种化学品，主要是老鼠肝和肾脏组织的基因表达和体内数据	https://toxico.nibiohn.go.jp/english/index.html
PubChem	包含 96000000 化学品和 1000000 生物分析的大型化学数据库	https://pubchem.ncbi.nlm.nih.gov
REACH	包含 22818 种 REACH 注册物质的毒性信息	https://echa.europa.eu [2022-02-09]
RepDose	655 种商业化学品，狗、小鼠和大鼠的重复剂量毒性数据	https://repdose.item.fraunhofer.de
Super Toxic	从公共数据库和文献中提取的 50000 多种化学品在不同动物模型中的毒性信息	http://bioinf-services.charite.de/supertoxic
TTD	34019 化学品，包括临床中药物靶向相互作用信息和基因表达数据	https://db.idrblab.net/ttd

表 5-21　化学品器官毒性的部分计算毒理学模型

来源文献	n	毒性终点	建模方法	特征参数	预测结果
Fourches et al., 2010	951	人类，啮齿动物和非啮齿动物的肝毒性	层次聚类	分子描述符	$R_{A\text{-}cv} = 61.9\%$ $R_{A\text{-}ext} = 67.6\%$
Cheng et al., 2003	382	肝毒性	递归分区树	结构描述符	$R_{A\text{-}cv} = 76\%$ $R_{A\text{-}ext} = 81\%$
Williams et al., 2020	96	肝毒性	贝叶斯	理化性质	$R_{SP} = 0.87$ $R_{SE} = 0.85$
Chavan et al., 2020	346	肝毒性	随机森林	PaDEL 描述符	$A_{ROC} = 0.71$
Ma et al., 2021	464	肝毒性	多视图-图神经网络	SMILES	$R_{SP} = 0.755$ $R_{SE} = 0.741$
Hammann et al., 2010	507	肾脏，中枢神经系统和肝脏毒性	决策归纳树	量子化学、分子描述符	$R_{A\text{-}ext}$: 78.9%~90.2%
Lee et al., 2013	638	肾小管坏死、间质性肾炎和肾小管间质性肾炎	支持向量机	8 种指纹	R_{SE}: 0.80~0.85 R_{SP}: 0.85~0.90
Su et al., 2010	1953	hERG 钾离子通道抑制作用	偏最小二乘	4D 分子指纹、MOE 描述符	$R_{SE} = 97\%$ $R_{SP} = 60\%$
Shen et al., 2011	1668	hERG 钾离子通道抑制作用	支持向量机	4D 分子指纹、MOE 描述符	$R_{A\text{-}cv} = 95\%$ $R_{A\text{-}ext} = 87\%$
Wang et al., 2012	806	hERG 钾离子通道抑制作用	朴素贝叶斯	分子特性、ECFP_8 指纹、结构指纹	$R_{SE} = 0.981$ $R_{SP} = 0.538$
Wang et al., 2016	587	hERG 钾离子通道抑制作用	朴素贝叶斯 支持向量机	LCFP_8 指纹	$R_{SE} = 0.85$ $R_{SP} = 0.745$
Siramshetty et al., 2018	5804	hERG 钾离子通道抑制作用	k 近邻 支持向量机 随机森林	4 种分子指纹	$A_{ROC} = 0.94$
Ryu et al., 2020	14 440	hERG 钾离子通道抑制作用	随机森林 支持向量机 深度神经网络 图卷积神经网络	分子描述符、分子指纹、图特征	$R_A = 0.773$
Enoch et al., 2012	104	肺呼吸致敏	专家系统	SMARTS	52 个 SAR
Dearden et al., 2015	204	皮肤致敏	逐步多元线性回归	分子描述符	$R^2 = 0.48$ $Q^2 = 0.459$

续表

来源文献	n	毒性终点	建模方法	特征参数	预测结果
Gozalbes et al., 2009	960	中枢神经系统活性	线性判别分析	3D 描述符	R_{SE} = 61.1% R_{SP} = 83.1%
Wu et al., 2021	300	血脑屏障通透性	人工神经网络	分子描述符、结构描述符、理化性质、生物学描述符	R_{tr}^2 = 0.963 R_{ext}^2 = 0.944

注：n：训练集化学品数量；R_A：准确度；$R_{A\text{-cv}}$：内部交叉验证准确度；$R_{A\text{-ext}}$：外部验证准确度；A_{ROC}：ROC 曲线下面积；R_{SP}：特异性；R_{SE}：敏感性；R^2：决定系数；Q^2：留一法决定系数；R_{tr}^2：训练集决定系数；R_{ext}^2：外部验证集决定系数。

5.8　小结与展望

本章介绍了化学品的毒性、作用机制、预测方法、相应的数据库和模型，着重介绍了水生生物急性毒性、三致效应、内分泌干扰效应、线粒体毒性、纳米毒性和一些器官毒性的计算毒理学筛查与预测技术。化学品毒性的测试方法，已从 *in vivo* 和 *in vitro* 测试过渡到与 *in silico* 方法相结合，逐步实现化学品危害性管理的分层测试框架。

在化学品种类多、增速快的今天，多种方法的结合将更加高效地满足化学品毒性筛查和风险管理的需求。但受到生物体结构、功能和机理复杂性的限制，化学品毒性预测模型的构建，仍存在测试数据匮乏，模型预测准确度有待提升、应用域表征方法有待发展等挑战。未来可尝试结合环境毒理学、化学信息学、生物信息学和人工智能领域的机器学习及深度学习模型，例如引入 *in vitro* 测试数据、组织切片或细胞毒理影像数据、或转录组、蛋白组等组学数据，作为相关化学品的“生物指纹”，与传统的化学描述符结合，更充分地描述受体和配体的特征，从而做出更可靠的预测；采用深度学习模型，利用网络理论(图论)等分析化学品与复杂生物体系的毒性作用机制，进行多学科的交叉融合，以不断完善化学品毒性预测的计算毒理学技术。

知识图谱

- 化学品毒性及预测模型
  - 化学品毒性概述
    - 毒性与毒性作用
    - 毒性作用分类
    - 量效关系
    - 毒性作用机制
    - 毒性测试与评价方法的发展
  - 水生生物急性毒性及预测
    - 基本概念
    - 实验方法及导则
    - 水生毒性作用模式
    - 水生生物急性毒性数据库
    - 水生生物急性毒性模型库
  - 化学品“三致”效应的模拟预测
    - 致癌性
    - 致突变性
    - 致畸性
  - 化学品内分泌干扰效应的模拟预测
    - 基本概念
    - 各国及国际组织EDCs管控的发展进程
    - 测定方法及标准导则
    - 内分泌干扰效应数据库
    - 内分泌干扰效应的预测模型
  - 化学品线粒体毒性的模拟预测
    - 线粒体的基本概念
    - 线粒体毒性作用机制
    - 线粒体毒性测试方法
    - 线粒体毒性数据库
    - 线粒体毒性的预测模型
  - 化学品的器官毒性与预测模型
    - 肝毒性
    - 肾毒性
    - 心脏与血管毒性
    - 肺毒性
    - 免疫毒性
    - 神经毒性
    - 化学品器官毒性的相关数据库、预测模型

参考文献

艾大朋，巨修练，刘根炎. 2020. 作用于离子型 γ-氨基丁酸受体的异噁唑啉类杀寄生虫剂. 化学通报，83(11)：986-996.

曹佳. 2000. 微核试验：原理、方法及其在人群监测和毒性评价中的应用. 北京：军事医学科学出版社.

常雪灵，祖艳，赵宇亮. 2011. 纳米毒理学与安全性中的纳米尺寸与纳米结构效应. 科学通报，56：108-118.

陈景文，王中钰，傅志强. 2018. 环境计算化学与毒理学. 北京：科学出版社.

霍奇森(Hodgson E.), 江桂斌. 2011. 现代毒理学. 北京: 科学出版社.
孔志明. 2017. 环境毒理学. 南京: 南京大学出版社.
李斐. 2010. 部分有机污染物雌激素效应和甲状腺激素效应的计算模拟与验证. 大连理工大学博士生毕业论文.
孟紫强. 2010. 环境毒理学基础. 北京: 高等教育出版社.
孟紫强. 2019. 生态毒理学. 北京: 中国环境出版集团.
彭双清, Paul L. Carmichael. 2016. 21 世纪毒性测试策略理论与实践. 北京: 军事医学出版社.
张玥, 岳文涛, 王程荣, 刘瑞霞, 陈淼, 张恩婕, 高岫, 高啸, 阴赪宏. 2020. 50 万出生人口队列建立和管理的实践、经验及体会. 中华医学科研管理杂志, 33(6): 406-409.
周宗灿. 2006. 毒理学教程. 北京: 北京大学医学出版社.
Abdelaziz A, Spahn-Langguth H, Schramm K W, Tetko I V. 2016. Consensus modeling for HTS assays using *in Silico* descriptors calculates the best balanced accuracy in Tox21 challenge. Front. Environ. Sci., 4, 2.
Ai H X, Chen W, Zhang L, Huang L C, Yin Z M, Hu H, Zhao Q, Zhao J Liu H S. 2018. Predicting drug-induced liver injury using ensemble learning methods and molecular fingerprints. Toxicol. Sci., 165: 100-107.
Akune T, Ohba S, Kamekura S, Yamaguchi M, Chung U I, Kubota N, Terauchi Y, Harada Y, Azuma Y, Nakamura K, Kadowaki T, Kawaguchi H. 2004. PPAR gamma insufficiency enhances osteogenesis through osteoblast formation from bone marrow progenitors. J. Clin. Investig., 113(6): 846-855.
Alberts B. 2004. Essential cell biology. New York: Garland Science Publishers.
Alexeyev M, Shokolenko I, Wilson G, LeDoux S. 2013. The maintenance of mitochondrial DNA integrity-critical analysis and update. Cold Spring Harb. Perspect. Biol., 5(5), a012641.
Al-Fahemi J H. 2012. The use of quantum-chemical descriptors for predicting the photoinduced toxicity of PAHs. J. Mol. Mode., 18: 4121-4129.
Anderson S, Bankier A T, Barrell B G, Debruijn M H L, Coulson A R, Drouin J, Eperon I C, Nierlich D P, Roe B A, Sanger F, Schreier P H, Smith A J H, Staden R, Young I G. 1981. Sequence and organization of the human mitochondrial genome. Nature, 290: 457-465.
Andujar P, Simon-Deckers A, Galateau-Salle F, Fayard B, Beaune G, Clin B, Billon-Galland M A, Durupthy O, Pairon J C, Doucet J, Boczkowski J, Lanone S. 2014. Role of metal oxide nanoparticles in histopathological changes observed in the lung of welders. Part. Fibre. Toxicol., 11, 23.
Ankley G T, Bennett R S, Erickson R J, Hoff D J, Hornung M W, Johnson R D, Mount D R, Nichols J W, Russom C L, Schmieder P K, Serrrano J A, Tietge J E, Villeneuve D L. 2010. Adverse outcome pathways: A conceptual framework to support ecotoxicology research and risk assessment. Environ. Toxicol. Chem., 29: 730-741.
Anna K S, Janette N S, Malgorzata N D, Paula Z, Nadin S, Beate H, Robert P. 2017. Computational prediction of immune cell cytotoxicity. Food Chem. Toxicol., 207: 150-166.
Antanasijevic D, Antanasijevic J, Trisovic N, Uscumlic G, Pocajt V. 2017. From classification to regression multitasking QSAR modeling using a novel modular neural network: Simultaneous prediction of anticonvulsant activity and neurotoxicity of succinimides. Mol. Pharm., 14: 4476-4484.
Bal W, Kurowska E, Maret W. 2012. The final frontier of pH and the undiscovered country beyond. Plos One, 7(9), e45832.
Barta G. 2016. Identifying biological pathway interrupting toxins using multi-tree ensembles. Front. Environ. Sci., 4, 52.
Bartosz G. 2009. Reactive oxygen species: Destroyers or messengers? Biochim. Biophys. Biochem. Pharmacol., 77(8): 1303-1315.
Basant N, Gupta S. 2017. Multi-target QSTR modeling for simultaneous prediction of multiple toxicity endpoints of nano-metal oxides. Nanotoxicology, 11: 339-350.
Basu A K. 2018. Chemically-induced DNA damage, mutagenesis, and cancer. Int. J. Mol. Sci., 19(6): 1767.
Begriche K, Massart J, Robin M A, Borgne-Sanchez A, Fromenty B. 2011. Drug-induced toxicity on mitochondria

and lipid metabolism: Mechanistic diversity and deleterious consequences for the liver. J. Hepatol., 54: 773-794.

Benigni R, Battistelli C L, Bossa C, Tcheremenskaia O, Crettaz P. 2013. New perspectives in toxicological information management, and the role of ISSTOX databases in assessing chemical mutagenicity and carcinogenicity. Mutagenesis, 28 (4): 401-409.

Benigni R, Bossa C. 2011. Mechanisms of chemical carcinogenicity and mutagenicity: A review with implications for predictive toxicology. Chem. Rev., 111: 2507-2536.

Benigni R. 2019. Towards quantitative read across: Prediction of ames mutagenicity in a large database. Regul. Toxicol. Pharmacol., 108, 104434.

Beyerbach A, Farmer P B, Sabbioni G. 2006. Biomarkers for isocyanate exposure: Synthesis of isocyanate DNA adducts. Chem. Res. Toxicol., 19 (12): 1611-1618.

Bhagat H A, Compton S A, Musso D L, Laudeman C P, Jackson K M P, Yi N Y, Nierobisz L S, Forsberg L, Brenman J E, Sexton J Z. 2018. N-substituted phenylbenzamides of the niclosamide chemotype attenuate obesity related changes in high fat diet fed mice. Plos One, 13 (10), e0204605.

Blajszczak C, Bonini M G. 2017. Mitochondria targeting by environmental stressors: Implications for redox cellular signaling. Toxicology, 391: 84-89.

Boobis A R, Cohen S M, Dellarco V, et al. 2006. IPCS framework for analyzing the relevance of a cancer mode of action for humans. Crit. Rev. Toxicol., 36: 781-792.

Boobis A R, Doe J E, Heinrich-Hirsch B, et al. 2008. IPCS framework for analyzing the relevance of a noncancer mode of action for humans. Crit. Rev. Toxicol., 38: 87-96.

Brown A M. 2004. Drugs, hERG and sudden death. Cell Calcium. 35 (6): 543-547.

Brown A S, Cohen P, Harkavy-Friedman J, Babulas V, Malaspina D, Gorman J M, Susser E S. 2001. Prenatal rubella, premorbid abnormalities, and adult schizophrenia. Biol. Psychiatry., 49: 473-486.

Burger G, Gray M W, Lang B F. 2003. Mitochondrial genomes: Anything goes. Trends Genet., 19: 709-716.

Cai C, Guo P, Zhou Y, Zhou J, Wang Q, Zhang F, Fang J, Cheng F. 2018. Deep learning-based prediction of drug-induced cardiotoxicity. J. Chem. Inf. Model., 59: 1073-1084.

Cai X M, Liu X, Jiang J, Gao M, Wang W L, Zheng H Z, Xu S J, Li R B. 2020. Molecular mechanisms, characterization methods, and utilities of nanoparticle biotransformation in nanosafety assessments. Small, 16 (36): 1907663.

Carusi A, Davies M R, De Grandis G, Escher B I, Hodges G, Leung K M Y, Whelan M, Willett C, Ankley G T. 2018. Harvesting the promise of AOPs: An assessment and recommendations. Sci. Total Environ., 628: 1542-1556.

Cassani S, Kovarich S, Papa E, et al. 2013. *Daphnia* and fish toxicity of (benzo) triazoles: Validated QSAR models, and interspecies quantitative activity-activity modelling, J. Hazard. Mater., 258: 50-60.

Cerruela Garcia G, Garcia-Pedrajas N, Luque Ruiz I, Angel Gomez-Nieto M. 2018. An ensemble approach for in silico prediction of ames mutagenicity. J. Math. Chem., 56 (7): 2085-2098.

Chadha N, Bahia M S, Kaur M, Silakari O. 2015. Thiazolidine-2,4-dione derivatives: Programmed chemical weapons for key protein targets of various pathological conditions. Bioorg. Med. Chem., 23(13): 2953-2974.

Challa A P, Beam A L, Shen M. 2020. Machine learning on drug-specific data to predict small molecule teratogenicity. Reprod. Toxicol., 95: 148-158.

Chavan S, Scherbak N, Engwall M, Repsilber D. 2020. Predicting chemical-induced liver toxicity using high-content imaging phenotypes and chemical descriptors: A random forest approach. Chem. Res. Toxicol., 33: 2261-2275.

Chen L, Li Y, Zhao Q, Peng H, Hou T. 2011. ADME evaluation in drug discovery. 10. Predictions of P-glycoprotein inhibitors using recursive partitioning and naive bayesian classification techniques. Mol. Pharm., 8: 889-900.

Chen P Y, Yang J, Chen G, Yi S J, Liu M L, Zhu L Y. 2020. Thyroid-disrupting effects of 6:2 and 8:2 polyfluoroalkyl phosphate diester (diPAPs) at environmentally relevant concentrations from integrated in silico and *in vivo* Studies. Environ. Sci. Technol. Let., 7: 330-336.

Chen S C, Liao T L, Wei Y H, Tzeng C R, Kao S H. 2010. Endocrine disruptor, dioxin (TCDD) -induced mitochondrial dysfunction and apoptosis in human trophoblast-like JAR Cells. Mol. Hum. Reprod., 16: 361-372.

Chen S, Hsieh J H, Huang R, Sakamuru S, Hsin L Y, Xia M H, Shockley K R, Auerbach S, Kanaya N, Lu H, Svoboda D, Witt K L, Merrick B A, Teng C T, Tice R R. 2015. Cell-based high-throughput screening for aromatase inhibitors in the Tox21 10 K library. Toxicol. Sci., 147: 446-457.

Cheng A, Dixon S L. 2003. In silico models for the prediction of dose-dependent human hepatotoxicity. J. Comput. Aid. Mol. Des., 17: 811-823.

Cheng F, Yu Y, Shen J, Yang L, Li W, Liu G, Lee P W, Tang Y. 2011. Classification of cytochrome P450 inhibitors and nonInhibitors using combined classifiers. J. Chem. Inf. Model., 51: 996-1011.

Chrisman I M, Nemetchek M D, de Vera I M S, Shang J S, Heidari Z, Long Y A, Reyes-Caballero H, Galindo-Murillo R, Cheatham T E, Blayo A L, Shin Y, Fuhrmann J, Griffin P R, Kamenecka T M, Kojetin D J, Hughes T S. 2018. Defining a conformational ensemble that directs activation of PPAR gamma. Nat. Commun., 9(1), 1794.

Ciallella H L, Russo D P, Aleksunes L M, Grimm F A, Zhu H. 2021. Revealing adverse outcome pathways from public high-throughput screening data to evaluate new toxicants by a knowledge-based deep neural network approach. Environ. Sci. Technol., 55 (15): 10875-10887.

Cipolletta D, Feuerer M, Li A, Kamei N, Lee J, Shoelson S E, Benoist C, Mathis D. 2012. PPAR-gamma is a major driver of the accumulation and phenotype of adipose tissue T-reg cells. Nature, 486(7404): 549-553.

Coggon D, Inskip H, Winter P, Pannett B. 1994. Lobar pneumonia: An occupational disease in welders. Lancet, 344: 41-43.

Connors K A, Beasley A, Barron M G, Belanger S E, Bonnell M, Brill J L, de Zwart D, Kienzler A, Krailler J, Otter R, Phillips J L, Embry M R. 2019. Creation of a curated aquatic toxicology database: EnviroTox. Environ. Toxicol. Chem., 38(5): 1062-1073.

Cristancho A G, Lazar M A. 2011. Forming functional fat: A growing understanding of adipocyte differentiation. Nat. Rev. Mol. Cell. Biol., 12(11): 722-734.

De Sá P M, Richard A J, Hang H, Stephens J M. 2017. Transcriptional regulation of adipogenesis. Compr. Physiol., 7(2): 635-674.

Dearden J C, Hewitt M, Roberts D W, Enoch S J, Rowe P H, Przybylak K R, Vaughan-Williams G D, Smith M L, Pillai G G, Katritzky A R. 2015. Mechanism-based QSAR modeling of skin sensitization. Chem. Res. Toxicol., 28: 1975-1986.

Deschpande S S. 2002. Handbook of Food Toxicology. New York: Marcel Dekker.

Dik S, Ezendam J, Cunningham A R, Carrasquer C A, van Loveren H, Rorije E. 2014. Evaluation of in silico models for the identification of respiratory sensitizers. Toxicol. Sci., 142: 385-394.

Ding F, Guo J, Song W H, Hu W X, Li Z. 2011. Comparative quantitative structure-activity relationship (QSAR) study on acute toxicity of triazole fungicides to zebrafish. Chem. Ecol., 27: 359-368.

Dreier D A, Denslow N D, Martyniuk C J. 2019. Computational *in vitro* toxicology uncovers chemical structures impairing mitochondrial membrane potential. J. Chem. Inf. Model., 59: 702-712.

Drwal M N, Siramshetty V B, Banerjee P, Goede A, Preissner R, Dunkel M. 2015. Molecular similarity-based predictions of the Tox21 screening outcome. Front. Environ. Sci., 3, 54.

Dybdahl M, Nikolov N G, Wedebye E B. 2012. QSAR model for human pregnane X receptor (PXR) binding: Screening of environmental chemicals and correlations with genotoxicity, endocrine disruption and teratogenicity. Toxicol. Appl. Pharmacol., 262: 301-309.

Ehrenstein V, Sørensen H T, Bakketeig L S. 2010. Medical databasesin studies of drug. Clin. Epidemiol., 2: 37-43.

Enoch S J, Ellison C M, Schultz T W, Cronin M T D. 2011. A review of the electrophilic reaction chemistry involved in covalent protein binding relevant to toxicity. Crit. Rev. Toxicol., 41: 783-802.

Enoch S J, Schultz T W, Popova I G, Vasilev K G, Mekenyan O G. 2018. Development of a decision tree for mitochondrial dysfunction: Uncoupling of oxidative phosphorylation. Chem. Res. Toxicol., 31: 814-820.

Enoch S J, Seed M J, Roberts D W, Cronin M T D, Stocks S J, Agius R M. 2012. Development of mechanism-based structural alerts for respiratory sensitization hazard identification. Chem. Res. Toxicol., 25: 2490-2498.

Esposti M D. 1998. Inhibitors of NADH-ubiquinone reductase: An overview. Biochim. Biophys. Acta Bioenerg., 1364(2): 222-235.

Ewing T, Baber J C, Feher M. 2006. Novel 2D fingerprints for ligand-based virtual screening. J. Chem. Inf. Model., 46: 2423-2431.

Fagin, D. 2012. Toxicology: The learning curve. Nature, 490: 462-465.

Fan D F, Yang H B, Li F X, Sun X, Di P W, Li W H, Tang Y, Liu G X. 2018. In silico prediction of chemical genotoxicity using machine learning methods and structural alerts. Toxicol. Res., 7(2): 211-220.

Felser A, Lindinger P W, Schnell D, Kratschmar D V, Odermatt A, Mies S, Jeno P, Krahenbuhl S. 2014. Hepatocellular toxicity of benzbromarone: Effects on mitochondrial function and structure. Toxicology, 324: 136-146.

Festuccia W T, Oztezcan S, Laplante M, Berthiaume M, Michel C, Dohgu S, Denis R G, Brito M N, Brito N A, Miller D S, Banks W A, Bartness T J, Richard D, Deshaies Y. 2008. Peroxisome proliferator-activated receptor-gamma-mediated positive energy balance in the rat is associated with reduced sympathetic drive to adipose tissues and thyroid status. Endocrinology, 149(5): 2121-2130.

Fjodorova N, Vračko M, Tušar M, Jezierska A, Novič M, Kühne R, Schüürmann G. 2010. Quantitative and qualitative models for carcinogenicity prediction for non-congeneric chemicals using CP ANN method for regulatory uses. Mol. Divers., 14: 581-594.

Fonger G C, Hakkinen P, Jordan S, Publicker S. 2014. The National Library of Medicine's(NLM) Hazardous Substances Data Bank(HSDB): Background, recent enhancements and future plans. Toxicology, 325: 209-216.

Fourches D, Barnes J C, Day N C, Bradley P, Reed J Z, Tropsha A. 2010. Cheminformatics analysis of assertions mined from literature that describe drug-induced liver injury in different species. Chem. Res. Toxicol., 23: 171-183.

Fridovich I. 2004. Mitochondria: Are they the seat of senescence? Aging Cell, 3: 13-16.

Friedman J R, Nunnari J. 2014. Mitochondrial form and function. Nature, 505: 335-343.

Fromenty B, Fisch C, Berson A, Letteron P, Larrey D, Pessayre D. 1990. Dual effect of amiodarone on mitochondrial respiration-initial protonophoric uncoupling effect followed by inhibition of the respiratory-chain at the levels of complex-I and complex-II. J. Pharmacol. Exp. Ther., 255: 1377-1384.

Fu P P, Xia Q S, Hwang H M, Ray P C, Yu H T. 2014. Mechanisms of nanotoxicity: Generation of reactive oxygen species. J. Food Drug Anal., 22(1): 64-75.

Fujita Y, Honda H, Yamane M, Morita T, Matsuda T, Morita O. 2019. A decision tree-based integrated testing strategy for tailor-made carcinogenicity evaluation of test substances using genotoxicity test results and chemical spaces. Mutagenesis, 34: 101-109.

Furuhama A, Aoki Y, Shiraishi H. 2012. Development of ecotoxicity QSAR models based on partial charge descriptors for acrylate and related compounds. SAR QSAR Environ. Res., 23: 731-749.

Garcia de Lomana M, Weber A G, Birk B, Landsiedel R, Achenbach J, Schleifer K J, Mathea M, Kirchmair J. 2021. In silico models to predict the perturbation of molecular initiating events related to thyroid hormone homeostasis. Chem. Res. Toxicol., 34: 396-411.

Garrido C, Galluzzi L, Brunet M, Puig P E, Didelot C, Kroemer G. 2006. Mechanisms of cytochrome release from mitochondria. Cell Death Differ., 13: 1423-1433.

Gates K S. 2009. An overview of chemical processes that damage cellular DNA: Spontaneous hydrolysis, alkylation, and reactions with radicals. Chem. Res. Toxicol., 22: 1747-1760.

Giavini E, Menegola E. 2004. Gene-teratogen chemically induced interactions in congenital malformations. Biol. Neonate., 85: 73-81.

Gold L S, Manley N B, Slone T H, Rohrbach L, Garfinkel G B. 2005. Supplement to the Carcinogenic Potency Database(CPDB): Results of animal bioassays published in the general literature through 1997 and by the National Toxicology Program in 1997—1998. Toxicol. Sci., 85(2): 747-808.

Gorman G S, Chinnery P F, DiMauro S, Hirano M, Koga Y, McFarland R, Suomalainen A, Thorburn D R, Zeviani M, Turnbull D M. 2016. Mitochondrial diseases. Nat. Rev. Dis. Primers, 2: 1-22.

Gozalbes R, Barbosa F, Nicolaï E, Horvath D, Froloff N. 2009. Development and validation of a pharmacophore-based QSAR model for the prediction of CNS activity. Chem. Med. Chem., 4: 204-209.

Greene N, Fisk L, Naven R T, Note R R, Patel M L, Pelletier D J. 2010. Developing structure-activity relationships for the prediction of hepatotoxicity. Chem. Res. Toxicol., 23: 1215-1222.

Guan D, Fan K, Spence I, Matthews S. 2018a. Combining machine learning models of *in vitro* and *in vivo* bioassays improves rat carcinogenicity prediction. Regul. Toxicol. Pharmacol., 94: 8-15.

Guan D, Fan K, Spence I, Matthews S. 2018b. QSAR ligand dataset for modelling mutagenicity, genotoxicity, and rodent carcinogenicity. Data Brief, 17: 876-884.

Hadrup N, Rahmani F, Jacobsen N R, Saber A T, Jackson P, Bengtson S, Williams A, Wallin H, Halappanavar S, Vogel U. 2019. Acute phase response and inflammation following pulmonary exposure to low doses of zinc oxide nanoparticles in mice. Nanotoxicology, 13: 1275-1292.

Hallinger D R, Lindsay H B, Paul Friedman K, Suarez D A, Simmons S O. 2020. Respirometric screening and characterization of mitochondrial toxicants within the ToxCast phase I and II chemical libraries. Toxicol. Sci., 176(1): 175-192.

Hammann F, Gutmann H, Vogt N, Helma C, Drewe J. 2010. Prediction of adverse drug reactions using decision tree modeling. Clin. Pharmacol. Ther., 88: 52-59.

Hansen K, Mika S, Schroeter T, Sutter A, Laak A, Steger-Hartmann T, Heinrich N, Müller K. 2009. Benchmark data set for *in Silico* prediction of Ames mutagenicity. J. Chem. Inf. Model., 49(9): 2077-2081.

Hemmerich J, Troger F, Fuezi B, Ecker G F. 2020. Using machine learning methods and structural alerts for prediction of mitochondrial toxicity. Mol. Inform., 39(5), 2000005.

Henderson A L, Colaiácovo M P. 2021. Exposure to phthalates: Germline dysfunction and aneuploidy. Prenat. Diagn., 41: 610-619.

Heo S, Safder U, Yoo C. 2019. Deep learning driven QSAR model for environmental toxicology: Effects of endocrine disrupting chemicals on human health. Environ. Pollut., 253: 29-38.

Honma M, Kitazawa A, Kasamatsu T, Sugiyama K. 2020. Screening for Ames mutagenicity of food flavor chemicals by (Quantitative) structure-activity relationship. Gene Environ., 42(1): 32.

Hsu C W, Zhao J H, Huang R L, Hsieh J H, Hamm J, Chang X Q, Houck K, Xia M H. 2014. Quantitative high-throughput profiling of environmental chemicals and drugs that modulate farnesoid X receptor. Sci. Rep., 4, 6437.

Hsu K H, Su B H, Tu Y S, Lin O A, Tseng Y J. 2016. Mutagenicity in a molecule: identification of core structural features of mutagenicity using a Scaffold analysis. Plos One, 11(2): e0148900.

Huang R L, Sakamuru S, Martin M T, Reif D M, Judson R S, Houck K A, Casey W, Hsieh J H, Shockley K R, Ceger P, Fostel J, Witt K L, Tong W D, Rotroff D M, Zhao T G, Shinn P, Simeonov A, Dix D J, Austin C P, Kavlock R J, Tice R R, Xia M H. 2014. Profiling of the Tox21 10 K compound library for agonists and antagonists of the estrogen receptor alpha signaling pathway. Sci. Rep., 4, 5564.

Huang R L, Xia M H, Cho M H, Sakamuru S, Shinn P, Houck K A, Dix D J, Judson R S, Witt K L, Kavlock R J, Tice R R, Austin C P. 2011. Chemical genomics profiling of environmental chemical modulation of human nuclear receptors. Environ. Health. Perspect., 119(8): 1142-1148.

Huang R L, Xia M H. 2017. Editorial: Tox21 challenge to build predictive models of nuclear receptor and stress response pathways as mediated by exposure to environmental toxicants and drugs. Front. Environ. Sci., 5, 3.

Huang Y, Li X H, Xu S J, Zheng H Z, Zhang L L, Chen J W, Hong H X, Kusko R, Li R B. 2020. Quantitative structure-activity relationship models for predicting inflammatory potential of metal oxide nanoparticles. Environ. Health. Perspect., 128, 67010.

Imai T, Takakuwa R, Marchand S, Dentz E, Bornert J M, Messaddeq N, Wendling O, Mark M, Desvergne B, Wahli W, Chambon P, Metzger D. 2004. Peroxisome proliferator-activated receptor gamma is required in mature white and brown adipocytes for their survival in the mouse. Proc. Natl. Acad. Sci. U. S. A., 101(13): 4543-4547.

In Y, Lee S K, Kim P J, No K T. 2012. Prediction of acute toxicity to fathead minnow by local model based QSAR and global QSAR approaches. Bull. Chem. Soc. Jpn., 33: 613-619.

Jackson S P, Bartek J. 2009. The DNA-damage response in human biology and disease. Nature, 461: 1071-1078.

Jeong J, Garcia-Reyero N, Burgoon L, Perkins E, Park T, Kim C, Roh J, Choi J. 2019. Development of adverse outcome pathway for PPARγ antagonism leading to pulmonary fibrosis and chemical selection for its validation: ToxCast database and a deep learning artificial neural network model-based approach. Chem. Res. Toxicol., 32: 1212-1222.

Kar S, Gajewicz A, Roy K, Leszczynski J, Puzyn T. 2016. Extrapolating between toxicity endpoints of metal oxide nanoparticles: Predicting toxicity to escherichia coli and human keratinocyte cell line (HaCaT) with nano-QTTR. ecotoxicol. Environ. Saf., 126: 238-244.

Kar S, Roy K. 2010. QSAR modeling of toxicity of diverse organic chemicals to *Daphnia Magna* using 2D and 3D descriptors. J. Hazard. Mater., 177: 344-351.

Kasai H. 2016. What causes human cancer? Approaches from the chemistry of DNA damage. Genes Environ., 38, 19.

Kazius J, McGuire R, Bursi R. 2005. Derivation and validation of toxicophores for mutagenicity prediction. J. Med. Chem., 48 (1): 312-320.

Kienzler A, Barron M G, Belanger S E, Beasley A, Embry M R. 2017. Mode of action (MOA) assignment classifications for ecotoxicology: An evaluation of approaches. Environ. Sci. Technol., 51 (17): 10203-10211.

Kirkland D, Zeiger E, Madia F, Corvi R. 2014. Can *in vitro* mammalian cell genotoxicity test results be used to complement positive results in the Ames test and help predict carcinogenic or *in vivo* genotoxic activity? II. Construction and analysis of a consolidated database. Mutat. Res. Genet. Toxicol. Environ. Mutagen., 775: 69-80.

Kleinau G, Neumann S, Grüters A, Krude H, Biebermann H. 2013. Novel insights on thyroid-stimulating hormone receptor signal transduction. Endocr. Rev., 34:691-724.

Knobeloch L M, Blondin G A, Read H W, Harkin J M. 1990. Assessment of chemical toxicity using mammalian mitochondrial electron-transport particles. Arch. of Environ. Con. Tox., 19: 828-835.

Kondo T, Ezzat S, Asa S L. 2006. Pathogenetic mechanisms in thyroid follicular-cell Neoplasia. Nature, 6: 292-306.

Kostarelos K. 2008. The long and short of carbon nanotube toxicity. Nat. Biotechnol., 26: 774-776.

Kovacic P, Cooksy A L. 2005. Unifying mechanism for toxicity and addiction by abused drugs: Electron transfer and reactive oxygen species. Med. Hypotheses, 64: 357-366.

Kroemer G, Galluzzi L, Brenner C. 2007. Mitochondrial membrane permeabilization in cell death. Physiol. Rev., 87: 99-163.

Kumar R, Khan F U, Sharma A, Siddiqui M H, Aziz I B, Kamal M A, Ashraf G M, Alghamdi B S, Uddin M S. 2021. A deep neural network-based approach for prediction of mutagenicity of compounds. Environ. Sci. Pollut. Res., 28 (34): 47641-47650.

La D K, Swenberg J A. 1996. DNA adducts: Biological markers of exposure and potential applications to risk assessment. Mutat. Res., 365 (1-3): 129-146.

La Merrill M A, Vandenberg L N, Smith M T, Goodson W, Browne P, Patisaul H B, Guyton K Z, Kortenkamp A,

Cogliano V J, Woodruff T J, Rieswijk L, Sone H, Korach K S, Gore A C, Zeise L, Zoeller R T. 2020. Consensus on the key characteristics of endocrine-disrupting chemicals as a basis for hazard identification. Nat. Rev. Endocrinol., 16(1): 45-57.

Larosche I, Letteron P, Fromenty B, Vadrot N, Abbey-Toby A, Feldmann G, Pessayre D, Mansouri A. 2007. Tamoxifen inhibits topoisomerases, depletes mitochondrial DNA, and triggers steatosis in mouse liver. J. Pharmacol. Exp. Ther., 321: 526-535.

Lee C H, Guo Y L, Tsai P J, Chang H Y, Chen C R, Chen C W, Hsiue T R. 1997. Fatal acute pulmonary oedema after inhalation of fumes from Polytetrafluoroethylene (PTFE). Eur. Respir. J., 10: 1408-1411.

Lee S, Barron M G. 2016. A mechanism-based 3D-QSAR approach for classification and prediction of acetylcholinesterase inhibitory potency of organophosphate and carbamate analogs. J. Comput. Aided. Mol. Des., 30 (4): 347-363.

Lee S, Kang Y, Park H, Dong M, Shin J, No K T. 2013. Human nephrotoxicity prediction models for three types of kidney injury based on data sets of pharmacological compounds and their metabolites. Chem. Res. Toxicol., 26: 1652-1659.

Legradi J, Dahlberg A K, Cenijn P, Marsh G, Asplund L, Bergman A, Legler J. 2014. Disruption of oxidative phosphorylation (OXPHOS) by hydroxylated polybrominated diphenyl ethers (OH-PBDEs) present in the marine environment. Environ. Sci. Technol., 48: 14703-14711.

Lei T, Chen F, Liu H, Sun H, Kang Y, Li D, Li Y, Hou T. 2017a. ADMET evaluation in drug discovery. Part 17: Development of quantitative and qualitative prediction models for chemical-induced respiratory toxicity. Mol. Pharmaceut., 14: 2407-2421.

Lei T, Sun H, Kang Y, Zhu F, Liu H, Zhou W, Wang Z, Li D, Li Y, Hou T. 2017b. ADMET evaluation in drug discovery. 18. Reliable prediction of chemical-induced urinary tract toxicity by boosting machine learning approaches. Mol. Pharmaceut., 14: 3935-3953.

Lemasters J J, Qian T, He LH, Kim J S, Elmore S P, Cascio W E, Brenner D A. 2002. Role of mitochondrial inner membrane permeabilization in necrotic cell death, apoptosis, and autophagy. Antioxid. Redox Signal., 4: 769-781.

Li H Z, Slone, J, Fei L, Huang T S. 2019. Mitochondrial DNA variants and common diseases: A mathematical model for the diversity of age-related mtDNA Mutations. Cells, 8, 6.

Liochev S I, Fridovich I. 1994. The role of O_2 center dot in the production of Ho-Center Dot *in vitro* and *in vivo*. Free Radic. Biol. Med., 16: 29-33.

Liu J, Mansouri K, Judson R S, Martin M T, Hong H, Chen M, Xu X, Thomas R S, Shah I. 2015. Predicting hepatotoxicity using ToxCastin Vitro bioactivity and chemical structure. Chem. Res. Toxicol., 28: 738-751.

Liu L, Zhang L, Feng H, Li S, Liu M, Zhao J, Liu H. 2021. Prediction of the blood-brain barrier (BBB) permeability of chemicals based on machine-learning and ensemble methods. Chem. Res. Toxicol., 34: 1456-1467.

Liu S J, Xia T. 2020. Continued efforts on nanomaterial-environmental health and safety is critical to maintain sustainable growth of nanoindustry. Small, 16, 2000603.

Liu Y B, Fiskum G, Schubert D. 2002. Generation of reactive oxygen species by the mitochondrial electron transport chain. J. Neurochem., 80: 780-787.

Low Y, Uehara T, Minowa Y, Yamada H, Ohno Y, Urushidani T, Sedykh A, Muratov E, Kuz Min V, Fourches D, Zhu H, Rusyn I, Tropsha A. 2011. Predicting drug-induced hepatotoxicity using QSAR and toxicogenomics approaches. Chem. Res. Toxicol., 24: 1251-1262.

Luijten M, Olthof E D, Hakkert B C, Rorije E, van der Laan J W, Woutersen R A, van Benthem J. 2016. An integrative test strategy for cancer hazard identification. Crit. Rev. Toxicol., 46: 615-639.

Lyakurwa F S, Yang X H, Li X H, Qiao X L, Chen J W. 2014. Development of *in Silico* models for predicting LSER molecular parameters and for acute toxicity prediction to fathead minnow (*Pimephales promelas*). Chemosphere, 108: 17-25.

Ma H H, An W Z, Wang Y H, Sun H M, Huang R L, Huang J Z. 2021. Deep graph learning with property augmentation for predicting drug-induced liver injury. Chem. Res. Toxicol., 34: 495-506.

Madia F, Kirkland D, Morita T, White P, Asturiol D, Corvi R. 2020. EURL ECVAM genotoxicity and carcinogenicity database of substances eliciting negative results in the Ames test: Construction of the database. Mutat. Res. Genet. Toxicol. Environ. Mutagen., 854, 503199.

Magnander K, Elmroth K. 2012. Biological consequences of formation and repair of complex DNA damage. Cancer Lett., 327: 90-96.

Mansouri K, Abdelaziz A, Rybacka A, Roncaglioni A, Tropsha A, Varnek A, Zakharov A, Worth A, Richard A M, Grulke C M, Trisciuzzi D, Fourches D, Horvath D, Benfenati E, Muratov E, Wedebye E B, Grisoni F, Mangiatordi G F, Incisivo G M, Hong H, Ng H W, Tetko I V, Balabin I, Kancherla J, Shen J, Burton J, Nicklaus M, Cassotti M, Nikolov N G, Nicolotti O, Andersson P L, Zang Q, Politi R, Beger R D, Todeschini R, Huang R, Farag S, Rosenberg S A, Slavov S, Hu X, Judson R S. 2016. CERAPP: Collaborative estrogen receptor activity prediction project. Environ. Health Perspect., 124: 1023-1033.

Mansouri K, Kleinstreuer N, Abdelaziz A M, Alberga D, Alves V M, Andersson P L, Andrade C H, Bai F, Balabin I, Ballabio D, Benfenati E, Bhhatarai B, Boyer S, Chen J, Consonni V, Farag S, Fourches D, García-Sosa A T, Gramatica P, Grisoni F, Grulke C M, Hong H, Horvath D, Hu X, Huang R, Jeliazkova N, Li J, Li X, Liu H, Manganelli S, Mangiatordi G F, Maran U, Marcou G, Martin T, Muratov E, Nguyen D T, Nicolotti O, Nikolov N G, Norinder U, Papa E, Petitjean M, Piir G, Pogodin P, Poroikov V, Qiao X, Richard A M, Roncaglioni A, Ruiz P, Rupakheti C, Sakkiah S, Sangion A, Schramm K W, Selvaraj C, Shah I, Sild S, Sun L, Taboureau O, Tang Y, Tetko I V, Todeschini R, Tong W, Trisciuzzi D, Tropsha A, Van Den Driessche G, Varnek A, Wang Z, Wedebye E B, Williams A J, Xie H, Zakharov A V, Zheng Z, Judson R S. 2020. CoMPARA: Collaborative modeling project for androgen receptor activity. Environ. Health Perspect., 128, 27002.

Marchant C A, Briggs K A, Long A. 2008. *In Silico* tools for sharing data and knowledge on toxicity and metabolism: Derek for windows, meteor, and vitic. toxicol. Mech. Methods, 18 (2-3): 177-187.

Mashayekhi V, Eskandari M R, Kobarfard F, Khajeamiri A, Hosseini, M J. 2014. Induction of mitochondrial permeability transition (MPT) pore opening and ROS formation as a mechanism for methamphetamine-induced mitochondrial toxicity. naunyn-schmiedebergs arch. Pharmacol., 387: 47-58.

Mayr A, Klambauer G, Unterthiner T, Hochreiter S. 2016. DeepTox: Toxicity prediction using deep learning. Front. Environ. Sci., 3, 80.

Mazzatorta P, Smiesko M, Lo Piparo E, Benfenati E. 2005. QSAR model for predicting pesticide aquatic toxicity. J. Chem. Inf. Model., 45: 1767-1774.

McBride H M, Neuspiel M, Wasiak S. 2006. Mitochondria: More than just a powerhouse. Curr. Microbiol., 16: 551-560.

McCarty L S, Borgert C J. 2017. Comment on "mode of action (MOA) assignment classifications for ecotoxicology: An evaluation of approaches". Environ. Sci. Technol., 51 (22): 13509-13510.

Meng H, Xia T, George S, Nel A E. 2009. A predictive toxicological paradigm for the safety assessment of nanomaterials. ACS. Nano., 3 (7): 1620-1627.

Meyer J N, Chan S S L. 2017. Sources, mechanisms, and consequences of chemical-induced mitochondrial toxicity. Toxicology, 391: 2-4.

Meyer J N, Hartman J H, Mello D F. 2018. Mitochondrial toxicity. Toxicol. Sci., 162: 15-23.

Meyer J N, Leung M C, Rooney J P, Sendoel A, Hengartner M O, Kisby G E, Bess A S. 2013. Mitochondria as a target of environmental toxicants. Toxicol. Sci., 134 (1): 1-17.

Minamoto T, Mai M, Ronai Z E. 1999. Environmental factors as regulators and effectors of multistep carcinogenesis. Carcinogenesis, 20: 519-527.

Miro O, Lopez S, Pedrol E, Rodriguez-Santiago B, Martinez E, Soler A, Milinkovic A, Casademont J, Nunes V, Gatell J M, Cardellach F. 2003. Mitochondrial DNA depletion and respiratory chain enzyme deficiencies are present in peripheral blood mononuclear cells of HIV-infected patients with HAART-related lipodystrophy. Antivir. Ther., 8: 333-338.

Miyoshi H, Nishioka T, Fujita T. 1987. Quantitative relationship between protonophoric and uncoupling activities of substituted phenols. Biochim. Biophys. Acta, 891: 194-204.

Moorthy B, Chu C, Carlin D J. 2015. Polycyclic aromatic hydrocarbons: From metabolism to lung cancer. Toxicol. Sci., 145(1): 5-15.

Mortelmans K, Zeiger E. 2000. The Ames salmonella/microsome mutagenicity assay. Mutat. Res. Fund. Mol. M., 455: 29-60.

Mu Y S, Wu F C, Zhao Q, Ji R, Qie Y, Zhou Y, Hu Y, Pang C F, Hristozov D, Giesy J P, Xing B S. 2016. Predicting toxic potencies of metal oxide nanoparticles by means of nano-QSARs. Nanotoxicology, 10: 1207-1214.

Muller H J. 1950. Our load of mutations. Am. J. Hum. Genet., 2: 111-176.

Murphy M P. 2009. How mitochondria produce reactive oxygen species. Biochem. J., 417: 1-13.

Nakad R, Schumacher B. 2016. DNA damage response and immune defense: Links and mechanisms. Front. Genet., 7, 10.

Naven R T, Swiss R, Klug-Mcleod J, Will Y, Greene N. 2013. The development of structure-activity relationships for mitochondrial dysfunction: uncoupling of oxidative phosphorylation. Toxicol. Sci., 131(1): 271-278.

Nel A E, Madler L, Velegol D, Xia T, Hoek E M V, Somasundaran P, Klaessig F, Castranova V, Thompson M. 2009. Understanding biophysicochemical interactions at the nano-bio interface. Nat. Mater., 8: 543-557.

Nelms M D, Mellor C L, Cronin M T, Madden J C, Enoch S J. 2015. Development of an *in silico* profiler for mitochondrial toxicity. Chem. Res. Toxicol., 28: 1891-1902.

Niculescu S P, Lewis M A, Tigner J. 2008. Probabilistic neural networks modeling of the 48-H LC_{50} acute toxicity endpoint to *Daphnia Magna*. SAR QSAR Environ. Res., 19: 735-750.

Nunnari J, Suomalainen A. 2012. Mitochondria: In sickness and in health. Cell, 148: 1145-1159.

Oh E, Liu R, Nel A, Gemill K B, Bilal M, Cohen Y, Medintz I L. 2016. Meta-analysis of cellular toxicity for cadmium-containing quantum dots. Nat. Nanotechnol., 11: 479-486.

Pacher P, Hajnoczky G. 2001. Propagation of the apoptotic signal by mitochondrial waves. Embo J., 20: 4107-4121.

Pagano G. 2002. Redox-modulated xenobiotic action and ROS formation: A mirror or a window? Hum. Exp. Toxicol., 21: 77-81.

Palmer K T, Poole J, Ayres J G, Mann J, Burge P S, Coggon D. 2003. Exposure to metal fume and infectious pneumonia. Am. J. Epidemiol., 157: 227-233.

Pan Y, Li T, Cheng J, Telesca D, Zink J I, Jiang J C. 2016. Nano-QSAR modeling for predicting the cytotoxicity of metal oxide nanoparticles using novel descriptors. RSC Adv., 6: 25766-25775.

Panda S, Sikdar M, Biswas S, Sharma R, Kar A. 2019. Allylpyrocatechol isolated from betel leaf ameliorates thyrotoxicosis in rats by altering thyroid peroxidase and thyrotropin receptors. Sci. Rep., 9, 12276.

Patlewicz G, Jeliazkova N, Safford R J, Worth A P, Aleksiev B. 2008. An evaluation of the implementation of the cramer classification scheme in the Toxtree software. SAR QSAR Environ. Res., 19(5-6): 495-524.

Pavan M, Netzeva T I, Worth A P. 2006. Validation of a QSAR model for acute toxicity. SAR QSAR Environ. Res., 17: 147-171.

Phalen R F. 2009. Inhalation Studies: Foundations and Techniques. Boca Raton: CRC Press.

Phillips J I, Green F Y, Davies J C A, Murray J. 2010. Pulmonary and systemic toxicity following exposure to nickel nanoparticles. Am. J. Ind. Med., 53: 763-767.

Poland C A, Duffin R, Kinloch I, Maynard A, Wallace W A H, Seaton A, Stone V, Brown S, MacNee W, Donaldson K. 2008. Carbon nanotubes introduced into the abdominal cavity of mice show asbestos-like pathogenicity in a pilot study. Nat. Nanotechnol., 3: 423-428.

Pradeep P, Povinelli R J, Merrill S J, Bozdag S, Sem D S. 2015. Novel uses of *in vitro* data to develop quantitative biological activity relationship models for *in vivo* carcinogenicity prediction. Mol. Inf., 34: 236-245.

Puzyn T, Rasulev B, Gajewicz A, Hu X K, Dasari T P, Michalkova A, Hwang H M, Toropov A, Leszczynska D, Leszczynski J. 2011. Using nano-QSAR to predict the cytotoxicity of metal oxide nanoparticles. Nat. Nanotechnol., 6: 175-178.

Radi R, Cassina A, Hodara R, Quijano C, Castro L. 2002. Peroxynitrite reactions and formation in mitochondria. Free Radical Bio. Med., 33: 1451-1464.

Rahit K, Tarailo-Graovac M. 2020. Genetic modifiers and rare mendelian disease. Genes, 11: 239.

Rajski S R, Williams R M. 1998. DNA cross-linking agents as antitumor drugs. Chem. Rev., 98: 2723-2796.

Ratnapalan S, Bentur Y, Koren G. 2008. Doctor, will that X-ray harm my unborn child? Can. Med. Assoc. J., 179: 1293-1296.

Rinkevich F D, Du Y Z, Tolinski J, Ueda A, Wu C F, Zhorov B S, Dong K. 2015. Distinct Rles of the DmNa(v) and DSC1 channels in the action of DDT and pyrethroids. Neurotoxicology, 47: 99-106.

Rodgers A D, Zhu H, Fourches D, Rusyn I, Tropsha A. 2010. Modeling liver-related adverse effects of drugs usingk nearest neighbor quantitative structure-activity relationship method. Chem. Res. Toxicol., 23: 724-732.

Rotroff D M, Dix D J, Houck K A, Knudsen T B, Martin M T, McLaurin K W, Reif D M, Crofton K M, Singh A V, Xia M, Huang R, Judson R S. 2013. Using *in vitro* high throughput screening assays to identify potential endocrine-disrupting chemicals. Environ. Health Perspect., 121 (1): 7-14.

Roy K, Das R N. 2010. QSTR with extended topochemical atom (ETA) indices. 14. QSAR modeling of toxicity of aromatic aldehydes to *Tetrahymena Pyriformis*. J. Hazard. Mater., 183: 913-922.

Ryan K K, Li B, Grayson B E, Matter E K, Woods S C, Seeley R J. 2011. A role for central nervous system PPAR-gamma in the regulation of energy balance. Nat. Med., 17(5): 623-626.

Ryu J Y, Lee M Y, Lee J H, Lee B H, Oh K. 2020. DeepHIT: A deep learning framework for prediction of hERG-induced cardiotoxicity. Bioinformatics, 36: 3049-3055.

Saiakhov R D, Klopman G. 2008. MultiCASE expert systems and the REACH initiative. Toxicol. Mech. Methods, 18: 159-175.

Samet J M, Chiu W A, Cogliano V, Jinot J, Kriebel D, Lunn R M, Beland F A, Bero L, Browne P, Fritschi L, Kanno J, Lachenmeier D W, Lan Q, Lasfargues G, Le Curieux F, Peters S, Shubat P, Sone H, White M C, Williamson J, Yakubovskaya M, Siemiatycki J, White P A, Guyton K Z, Schubauer-Berigan M K, Hall A L, Grosse Y, Bouvard V, Benbrahim-Tallaa L, El Ghissassi F, Lauby-Secretan B, Armstrong B, Saracci R, Zavadil J, Straif K, Wild C P. 2020. The IARC monographs: Updated procedures for modern and transparent evidence synthesis in cancer hazard identification. JNCI-J. Natl. Cancer Inst., 112: 30-37.

Sanders L H, Howlett E H, McCoy J, Greenamyre J T. 2014. Mitochondrial DNA damage as a peripheral biomarker for mitochondrial toxin exposure in rats. Toxicol. Sci., 142: 395-402.

Santo-Domingo J, Demaurex N. 2012. The renaissance of mitochondrial pH. J. Gen. Physiol., 139: 415-423.

Sarnat J A, Schwartz J, Suh H H. 2001. Fine particulate air pollution and mortality in 20 US Cities. N. Engl. J. Med., 344: 1253-1254.

Scaduto R C, Grotyohann L W. 1999. Measurement of mitochondrial membrane potential using fluorescent rhodamine derivatives. Biophys. J., 76: 469-477.

Schlosser P M, Bogdanffy M S. 1999. Determining modes of action for biologically based risk assessments. Regul. Toxicol. Pharmacol., 30: 75-79.

Schrey A K, Nickel-Seebera J, Drwal M N, Zwicker P, Schultze N, Haertel B, Preissner R. 2017. Computational prediction of immune cell cytotoxicity. Food Chem. Toxicol., 107: 150-166.

Schultz T W, Cronin M T D, Walker J D, Aptula A O. 2003. Quantitative structure-activity relationships (QSARs) in toxicology: A historical perspective. J. Mol. Struc (THEOCHEM), 622: 1-22.

Serrano-Nascimento C., Calil-Silveira J., Dalbosco R., Zorn T T, Nune M T. 2018. Evaluation of hypothalamus-pituitary-thyroid axis function by chronic perchlorate exposure in male rats. Environ. Toxicol., 33: 209-219.

Shang J, Brust R, Griffin P R, Kamenecka T M, Kojetin D J. 2019. Quantitative structural assessment of graded receptor agonism. Proc. Natl. Acad. Sci. U. S. A., 116(44): 22179.

Shang, J, Mosure S A, Zheng J, Brust R, Bass J, Nichols A, Solt L A, Griffin P R, Kojetin D J. 2020. A molecular switch regulating transcriptional repression and activation of PPARγ. Nat. Commun., 11(1): 956.

Shen M, Su B, Esposito E X, Hopfinger A J, Tseng Y J. 2011. A comprehensive support vector machine binary hERG classification model based on extensive but biased end point hERG data sets. Chem. Res. Toxicol., 24: 934-949.

Shendure J, Akey J M. 2015. The origins, determinants, and consequences of human mutations. Science, 349: 1478-1483.

Shirakawa M, Sekine, S, Tanaka, A, Horie, T, Ito, K. 2015. Metabolic activation of hepatotoxic drug (benzbromarone) induced mitochondrial membrane permeability transition. Toxicol. Appl. Pharm., 288: 12-18.

Simoes R S, Maltarollo V G, Oliveira P R, Honorio K M. 2018. Transfer and multi-task learning in QSAR modeling: Advances and challenges. Front. Pharmacol., 9, 72.

Singh K P, Gupta S. 2014. *In silico* prediction of toxicity of non-congeneric industrial chemicals using ensemble learning based modeling approaches. Toxicol. Appl. Pharmacol., 275: 198-212.

Sinha K, Das J, Pal P B, Sil P C. 2013. Oxidative stress: The mitochondria-dependent and mitochondria-independent pathways of apoptosis. Arch. Toxicol., 87: 1157-1180.

Siramshetty V B, Chen Q, Devarakonda P, Preissner R. 2018. The Catch-22 of predicting hERG blockade using publicly accessible bioactivity data. J. Chem. Inf. Model., 58: 1224-1233.

Smith M T, Guyton K Z, Gibbons C F, Fritz J M, Portier C J, Rusyn I, DeMarini D M, Caldwell J C, Kavlock R J, Lambert P F, Hecht S S, Bucher J R, Stewart B W, Baan R A, Cogliano V J, Straif K. 2016. Key characteristics of carcinogens as a basis for organizing data on mechanisms of carcinogenesis. Environ. Health Perspect., 124(6): 713-721.

Song Y, Li X, Du X 2009. Exposure to nanoparticles is related to pleural effusion, pulmonary fibrosis and granuloma. Eur. Respir. J., 34: 559-567.

Sonich-Mullin C, Fielder R, Wiltse J, et al. 2001. IPCS conceptual framework for evaluating a mode of action for chemical carcinogenesis. Regul. Toxicol. Pharmacol., 34: 146-152.

Spycher S, Smejtek P, Netzeva T I, Escher B I. 2008. Toward a class-independent quantitative structure-activity relationship model for uncouplers of oxidative phosphorylation. Chem. Res. Toxicol., 21(4): 911-927.

Stefaniak F. 2015. Prediction of compounds activity in nuclear receptor signaling and stress pathway assays using machine learning algorithms and low-dimensional molecular descriptors. Front. Environ. Sci., 3, 77.

Su B, Shen M, Esposito E X, Hopfinger A J, Tseng Y J. 2010. *In silico* binary classification QSAR models based on 4D-fingerprints and MOE descriptors for prediction of hERG blockage. J. Chem. Inf. Model., 50: 1304-1318.

Su R, Xiong S, Zink D, Loo L. 2016. High-throughput imaging-based nephrotoxicity prediction for xenobiotics with diverse chemical structures. Arch. Toxicol., 90: 2793-2808.

Sushko I, Novotarskyi S, Korner R, Pandey A K, Rupp M, Teetz W, Brandmaier S, Abdelaziz A, Prokopenko V V, Tanchuk V Y, Todeschini R, Varnek A, Marcou G, Ertl P, Potemkin V, Grishina M, Gasteiger J, Schwab C, Baskin I I, Palyulin V A, Radchenko E V, Welsh W J, Kholodovych V, Chekmarev D, Cherkasov A, Aires-de-Sousa J, Zhang QY, Bender A, Nigsch F, Patiny L, Williams A, Tkachenko V, Tetko I V. 2011. Online chemical modeling environment (OCHEM): Web platform for data storage, model development and publishing of chemical information. J. Comput. Aided Mol. Des., 25: 533-554.

Tamori Y, Masugi J, Nishino N, Kasuga M. 2002. Role of peroxisome proliferator-activated receptor-gamma in maintenance of the characteristics of mature 3T3-L1 Adipocytes. Diabetes, 51(7): 2045-2055.

Tang W H, Chen J W, Hong H X. 2020. Discriminant models on mitochondrial toxicity improved by consensus modeling and resolving imbalance in training. Chemosphere, 253: 126768.

Tang W H, Chen J W, Hong H X. 2021. Development of classification models for predicting inhibition of mitochondrial fusion and fission using machine learning methods. Chemosphere, 273: 128567.

Tang W H, Liu W J, Wang Z Y, Hong H X, Chen J W. 2022. Machine learning models on chemical inhibitors of mitochondrial electron transport chain. J. Hazard. Mater., 426, 128067.

Terada H, Goto S, Yamamoto K, Takeuchi I, Hamada Y, Miyake K. 1988. Structural requirements of salicylanilides for uncoupling activity in mitochondria-quantitative-analysis of structure-uncoupling relationships. Biochim. Biophys. Acta Bioenerg., 936: 504-512.

Tetko I V. 2002. Associative Neural Network. Neural Process. Lett., 16: 187-199.

Tetko I V. 2002. Neural network studies. 4. Introduction to associative neural networks. J. Chem. Inf. Com. Sci., 42: 717-728.

Toropova A P, Toropov A A. 2017. Nano-QSAR in cell biology: Model of cell viability as a mathematical function of available eclectic data. J. Theor. Biol., 416: 113-118.

Tsai S J, Hofmann M, Hallock M, Ada E, Kong J, Ellenbecker M. 2009. Characterization and evaluation of nanoparticle release during the synthesis of single-walled and multiwalled carbon nanotubes by chemical vapor deposition. Environ. Sci. Technol., 43: 6017-6023.

Turrens J F. 2003. Mitochondrial formation of reactive oxygen species. J. Physiol.-London, 552: 335-344.

U. S. Environmental Protection Agency (EPA). 1996. Proposed guidelines for carcinogen risk assessment. Fed. Reg., 17959-18011.

Van Bossuyt M, Raitano G, Honma M, Van Hoeck E, Vanhaecke T, Rogiers V, Mertens B, Benfenati E. 2020. New QSAR models to predict chromosome damaging potential based on the *in vivo* micronucleus test. Toxicol. Lett., 329: 80-84.

Vandenberg L N, Colborn T, Hayes T B, Heindel J J, Jacobs D R Jr, Lee D H, Shioda T, Soto A M, vom Saal F S, Welshons W V, Zoeller R T, Myers J P. 2012. Hormones and endocrine-disrupting chemicals: Low-dose effects and nonmonotonic dose responses. Endocr. Rev., 33: 378-455.

Venditti P, Di Meo S. 2020. The role of reactive oxygen species in the life cycle of the mitochondrion. Int. J. Mol. Sci., 21, 2173.

Verhaar H J M, Vanleeuwen C J, Hermens J L M. 1992. Classifying environmental pollutants. I. Structure-activity relationships for prediction of aquatic toxicity. Chemosphere, 25: 471-491.

Villeneuve D L, Crump D, Garcia-Reyero N, Hecker M, Hutchinson T H, LaLone C A, Landesmann B, Lettieri T, Munn S, Nepelska M, Ottinger M A, Vergauwen L, Whelan M. 2014. Adverse outcome pathway (AOP) development I: Strategies and principles. Toxicol. Sci., 142: 312-320.

Vo A H, Van Vleet T R, Gupta R R, Liguori M J, Rao M S. 2020. An overview of machine learning and big data for drug toxicity evaluation. Chem. Res. Toxicol., 33: 20-37.

Vocaturo G, Colombo F, Zanoni M, Rodi F, Sabbioni E, Pietra R. 1983. Human exposure to heavy metals rare earth pneumoconiosis in occupational workers. Chest, 83 (5): 780-783.

Vosburgh D J H, Boysen D A, Oleson J J, Peters T M. 2011. Airborne nanoparticle concentrations in the manufacturing of polytetrafluoroethylene (PTFE) apparel. J. Occup. Environ. Hyg., 8: 139-146.

Vyas, S, Zaganjor, E, Haigis, M C. 2016. Mitochondria and cancer. Cell, 166: 555-566.

Wahli W, Michalik L. 2012. PPARs at the crossroads of lipid signaling and inflammation. Trends Endocrinol. Metab., 23(7): 351-363.

Wan Y, Chong L W, Evans R M. 2007. PPAR-gamma regulates osteoclastogenesis in mice. Nat. Med., 13(12): 1496-1503.

Wang S, Li Y, Wang J, Chen L, Zhang L, Yu H, Hou T. 2012. ADMET evaluation in drug discovery. 12. Development of binary classification models for prediction of hERG potassium channel blockage. Mol. Pharmaceut., 9: 996-1010.

Wang S, Sun H, Liu H, Li D, Li Y, Hou T. 2016. ADMET evaluation in drug discovery. 16. Predicting hERG blockers by combining multiple pharmacophores and machine learning approaches. Mol. Pharmaceut., 13: 2855-2866.

Wang Y W, Huang L, Jiang S W, Li K, Zou J, Yang S Y. 2020a. CapsCarcino: A novel sparse data deep learning tool for predicting carcinogens. Food Chem. Toxicol., 135, 110921.

Wang Z Y, Chen J W, Hong H X. 2020b. Applicability domains enhance application of PPARγ agonist classifiers trained by drug-like compounds to environmental chemicals. Chem. Res. Toxicol., 33: 1382-1388.

Wang Z Y, Chen J W, Hong H X. 2021. Developing QSAR models with defined applicability domains on PPARγ binding affinity using large data sets and machine learning algorithms. Environ. Sci. Technol., 55(10): 6857-6866.

Waring P M, Watling R J. 1990. Rare earth deposits in a deceased movie projectionist a new case of rare earth pneumoconiosis? Med. J. Aust., 153: 726-730.

Westphal D, Dewson G, Czabotar P E, Kluck R M. 2011. Molecular biology of bax and bak activation and action. Biochim. Biophys. Acta Mol. Cell Res., 1813: 521-531.

Wexler P. 2001. TOXNET: An evolving web resource for toxicology and environmental health information. Toxicology, 157: 3-10.

Williams D P, Lazic S E, Foster A J, Semenova E, Morgan P. 2020. Predicting drug-induced liver injury with bayesian machine learning. Chem. Res. Toxicol., 33: 239-248.

Wills L. P. 2017. The use of high-throughput screening techniques to evaluate mitochondrial toxicity. Toxicology, 391: 34-41.

Wright M B, Bortolini M, Tadayyon M, Bopst M. 2014. Minireview: Challenges and opportunities in development of PPAR agonists. Mol. Endocrinol., 28(11): 1756-1768.

Wu Z, Xian Z, Ma W, Liu Q, Huang X, Xiong B, He S, Zhang W. 2021. Artificial neural network approach for predicting blood brain barrier permeability based on a group contribution method. Comput. Meth. Prog. Bio., 200, 105943.

Xu C Y, Cheng F X, Chen L, Du Z, Li W H, Liu G X, Lee P W, Tang Y. 2012. *In silico* prediction of chemical Ames mutagenicity. J. Chem Inf. Model., 52: 2840-2847.

Xu T, Ngan D K, Ye L, Xia M H, Xie H D Q, Zhao B, Simeonov A, Huang R L. 2020. Predictive models for human organ toxicity based on *in vitro* bioactivity data and chemical structure. Chem. Res.Toxicol., 33 (3): 731-741.

Yang X T, Zhang Z B, Li Q, Cai Y M. 2021. Quantitative structure-activity relationship models for genotoxicity prediction based on combination evaluation strategies for toxicological alternative experiments. Sci. Rep., 11, 8030.

Yoo J W, Kruhlak N L, Landry C, Cross K P, Sedykh A, Stavitskaya L. 2020. Development of improved QSAR models for predicting the outcome of the *in vivo* micronucleus genetic toxicity assay. Regul. Toxicol. Pharmacol., 113, 10.

Yoon H K, Moon H S, Park S H, Song J S, Lim Y, Kohyama N. 2005. Dendriform pulmonary ossification in patient with rare earth pneumoconiosis. Thorax, 60: 701-703.

Yu F B, Wei C H, Deng P, Peng T, Hu X G. 2021. Deep exploration of random forest model boosts the interpretability of machine learning studies of complicated immune responses and lung burden of nanoparticles. Sci. Adv., 7(22), eabf4130.

Yuan H, Huang J, Cao C. 2009. Prediction of skin sensitization with a particle swarm optimized support vector machine. Int. J. Mol. Sci., 10: 3237-3254.

Zeng M, Lin Z, Yin D, Zhang Y L, Kong D Y. 2011. A K_{ow}-based QSAR model for predicting toxicity of halogenated benzenes to all *Algae* regardless of species. bull. Environ. Contam. Toxicol., 86: 565-570.

Zhang H Y, Ji Z X, Xia T, Meng H, Low-Kam C, Liu R, Pokhrel S, Lin S J, Wang X, Liao Y P, Wang M Y, Li L J, Rallo R, Damoiseaux R, Telesca D, Maedler L, Cohen Y, Zink J I, Nel A E. 2012. Use Of metal oxide nanoparticle band gap to develop a predictive paradigm for oxidative stress and acute pulmonary inflammation. ACS Nano., 6: 4349-4368.

Zhang H, Cao Z X, Li M, Li Y Z, Peng C. 2016. Novel naive bayes classification models for predicting the carcinogenicity of chemicals. Food Chem. Toxicol., 97: 141-149.

Zhang H, Kang Y L, Zhu Y Y, Zhao K X, Liang J Y, Ding L, Zhang T G, Zhang J. 2017b. Novel naive bayes classification models for predicting the chemical Ames mutagenicity. Toxicol. In Vitro, 41: 56-63.

Zhang H, Mao J, Qi H Z, Xie H Z, Shen C, Liu C T, Ding L. 2020. Developing novel computational prediction models for assessing chemical-induced neurotoxicity using naïve bayes classifier technique. Food Chem. Toxicol., 143: 111513.

Zhang H, Yu P, Ren J X, Li X B, Wang H L, Ding L, Kong W B. 2017c. Development of novel prediction model for drug-induced mitochondrial toxicity by using naive bayes classifier method. Food Chem. Toxicol., 110: 122-129.

Zhang H, Zhang A H, Kohan D E, Nelson R D, Gonzalez F J, Yang T X. 2005. Collecting duct-specific deletion of peroxisome proliferator-activated receptor gamma blocks thiazolidinedione-induced fluid retention. Proc. Natl. Acad. Sci. U. S. A., 102(26): 9406-9411.

Zhang J, Mucs D, Norinder U, Svensson F. 2019. LightGBM: An effective and scalable algorithm for prediction of chemical toxicity-application to the Tox21 and mutagenicity data sets. J. Chem Inf. Model., 59: 4150-4158.

Zhang L, Ai H X, Chen W, Yin Z M, Hu H, Zhu J F, Zhao J, Zhao Q, Liu H S. 2017a. CarcinoPred-EL: Novel models for predicting the carcinogenicity of chemicals using molecular fingerprints and ensemble learning methods. Sci. Rep., 7, 2118.

Zhang Y, Yang Q. 2018. An overview of multi-task learning. Natl. Sci. Rev., 5(1): 30-43.

Zhao Q, Yang K, Li W, Xing B S. 2014. Concentration-dependent polyparameter linear free energy relationships to predict organic compound sorption on carbon nanotubes. Sci. Rep., 4, 03888.

Zhao Y H, Zhang X J, Wen Y, Sun F T, Guo Z, Qin W C, Qin H W, Xu J L, Sheng L X, Abraham M H. 2010. Toxicity of organic chemicals to *Tetrahymena Pyriformis*: Effect of polarity and ionization on toxicity. Chemosphere, 79: 72-77.

Zhao Y L, Xing G M, Chai Z F. 2008. Nanotoxicology: Are carbon nanotubes safe? Nat. Nanotechnol., 3: 191-192.

Zhong M, Nie X L, Yan A X, Yuan Q P. 2013. Carcinogenicity prediction of noncongeneric chemicals by a support vector machine. Chem. Res. Toxicol., 26: 741-749.

Zoller R T, Brown T R, Doan L L, Gore A C, Skakkebaek N E, Soto A M, Woodruff T J, Saal F S V. 2012. Endocrine-disrupting chemicals and public health protection: A statement of principles from the endocrine society. Endocrinology, 153: 4097-4110.

Zorn K M, Foil D H, Thomas R, Russo D P, Hillwalker W, Feifarek D J, Jones F, Klaren W D, Brinkman A M, Ekins S. 2020. Machine learning models for estrogen receptor bioactivity and endocrine disruption prediction. Environ. Sci. Technol., 54: 12202-12213.

Zvinavashe E, Du T, Griff T, van den Berg H H, Soffers A E, Vervoort J, Murk A J, Rietjens I M. 2009. Quantitative structure-activity relationship modeling of the toxicity of organothiophosphate pesticides to *Daphnia Magna* and *Cyprinus Carpio*. Chemosphere, 75: 1531-1538.

第 6 章　基于图注意力网络筛查 PBT 化学品

化学物质的持久性(P)，影响其在环境介质中的赋存水平和停留时间；化学物质的生物积累性(B)，影响其在生物体内的浓度水平和停留时间；化学物质的毒性(T)，是其对生物健康不利效应的有害本质。因此，PBT 是化学物质危害性的核心属性。筛查出市场上使用的化学品中具有 PBT 属性的化学品，是对化学品进行健全管理的基础。

大数据时代的来临和人工智能算法的快速发展，使得基于定量构效关系(QSAR)原理，根据分子结构来筛查 PBT 化学品成为可能。本章介绍一种先进的机器学习算法——图注意力网络(graph attention network, GAT)，及其在 PBT 化学品筛查中的应用(Wang et al., 2022)。这种从分子结构直接预测复杂终点的数据驱动模型，具有高效、机理可解释、便于程序化实施的特点，在化学品筛查领域具有重要的应用前景。

6.1　PBT 化学品的综合筛查

评价一种化学品是否具有 PBT 属性，传统的做法是判断化学品的 P, B 和 T 属性值是否超过设定的标准阈值(Moermond et al., 2011; Solomon et al., 2013)。化学品的 P, B 和 T 属性，涉及化学品在多介质环境中的迁移分配、降解转化、生物蓄积行为，以及各种毒性通路及毒性大小，难以全面通过实验逐一测定，往往需要借助模型来整合实验数据，并借助专家的经验判断来确定。Strempel 等(2012)使用 EPI Suite 软件中的 Biowin3 模块预测化学品的生物降解半减期，BCF/BAF 模块预测生物富集因子，ECOSAR 软件预测鱼类 96 h 的 EC_{50} 或 LC_{50}、水蚤 48 h 的 EC_{50} 或 LC_{50}。进而结合 PBT 化学品的评价标准，为化学品 PBT 属性加权打分，发现 94483 种化学品中约 3.1%可能具有 PBT 属性。

深度学习技术的快速发展，使得揭示大数据背后的复杂规律成为可能。如果有了经专家判断所确定的 PBT 化学品清单和非 PBT 化学品清单数据，根据分子结构决定其性质的基本原理，就有望通过构建 QSAR 模型，高通量地筛查 PBT 化学品。不同于以往的各属性分别筛查的策略，这种思路选择分子描述符表征分子结构，利用深度学习的特征筛选能力和强拟合能力，直接学习化学品结构与其 PBT 属性的关系。

Sun 等(2020)开发了一种深度卷积神经网络(DCNN)模型，用于筛查 PBT 化学品。为充分利用 DCNN 模型处理高维度特征向量的能力，模型采用分子描述符矩阵(MDRM)编码分子的结构。MDRM 是一个二维矩阵，每个分子描述符的值编码于矩阵的特定坐标位置中。共有 2424 种分子描述符被筛选出，并归一化至[0, 1]区间。DCNN 模型在 PBT 化学品筛查中，取得了较好的预测效果，在外部验证集上取得了 90.4%的准确率(Sun et al., 2020)。

然而，DCNN 模型只能输入二维矩阵形式的分子特征，将大量没有理化相关性含义的分子描述符相邻排列。这种操作不可避免地会给模型的训练过程引入噪声，影响模型的稳健性和预测能力。以往有研究也表明，手工编码的分子描述符，可以显著影响建模算法的选择和模型的预测性能(Todeschini et al., 2009; Fujita and Winkler, 2016)。对于 PBT 化学品筛查任务来说，有机化学品的结构多样性很强，而且同时涉及化学品的 P, B 和 T 三方面属性。因此，基于分子描述符开发的 DCNN 模型，可能并没有充分表征 PBT 化学品的结构特征，并导致 PBT 化学品筛查的不准确。

近年来，图神经网络(graph neural network, GNN)作为一种特殊的深度学习算法，已经被成功应用于预测化学物质的物理化学性质(水溶性、溶剂化自由能等)和毒性(雄激素受体、雌激素受体和芳烃受体活性等)(Chuang et al., 2020; Jiang et al., 2021)。在 GNN 算法的框架中，化学品的分子特征以分子图的形式表示。如图 6-1 所示，分子图中边的特征向量编码了对应化学键的特征，节点的特征向量编码了对应非氢原子的特征，氢原子通常以非氢原子特征向量中的“与该原子相连的氢原子数量”表示。图 6-1 展示了常见用于表示化学键与原子的特征。GNN 模型以分子图为输入，学习输入特征与预测终点之间的关系，从而实现所谓的“端到端”学习。换句话说，GNN 可以从原始的分子结构中，自动学习简洁且具有代表性的分子特征，避免分子特征选择中的人为干预。自动优化的分子特征，使 GNN 能够简化 QSAR 的建模流程，并在广泛的任务中实现较好的预测性能(Jiang et al., 2021)。因此，GNN 有望改变基于分子描述符的 QSAR 研究范式，有望基于化学品的结构高通量地筛查 PBT 化学品。

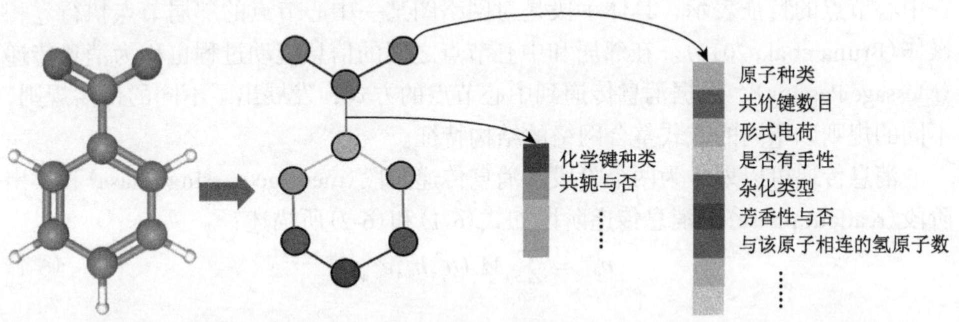

图 6-1　GNN 框架中的分子图输入模式，其中节点表示原子，边表示化学键

深度学习模型以往常常被称为“黑箱模型”，即具有较高的预测性能，但很难具备可解释性。然而，对于化学品管理实践应用中的 QSAR 模型来说，结果的可解释性可以佐证模型的科学性和稳健性，具有重要意义(Ciallella and Zhu, 2019; Chuang et al., 2020)。通过为每个节点(原子)引入注意力权重参数(P_{AW})，并在训练期间自动优化 P_{AW}，GAT，作为一种改进的 GNN，可以专注于对相关任务有重要贡献的局部分子结构，从而提高模型预测效果。基于 GAT 算法构建的 PBT 化学品筛查模型中，P_{AW} 本质上反映了每个节点对待预测分子 PBT 属性的贡献。因此，环境化学家可以通过 P_{AW} 推断模型做决定的根据，从而判断模型的预测结果是否可靠。P_{AW} 还可用于增强模型的可解释性，并识别与分子 PBT 属性相关的警示子结构。因此，GAT 很适合用于开发 PBT 化学品的筛查模型。

6.2　图注意力网络算法

GAT 算法，是 GNN 算法的一种，同属于深度学习算法。与以往大多数基于人为筛选的分子描述符的 QSAR 模型不同，基于 GAT 算法的 QSAR 模型可以直接从分子的原始结构中学习，充分发挥深度学习的特征提取优势。GAT 的神经网络架构，适合分子结构这类有明确拓扑结构的数据类型，充分考虑和利用了分子内部的结构信息。引入的 P_{AW} 可提高 GAT 模型的筛查准确性和解释性，使其更适合化学品属性预测相关任务。这里重点介绍 GAT 的基本原理，以及其在 QSAR 建模中的优势与相关研究。

6.2.1　图神经网络基本原理

GNN 可以从原理上分为谱域(Spectral) GNN 和空域(Spatial) GNN。前者有坚实的数学基础，但其计算复杂度较大，且对训练中图的结构和所包含的特征类型有严格限制，在动作识别等领域仍有应用(Tang et al., 2018)。目前在分子图等图形领域应用较广的是空域 GNN。其核心思想是通过聚合相邻节点的特征，来更新某一中心节点的特征表示，具体手段是对网络图某一中心节点的邻居节点执行卷积操作(Bruna et al., 2013)。在邻居和中心节点之间的信息流动过程也称为消息传递(Message Passing)。根据消息传递到中心节点的方式，发展出了不同的传播规则，不同的规则以不同的方式整合网络的结构特征。

消息传递可以划分为两个阶段：消息传递阶段(message passing phase)和读出阶段(readout phase)。消息传递阶段如式(6-1)和(6-2)所描述：

$$n_v^{t+1} = \sum_{w \in N_v} M_t(h_v^t, h_w^t, e_{v,w}^t) \tag{6-1}$$

$$h_v^{t+1} = U_t(h_v^t, n_v^{t+1}) \tag{6-2}$$

式中，h_v^t 和 h_w^t 分别表示经过 t 次迭代后 v 和 w 两个节点的特征（例如原子的种类、相连氢原子个数等）；$e_{v,w}^t$ 表示经过 t 次迭代后连接节点对 v 和 w 的边的特征（例如化学键的类型等）；N_v 表示中心节点 v 的一组邻居节点；$M_t(\cdot)$ 表示将邻居节点特征传递到中心节点的消息传递函数；n_v^{t+1} 表示经过 $M_t(\cdot)$ 函数整合后的邻居节点与相邻边的特征；$M_t(\cdot)$ 函数一般为取特征最大值、最小值或平均值的函数；更新函数 $U_t(\cdot)$ 被用于更新中心节点的特征表示。$U_t(\cdot)$ 函数一般由全连接层实现，邻域内的节点特征实质上共享同一组可学习的权重值矩阵 $\boldsymbol{W}$。

读出阶段利用读出函数 $R(\cdot)$，根据最后一次消息传递后更新的所有节点特征 h_v^T 为整个网络图 G 计算预测终点 $\hat{y}$：

$$\hat{y} = R(\{h_v^T \mid v \in G\}) \tag{6-3}$$

根据消息传递函数 $M_t(\cdot)$、更新函数 $U_t(\cdot)$、读出函数 $R(\cdot)$ 的选择，可以对模型进行变体以适应不同的任务需求。

GNN 还具有局部特征感知机制。局部感知是指在神经网络迭代过程中，某一层网络中的一个节点只与上一层中部分节点进行消息传递，在下一层网络中整合局部信息，从而获得网络的全局信息。这些特征机制，使基于 GNN 的 QSAR 模型可以在关注化学品重要的局部结构特征的同时，对化学品整体结构进行完整的学习，从而实现较好的预测效果。

近年来，GNN 在构建 QSAR 模型中的应用逐渐增加。Stokes 等（2020）训练了一个能够预测分子抗菌活性的 GNN 模型。基于包含了 2335 个分子数据集的训练模型，并预测分子对大肠杆菌生长的抑制作用。随后，将该模型应用于几个共包含 1.07 亿个分子的数据库，以识别具有抑制大肠杆菌活性的潜在先导化合物。根据模型的预测值对化合物进行排序，之后综合预先设定的得分阈值、化学结构和有效性来选择候选化合物。通过这种方法，发现了 8 个结构上与已知抗生素相差很大的抗菌化合物。实验发现，其中两个分子具有强大的抗生素广谱活性，可以抵抗大肠杆菌中的一系列抗生素耐药因素。GNN 模型的分子表征方式，不同于传统预先定义的分子描述符，而是结合与特定任务相关的训练过程，优化其特征提取方案。正因此，基于图神经网络的模型才能预测出结构上与已知抗生素相距甚远的抗菌化合物。GNN 模型拥有较强的泛化能力，意味模型可以根据训练集样本外推出较为广泛的一般性规律，对 QSAR 模型构建的意义重大。

Jiang 等（2021）基于涵盖化学品各种属性的 11 个公共数据集（表 6-1），比较了基于描述符的传统机器学习模型和基于 GNN 开发的 QSAR 模型的预测能力和计算效率。结果表明，GNN 模型在机理较复杂的任务中表现良好。相比于其他的深度学习模型，GNN 模型的优势在于实现了对分子性质预测的“端到端”学习，可以从分子的原始结构中，自动提取与任务相关性较强的结构特征。因此，不仅 QSAR 模型的构建流程被大大简化，在遇到全新的预测任务而无法依靠经验筛选分子特征时，也可以利用 GNN 模型自动提取结构特征的能力，获得较高的预测准确性。

表 6-1　构建 GNN 模型所使用的化学品属性数据集

数据集	数据类型	数据量	描述
ESOL	连续值	1127	有机小分子的水溶性
FreeSolv	连续值	639	水中小分子的水合自由能
Lipop	连续值	4200	辛醇/水分配系数
HIV	可计数值	40748	HIV 病毒复制的抑制活性
BACE	可计数值	1513	人 β-分泌酶 1（BACE-1）抑制活性
BBBP	可计数值	2035	血脑屏障渗透性
Clin Tox	可计数值	1475	FDA 批准的药物和表现出临床毒性的药物
SIDER	可计数值	1366	已上市药物和药物不良反应（ADR）数据库
Tox21	可计数值	7811	12 个终点的 *in vitro* 毒性测量
ToxCast	可计数值	8539	182 个终点的 *in vitro* 毒性测量
MUV	可计数值	93087	PubChem BioAssay 的子集

6.2.2　图注意力网络

在 GNN 的训练过程中，随着网络层数和迭代次数的增加，每个节点的特征会趋向于收敛到同一个值。这种被称为过平滑（over-smooth）的现象，会导致 GNN 模型的拟合能力下降。针对此问题，Veličković 等（2018）在 GNN 中引入了注意力机制，开发了 GAT 算法。注意力机制在深度学习模型的训练过程中，引入可优化的 P_{AW}，进而让模型对训练样本的重要信息重点关注并充分学习。注意力机制在 GNN 模型的消息传递过程中，添加 P_{AW}，使模型可以识别分子图中重要的节点，并通过反向传播和梯度下降算法，逐渐增大重要节点的 P_{AW}。同时，注意力机制也使分子图中对预测结果贡献较小节点的 P_{AW} 逐渐减小，避免其对模型的预测结果带来负面干扰。

不同于普通 GNN 模型的消息传递函数 $M_t(\cdot)$，GAT 模型中节点特征的聚合由注意力层实现。注意力层的输入是一组节点特征，输出是一组乘以 P_{AW} 的节点特征。其实现过程可分为三个步骤，如式（6-4），（6-5）和（6-6）所描述：

$$P_{A,v,w} = \text{relu}(\boldsymbol{W} \cdot h_v, \boldsymbol{W} \cdot h_w) \tag{6-4}$$

式中，h_v 和 h_w 分别表示 v 和 w 两个节点的特征向量。为了获得足够的表达能力，将输入特征转变为更高层次的特征，每个节点的特征向量均乘一个可学习

的权重参数向量 $\boldsymbol{W}$，之后利用非线性激活函数 relu(·) 在节点特征上计算注意力参数 $P_{\mathrm{A},v,w}$。

$$P_{\mathrm{AW},v,w} = \mathrm{softmax}(P_{\mathrm{A},v,w}) = \frac{\exp(P_{\mathrm{A},v,w})}{\sum_{k \in N_v} \exp(P_{\mathrm{A},v,k})} \tag{6-5}$$

式中，注意力参数 $P_{\mathrm{A},v,w}$ 表示节点 w 的特征对节点 v 的重要性。GAT 模型计算节点 v 的某个邻域 N_v 内所有节点的重要性，并利用 softmax(·) 函数对 $P_{\mathrm{A},v,w}$ 归一化处理，得到节点 w 对节点 v 注意力权重参数 $P_{\mathrm{AW},v,w}$。

$$h'_v = \sum_{w \in N_v} P_{\mathrm{AW},v,w} \cdot \boldsymbol{W} \cdot h_w \tag{6-6}$$

最后，计算归一化后的 $P_{\mathrm{AW},v,w}$ 和与之对应的特征向量的线性组合，作为每个节点的最终输出特征 h'_v。

以图 6-2 为例，展示注意力层更新节点特征的计算过程。每个节点的特征均由一维的向量表示。对于 6 号节点，有 1 号、5 号、7 号 3 个相邻的节点。将这 3 个节点加上 6 号节点自身，构成 6 号节点特征更新的邻域。使用注意力机制计算 6 号节点与邻域内各个节点的注意力参数 $P_{\mathrm{A},v,w}$。6 号节点与 1 号节点之间的 $P_{\mathrm{A},6,1}$ 计算如式 6-7:

$$P_{\mathrm{A},6,1} = \mathrm{relu}(\boldsymbol{W} \cdot h_6, \boldsymbol{W} \cdot h_1) \tag{6-7}$$

式中，h_6 和 h_1 分别表示 6 号节点和 1 号节点的一维特征向量。$\boldsymbol{W}$ 表示可随着模型训练逐渐优化的参数向量。最终利用激活函数 relu(·) 计算得到节点 6 和节点 1 的注意力参数，用于表示二者的关联度。6 号节点与邻域内其余节点，以及自身的注意力参数，$P_{\mathrm{A},6,5}$, $P_{\mathrm{A},6,7}$ 和 $P_{\mathrm{A},6,6}$ 的计算与 $P_{\mathrm{A},6,1}$ 类似。

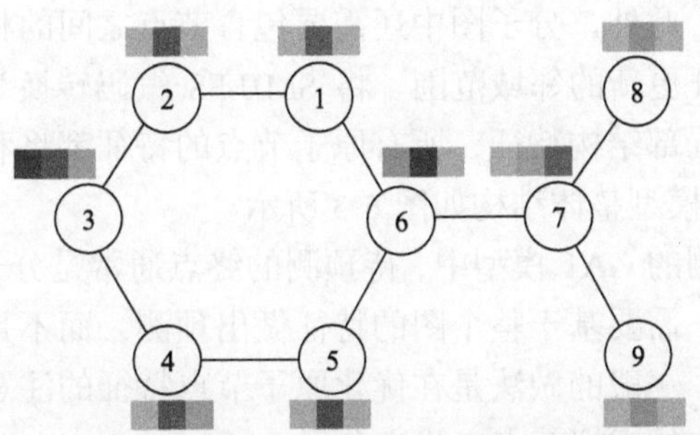

图 6-2　关于分子图的一个实例，其中不同颜色的方块表示不同的原子特征

随后，利用函数 softmax(·) 对 6 号节点与邻域内的 4 个节点的 $P_{\mathrm{A},v,w}$，分别执行归一化操作，得到 4 个 $P_{\mathrm{AW},v,w}$ 以便后续的节点特征更新。以 6 号节点与 1 号节点之间的 $P_{\mathrm{AW},6,1}$ 计算为例，如式(6-8):

$$P_{\mathrm{AW},6,1} = \mathrm{softmax}(P_{\mathrm{A},6,1}) = \frac{\exp(P_{\mathrm{A},6,1})}{\exp(P_{\mathrm{A},6,1}) + \exp(P_{\mathrm{A},6,5}) + \exp(P_{\mathrm{A},6,7}) + \exp(P_{\mathrm{A},6,6})} \tag{6-8}$$

最后，利用 6 号节点与其邻域内的 4 个节点的 $P_{\mathrm{AW},v,w}$，以及可优化的参数向量 $\boldsymbol{W}$，对邻域节点特征进行有区别的聚合，完成此次节点的特征更新，如式(6-9)：

$$h_6' = P_{\mathrm{AW},6,1} \cdot \boldsymbol{W} \cdot h_1 + P_{\mathrm{AW},6,5} \cdot \boldsymbol{W} \cdot h_5 + P_{\mathrm{AW},6,7} \cdot \boldsymbol{W} \cdot h_7 + P_{\mathrm{AW},6,6} \cdot \boldsymbol{W} \cdot h_6 \tag{6-9}$$

值得注意的是，这里 4 个节点的 $\boldsymbol{W}$ 是共用的。

相比于其他 GNN 模型，GAT 引入的注意力机制，可以动态地描述不同相邻节点的关系，实现对邻域节点有区别的聚合。若将 $P_{\mathrm{AW},v,w}$ 和 $\boldsymbol{W}$ 结合起来看作一个系数，GAT 实质上对邻域内的每个节点，都隐式地分配了不同的学习参数。因此，GAT 模型能在一定程度上缓解过平滑问题。

此外，在 GAT 模型的训练过程中，注意力机制是在为每一个节点不断计算 $P_{\mathrm{AW},v,w}$，来根据模型表现推断节点之间的关系。这种对节点之间关系的不断学习，可以让模型动态地关注与特定任务更相关的局部图结构。在基于 GAT 构建的 QSAR 模型中，局部图结构相当于局部分子结构。注意力机制的这种特性可以让 GAT 模型在缺乏先验知识的情况下，从数据中习得规律，更关注重要的局部分子结构，并提高模型性能。模型训练结束后，对 $P_{\mathrm{AW},v,w}$ 参数的可视化展示，有助于增强模型的可解释性。

6.2.3　基于图注意力网络的 QSAR 模型

首先根据 SMILES 码读取分子结构，并将其编码为分子图的形式。为分子图中每个原子编码长度一致的一维特征向量，化学键与之类似。由此，所有分子图中都包含了一个原子特征矩阵和一个化学键特征矩阵，用于后续训练中的逐次特征聚合和特征更新。此外，分子图中还需要包含节点之间的相连关系，用于确定每次特征聚合和特征更新的邻域范围。将 SMILES 编码转换为分子图后，为了在原子中编码分子的局部结构特征，所有原子节点的特征都将利用注意力层更新。基于 GAT 的 QSAR 模型整体结构如图 6-3 所示。

在化学属性预测的 GAT 模型中，待预测的终点通常是分子的标签，也就是整个图的标签。因此，需要基于整个图的特征做出预测，而不是此时注意力层中每个原子节点的特征。一般的做法是在优化原子节点特征的注意力层后，引入一个与所有原子节点相连的虚拟节点来代表分子。

对虚拟节点使用与原子节点相同的注意力层(后称为分子注意力层为作区分)，计算虚拟节点与所有原子节点的 $P_{\mathrm{AW},v,w}$，并根据 $P_{\mathrm{AW},v,w}$ 有区别地聚合所有原子节点的特征，更新虚拟节点的特征。由此，虚拟节点的特征就包含了与预测属性相关的、有高度代表性的分子特征。利用式(6-3)，基于虚拟节点在分子注意力层输出的分子特征，计算分子的终点 $\hat{y}$。

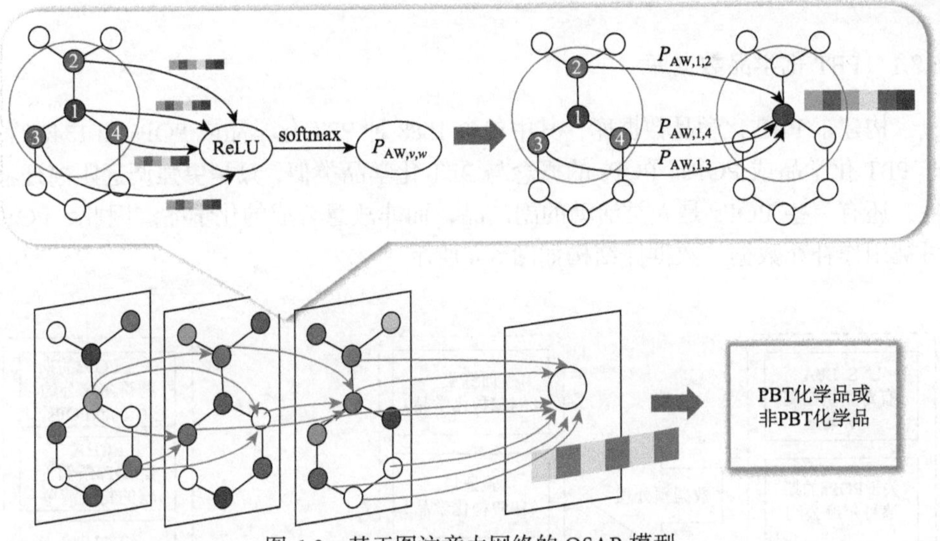

图 6-3　基于图注意力网络的 QSAR 模型

随后，采用损失函数来计算模型的预测终点 $\hat{y}$ 与实际标签的差异大小。预测结果与实际值相差越大，损失函数的值就越大。神经网络的训练就是对模型内部所有可学习参数 $\boldsymbol{W}$ 的优化，来最大限度减小损失函数的值。根据损失函数的值和梯度下降算法，就可以采用优化器对模型内部参数进行新一轮的优化，逐渐减小损失函数的值，实现“端到端”训练。优化后的 $P_{AW,v,w}$ 直接反映了 GAT 模型在相关任务中分配给特定原子的权重，因此可以用于解释模型的训练过程和结果。

GAT 的核心思想，就是对邻域内的节点进行有区别的聚合，增加模型训练中化学品内部重要子结构的权重。Xiong 等(2020)利用 GAT 模型框架，在各种分子属性预测任务(表 6-1)中，实现了最佳的预测性能。此外，注意力机制引入的 P_{AW}，可以反映分子图中各个节点对模型预测结果的贡献程度。Ryu 等(2018)基于这一参数，用不同颜色标记分子图中不同重要性的原子或子结构基团，确定了分子的几种子结构，作为分子高光伏效率的基本结构特征。将注意力机制提取出的结构特征，与量子化学计算中从机理出发计算得到的结构特征对比，发现深度学习提取的子结构与电荷转移激发的供体和受体轨道区域相吻合。所构建的模型框架不仅预测性能优秀，还能对预测结果进行一定程度的解释。这种特性对化学品危害性筛查十分重要，可以增强模型的预测可信度，并在模型训练过程中提取警示子结构，有助于实现精准的化学品虚拟筛查。

6.3　基于图注意力网络筛查 PBT 化学品的模型

这里介绍基于 GAT 构建的筛查 PBT 化学品的 QSAR 模型，包括建模所需的数据库、模型表征参数和模型的应用域表征等。

6.3.1 PBT 化学品数据库

构建了 PBT 化学品数据库，其中包含 1588 种 PBT 化学品或 POPs 和 13406 种非 PBT 化学品或 POPs。POPs 的概念与 PBT 化学品类似，只是更强调远距离迁移性，还有一些 POPs 是人类活动的副产品，而非故意合成的化学品。因此，POPs 可被用作补充数据。数据库结构如图 6-4 所示。

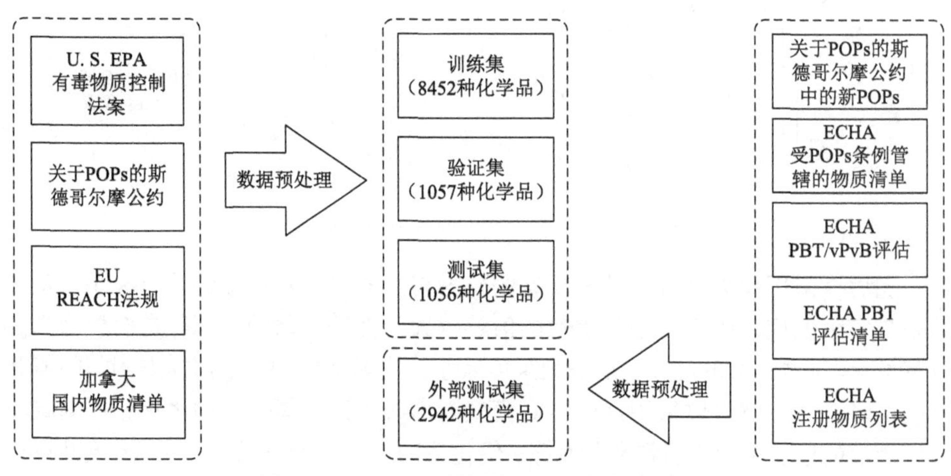

图 6-4　PBT/POPs 数据来源以及数据集划分

共收集 1588 种 PBT 化学品，其中包括由 Sun 等（2020）从相关 PBT 化学品名录中收集的 1309 种化学品，以及来自欧洲化学品管理局（ECHA）PBT/vPvB 评估、ECHA PBT 评估清单、ECHA 受 POPs 条例管辖的物质清单以及《关于持久性有机污染物的斯德哥尔摩公约》的新 POPs 清单中 279 种经专家验证的 PBT 化学品。13406 种非 PBT 化学品，包括从 ECHA PBT/vPvB 评估和 ECHA PBT 评估清单中收集的 87 种经专家确认的化学品，3329 种来自 ECHA 注册物质列表的化学品，以及 Sun 等（2020）收集的 9990 种物质。

在数据预处理步骤中，删除了不合规范的 SMILES 码、重复分子和无机分子。使用与 Sun 等（2020）研究中相同的数据集来训练、验证和测试 GAT 模型，以便将模型性能与此前模型比较。新收集的经专家确认的数据，用于外部测试。以 8∶1∶1 的比例随机分配训练集、验证集和测试集。

6.3.2 GAT 模型表现

图 6-5 展示了 GAT 模型的学习曲线。可以看出，仅经过 5 次迭代，GAT 模型

在训练集上的 R_A 就从 30%左右增加到 90%以上。随后，R_A 以相对稳定的速度增长，最高达到 95%以上。验证集没有直接参与模型的训练，因此能为模型性能提供更客观的参考。验证集与训练集上模型的表现基本一致，说明 GAT 模型不存在过拟合或欠拟合。

P_{AW} 量化了原子对某一个分子 PBT 属性的贡献。以两个经专家确认的 PBT 分子为例，其 GAT 模型训练过程中 P_{AW} 的变化如图 6-5 所示。可以看出，经过一定的训练后，各原子 P_{AW} 的值发生了很大的变化。随着 R_A 在前 5 次迭代中的快速增加，原子的 P_{AW} 逐渐集中在卤素原子和芳香族原子上，而逐渐忽视了氧原子和氮原子。经过 200 次迭代后，卤素原子和芳香族原子被稳定地赋予了较高的 P_{AW} 值。Khan 等（2020）在构建预测化合物降解半减期的 QSAR 模型时，也发现含有卤代芳香族结构片段的化合物半减期更长。对 PBT 化学品 P_{AW} 值的可视化，可以反映出局部子结构对分子整体 PBT 属性的贡献，可据此推断 PBT 化学品的警示结构。这种可视化，增强了模型机理的透明性，满足 QSAR 模型预测公开、透明的要求，便于 GAT 模型在 PBT 化学品筛查中的实际应用。

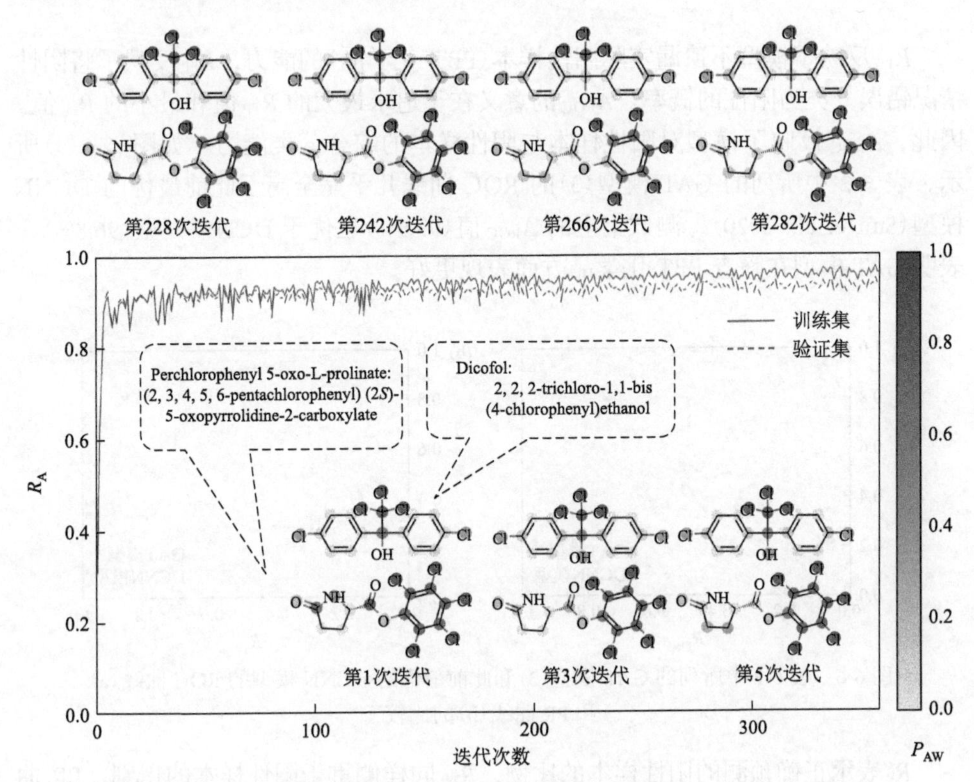

图 6-5　GAT 模型的学习曲线（R_A 随迭代次数增加而变化），以及 2 个经专家确认的 PBT 分子的 P_{AW} 值的可视化展示

训练集和验证集分别直接或间接地参与了 GAT 模型训练，因此采用测试集评估模型预测性能。为了评估 GAT 模型的稳健性，随机划分训练集、验证集和测试集 5 次，并计算了 5 次独立训练所得模型性能指标的平均值和标准差。GAT 模型在测试集上的性能指标如表 6-2 所示。

表 6-2　GAT 模型在测试集上的表现

模型	A_{ROC}	A_{PR}	R_{TP}	R_{FP}	R_P
(1)	97.6%	89.4%	92.9%	6.57%	65.9%
(2)	96.7%	88.6%	89.1%	6.21%	68.3%
(3)	98.8%	90.8%	98.2%	5.72%	67.1%
(4)	97.8%	87.5%	93.8%	7.53%	59.3%
(5)	98.8%	92.0%	92.0%	4.51%	73.2%
平均值	97.9%	89.7%	93.2%	6.1%	66.8%
标准差	0.8%	1.6%	3.0%	1.0%	4.5%

R_{TP} 反映了模型不遗漏实际阳性样本(PBT 化学品)的能力，R_{FP} 反映了将阴性情况错误分类为阳性的概率。A_{ROC} 的意义在于追求最大的 R_{TP} 值和最小的 R_{FP} 值。因此，A_{ROC} 反映了模型对阳性样本与阴性样本的综合分类能力。如图 6-6(a)所示，表 6-2 中所列的 GAT 模型(3)的 ROC 曲线几乎完全高于此前最优的 DCNN 模型(Sun et al., 2020)，测试集上的 A_{ROC} 值(97.9%)也优于 DCNN 模型(96.8%)，表明 GAT 模型在筛查 PBT 化学品方面表现更好。

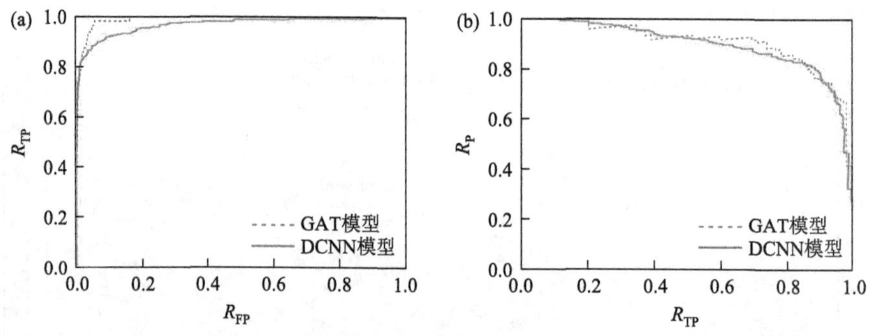

图 6-6　表 6-2 中所列的 GAT 模型(3)和此前最优的 DCNN 模型的 ROC 曲线(a)和 PR 曲线(b)的比较

R_P 表示正确预测的阳性样本的比例，R_{TP} 同样侧重于阳性样本的识别。PR 曲线和 A_{PR} 的意义，在于同时追求最大的 R_P 和 R_{TP}。因此，二者更适合评估分类模型识别阳性样本的能力，特别是评估采用不平衡数据集训练的 GAT 模型。GAT

模型(3)的 PR 曲线大致高于 DCNN 模型[图 6-6(b)]。因此，GAT 模型对阳性样本的筛查也优于以往模型。

由于 GAT 模型的目标是筛查出所有的 PBT 化学品，R_{TP} 是模型实际应用中的一个重要指标。GAT 模型在测试集上的平均 R_{TP}(93.2%)，明显优于以往模型中的相应值(80.0%)(Sun et al., 2020)，说明 GAT 模型的筛查结果更为可靠。下面针对表 6-2 中 R_{TP} 最高(98.2%)的模型(3)，进行后续讨论。

6.3.3 GAT 模型应用域

我国 2020 年发布的《新化学物质环境管理登记指南》中，提出了 QSAR 模型应用域(AD)表征的要求。这里，首先采用 Wang 等(2021)开发的 AD_{FP} 应用域表征方法，表征 GAT 模型的 AD。AD_{FP} 应用域表征方法，根据数据集中所有分子之间的两两结构相似性(S)，将数据集的化学空间划分为不同的聚落，并设置阈值 S_{cutoff}，从同一聚落中排除与其他分子 S 值较低的分子。分子之间的 S 值，基于 MACCS 结构键(Durant et al., 2002)和谷本相似性系数(Rogers and Tanimoto, 1960)计算。如图 6-7(a)所示，随着 S_{cutoff} 值的增加，更多具有较低 S 值的化学品被排除在应用域外。当 AD_{FP} 的 S_{cutoff} = 0.90 时，A_{ROC}, A_{PR}, R_{TP} 和 R_A 值大幅提升，表明 GAT 模型的预测可靠性显著改善。

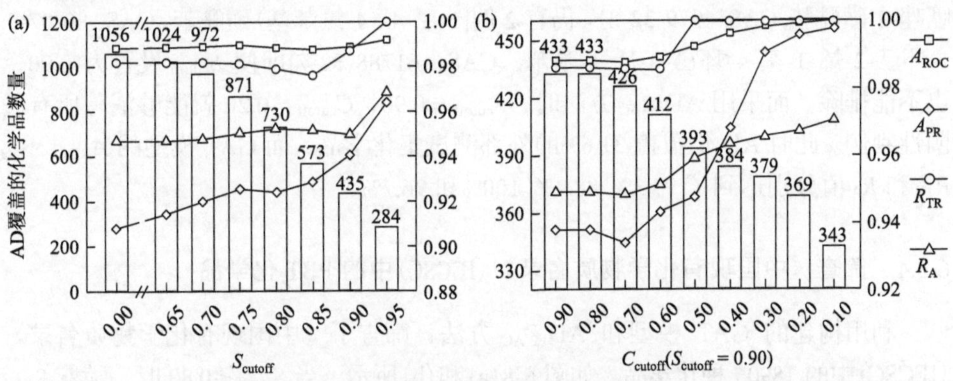

图 6-7 AD_{FP} 应用域表征(a)和 $AD_{FP\text{-}AC}$ 应用域表征(b)的比较，由 A_{ROC}, A_{PR}, R_{TP} 和 R_A 和 AD 覆盖的化学品数量来表征

结构相似但活性相冲突的分子，会在其构效关系形貌(structure-activity landscape, SAL)中呈现“局部不连续性”，这种现象也被称为活性悬崖(activity cliff, AC)。此前研究表明，训练集中化学品的局部不连续性，与交叉验证中的绝对预测误差呈正相关(Wang et al., 2021)。尽管 QSAR 模型对活性悬崖上的化学品的预测可能相对不可靠，但传统的 AD 方法从未考虑过 AC。由于 PBT 化学品和非 PBT

化学品多样性的分子结构，PBT 化学品的 SAL 上可能存在一些 AC。

为解决上述问题，发展了新的应用域表征方法 $AD_{FP\text{-}AC}$，该方法通过局部不连续性分值(S_{LD})来检测可能位于 AC 上的化学品。分子 m 的 S_{LD} 值由下式计算:

$$S_{LD}(m)=\frac{1}{K}\sum\nolimits_{\{n|S(m,n)\geqslant S_{cutoff},m\neq n\}}S(m,n)\cdot D(m,n) \tag{6-10}$$

式中，n 表示一个分子集合，其中的分子与分子 m 的相似度 $S(m, n)$ 均大于 S_{cutoff}。$D(m, n)$ 表示分子 m 和分子 n 活性的绝对差值，K 是集合中元素的数目。原则上，具有较大 S_{LD} 值的分子很可能位于 AC 上。

$AD_{FP\text{-}AC}$ 设置阈值 C_{cutoff} 以选择具有较高 S_{LD} 值的分子,并通过它们定位 AC 的位置。在 $AD_{FP\text{-}AC}$ 的框架中，SAL 可以被看作是 S_{LD} 值随 S 值变化的等高线。基于对现有分子聚落的 S 值，将需要预测的分子插入到 SAL 中，以判断无标签的分子是否在 AC 上。

如图 6-7(b)所示，随着 C_{cutoff} 值的降低，AD 中覆盖的化学品数量减少，GAT 模型的预测性能进一步提升。可以观察到，如果要从 AD 中排除相似数量的分子，在 $AD_{FP\text{-}AC}$ 应用域表征方法的辅助下，模型性能通常有更明显的改善。例如，当 $S_{cutoff}=0.90$ 且 $C_{cutoff}=0.30$ 时，$AD_{FP\text{-}AC}$ 覆盖了 379 个分子，相应的 A_{ROC} 和 A_{PR} 值分别高达 99.8%和 99.1%[图 6-7(b)]。然而，当 AD_{FP} 的 $S_{cutoff}=0.95$ 时，AD_{FP} 中只剩下 284 个分子，相应的 A_{ROC} 和 A_{PR} 值却分别降至 99.2%和 96.4%[图 6-7(a)]。

使用专家确认的 PBT 化学品进行外部测试时, 只有 3 个 PBT 化学品被误判为假阴性判例。$S_{cutoff}=0.70$ 的 AD_{FP} 方法排除了 1 例假阴性判例(*N*, *N*-二环己基苯并噻唑-2-磺酰胺, CAS: 4979-32-2)。仍有 2 例[1-氯-4-(4-氯苯基)磺酰苯, CAS：80-07-9; 1-环己-2-烯-1-基-4-环己-3-烯-1-基苯，CAS：61788-32-7]即使 S_{cutoff} 设置为 0.90，也不能排除。而采用 $AD_{FP\text{-}AC}$ 方法时，$S_{cutoff}=0.90$，$C_{cutoff}=0.20$ 就能够消除所有假阴性判例。此时 AD 仍覆盖 31.6%的外部测试集化学品，而 GAT 模型的 A_{ROC}, A_{PR}, R_{TP} 和 R_A 值分别达到了 99.3%, 88.4%, 100%和 96.7%。

6.3.4　筛查《中国现有化学物质名录》(IECSC)中的 PBT 化学品

利用构建的 GAT 模型和 $AD_{FP\text{-}AC}$ 方法，筛查了《中国现有化学物质名录》(IECSC)中的 18905 种化学品。如图 6-8(a)和(b)所示，当 $S_{cutoff}\geqslant 0.80$ 时，随着 S_{cutoff} 的降低，AD 中 IECSC 化学品的数量稳定地减少。同时，当 $S_{cutoff}\geqslant 0.80$，$C_{cutoff}\leqslant 0.70$ 时，GAT 模型在测试集上的 A_{ROC} 和 A_{PR} 值显著且连续地提升[图 6-8(c)和(d)]。结果进一步表明，在以上阈值范围内使用 $AD_{FP\text{-}AC}$ 应用域表征，可以辅助 GAT 模型有效地筛查 PBT 化学品。

$AD_{FP\text{-}AC}$ 方法较严格时($S_{cutoff}=0.99$, $C_{cutoff}=0.10$)，18.6%的 IECSC 化学品在 AD 中，其中 6%的化学品被判定为 PBT 化学品。采用宽松的阈值($S_{cutoff}=0.80$, $C_{cutoff}=0.70$)可将 $AD_{FP\text{-}AC}$ 的覆盖范围扩大到 43.7%，其中 15.8%的化学品被判定为 PBT 化学品。

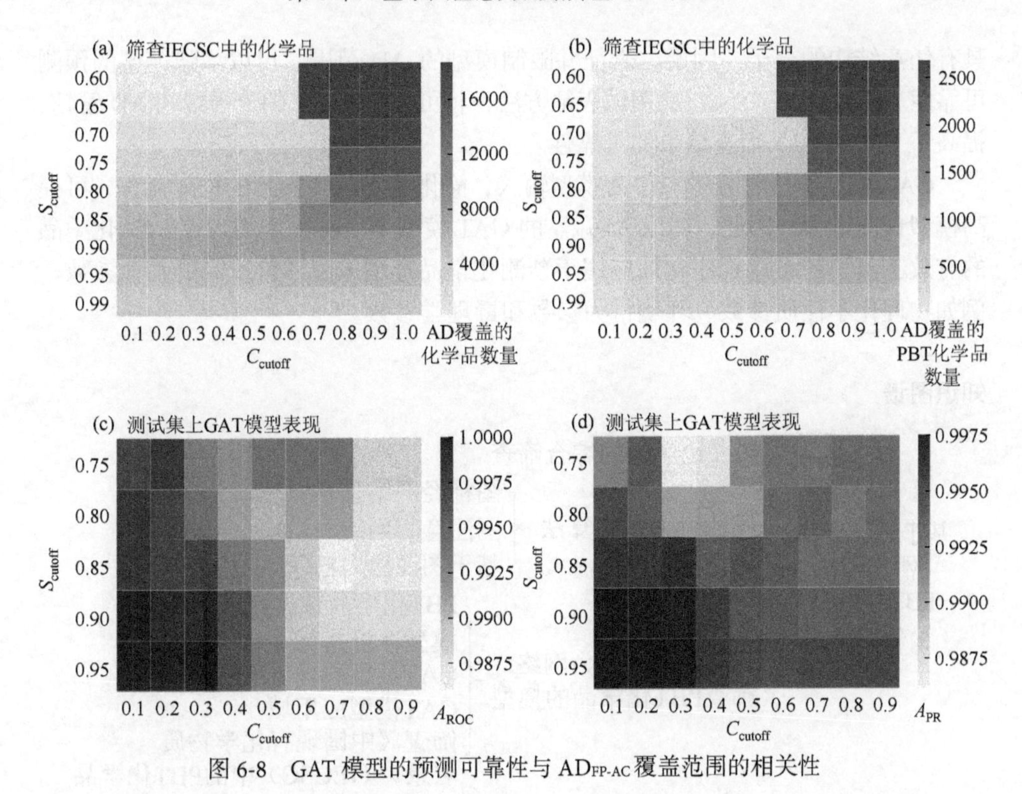

图 6-8　GAT 模型的预测可靠性与 AD_{FP-AC} 覆盖范围的相关性

6.4　小结与展望

快速高效地筛查 PBT 化学品，是对化学品进行风险管理和新污染物治理的基础性工作。仅仅通过实验测试，难以对种类众多的化学品进行 P, B 和 T 属性的快速筛查。发展 QSAR 模型用于 PBT 化学品的综合筛查，是一个解决该问题的重要途径。

PBT 化学品的综合筛查，同时涉及有机化学品的多方面属性。有机化学品的结构多样性强，传统 QSAR 模型和基于分子描述符的机器学习模型拟合能力有限，模型筛查效果有待提高。虽然一些深度学习模型展现出良好的筛查能力，但是模型的可解释性较弱，阻碍了其实际应用。

GNN 是一种先进的机器学习建模技术，可以将化学物质的原始结构信息(分子图)作为模型输入，根据特定的预测终点，自动制定分子结构特征的提取方案。GAT 算法通过引入 P_{AW}，增强 GNN 模型的预测性能。基于 GAT 算法构建的 PBT 化学品综合筛查模型，具有较强的筛查能力。对 GAT 模型的 P_{AW} 进行可视化展示，可以提升模型筛查结果的可解释性。根据 P_{AW} 也有望实现 PBT 化学品的结构预警。

基于数据驱动所构建的 QSAR 模型，从训练数据中学习的规则不一定适用于具有任意结构的分子。因此，表征并限制模型的 AD 范围，可以增强模型的预测可靠性。所发展的 $AD_{FP\text{-}AC}$ 应用域表征方法，将可能在 AC 上的分子纳入 AD 管辖，提高了 PBT 化学品筛查结果的可靠性。

GAT 模型直接将分子图作为模型输入，简化了 QSAR 模型的构建流程，可提高模型预测能力。因此，辅以 $AD_{FP\text{-}AC}$ 的 GAT 模型不仅可以作为筛查 PBT 化学品的有效工具，还可以程序化地应用于预测化学品环境风险评价所需的其他参数，例如物理化学性质参数、环境行为参数和毒理学参数。

知识图谱

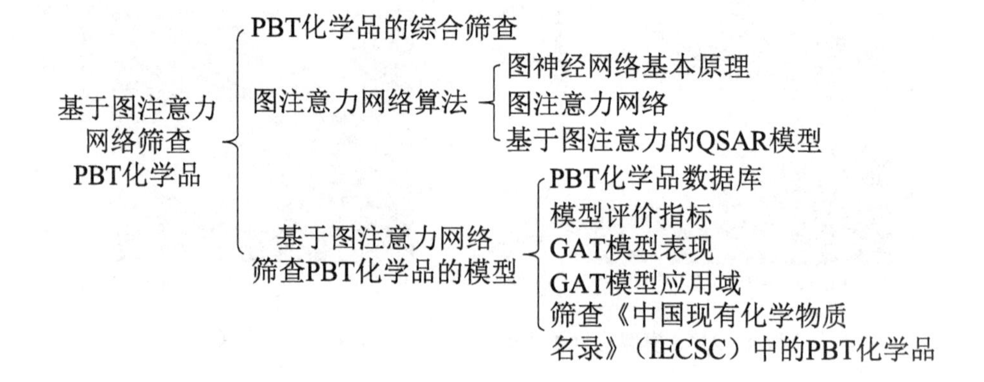

参 考 文 献

Bruna J, Zaremba W, Szlam A, LeCun Y. 2013. Spectral networks and locally connected networks on graphs[EB/OL]. [2021-5-15]. https: //arxiv.org/pdf/1312.6203.pdf.

Chuang K V, Gunsalus L M, Keiser M J. 2020. Learning molecular representations for medicinal chemistry. J. Med. Chem., 2020, 63(16): 8705-8722.

Ciallella H L, Zhu H. 2019. Advancing computational toxicology in the big data era by artificial intelligence: Data-driven and mechanism-driven modeling for chemical toxicity. Chem. Res. Toxicol., 32(4): 536-547.

Durant J L, Leland B A, Henry D R, Nourse J G. 2002. Reoptimization of MDL keys for use in drug discovery. J. Chem. Inf. Comput. Sci., 42: 1273-1280.

Fujita T, Winkler D A. 2016. Understanding the roles of the “Two QSARs”. J. Chem. Inf. Model., 56(2): 269-274.

Jiang D, Wu Z, Hsieh C Y, Chen G Y, Liao B, Wang Z, Shen C, Cao D S, Wu J, Hou T J. 2021. Could graph neural networks learn better molecular representation for drug discovery? A comparison study of descriptor-based and graph-based models. J. Cheminformatics, 13(1): 12.

Khan P M, Baderna D, Lombardo A, Roy K, Benfenati E. 2020. Chemometric modeling to predict air half-life of persistent organic pollutants(POPs). J. Hazard. Mater., 382(15): 121035.

Moermond C T, Janssen M P, Knecht J A, Montforts M H M, Peijnenburg W J, Zweers P G, Sijm D T. 2011. PBT assessment using the revised annex XIII of REACH: A comparison with other regulatory frameworks. Integr. Environ. Assess. Manag., 8: 359-371.

Rogers D J, Tanimoto T T. 1960. Computer program for classifying plants. Science, 132: 1115-1118.

Ryu S, Lim J, Hong S H, Kim W Y. 2018. Deeply learning molecular structure-property relationships using attention and gate-augmented graph convolutional network[EB/OL]. [2021-5-25] https://arxiv.org/pdf/1805.10988.

Solomon K, Matthies M, Vighi M. 2013. Assessment of PBTs in the European Union: A critical assessment of the proposed evaluation scheme with reference to plant protection products. Environ. Sci. Eur., 25(1): 10.

Stokes J M, Yang K, Swanson K, Jin W G, Cubillos R A, Donghia N M, MacNair C R, French S, Carfrae L A, Bloom A Z, Tran V M, Chiappino P A, Badran A H, Andrews I W, Chory E J, Church G M, Brown E D, Jaakkola T S, Barzilay R, Collins J J. 2020. A deep learning approach to antibiotic discovery. Cell, 180(4): 688-702.

Strempel S, Scheringer M, Ng C A, Hungerbühler K. 2012. Screening for PBT chemicals among the "existing" and "new" chemicals of the EU. Environ. Sci. Technol., 46(11): 5680-5687.

Sun X, Zhang X, Muir D C G, Zeng E Y. 2020. Identification of potential PBT/POP-like chemicals by a deep learning approach based on 2D structural features. Environ. Sci. Technol., 54(13): 8221-8231.

Todeschini R, Consonni V. 2009. Molecular Descriptors for Chemoinformatics. Germany: John Wiley & Sons.

Tang Y, Tian Y, Lu J, Li P, Zhou J. 2018. Deep progressive reinforcement learning for skeleton-based action recognition[EB/OL]. [2022-2-22] https://ieeexplore.ieee.org/document/8578656.

U. S. EPA. 2021. About the TSCA chemical substance inventory[EB/OL]. [2021-05-25] https://www.epa.gov/tsca-inventory/about-tsca-chemical-substance-inventory.

U. S. EPA. 2021. New chemicals program under TSCA chemical categories document[EB/OL]. [2021-04-15] https://www.epa.gov/sites/production/files/2014-10/documents/ncp_chemical_categories_august_2010_version_0.pdf.

UNEP. 2001. Final Act of the Conference of Plenipotentiaries on the Stockholm Convention on Persistent Organic Pollutants, The Stockholm Convention. Geneva, Switzerland: United Nations Environment Program.

Veličković P, Cucurull G, Casanova A, Romero A, Lio` P, Bengio Y. 2018. Graph attention networks[EB/OL]. [2021-5-25] https://arxiv.org/pdf/1710.10903v1.

Wang H B, Wang Z Y, Chen J W, Liu W J. 2022. Graph attention network model with defined applicability domains for screening PBT chemicals. Environ. Sci. Technol., 56(10): 6774-6785.

Wang Z Y, Chen J W, Hong H X. 2021. Developing QSAR models with defined applicability domains on PPARγ binding affinity using large data sets and machine learning algorithms. Environ. Sci. Technol., 55(10): 6857-6866.

Wang Z, Walker G W, Muir D C G, Nagatani Y K. 2020. Toward a global understanding of chemical pollution: A first comprehensive analysis of national and regional chemical inventories. Environ. Sci. Technol., 54(5): 2575-2584.

Xiong Z P, Wang D Y, Liu X H, Zhong F S, Wan X Z, Li X T, Li Z J, Luo X M, Chen K X, Jiang H L, Zheng M Y. 2020. Pushing the boundaries of molecular representation for drug discovery with the graph attention mechanism. J. Med. Chem., 63(16): 8749-8760.

缩 略 语

ABF	adaptive biasing force，自适应偏置力
ABM	agent-based model，基于主体的模型
AD	applicability domain，应用域
ADME	absorption, distribution, metabolism and excretion，吸收、分布、代谢和排泄
ANN	artificial neural network，人工神经网络
AOP	adverse outcome pathway，有害结局通路
AOs	adverse outcomes，有害结局
A_{PR}	area under p-r (precision-recall) curve，精度-召回率曲线下面积
AR	androgen receptor，雄激素受体
A_{ROC}	area under roc (receiver operating characteristic) curve，受试者工作特征曲线下面积
ATP	adenosine triphosphate，三磷酸腺苷
B	bioaccumulation，生物积累性
BAF	bioaccumulation factor，生物积累因子
BCF	bioconcentration factor，生物富集因子
BMF	biomagnification factor，生物放大因子
BPA	bisphenol A，双酚 A
BSAF	biota-sediment accumulation factor，生物-沉积物积累因子
CBBP	4-carboxybenzophenone, 4-羧基二苯甲酮
COSMO	conductor like screening model，类导体屏蔽模型
CPTP	chemicals predictive toxicology platform，化学品预测毒理学平台
CSBP	computational systems biology pathway，计算系统生物学通路
CSF	carcinogenic slope factor，致癌斜率因子
DCNN	deep convolutional neural network，深度卷积神经网络
DfE	design for environment，为环境而设计
DFT	density functional theory，密度泛函理论
DNN	deep neural networks，深度神经网络

DOM dissolved organic matter, 溶解性有机质
D_{OW} apparent octanol-water partition coefficient, 表观正辛醇-水分配系数
DPTE 2,3-dibromopropyl-2,4,6-tribromophenyl ether, 2,3-二溴丙基-2,4,6-三溴苯醚
DT decision tree, 决策树
DTB decision tree boosting, 提升决策树
ECHA European Chemicals Agency, 欧洲化学品管理局
ED_{50} / EC_{50} median effect dose/concentration, 半数效应剂量/浓度
EDCs endocrine disrupting chemicals, 内分泌干扰物
E_{max} maximal efficacy, 最大效能
ENMs engineered nanomaterials, 工程纳米材料
EOMs extracellular organic matters, 胞外有机物
ER estrogen receptor, 雌激素受体
ETC electron transport chain, 电子传递链
EU European Union, 欧盟
f fugacity, 逸度
GAT graph attention network, 图注意力网络
GCNN graph convolutional neural network, 图卷积神经网络
GNN graph neural network, 图神经网络
HC_5 hazardous concentration for 5% of species, 5%物种受影响的浓度
HTS high-throughput screening, 高通量筛查
IECSC inventory of existing chemical substances in China, 中国现有化学物质名录
ITS integrated testing strategy, 集成测试策略
IVIVE *in vitro-in vivo* extrapolation, 体外-体内外推
KERs key event relationships, 关键事件关系
KEs key events, 关键事件
K_H henry's law constant, 亨利定律常数
K_{OA} octanol/air partition coefficient, 正辛醇-空气分配系数
K_{OC} soil (sediment) organic carbon sorption coefficient, 土壤(沉积物)有机碳吸附系数
K_{OW} octanol/water partition coefficient, 正辛醇-水分配系数
LCA life cycle assessment, 生命周期评价

LD_{50} / LC_{50}	median lethal dose/concentration，半数致死剂量/浓度
LFER	linear free energy relationship，线性自由能关系
LOEL	lowest observed effect level，观察到作用的最低水平
LOO	leave-one-out，去一法
LSER	linear solvation energy relationships，线性溶解能关系
MD	molecular dynamics，分子动力学
MDRM	molecular descriptor representation matrix，分子描述符矩阵
MeA	mechanism of action，作用机制
MEC	minimum effective concentration，最低有效浓度
MED	minimum effective dose，最小有效量
MeONPs	metal oxide nanoparticles，金属氧化物纳米颗粒
MFA	material flow assessment，物质流分析
MIEs	molecular initiating events，分子起始事件
MLR	multiple linear regression，多元线性回归
MM	molecular mechanics，分子力学
MoA	mode of action，作用模式
mPTP	mitochondrial permeability transition pores，线粒体膜通透性转换孔
NOEL	no observed effect level，未观察到作用水平
OECD	organization for economic cooperation and development，世界经济合作与发展组织
OPEs	organophosphorus esters，有机磷酸酯
P	persistence，持久性
PAEs	phthalic acid esters，邻苯二甲酸酯
PAF	potential affected fractions，潜在受影响比例
PAHs	polycyclic aromatic hydrocarbons，多环芳烃
P_{AW}	attention weight parameter，注意力权重参数
PBs	parabens，对羟基苯甲酸酯
PBT	persistent, bioaccumulative and toxic，持久性、生物积累性和毒性
PBTK	physiologically based toxicokinetics，生理毒代动力学
PCM	polarized continuum model，极化连续介质模型
PFASs	per- and polyfluoroalkyl substances，全氟和多氟烷基化合物
PFCs	polyfluorinated chemicals，全氟化合物
PFOS	perfluorooctane sulphonates，全氟辛烷磺酸盐

PLS	partial least-square，偏最小二乘
PNEC	predicted no effect concentration，预测无效应浓度
POLG	polymerase γ，聚合酶 γ
POPs	persistent organic pollutants，持久性有机污染物
PPARγ	peroxisome proliferator activator receptor gamma，过氧化酶体增殖物激活受体 γ
pp-LFER	Ploy-parameter linear free energy relationship，多参数线性自由能关系
PPRIs	photochemically produced reactive intermediates，光生活性中间体
PXR	pregnane X receptor，孕烷 X 受体
QSAR	quantitative structure-activity relationship，定量结构-活性关系
QWASI	quantitative water/air/sediment interaction，定量水/空气/沉积物交换
R_A	accuracy，准确性
REACH	registration, evaluation and authorization of chemicals，《化学品注册、评估、授权和限制法规》
RF	random forest，随机森林
RfD	reference dose，参考剂量
RHS	reactive halogen species，活性卤素物种
RMSE	root mean square error，均方根误差
ROS	reactive oxygen species，活性氧物种
R_P	precision，精度
R_R	recall，召回率
R_{SP}	specificity，特异性
SAL	structure activity landscape，构效关系形貌
SAs	sulfonamide antibiotics，磺胺类抗生素
SCCPs	short chain chlorinated paraffins，短链氯化石蜡
SD	standard deviation，标准差
SDGs	sustainable development goals，可持续发展目标
SHBG	sex hormone-binding globulin，性激素结合球蛋白
SSD	species sensitivity distribution，物种敏感性分布
SVM	support vector machine，支持向量机
S_W	water solubility，水溶解度
T	toxicity，毒性
TCPP	tris(2-chloroisopropyl) phosphate，磷酸三(2-氯丙基)酯

TH	thyroid hormone，甲状腺激素
TK	toxicokinetics，毒代动力学
TLSER	theory linear solvation energy relationships，理论线性溶解能关系
TMF	trophic magnification factor，营养级放大因子
TPO	thyroid peroxidase，甲状腺过氧化物酶
TSHR	thyroid stimulating hormone receptor，促甲状腺激素受体
U.S. EPA	U.S. environmental protection agency，美国环保局
vB	very bioaccumulative，高生物积累性
VIF	variance inflation factor，方差膨胀因子
VIP	variable importance in projection，变量投影重要性
WoE	weight of evidence，证据权重
XGBoost	extreme gradient boosting，极端梯度提升
ΔG	Gibbs free energy change，吉布斯自由能变
μ	chemical potential，化学势

索　引

H

J

K

L

M

N

O

P

Q

R

S

T

W

X

Y

Z

其　　他